高等院校石油天然气类规划教材

地球科学概论

(第二版)

柳成志　冀国盛　许延浪　主编

石油工业出版社

内 容 提 要

本书系统地阐述了有关地球的基本知识,各种动力地质作用的基本原理和过程,地壳和岩石圈的运动规律及发展演化的基本概念等。

本书可作为高等院校地质类专业基础课教材,也是有关专业师生和科技人员必备的参考用书。

图书在版编目(CIP)数据

地球科学概论/柳成志,冀国盛,许延浪主编. —2 版.

北京:石油工业出版社,2010.8

高等院校石油天然气类规划教材

ISBN 978 – 7 – 5021 – 7888 – 8

Ⅰ. 地…

Ⅱ. ①柳…②冀…③许…

Ⅲ. 地球科学 – 高等学校 – 教材

Ⅳ. P

中国版本图书馆 CIP 数据核字(2010)第 157184 号

出版发行:石油工业出版社

(北京安定门外安华里2区1号　100011)

网　址:http://pip.cnpc.com.cn

编辑部:(010)64523574　发行部:(010)64523620

经　销:全国新华书店

排　版:北京乘设伟业科技有限公司

印　刷:北京中石油彩色印刷有限责任公司

2010 年 8 月第 2 版　2013 年 7 月第 8 次印刷

787×1092 毫米　开本:1/16　印张:19.75

字数:503千字

定价:30.00 元

(如出现印装质量问题,我社发行部负责调换)

版权所有,翻印必究

第二版前言

地球科学概论是高等院校地质类专业开设的一门专业基础课。学完本课程后,能使学生建立起地质学的基本概念,掌握地球科学的基础知识,初步具备地质学分析、推断问题的思维能力(或地质思维)和资源环境意识;并初步了解地球科学的一般工作方法;为后续课程诸如构造地质学、沉积岩石学、储层地质学、古生物学等地质学科的学习和研究提供一定的专业知识基础。

随着石油工业的快速发展,地质认识不断深入,科研成果层出不穷,基础地质教材内容的更新与完善势在必行。2008年6月,由石油工业出版社组织中国石油大学(华东)、西安石油大学、西南石油大学、长江大学和东北石油大学五所学校在大庆召开了石油高等院校规划教材编写大纲审定会,就《地球科学概论》(第二版)的编写进行了审定。依据实际教学与科研成果,以知识不断发展与更新为出发点,对本书的初稿重新统修统稿,增加了许多新的内容,几经修改最终确定本书的主要内容。现在的内容涉及基础地质研究的多个方面,主要包括有关地球的基本知识、各种动力地质作用的基本原理和过程(包括其产物特征)、地壳或岩石圈的运动规律及其发展演化的基本概念等。

本书由柳成志(东北石油大学)、冀国盛(中国石油大学(华东))、许延浪(西安石油大学)主编,由柳成志全面统稿。全书共分二十章,各章节编写安排如下:柳成志、张景军(东北石油大学)编写第一章、第三章、第七章、第八章、第十五章;冀国盛编写第四章、第十二章;许延浪编写第二章、第十一章、第十四章、第二十章;赵荣(东北石油大学)编写第五章;吴花果(中国石油大学(华东))编写第六章、第九章;高宁(东北石油大学)编写第十章、第十三章;范存辉(西南石油大学)编写第十六章;肖传桃(长江大学)编写第十七章、第十八章;张雁(东北石油大学)编写第十九章。

本书注意加强基础理论、基本知识和基本技能等方面的内容,在内容的深度和广度方面,均符合教学大纲的要求,完全适合于资源勘查专业及其他相关专业的使用。

东北石油大学吕延防教授对本教材进行了认真详细的审阅,并提出了许多有建设性的意见。依据主审人的意见,编者对稿件进行了修改。

在本书编写过程中得到了石油工业出版社及其教材出版中心有关领导、专家的支持和指导,中国石油大学(华东)、西安石油大学、西南石油大学、长江大学和东北石油大学等五所学校的相关领导和专家也给予了大力支持和具体指导,在此深表感谢。

鉴于国内外的相关书籍很多,在科研与教学的推动下知识又在不断更新,并且由于时间和编者水平有限,书中难免出现错误及不足之处,望各位专家、同仁及广大读者予以批评和指正。

编 者
2010年7月

第一版前言

《地球科学概论》是高等院校地质类专业开设的一门专业基础课。

为满足教学要求，本书着重基本概念和基本理论的阐述，并注意与当前地质学发展相适应以及与中国地质实际相结合。

本书共分十八章，内容包括有关地球的基本知识、各种动力地质作用的基本原理和过程（包括其产物特征）、地壳或岩石圈的运动规律及其发展演化的基本概念等基本内容。本书注意加强基础理论、基本知识和基本技能等方面的内容，在内容的深度和广度方面，均符合教学大纲的要求，适用于资源环境专业及其他相关专业的使用。

本书以大庆石油学院过去使用的教材为基础，修订以往教材中存在的缺陷和不足，根据专业特点，参考其他地质院校此类书籍的有关内容编写而成。

本书由大庆石油学院地球科学学院基础地质教研室集体编写，其中柳成志、赵荣、赵利华任主编，参加编写的还有张雁、秦秋寒、文慧俭等多年从事教学和科研工作的有经验的教师，并由省骨干教师兼十佳优秀教师马世忠教授主审。

在编写过程中，李广伟、袁红旗、单敬福、张世广、李占东、李军辉、王志强等研究生参加了文字校对及图件收集和处理，在此表示衷心的感谢。

由于编者水平有限，书中可能存在一些缺点和错误，敬请读者批评指正。

编 者

2005 年 9 月

目 录

第一章 绪论 ………………………………………………………………………… (1)
    第一节 地球科学及其任务 ………………………………………………… (1)
    第二节 地球科学在经济和社会可持续发展中的战略地位 ……………… (2)
    第三节 21世纪初我国地球科学发展的战略目标 ………………………… (3)
    第四节 "地球科学概论"课程的任务和基本要求 ……………………… (4)
    第五节 地质学研究的对象和任务 ………………………………………… (4)
    第六节 地质学研究对象的特殊性 ………………………………………… (5)
    第七节 地质学的研究方法及思维方法 …………………………………… (6)
    第八节 地质学的发展与现状 ……………………………………………… (7)

第二章 地球 ………………………………………………………………………… (9)
    第一节 宇宙中的地球 ……………………………………………………… (9)
    第二节 地球的物理性质 …………………………………………………… (14)
    第三节 地球的结构 ………………………………………………………… (20)

第三章 地壳 ………………………………………………………………………… (30)
    第一节 地壳表面的形态特征 ……………………………………………… (30)
    第二节 地壳的化学组成 …………………………………………………… (35)
    第三节 矿物 ………………………………………………………………… (36)
    第四节 岩石 ………………………………………………………………… (41)

第四章 地质年代与地质作用概述 ………………………………………………… (57)
    第一节 地质年代 …………………………………………………………… (57)
    第二节 地质作用概述 ……………………………………………………… (63)

第五章 构造运动与地质构造 ……………………………………………………… (66)
    第一节 构造运动的主要证据 ……………………………………………… (66)
    第二节 构造运动的基本特征 ……………………………………………… (72)
    第三节 岩层产状 …………………………………………………………… (78)
    第四节 地质构造 …………………………………………………………… (81)

第六章 地震作用 …………………………………………………………………… (98)
    第一节 与地震有关的术语 ………………………………………………… (98)
    第二节 地震的成因类型 …………………………………………………… (101)

第三节　地震的分布特征 …………………………………………………… (103)

第七章　岩浆作用 …………………………………………………………… (106)
   第一节　喷出作用 …………………………………………………………… (106)
   第二节　侵入作用 …………………………………………………………… (112)
   第三节　岩浆活动的基本规律 ……………………………………………… (119)

第八章　变质作用 …………………………………………………………… (122)
   第一节　变质作用原理 ……………………………………………………… (122)
   第二节　变质作用的基本类型 ……………………………………………… (127)

第九章　风化作用 …………………………………………………………… (131)
   第一节　风化作用的类型 …………………………………………………… (131)
   第二节　影响风化作用的因素 ……………………………………………… (136)
   第三节　风化壳与土壤 ……………………………………………………… (138)

第十章　地面流水的地质作用 ……………………………………………… (142)
   第一节　地面流水概述 ……………………………………………………… (142)
   第二节　地面暂时流水的地质作用 ………………………………………… (145)
   第三节　河流的基本特征 …………………………………………………… (147)
   第四节　河流的地质作用 …………………………………………………… (150)
   第五节　河流的搬运作用 …………………………………………………… (154)
   第六节　河流的沉积作用 …………………………………………………… (156)
   第七节　河流地质作用与构造运动的关系 ………………………………… (160)

第十一章　地下水的地质作用 ……………………………………………… (163)
   第一节　地下水的基本特征 ………………………………………………… (163)
   第二节　地下水的剥蚀作用 ………………………………………………… (169)
   第三节　地下水的搬运作用和沉积作用 …………………………………… (172)

第十二章　海洋地质作用 …………………………………………………… (174)
   第一节　海洋概述 …………………………………………………………… (174)
   第二节　海洋的剥蚀作用 …………………………………………………… (181)
   第三节　海洋的搬运作用 …………………………………………………… (185)
   第四节　海洋的沉积作用 …………………………………………………… (186)
   第五节　浊流及其地质作用 ………………………………………………… (198)

第十三章　湖泊与沼泽的地质作用 ………………………………………… (200)
   第一节　湖盆的成因和湖水状况 …………………………………………… (200)
   第二节　湖泊的地质作用 …………………………………………………… (202)

第三节	湖泊与沼泽的生物沉积作用	(204)

第十四章　冰川的地质作用 (206)
　　第一节　冰川的形成、类型和运动 (206)
　　第二节　冰川的剥蚀作用 (210)
　　第三节　冰川的搬运和沉积作用 (213)

第十五章　风的地质作用 (216)
　　第一节　风的剥蚀与搬运作用 (216)
　　第二节　风的沉积作用 (220)

第十六章　负荷地质作用 (223)
　　第一节　负荷地质作用的原理和类型 (223)
　　第二节　崩落作用 (224)
　　第三节　潜移作用 (226)
　　第四节　滑动作用 (227)
　　第五节　流动作用 (232)

第十七章　岩石圈板块构造 (235)
　　第一节　概述 (235)
　　第二节　大陆漂移说 (235)
　　第三节　古地磁和海底扩张说 (240)
　　第四节　岩石圈板块构造学说 (249)

第十八章　槽台学说简介 (263)
　　第一节　地槽和地台的概念 (263)
　　第二节　地槽旋回与造山运动 (265)
　　第三节　地台和地盾 (266)
　　第四节　槽台的转化与地壳的演化 (268)

第十九章　地壳的演变 (270)
　　第一节　地球圈层结构的形成 (270)
　　第二节　地壳形成后的演变特征 (276)

第二十章　地球的环境与资源 (294)
　　第一节　地球的环境 (294)
　　第二节　地球的资源 (298)

参考文献 (304)

第一章 绪 论

现代自然科学的体系结构,一般认为是由基础科学、技术科学和工程科学三个部分组成的。基础自然科学直接以自然界的物质运动为研究对象,探索自然界的发展规律;其他两类学科则是以基础科学为指导,研究如何利用自然规律为人类服务,着重研究有关应用科学的共同问题,是最接近生产实践的科学门类。基础自然科学分为数学、物理学、化学、生物学、地学和天文学六大门类,是一切科学技术的理论基础。

地学即地球科学,是研究地球结构、组成、演化和运动规律的一门基础自然科学,是一门全球性科学。地质学和地理学等均属于地学范畴。

第一节 地球科学及其任务

地球科学的基本任务是认识地球,同时为矿产资源勘查、环境保护、灾害防治以及国民经济建设中提出的广泛需求服务。应该指出,只有不断地加深对地球规律性的认识,才能更好地为国民经济建设服务,而各种实际问题的解决又将积累资料,推动地球科学的发展。

地球是人类赖以生存和发展的空间。很早以来,人类就开始执着地对地球进行探索,其结果除产生地质学之外,还导致数学、物理学、化学的诞生。地亩与河道的丈量出现三角学和几何学,进而有数学思维体系;地球上多种现象如万有引力、南北磁极以及声、光、电等的认识成为物理学的发轫;岩石、矿物的元素分析则是化学的开端。物理和化学分别建立起各自的理论、方法与技术,形成独立的基础科学之后,又分化出专业研究地球的地球物理学与地球化学。因此,现代地球科学包括地质、地球物理、地球化学以及其他有关的学科。

地球是一个处于运动和变化之中的巨系统,它不仅体积庞大、结构和成分复杂,而且有漫长的演化历史。因此,对地球的认识必须分层次进行,而且宏观的规律性认识对微观实际问题的解决将会起指导作用。

地质学家从野外实际观测出发,积累大量资料,再进行综合与概括,以寻求对有关地质体的认识。他们踏遍千山万水,从地球表面出露的岩石露头、矿坑中的地层展布来认识断层、褶皱和岩脉,确定其时代,推断构造运动,认识其发生、发展的历史。物理学家在实验室内对力、热、声、光、磁、电和放射性等物理现象进行实验和观测,建立数理方程并寻求其解答,通过分析与推理来认识其自然规律。地球物理则将物理实验从实验室搬到野外,在陆地和海洋条件下,甚至在空中,进行数据采集(正演问题),再对所采集的数据进行处理和解释(反演问题),来取得对地质体的几何形态与物理性质的认识。地球化学家将野外采集的样品拿到实验室进行化验和分析,以了解元素的富集与分布并作出地质解释。

地球科学应该是地质学、地球物理学、地球化学的高层次综合研究。三者是从不同的角度来认识地球,对三者的综合研究能取得更加全面、深刻的认识,而这种认识既是对理论上的宏观规律性的总结,又是对微观实际工作的具体指导。

第二节　地球科学在经济和社会可持续发展中的战略地位

基础科学的发展是人类文明进步的动力。基础科学研究是科技和经济发展的源泉和后盾，是新技术、新发现的先导。基础研究的重大突破往往能带动新兴产业群的崛起，引起经济和社会的重大变革。现代地球科学在研究地球及其各圈层的起源、结构、演化和运动规律等方面，经过几个世纪的努力，已经取得了基础理论上的突破性进展，同时取得了公认的经济效益和社会效益。以20世纪为例，1905年揭示了电离层的存在，为无线电通讯提供了前提条件；石油科学领域的一系列重要进展，使化石能源成为世界经济发展的"血液"；固体地球科学的新成就，进一步推动了金属和非金属矿业的巨大发展；大气科学与新技术的结合，使天气预报成为人类每天生活的必需；遥感技术与地理信息系统为许多科技领域和军事应用开拓了新的方向，并已经开始具有产业化的趋势；海洋科学的成就预示了海洋产业在新世纪的崛起。尤其应当指出的是，20世纪60年代后期，板块构造理论的提出，为认识地球岩石圈的演化历史和运动规律提供了坚实的基础。

地球科学通过资源问题、能源问题、环境问题、自然灾害问题和地球信息问题的研究和解决，在现代经济和社会的可持续发展中占有举足轻重的地位。到了20世纪，人类活动已经开始对地球系统中的一些过程产生不可忽视的影响，这种影响有时已经达到可以威胁人类自身生存的程度。如何协调人与自然的关系成为20世纪地球科学研究中一个重要的方面。用系统的观点研究地球，为人类的生存、发展、生活质量的提高提供知识和技术基础，将是21世纪地球科学发展的主要目标。地球科学的重要性随着现代化经济社会的迅速发展而变得愈加突出。与其他一些社会公益事业和基础研究领域不同，地球科学兼具全球性和地域性。许多地球科学问题的宏大空间尺度和漫长时间尺度要求国际地学界的广泛合作研究，使得最近50年来全球性科学计划急速兴起，从20世纪50年代的国际地球物理年计划，到目前的国际岩石圈计划、国际减灾十年计划、世界气候研究计划、国际地圈—生物圈计划、国际地质对比计划、大洋钻探计划和日地能量计划，等等。解决本国一定区域的基本地球科学问题，以及资源、环境和灾害问题，这是任何一个国家发展地球科学的主要目的之一。同时，地球科学对于维护国家利益和国家安全具有重要的实际意义。地球科学的全球性与地域性二者并不矛盾，一些全球性的模式是从地域性研究发展起来的。值得注意的是，冷战结束后，能源问题和全球环境问题成为国际政治和外交斗争的焦点。从这个意义上说，地球科学的发展既是一个国家综合国力的明显标志，也是这个国家维护国家主权和权益的必要措施。

我国拥有960万平方千米的陆地和300万平方千米的管辖海域，这是中华民族的生存空间，对这一生存空间的认识、利用、开发和保护，是中华民族独立自强的基础。20世纪初，近代地理学、地质学和气象学首先在中国植根；新中国成立后，地球科学的各个新兴领域迅速发展，中国地球科学事业从小到大，不断发展，目前已经形成学科门类齐全和比较完备的高等教育体系和科研体系。地球科学在中国经济社会的发展和现代化的过程中发挥了重要作用。我国地球科学的一系列理论成就，从北京人的发现到东亚大气环流的研究，从陆相生油理论的提出到青藏高原和黄土高原的研究，都是我国科技史上的宝贵财富；地球科学的研究成果为寻找大型矿床、大型油气田和大型水源地以及工程建设提供了理论依据，这些资源的开发和利用为工业的现代化和农业的发展奠定了坚实的基础；气象灾害、地震灾害、地质灾害的研究和预测为工农业的发展和自然灾害的减轻提供了必要的保证；对我国国土和管辖海域的了解和研究，成为维护国家主权的重要内容。

第三节 21世纪初我国地球科学发展的战略目标

21世纪中叶，我国将基本实现现代化，建成富裕、民主、文明的社会主义国家。地球科学主要在资源环境方面，为实现这一宏伟目标提供科学和技术支撑。在目前我国经济和社会的发展中，我们面临资源储量不足、自然灾害频发和环境恶化的严峻挑战，今后的矛盾将更加尖锐。我国国民经济的17%直接来自同能源和矿产相关的产业，但石油、天然气、铜、铁、锰、铬、贵金属及磷、钾盐等矿产后备储量严重不足；耕地及水资源形势严峻，人均耕地不及世界的1/3，一半以上城市缺水。自然灾害是自然变异对人类社会造成危害的作用过程，它们往往是一些快速的运动过程（如旱涝、地震、风暴、滑坡、泥石流等），但也有一些是缓慢过程的累积（如地面沉降等）。我国是世界上自然灾害最为严重的少数国家之一，尤以旱涝及地震灾害为甚。每年自然灾害造成的直接经济损失相当于国家财政收入的1/6~1/4和国民生产总值的3%~6%，死亡人数约1万~2万。随着我国经济建设的不断发展和人民生活水平的不断提高，灾害问题将越来越成为为社会所关注的最重要问题之一。我国环境恶化日趋严重，全国1/2以上的河流受到污染，酸雨面积已占国土面积的20%，垃圾占地已达75万多亩❶，因污染造成的经济损失每年达2000亿元，随着城市化的推进，上述环境问题将更加突出。我国是一个人口众多的国家，又处于社会主义初级阶段，经济实力还不够雄厚，因此，解决上述问题的难度更大，对通过基础研究开创新途径的需求更为迫切。

21世纪初的我国地球科学，要更加致力于解决面向国民经济和社会发展需要的科学问题。地球科学的基础研究通过对资源、环境、生态、自然灾害等重大问题的系统研究和预测，为经济和社会发展提供综合指导意见，为国家宏观决策提供科学依据。地球科学基础研究的重大突破应为解决我国面临的资源、环境等重大问题开辟新的道路。

21世纪初的我国地球科学，要遵循"统观全局、突出重点、有所为、有所不为"的原则，加强地球科学重大理论问题的研究。地球科学的理论研究，是获取地球自然规律的新认识，有很强的探索性和不确定性，而且要求较长期的积累和稳定的支持。因此，持续不断地推动这类理论研究的发展，是地球科学为国民经济建设和社会发展作贡献的新知识的源泉和先导。

地球科学在21世纪的发展趋势，应以学科间的大跨度综合与交叉、高新技术的广泛使用、定量化和动力学研究以及和经济社会可持续发展的紧密结合为特征。发展我国地球科学要抓住机遇、迎接挑战，要抓住那些具有"带动性"的科学问题。例如，在资源、环境与自然灾害方面有：大陆水圈演化规律和水资源合理利用研究；陆海含油气盆地、油气成藏机理及探测新技术的基础理论研究；大型、超大型矿床，重要成矿带和新型矿产资源的成矿机理、成矿背景及探测新技术的基础理论研究；土地类型、土壤质量的演变与土地资源的可持续利用研究；气候动力学与气候变化研究；环境污染机制与修复理论研究；陆地和海洋生态系统的结构、功能与利用、保护研究；产业布局与城市化问题研究；地球表层各圈层的相互作用及其环境效应研究；重大气象灾害的形成机理与预测研究；大陆强震的发震机制与预测研究；区域综合减灾技术的基础研究；区域可持续发展理论研究；工程建设的地球科学问题的研究，等等。在重要地球科学理论与方法方面有：地球系统科学、大陆动力学、近海海洋动力学及其资源环境效应研究；青藏

---

❶ 1亩=666.7m²。

高原形成演化与资源环境研究;地球生物演化(特别是早期演化)与早期古人类研究;晚近地史时期的古环境演变研究;日地系统整体变化过程与灾变空间环境预测研究;地球深部结构、组成和运动以及高压研究;地球过程中的复杂性与非线性,以及遥感技术(RS)、全球定位系统(GPS)、地理信息系统(GIS)、地学层析成像技术等。

中国是一个地球科学大国,主要表现在学科门类比较齐全,高等教育体系比较完备,有一支相当规模的科学研究队伍,依靠自己的力量基本上可以解决国家经济建设和社会发展中的有关地球科学的问题。但是,中国目前还不是一个地球科学强国[1],主要表现在各学科的发展很不平衡,只有少数学科领域处于国际先进和领先水平,学术创新不够,相当多的论文在国际上缺乏影响。

我们认为,21世纪初的中国地球科学发展的基本目标应该是,贯彻科教兴国和可持续发展的战略,坚持改革开放,从中国地球科学发展的实际出发,本着"有所为、有所不为"的原则,以提高我国地球科学研究的科学质量和社会效益为重点,通过一系列脚踏实地、可操作、有远见的具体措施的实施,将我国由一个地球科学大国发展成一个地球科学强国。

第四节 "地球科学概论"课程的任务和基本要求

"地球科学概论"课程的主要任务是讲授地质学的基本概念和基本知识,包括全面介绍地球知识;研究地球的动力类型和来源,各种动力如何驱使地球不断运动以及运动的过程和产物;研究各种动力改造地表以及物质的循环规律等。

通过这门课程的学习,要求学生掌握地质学的一般基础理论和基本知识;初步具备地质学分析、推断问题的能力(或地质思维);并初步了解地质学的一般工作方法;了解地球物理学和地球化学的基本知识。

学习地质学首先要弄懂各种地质概念的含义,要善于总结、对比和领会地质思维方法的要领,只有这样,才能取得"事半功倍"的效果。

地质学是实践性很强的学科,许多概念和理论都要通过实践来验证和深化,因此,要重视各种实践环节,以提高独立分析问题和解决问题的能力。

第五节 地质学研究的对象和任务

一、地质学的概念和研究对象

地质学(Geology)是研究地球的一门自然科学,它主要研究固体地球的物质组成、构造、形成和演化规律。当前研究的重点是地壳和与它有密切关系的部分。

地球的外部层圈有大气圈、水圈和生物圈,固体地球部分则分为地壳、地幔和地核三个圈层。其中地壳是与人类生产和生活有最直接关系的部分,也是相对较易观测和研究的部分,因此是当前的研究重点。然而,地壳的发展演化与其下面的地幔和地核以及其外部的大气、水和生物等均有密切关系,因此,随着科学技术的发展,地质学的研究领域在不断地深入和扩大。

---

[1] 地球科学强国,就是指不但能依靠自身的力量解决自己的资源、环境、自然灾害等重大科学问题,而且在科学理论创新、技术方法创新和研究思路创新等方面都应对世界地球科学有所贡献。

二、地质学的研究任务

地质学的研究任务概括起来有以下4个方面：

(1) 地球的物质组成以及这些物质在自然界中的存在状态和形式；
(2) 地球的运动规律以及运动的产物——地球的结构和构造；
(3) 地球的历史和演化规律；
(4) 合理开发和利用地球资源、地球环境以及保护地球的理论和方法。

地质学的内容包罗万象，它广泛运用数学、物理学、化学、天文学、生物学等自然科学的理论以及现代科学技术手段，并针对不同的任务和内容进行研究，因而出现了很多分支学科，而且越来越细分。研究地球物质组成的分支学科有地球化学、矿物学、岩石学等；研究地球运动规律的分支学科有动力地质学、地球动力学、构造地质学、地震地质学、区域地质学、板块构造学等；研究地球历史的分支学科有地层学、古生物学、地史学、同位素地质学等；研究地球资源和环境的分支学科有矿床学、石油地质学、煤田地质学、水文地质学、工程地质学、探矿工程学、环境地质学，等等。随着科学技术的高度发展，新的任务需要地质学与其他学科渗透、联合，从而形成了许多边缘学科，如遥感地质学、宇宙地质学、数学地质学、地球物理学、旅游地质学等。

第六节　地质学研究对象的特殊性

地质学的主要研究对象是固体地球，当前，它的研究重点是固体地球的表层——地壳（或岩石圈）。作为地质学研究的对象——地球具有历史久远、空间庞大、地质过程复杂和地质记录不完整四个方面的特殊性。

一、历史久远

人类历史与地球历史有着巨大的差距。人类在地球上出现大约是三百万年前的事，而人类有记载的历史只有数千年，地球已有46亿年的历史了，人类的历史与地球的历史相比犹如百年之中的闪电瞬间。人类历史是以"年(a)"为时间单位进行研究的，而地质历史是以"百万年(Ma)"作为时间单位的。

二、空间庞大

人类能触及的范围与地球庞大空间有相当大的差距。地球的半径为6371km，表面积约$5 \times 10^8 km^2$，今天的交通工具虽能使人类涉足整个世界，但仍有许多人迹无法到达的地方，对于地球内部的直接观察和了解更存在着不可超越的障碍。到目前为止，人类开凿的最深矿井仅数千米，最深的钻井也仅10000m多，地下更深的地方人类始终不能触及，这对地质学家来说是一个最大的难题。

三、地质过程复杂

地球是个异常复杂的物体，地球中的物质运动包括了无机界的物质运动和有机界的物质运动。地质过程包括了化学、物理、生物等多种运动方式，是一个非常复杂的过程。同时，地球内部各部分的物理状态存在着复杂的变化，如地表处于常温、常压状态，但地球内部的温度可逐渐增至4000~6000℃，压力也可逐渐增至$3 \times 10^6 Pa$。显然，这些变化会使地球表面和内部的物质运动和物质状态产生巨大的差异。此外，各种地质过程还会受地域因素的影响，因而地质过程是相当复杂的。

四、地质记录不完整

现今地球上存在的各种物质以及它们千姿百态的形式,都是在地球的演化过程中由各种地质作用创造的,这些自然作用的产物称之为地质记录。大量的地质记录遭到了后来发生的地质事件的改造和破坏,而且年代越老这种改造和破坏越严重,甚至完全消失,使得地球历史的某些阶段成为永久之谜。年代越新的地质记录被破坏的机会较少,保存较为完整。正因为如此,地质学对地球 600 Ma 以来的历史了解得比较详细,对 600 Ma 前的历史认识较少,对 2000 Ma 以前的历史了解得极为模糊。

第七节 地质学的研究方法及思维方法

由于地球具有历史久远、空间博大、地质事件反复进行和变化的复杂性等特点,使地质学在发展中逐步形成了"获取资料"、"科学实验"、"综合分析得出规律和理论"的特殊研究方法和思考方法。

一、开展地质考察和调查

大自然是地质学家的实验室,掌握的实际地质资料越多,最后得出的结论就越接近正确。专题性地质考察和综合性地质调查是获取翔实的第一性资料的两种基本方法。

二、室内综合研究

室内综合研究是指地质学家将在野外进行由点到线、由线到面的实地地质调查时,对各种地质现象的描绘和记录,以及采集到的矿物、岩石、古生物、矿产和各种分析化验样品带回室内进行研究和测试,通过综合分析得出合理的规律和结论,最后查明工作区域的地质特征。室内综合研究中主要用到历史比较法、类比法和测试实验及实验模拟法三种方法。

(一)历史比较法

历史比较法是指根据保留在地层和岩石中的各种痕迹和地质现象,综合现代正在发生的各种地质作用所出现的现象和造成的结果,"将今论古"与"古今结合",分析和推断各个地质历史时期各种地质事件的存在及其特征。"将今论古"原则是由地质学创始人之一的 C. 莱伊尔(C. Lyell,1797—1875)提出并广泛应用于地质学研究中的,在一定程度上推动了早期地质学的形成和发展。然而,这种简单的地质学思维方法,是建立在地球环境始终不变的假设之上的。现代地质学的研究资料表明,地球历史中无论内部结构或外部圈层都有过重大的改变,古代和今天的地质作用可能处在完全不同的地质环境之中。这样一来,"将今论古"原则在某些方面就成为阻碍地质学发展的某种思想桎梏。现代沉积学中的"碳酸盐理论"以及"板块构造学说"等是在突破了上述"原则"之后,在全新的研究思路中得到了突飞猛进的发展。因此,在用历史比较法,根据地质记录去反推地球历史的过去、恢复地质事件的历程时,必须考虑到诸多条件的复杂性以及事物之间的联系与区别,不能用局部代替整体,用一孔之见窥视海阔天空。

需要进一步指出的是,在开展地质考察和调查之前或综合研究之前,要注意收集前人研究成果,作为自己的间接经验资料。

人类对物质世界的认识永无止境。今天我们继承前辈的遗产,总结他们的经验,比古人的认识大大提高了。但是,地质事件超乎人类经历的复杂性,随时都有可能使我们步入迷途。

（二）类比法

类比法是指将野外所采集的各种地质资料进行整理、对比和综合分析，找出各种地质现象之间的异同点和内在联系，划分成不同的类别和单元，总结出合理的规律和结论，最后查明工作区域的地质情况和发展历史。

（三）测试实验及实验模拟法

测试实验及实验模拟法是指将野外所采集的矿物、岩石、古生物化石、矿产以及其他各种分析化验样品，进行室内鉴定、测试，了解化石的种类和时代，分析矿物、岩石、矿产的成因、产状，以及各种沉积构造的形成条件，借以揭示地壳的某些构造特征，近似地模拟某些地质构造的形成和发展演变历史，再现地质作用过程。

第八节 地质学的发展与现状

自15世纪下半叶开始，资本主义生产关系在西欧封建制度内部逐渐形成，生产力得到解放，许多自然科学学科建立和发展起来。一些科学家也对地质学的许多问题进行了论证，其中最具代表性的就是地质学发展中的三大论战。

一、地质学发展中的三大论战

（一）渐变论与灾变论

地球起源的假说很多，从哲学观点考虑基本上可分为两大类。一类是渐变论，即认为地球是由星云组成的，地球或太阳系的形成是某种巨大变动的结果。火成论的先驱赫顿（Hutton，1726—1797）是个渐变论者，他认为，没有什么证据可以证明历史上曾经发生过所谓的引起巨大地质变动的灾变，而更可能的是，过去与现在并无区别，地质作用是一种逐渐、缓慢的过程，正如我们今天看到的那样。他还创立了地质学研究的历史比较法，即由观察现今正在进行的地质作用过程，如现代风化、剥蚀、搬运、沉积等外动力地质作用，推知过去亿万年前发生的、现在无法观察到的沉积地层形成的地质作用过程。这种"将今论古"地考究地质现象的科学方法，通常也被称为现实主义方法论。另一类是灾变论，所谓灾变论，就是相信造成现在这种地质构造与地貌形态的力是一种突然性的灾难，如圣经中的摩西洪水。即使不涉及神学的因素，那么当前能够看到的巨大山脉和谷壑江河，也必然是由某种巨大的突发性的自然力塑造而成的，且连续的灾变引起了物种的灭绝。法国的居维叶（G. Cuvier，1769—1832）是灾变论的代表人物，他的门徒博蒙（E. Beaumont，1798—1874）则光大了灾变论，将其用于解释造山运动。

（二）火成论与水成论

维尔纳（Werner，1750—1817）对矿物的形态、成分、分类和用途作了大量的考察和研究，在1791年系统地阐发了水成说，他认为，地球生成的初期，表面被原始海洋所掩盖，溶解在其中的矿物质通过结晶，逐渐形成了岩层。英国地质学家赫顿在1795年则系统论述了火成说。他认为，地球内部是熔融的岩浆，岩浆通过火山迸发出来固化为岩石。依照这种说法，玄武岩、花岗岩是火成的。水成说和火成说各执一端，争论热烈。在争论过程中，人们倾向于用各自观察到的证据来支持自己的地质理论，但受到观察范围的限制，各学派又难免局限于区域性或地方性的证据。地质学史上的水成说与火成说之争是一个重大的事件，它激发许多人投身于地质考察和研究之中，并出现了一大批璀璨夺目的地质学家，以至科学史上将1790—1830年谧为"地质学的英雄时代"。

（三）活动论与固定论

固定论以地槽—地台说为代表。这种理论基于地球曾经是炽热球体的假说，认为地球后来随着逐渐冷却而变硬，因而有了固定的大洋和大陆。同时，伴随着地球冷却收缩过程产生了压力，并沿着大陆的软弱边缘或充满松软沉积物的深海盆地，间歇地挤压成山脉。这一解释最早是由牛顿提倡的。活动论是基于地球的冷起源说提出的，认为地球是由宇宙尘那样的东西聚集而成的，放射性物质使得地球温度逐渐增高，整个地球略具可塑性，大陆就在其表面上发生缓慢的漂移，在漂移的过程中大陆会产生破裂和重新组合。这种观点最早可追溯到近代经验科学的始祖 F. 培根。

固定论和活动论的争论已有半个多世纪，其实质在于，地球上部（岩石圈）在水平力的作用下是否会表现出缓慢的侧向运动。虽然有些地质学者提出，地球上部的运动很可能在不同的地质阶段有不同的表现，地球物质的垂直对流运动在早期可能是主要的，后来停滞了，从而为其他作用的发生留下广阔的余地，产生了大陆的生长和漂移、大洋的扩张等大规模的水平运动。但是，解决地壳运动问题仍需以解决地球起源问题为前提。

二、地质学现状

人类认识地球这个庞大天体的漫长过程，正是一个由表及里、由现象到本质的不断深化过程。地质学的建立和发展已有200多年的历史，资产阶级的兴起和资本主义社会的建立，以及工业革命的洪流促进了生产的发展和对矿物资源的需求，以寻找和开发矿产为研究目的的地质学也得到了相应的发展。最初的地质学是指研究地球现状和发展历史的科学，其研究对象是整个地球的自然界，包括现代地理学、地质学、气象学、海洋学等在内的全部内容。由于生产水平和自然科学发展的不完备性，以及人们在认识上的局限性，也只能在宏观上认识大陆部分的地质构造情况。随着人类生产实践的积累和知识丰富，科学分工越来越细，对问题的研究越来越深入，地质学为了适应和满足工农业生产和国防建设的需要，研究对象开始逐渐地局限于地球的表层——地壳或岩石圈。最近几十年，随着科技的进步和国际交流的扩大，地质学理论获得了突飞猛进的提高，特别是海底调查和空间探测的成果，使地质学理论得到了检验，极大地开放了人们的眼界，将地质学的时空观念扩大到空前限度。其中最重要的成果就是认识到，地质学不仅有研究和开发地球的任务，而且还必须兼备保护地球和人类生存的使命。

近代地质学研究和发展的总趋势是：从宏观研究地球进入直接观察原子空间排列的微观世界；向海洋和地球深部、月球及宇宙的广度进军；地质学与其他基础科学相互渗透、相互促进，开拓并建立了许多新的边缘学科和新的理论；对新资源的探索和对自然环境的控制及改造，等等。同时，涌现出许多新的思潮，向传统观念提出越来越多的挑战。对地球的整体研究包括很多方面，概括起来有地质学、地球化学、地球物理学和大地测量学等，研究这些学科的共同目的就是为了解决地球的起源和演化、地球层圈构造的形成和物质组成、岩石圈（主要是地壳）的特点、构造、组成（包括矿产）和发展历史等重大课题。地质学则侧重于地壳的研究。近代科学技术的发展和成就，为地质学的研究和发展提供了强有力的物质基础和理论基础，使得地质学研究能够从宏观与微观同时深入，大陆地壳和大洋地壳同时并举。

第二章 地　球

第一节　宇宙中的地球

一、宇宙及其天体

宇宙是天地万物的总称。中国古代思想家尸佼在《尸子》中提出："上下四方曰宇,往古来今曰宙。"宇是空间概念,是无边无际的;宙是时间的概念,是无始无终的。宇宙是由空间、时间、物质和能量构成的统一体,是一切空间和时间的总合。最新研究和观测表明,宇宙是有限无边的,并且正在膨胀中。宇宙的年龄为(137 ± 2)亿年❶。宇宙空间弥漫着形形色色的物质,如恒星、行星、气体、尘埃、电磁波等,一部分物质以电磁波、星际物质(气体、尘埃)等形式呈连续状态弥散在广漠的空间;另一部分物质则积聚、堆积成团,表现为各种形态的星体,如星云、恒星、黑洞、行星、地球和月球等。天体即太空中的物体,是上述各种星体和星际物质的通称。人类发射并在太空中运行的人造卫星、宇宙火箭、空间实验室、月球探测器、行星探测器等则被称为人造天体。

（一）恒星

恒星是由炽热气体组成的,能自己发光的球状或类球状天体。其化学组成主要是氢(约占70%),其次是氦(约占28%)以及少量的其他重元素。恒星一生的90%都是在核心以高温和高压进行由氢聚变为氦的热核反应,释放出巨大的能量以维持发光。恒星的质量多在太阳质量的$0.1\sim10$倍之间,相差不大;恒星的体积则相差悬殊,小的恒星直径比月亮还小,不足1000km,大的恒星直径是太阳的2000倍左右。

人们肉眼能观察到的恒星的明亮程度称为亮度。确定恒星亮度的方法有两种,一是划分星等,二是确定光度。

古希腊人将恒星的亮度用星等来表示,分为6个等级,非常亮的星为1等星;肉眼刚好看得见的为6等星。近代天文学沿用了这种传统,并明确规定每差一个星等,亮度就相差2.512倍。每相差5个星等,亮度恰好相差100倍。另外,还规定亮度比1等星还亮的为0等星,更亮的用负数来表示。例如,天狼星的星等是-1.46。在地球上观测得到的恒星亮度与星等称为视亮度或视星等。恒星的视亮度是人们用肉眼及望远镜观察的亮度,并不代表恒星的真正发光强弱,距离越远,视亮度越小。天文学家设想,把恒星移至距离地球光速10s(即32.6光年)的"标准位置"处,来确定恒星的真实亮度,这时恒星的视星等称为"绝对星等"。比如,天狼星的绝对星等是$+1.4$,太阳的绝对星等是$+4.8$,这样,天狼星实际上要比太阳亮20多倍。而天狼星又比北极星暗得多,因为北极星的绝对星等是-4.6倍多。

确定恒星的真正亮度是用"光度"来表示的,天文学家把每秒钟从恒星表面释放的光能量

---

❶ 据2003年国际宇宙背景辐射各向异性探测器(WMAP)与斯隆数字巡天项目(SDSS)宣布的宇宙新数据。WMAP是一颗人造小行星,2001年被送入太空,在离地球150×10^4km远处,绕太阳公转,观测和搜集相关信息。SDSS是美国大学天文学联盟主持的国际研究项目。

称为恒星的光度。一般说,恒星的光度与恒星的质量成正比,恒星质量越大,其光度越强。有趣的是,太阳正好处于恒星整个光度范围的中间位置,因此,天文学家常以太阳的光度为单位表示恒星的光度。一般把光度比太阳大 100 倍左右的恒星称为巨星,巨星的直径通常比太阳的直径大二三十倍;而光度小的恒星称为矮星,其体积也比较小。巨星和矮星就好比恒星世界的巨人和矮人,太阳就是一颗黄色矮星。光度比巨星还大的称为超巨星。

恒星诞生于太空中的星际尘埃。恒星的"青年时代"是一生中最长的黄金阶段——主星序阶段,这一阶段占据了它整个寿命的 90%。在这段时间,恒星以几乎不变的恒定光度发光、发热,照亮周围的宇宙空间。在此以后,恒星将变得动荡不安,变成一颗红巨星,然后,红巨星将在爆发中完成它的全部使命,把自己的大部分物质抛射回太空中,留下的残骸也许是白矮星,也许是中子星,甚至是黑洞等[①]。就这样,恒星来之于星云,又归之于星云,走完它辉煌的一生。

(二)星际物质、星云

弥漫于星际空间的极其稀薄的物质称为星际物质,包括星际气体、星际尘埃、星际云以及星际磁场和宇宙线。星际物质的密度一般不超过每立方厘米 0.1 个质点。不同区域的星际物质密度相差很大。当星际气体和尘埃聚集成质点数超过每立方厘米 10 个时,就成为星际云。

星际气体包括气态原子、分子、电子、离子,其中以氢居多,氦次之,其他元素很少。星际尘埃是直径约 $10^{-5} \sim 10^{-6}$ cm 的固态质点,分散在星际气体中。星际尘埃总质量约占星际物质总质量的 10%,其组成是水、氨、甲烷等的冰状物和二氧化硅、硅酸镁、三氧化二铁等矿物以及石墨晶粒三类物质的混合物。

星云是宇宙中的尘埃和气体组成的呈云雾状外表的天体。星云是宇宙中最美丽的天体。星云分为行星状星云和弥漫星云两大类,前者呈现为中心有亮点而四周为一圆环状气壳的外形,类似于行星与其大气,故而得名;后者为不规则形状的云,没有明确的界限,比前者大得多也稀薄得多,平均直径为几十光年,质量为太阳的几分之一到几千倍。行星状星云中央都有一颗很热的恒星,称为星云的核,环状外壳是一个由透明发光物质构成的圆球或椭圆球。已发现的行星状星云有 1000 多个,其直径在 0.3~3 光年之间,质量约为太阳质量的几百分之一到几分之一,密度为每立方厘米只有几十个原子。

(三)天体系统和星系

宇宙是有层次结构、物质形态多样、不断运动发展的天体系统(图 2-1)。比如,月球和地球构成地月系,地球是地月系的中心天体,月球围绕地球公转。地球以及行星、小行星、彗星和流星体一起围绕中心天体太阳运转,构成更高一级的太阳系。2500 亿颗类似太阳的恒星和星际物质构成更巨大的天体系统——银河系。银河系中大部分恒星和星际物质集中在一个扁球状的空间内,从侧面看很像一个"铁饼",正面看去则呈旋涡状。银河系的直径约 10 万光年,太阳位于银河系的一条旋臂中,距银心约 3 万光年。

$$总星系(宇宙)\begin{cases}银河系 \to 太阳系\begin{cases}中心天体:太阳\\8 颗行星及其卫星等\end{cases}\begin{cases}地月系\begin{cases}地球\\月亮\end{cases}\\其他行星、卫星\end{cases}\\河外星系(星系)\end{cases}$$

图 2-1 天体系统结构

[①] 中子星、白矮星和黑洞等都是恒星演化晚期形成的产物,已不再是恒星,天文学家称之为特殊天体。因其表面应力场强,星体密度大,又被称为致密星或密天体。

银河系外还有许多类似的天体系统,称为河外星系(简称星系)。人类现在观测能力所及的可见宇宙称为总星系,它是目前所知的最高一级天体系统。总星系中有10亿个星系。星系有大有小,小者有几万颗恒星,大者有上亿颗恒星,星系与星系之间的平均距离约1.6亿光年。星系也聚集成大小不同的集团:三五个彼此靠近、有物理联系的星系组成的小团体称多重星系;由十几个或几十个星系组成的比较松散的集团称为星系群;更多的称为星系团。一个星系团包含有数十个、数百个甚至上万个河外星系,直径达上千万光年。若干星系团集聚在一起构成更大、更高一层次的天体系统叫超星系团。超星系团往往具有扁长的外形,其直径可达数亿光年。通常,超星系团内只含有几个星系团,只有少数超星系团拥有几十个星系团。包括银河系在内约40个星系构成的一个小星系团叫本星系群。本星系群和其附近的约50个星系团构成的超星系团叫做本超星系团,这是一个扁球形的星系大集团,中心在后发座、室女座方向,直径将近6千万光年,银河系处在离它的边缘200万~300万光年处。

二、太阳系及其形成

太阳系由1颗恒星——太阳和围绕其运转的8颗行星(水星、金星、地球、火星、木星、土星、天王星和海王星)以及矮行星、卫星、小行星、彗星、流星、星际物质等组成(图2-2)。其中离太阳较近的水星、金星、地球及火星称为类地行星,木星、土星、天王星及海王星称为类木行星。

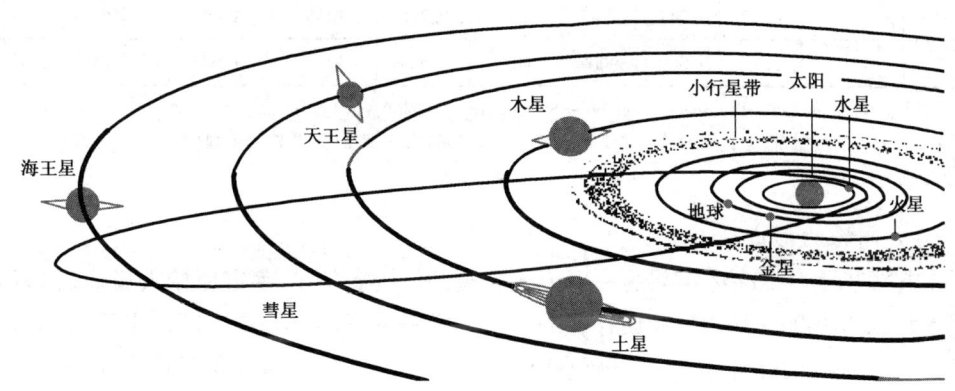

图2-2 太阳系的组成
行星轨道按比例表示

(一)类地行星

类地行星距离太阳近,体积和质量都较小,平均密度较大,约为3~5g/cm³,表面温度较高,大小与地球差不多,是以硅酸盐岩为主要成分的岩石世界。类地行星内部结构一般分为三层,最外层为固体岩石构成的外壳,其下是称为星幔的一层半流质的中间层,最里层是星核,由液态(外层)和固态(内部)的铁、镍等物质组成。类地行星表面一般都有峡谷、陨石坑、山和火山。类地行星自转速度一般较慢。

(二)类木行星

太阳系的4颗类木行星是体积大、质量大、但是密度小的气体世界,具有浓密的大气,平均密度约为1.75g/cm³,主要由氢、氦和一些低熔点的轻元素组成的物质如水、氨和甲烷等组成。类木行星的共同特点是内部有一个体积不大的岩石内核,最外部由氢和氦等气体(包括少量的氨和甲烷等)组成大气层,大气层表面温度很低,4颗星的不同之处是重元素所占比例不同,从而星体的结构也不完全相同。所有类木行星的自转速度均较快,大约为几小时到十几小时不等。

太阳系内各行星的主要参数见表2-1。

表2-1 太阳系内各行星的基本参数

类别	行星	轨道半长轴(地球=1)	轨道面与黄道面夹角(°)	轨道偏心率	赤道半径(km)	公转周期(地球年)	自转周期(地球日)	质量(地球=1)	平均密度(g/cm^3)	表面平均温度(℃)	表面大气压(atm)	卫星数
类地行星	水星	0.39	7.0	0.206	2440	0.241	58.65	0.05	5.43	昼430 夜-170	—	0
	金星	0.72	3.39	0.007	6070	0.615	343.01	0.82	5.25	460	90	0
	地球	1.00	0	0.017	6378	1.00	0.997	1.00	5.50	15~20	1.0	1
	火星	1.52	1.85	0.093	3389	1.88	1.026	0.108	3.93	昼33 夜-85	0.008	2
小行星带		2.3~3.3										
类木行星	木星	5.20	1.30	0.049	71540	11.86	0.0415	318	1.33	无表面	无表面	16
	土星	9.5	2.49	0.054	60330	29.46	0.445	95.1	0.71	无表面	无表面	23①
	天王星	19.2	0.77	0.047	26145	84.01	0.718	14.5	1.24	无表面	无表面	15
	海王星	30.1	1.77	0.009	25000②	164.79	0.669	17.2	1.67	无表面	无表面	8

资料来源:J. Baugher. 1988. The Space-Age Solar System. App. D. John Wiley & Sons。
注:有关海王星的数据,根据美国的旅行者2号太空飞船于1989年8月24日获取的资料做了订正。
①② 数据为推测数据。

(三)太阳系的形成

宇宙起源于距今200亿年前的一次无比壮观的"大爆炸"。宇宙原始大爆炸后0.01s,宇宙的温度大约为1000×10^8℃,物质存在的主要形式是电子、光子、中微子。以后,物质迅速扩散,温度迅速降低,大爆炸后1s,下降到100×10^8℃;大爆炸后14s,温度约为30×10^8℃;35s后,为3×10^8℃,化学元素开始形成。温度不断下降,原子不断形成,宇宙间弥漫着分子云,他们在引力的作用下,形成恒星系统,恒星系统又经过漫长的演化,成为今天的宇宙。

分子云中的物质具有不均匀性,这导致了大片弥漫的分子云受自身引力作用逐渐向中心凝聚,并在旋转中形成星云盘。引力场的不稳定性致使分子云中间坍缩,密度高的部分吸引密度低的部分不断向其聚集,成为一个大球体,最终坍缩形成原恒星。原恒星形成以后,星云盘上的物质一边不断围绕原恒星旋转,一边掉到原恒星上。当温度和密度到达一定程度时,引起了氢的核燃烧,继而引发热核反应,最终形成恒星。经过数百万年的演化,受离心力作用,星云盘由厚变扁,最后呈扁平状。到1千万年左右,星云盘在旋转中出现裂痕,变成了一圈一圈的环。恒星周围有可能形成行星的物质旋转形成了原行星盘,就集中在这些环上,每一个环成为后来原行星的轨道。与此同时,恒星中氢发生核燃烧的热量向外辐射,产生向外的力,阻止了周围物质继续掉到恒星上。

原行星盘上的物质经过很长时间的旋转,受引力场不稳定性的作用,逐渐聚集,形成一些小的天体,进而演变成为行星系统。

太阳系的形成和演化始于46亿年前一片有几光年跨度的巨大分子云中一小块的引力坍缩。科学家推测,在太阳形成的过程中,附近发生了若干次超新星爆发。其中一颗超新星的冲击波可能在分子云中造成了超密度区域,导致了这个区域塌陷,这一区域直径在7000~20000天文单位[1],其质量刚好超过太阳,它的组成跟今天的太阳差不多。大多坍缩的质量集中在中心,形成了太阳,其余部分摊平并形成了一个原行星盘,继而形成了行星、卫星、陨星和其他小型的太阳系天体系统。

从形成开始至今,太阳系经历了相当大的变化。由太初核合成产生的元素氢、氦和少量的锂组成了塌陷星云质量的98%,剩下的2%由在前代恒星核合成中产生的金属重元素组成,在这些恒星的晚年它们把这些重元素抛射成为星际物质。有很多卫星从环绕其母星的气体与尘埃组成的星盘中形成,其他的卫星根据信息资料分析是俘获而来,或者来自于巨大的碰撞(地球的卫星月球属此情况)。天体间的碰撞至今都持续发生,并成为太阳系演化的主导。行星的位置经常迁移,某些行星间已经彼此易位,这种行星迁移现在被认为对太阳系早期演化起绝大部分的作用。

三、地球的诞生

大约在46亿年前,从太阳星云中开始分化出原始地球,其温度较低,是一个轻重元素混为一体并无分层结构的均质固体。在形成初期,由碰撞、压缩和放射性而产生的热量使地球温度达到1000℃或更高。地球形成的最初10亿年内,在深度400~800km范围内,温度已上升到铁的熔点。由于铁和镍的熔点较硅酸盐低,这时达到熔点首先熔化,形成熔融的金属层,同时硅酸盐开始软化,在对流和重力分异作用下,密度大的铁、镍形成大的熔滴向地心下沉,降落过程中将释放出来的重力能转变为热能,使地球出现局部熔融状态。铁、镍最后向地心集结成为地核,与此同时,硅铝、硅镁等较轻物质上浮,冷却成为原始地壳,二者之间的铁镁硅酸盐组成地幔。在长期分异作用下,地核不断加大,地核内热不再散失,致使外核保持液体状态。

地球内轻的液态和气态成分,通过火山喷发到达地表,形成原始的水圈和大气圈,乃至后来的生物圈。科学家分析其过程如下:

初形成的地壳较薄,而地球内部温度又很高,因此火山爆发频繁,从火山喷出的气体,构成地球的还原性大气。水是原始大气的主要成分,原始地球的地表温度高于水的沸点,所以当时的水都以水蒸气的形态存在于原始大气之中。地表不断散热,水蒸气被冷却又凝结成水。以后,地球内部温度逐渐降低,地面温度终于降到沸点以下,于是倾盆大雨从天而降,降落到地球表面低凹的地方,就形成了江河、湖泊和海洋。科学家称那时的海洋为原始海洋,原始海洋盐分较低,而有机物质却异常丰富。当时由于大气中无游离氧,因而高空中也没有臭氧层阻挡,不能吸收太阳辐射的紫外线,所以紫外线能直射到地球表面,成为合成有机物的能源。此外,天空放电、火山爆发所放出的能量、宇宙间的宇宙射线,以及陨星穿过大气层时所引起的冲击波等,也都有助于有机物的合成。其中,天空放电可能是有机物合成的最重要因素,因为这种能源所提供的能量较多,又在靠近海洋表面的地方释放,在那里它作用于还原性大气,所合成的有机物质很容易被雨水冲淋到原始海洋之中,使原始海洋富含有机物质,成了"生命的摇篮"。

地球在发展演化过程中,内部层圈和外部层圈的发展是相互关联的,其历史梗概可归纳为表2-2。

---

[1] 天文单位(Astronomical unit),符号是AU,日地距离被规定为一个天文单位,即93×10^6 mile(1.5×10^8 km)。

表 2-2 地球的历史梗概

地质时代	冥古宙 (46亿年~38亿年)	太古宙 (38亿年~25亿年)	元古宙 (25亿年~5.7亿年)	显生宙 (5.7亿年~现在)
地球	地球形成,小行星冲击	壳、幔、核分离	中心核增长	层圈构造稳定
地壳	玄武质薄壳,局部岛弧	早期为玄武质薄壳与岛弧,晚期出现陆核	陆核扩大形成稳定古陆,中期晚形成超大陆	大陆经历了分裂—聚合—再分裂的历史
大气圈	早期氢、氦① 晚期二氧化碳、一氧化二氮	无游离氧,二氧化碳、水为主	氧进入大气圈并逐渐增加	氧增加,二氧化碳减少
水圈	可能为分散的浅水盆地②	水圈主体形成,Eh、pH值低	水圈积累,形成大量灰岩和白云岩	水圈稳定接近现在水平
生物圈	无记录	自养生物、原核细胞生物,原始菌藻类	真核细胞生物,菌藻类繁盛	后生生物,各种植物、动物等

①② 推测。

第二节 地球的物理性质

一、地球的形状与大小

地球是一个椭球体,实际上近似于旋转的三轴椭球体。最新的人造卫星资料分析表明,地球南极凹进约30m,北极凸出10m,中纬度在北半球稍凹进,而在南半球稍凸出(不到10m),将这些特征放大,地球就成了梨状(图2-3)。

通常所说的地球的形状是指大地水准面所圈闭的形状。大地水准面是由平均海平面所构成,并延伸通过陆地的封闭曲面。海平面在重力作用下是一个等位面,面上各点的重力相等。在通常情况下,平均海平面的位置不变,可作为大地测量中高程的标准。

地球的形状和大小的最新数据(1975年9月,第18届国际大地测量学和地球物理学联合会年会推荐和1980年公布的部分大地测量常数值,后者带"*"号):

赤道半径(a)	6378.137km*
两极半径(c)	6356.752km*
平均半径[$R = (a^2c)^{1/3}$]	6371.004km
扁率[$(a-c)/a$]	1/298.2572220101*
赤道周长($2\pi a$)	40075.36km
子午线周长($2\pi c$)	40008.08km
表面积($4\pi R^2$)	$5.1006 \times 10^8 km^2$
体积($4/3 \pi R^3$)	$1.0830 \times 10^{12} km^3$*
质量	$5.976 \times 10^{27} kg$*

二、地球的重力

(一)地表重力

地球表面的重力(Gravity)是指地面某处所受地心引力和该处的地球自转离心力的合力

(图2-4)。地面重力场的变化是随纬度增加而增加的,随高度增加而减小的,赤道处为978.0318cm/s²,两极处为983.2177cm/s²。

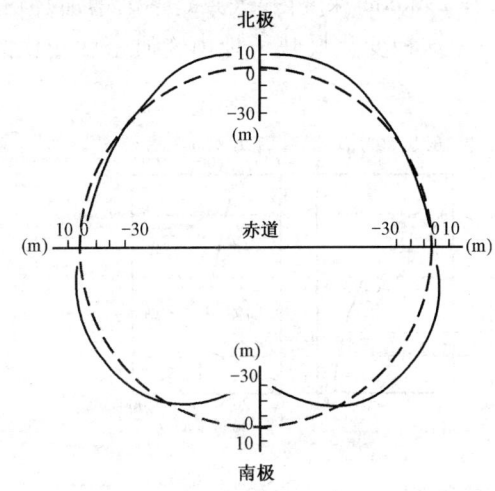

图2-3 大地水准面和扁球体
(据 King. Hele 等,1969)
实线(比例尺已夸大)为大地水准面,点线为地球的理想扁球体

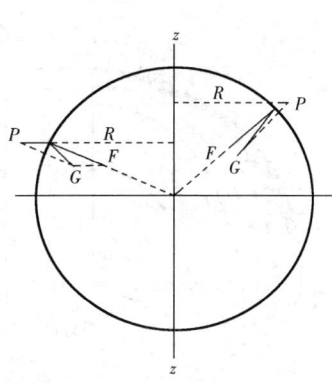

图2-4 重力与地心引力和离心惯性力关系示意图
zz—地球自转轴;G—重力;F—地心引力;
P—离心力;R—纬度圆半径

假设地球为一均质体,以海平面为基准计算可得出标准重力值,计算公式为:

$$g = 978.0318(1 + 0.0053024\sin^2\Phi - 0.0000059\sin^2 2\Phi)$$

式中 g——重力值,cm/s²;
Φ——纬度,(°)。

实际上,地球内部物质密度分布不均、测站的高度不同、各测量地区的岩石种类不同等因素,都会使实测值和标准值不一致,将实测值进行校正计算出各测站相当于海平面的校正值,如果与标准值仍有差异,其差值称为重力异常(Gravity anomaly)。

(二)重力异常

如果把地球视为一个圆滑均匀的球体,以其大地水准面为基础,计算得出的重力值称作理论重力值,它与地理纬度有关。但实际上,由于地球表面起伏甚大、内部物质密度分布极不均匀以及结构的显著差异,各地测定的重力值并不同于理论值,地质学上称为重力异常。实测值比理论值大者称正异常,比理论值小者称负异常。引起重力异常的因素很多,主要原因是地下物质组成的不同。在那些密度较大的地区,如铁、铜、铅、锌等金属矿和基性岩组成的地区,常显示正异常,而在密度较小的地区,如石油、煤、盐类等非金属矿床组成的地区,常显示负异常。重力异常的大小取决于矿石与周围岩石的密度差、矿体的大小以及矿体的埋藏深度,物探中的重力勘探就是利用此原理找矿和查明地下地质构造,进行地质调查的。

(三)地球内部的重力

地球内任何一点的重力为:

$$g = Gm/r^2$$

式中 G——为常数:6.672×10^{-13},N·cm²/g²;

m ——地球的质量,kg;

r ——该点距地球的距离,km。

重力在地球内部随深度而有不甚规则的变化,在 2900km 深度内,大致是逐渐增加,但有波动,再往深处就迅速减小,到地心为零(图 2-5)。这种变化反映了地内物质密度变化的情况。

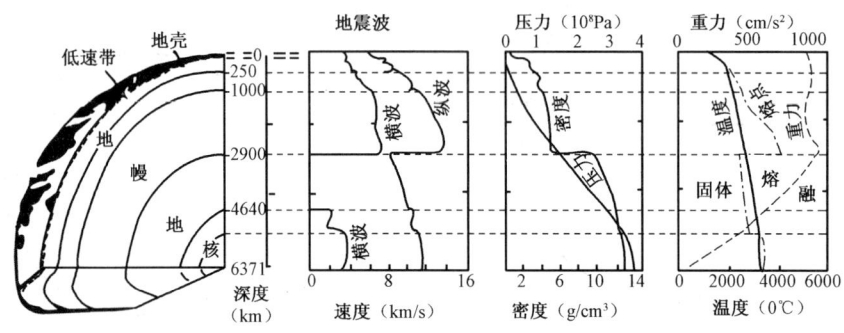

图 2-5 地球物理性质变化曲线

地球的重力无疑是一个极为重要的物理性质,它主宰着地球上一切物体的向心运动,足以形成地球如今的形状;促使地球内部的物质分异,形成层圈构造;保持水和大气不致于离开地球而去;直接和间接地促使水和大气以及岩石的运动和循环,等等。因而,对维持地球的"生命"起着决定性的作用。我们所讨论的地质作用都是在重力参与的背景下发生和发展的。

三、地球的密度和压力

(一)地球平均密度和地内密度的变化

据万有引力公式计算出地球质量为 5.976×10^{27}g,除以地球体积得到地球平均密度为 5.517g/cm^3。另外,地表 3/4 面积为海水覆盖,海水体积约为 13.7×10^8km^3,水的密度为 1g/cm^3,地表岩石平均密度仅为 2.7g/cm^3。因而推测地球内部物质应具有更大的密度。

根据地震波速、地内重力、转动惯量等推算结果,地球内部密度随深度增加而逐渐增加,但不是均匀增加,大约在 400km、650km、2900km、4640km 深度处有明显的变化(图 2-5)。这些变化反映了地球内部物质成分和存在状态的变化。

(二)地球内部压力及其变化

地球内部压力是指不同深度上单位面积上的压力,实质上是压强,即上覆地球物质的重量产生的静压力,按静压力平衡公式计算出来的数值大致为一条平滑的曲线(图 2-5),地球内部压力随深度的增加而增大。地下深 10km 处压力约为 3×10^8Pa;35km 深处为 10×10^8Pa;接近地心可达 3640×10^8Pa,比地球表面大气压高 100 多万倍。

四、地球的温度

(一)温度

矿井温度随深度增高,地下流出温泉和火山喷出炽热物质等都揭示了地内是热的。地内热能的来源主要是由地内放射性物质蜕变产生的热能,其次是地球自身的旋转能、重力能以及化学反应能、结晶能等。人们把温度在地球上的分布状况称为地温场。地球的温度表里不一,根据地内温度分布状况可以分为外热层、常温层和内热层。

1. 外热层（变温层）

外热层是固体地球的最表层,一般陆地区深度为 10～20m,内陆或沙漠地区可达 30～40m。本层热量来自太阳辐射,太阳到达地面的热量绝大部分通过反射或散射又回到空中,只有极少一部分(约 5%)透入地下使地面温度升高。由于组成地表的岩石或土层热导率小,温度向下迅速减低。到一定深度,温度变化开始不明显,而且趋于与常年平均温度一致,此处即为外热层的下界。

2. 常温层（恒温层）

在地球外热层下界一带（在太阳热能影响的深度以下）,是一个厚度不大的层带,温度与当地的年平均温度相同,不受季节性变化的影响,故称常温层。常温层在中纬度及内陆区位置较深,在海滨地区及高纬度地区位置较浅。

3. 内热层（增温层）

在地球常温层以下,热量由地球内热提供,温度随深度增大而增加,而且很有规律,即每向下加深一定深度便增加一定温度,不受太阳辐射热的影响。计量这种增温的大小通常有两种方法:

(1) 地温梯度(Geothermal gradient)。地温梯度也叫地热增温率,是在内热层里,深度每增加 100m 所升高的温度数值,一般为 0.9～5.2℃,平均为 2.5℃。

(2) 地热增温级(Geothermic degree)。地热增温级也叫地温深度,是在内热层里,温度每升高 1℃所需增加的深度,以"米"来表示。

上述两种表示方法互为倒数。据实测,海底的平均地温梯度为 4～8℃,大陆为 0.9～5℃,海洋的地温梯度明显高于大陆。由于各地岩石的密度、热导率、离热源的远近及所处地质构造的条件等不同,地温梯度也不尽相同,如我国华北平均约为 1～2℃,大庆油田可达 5℃。

地温梯度在 70km 深度以上约为 2.5℃,再向深处逐渐变小,约为 0.5～1.2℃。据此推算,在 100km 深处约为 1100℃;2900km 深度为 3700℃;地心温度可能超过 6000℃。

(二) 地热流值

地球内部的热能总是通过传导、对流和辐射等方式从高温区向低温区流动,主要表现是从深部流向地表。通常把单位时间内通过单位面积的热量称为地热流值(Geothermal heat flow),简称为热流。热流值较大的地区称为地热异常(Geothermal anomaly)区。某些地热异常区的地热随深度增加很快,如我国藏北羊八井地热田,据钻井资料在离地表 65m 的深度,温度可达 165℃。

目前,全球实测的地热流值的平均值为 6.16×10^{-6} J/(cm^2·s)。地内向外散发的总热量为 10.048×10^{20} J/a。太阳到地面的热量为 13.4×10^{24} J/a,比地球自己散发的热量多 10^4 倍。实际上,地球内部的热量绝大部分用于造山作用和推动地壳的水平移动,而太阳的热能则用于推动大气圈运动,引起地表的风化、剥蚀等作用,以改造地表的山川面貌。

测量统计还表明,大陆平均热流值 6.112J/(cm^2·s),大洋底平均值为 6.154J/(cm^2·s),大陆和大洋平均热流值基本相同。

另外一组统计结果更有实际意义,大洋中脊的平均热流值大于 8J/(cm^2·s),大洋盆地约为 5.4J/(cm^2·s),海沟小于 4J/(cm^2·s);在年青的造山带及火山带可高达 9J/(cm^2·s);而活动性差的平原区一般为 3.8～5.4J/(cm^2·s) 之间。这种不均匀分布表明地球表层活动性强烈地区为"热地壳",而稳定地区为"冷地壳"。

五、地球的磁性

(一)地磁场

地球是一个磁化的球体,具有两个地磁极。地磁场(Geomagnetic field)的南北极和地理极并不一致,两者相差1280km,这是因为地磁轴和地球自转轴有11.5°的交角(图2-6)。地磁场包围着整个地球,其范围可延伸到10km上空。地磁场形成的原因还未最终定论,目前倾向于这种认识:地核的外核部分为液态的金属铁、镍物质,是一种导电流体,在地球旋转过程中产生感应自激,形成地球磁场。

(二)地磁要素

地磁场中有无数条磁子午线通过南北两个地磁极,磁子午线与地理子午线有一个交角称为磁偏角。磁针在赤道附近为水平,向高纬度方向移动,磁针发生倾斜,与水平面之间形成磁倾角。在地磁北极和地磁南极周围一定范围内,磁针受磁场吸引而直立,磁倾角为90°。

地磁要素是表示地球磁场方向和大小的物理量。在地磁场内,磁力的大小称磁场强度。地磁场强度是一个具有方向(即磁力线方向)和大小的矢量(图2-7),地表某点的地磁场强度 F,可以分解为水平分量 H 和垂直分量 Z;水平分量又按地理方向分解为北(向)分量 X 和东(向)分量 Y。总磁场强度(F)及各个分量,加上磁偏角 D 和磁倾角 I,统称为地磁要素,地磁要素值随时间而不断发生变化。确定某一点的磁场情况,需要三个要素,常用的是磁倾角、磁偏角和磁场强度水平分量。

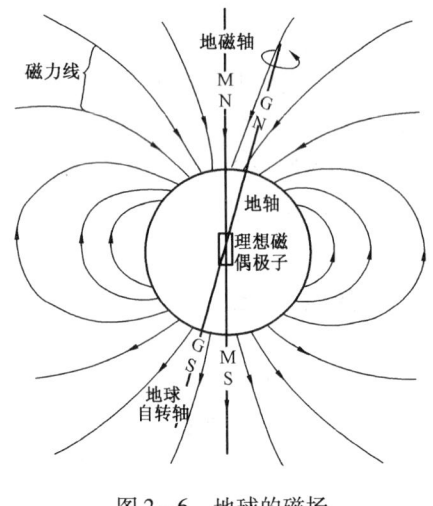

图2-6 地球的磁场

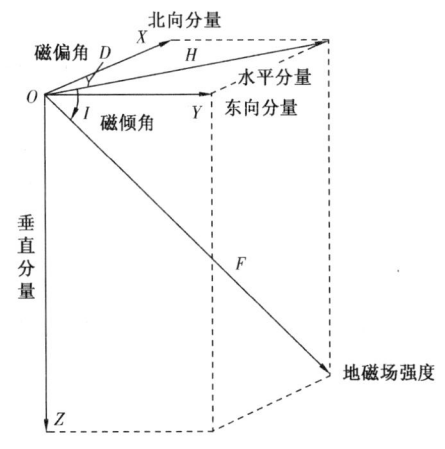

图2-7 地球的磁场强度矢量及地磁要素

(三)地磁场的变化和地磁异常

地磁场跟地球引力场一样,是一个地球物理场,它由基本磁场、变化磁场和磁异常(地壳磁场)三个部分组成。基本磁场是地磁场的主要部分,起源于地球内部,比较稳定,变化非常缓慢。变化磁场包括地磁场的各种短期变化,与电离层的变化和太阳活动等有关,并且很微弱。磁异常是地球浅部具有磁性的矿物和岩石所引起的局部磁场,它也叠加在基本磁场之上,故又称地壳磁场。一个地区或地点的磁异常可以通过将实测地磁场进行变化磁场的校正之后,再减去基本磁场的正常值而求得。

地磁场有日变化、年变化、长期性变化和突然性变化。通过设在各地的地磁台所测的地磁要素数据,经处理后可得到地磁场的正常值或称背景值。如果在实际测定时,发现所测的地磁要素数据与正常值偏离称为地磁异常。实际磁场大于正常值称正异常,小于正常值称负异常。一般情况下,在有磁铁矿、镍矿、超基性岩体等地区,常显示正异常,而在铜矿、盐矿、石油、石灰岩等地区,较多负异常。物探上,利用磁异常来探测地下矿产和地质构造的方法,叫做磁法勘探。

(四) 古地磁

古地磁是指地质历史时期的地磁场。岩石在其形成过程中因受古地磁场的影响而获得磁性,这种磁性与古地磁场方向是协调的,这些受磁化的岩石在磁场发生改变后仍可将原来磁化的性质部分地保留下来,形成所谓的"剩余磁性"。岩浆冷却过程中受到磁化而保存的磁性叫热剩磁。沉积岩在沉积过程中,原已磁化的矿物沿磁场方向沉积而保存的磁性特征,称沉积剩磁。地质学家利用这些特征,可查明地质历史时期的地磁场情况。

六、地球的弹性和塑性

地球具有一定的塑性。地球在其自转过程中,逐渐演化成为一个旋转椭球体并保持下来,这表明看似刚体的地球实际上存在着一个永久性的塑性变形。野外经常见到成层岩石弯曲成各种各样的褶曲形态,同样是岩石形成后,在长期地应力作用下发生塑性变形的结果。

地球还具有弹性,表现在其一,固体地球的表层和海水一样,在日月引力作用下会产生潮汐现象,这种潮汐称作固体潮,尽管它的最大涨幅只有几十厘米,需要用精密仪器才能观测到,但它是地球在日月引潮力作用下发生的弹性变形;其二,地球能传播地震波(弹性波)。这些现象都说明地球具有弹性。

地震波(Seismic wave)通常可以分为纵波、横波和表面波三种。通过地震波穿过地球内部所发生的变化,可以了解地球的内部特征。地震波速度的快慢与物体的密度成反比,与弹性模量成正比。液体的切变模量为零,故横波不能通过。

地震波波速的大小与介质的密度和弹性的关系可用下式表示:

$$v_P = \left(\frac{k + \frac{4}{3}\mu}{\rho}\right)^{\frac{1}{2}}$$

$$v_S = \left(\frac{\mu}{\rho}\right)^{\frac{1}{2}}$$

式中　v_P、v_S——纵波、横波波速;

　　　ρ——介质密度;

　　　k——介质的体变模量(物体在围限压力下能缩小的程度);

　　　μ——切变模量(物体在定向压力下,形状改变的程度)。

液体体积难以压缩故 k 值大,液体无反抗变形的能力,即 $\mu = 0$,所以,在液体中纵波速度较慢,而横波则不能通过。波速在刚性物质中比在塑性物质中传播速度快。

地球内部的物质密度因重力及上层静压力而增加,地震波在地球内部传播时波速加快。根据不同深度波速值的变化可将地球内部划分出许多圈层,再根据模拟地球内部物质成分和密度及其与波速的关系的实验,从而定性地确定地球内部的物质成分和物态。地质学从中获得了巨大的发展。

地震波作为传播信息的使者,不仅对探索地球内部分带、物质组成和物态以及其他方面的特点起着重要的作用,对地球表部有用矿产勘探,特别是对覆盖区或海域的石油勘探等也是重要的手段,例如物探工作中的地震勘探。

第三节 地球的结构

地球是一个具有同心圈层结构的非均质体,以地表为界可以分为内圈和外圈。内圈指固体地球部分,包括地壳、地幔和地核,外圈则包括生物圈、大气圈和水圈。每个圈层都有自己的物质运动特点和物理、化学性质,对动力地质作用各有程度不同的直接或间接的影响。因此,了解各圈层结构的基本特征,将有助于我们加深理解动力地质作用的原理。

一、地球的内圈

(一)内圈划分的依据

到目前为止,我们现在探测研究地球深层结构的唯一可行的方法,乃是观察分析地震发生之后穿过地球的地震波。地震波在传播途中遇到不同的界面会发生折射和反射,并且改变波速。地震波速变化明显的深度,反映该深度上下的地球物质在成分上或物态上有改变或两者都有改变,这个深度就可作为上下两种物质的分界面,地球物理学上称其为不连续面或称其为界面。

从绘制的纵波(P)和横波(S)在地球内不同深度波速变化曲线图(图2-8)中可以看出,在不同层圈之间的边界上,地震波表现出明显的变化甚至中断现象。在地球表层,纵波波速从5.6km/s开始,向深处逐渐增大,深度位于2900km处,波速由13km/s突然下降为8km/s,然后又缓缓升高;横波在深度2900km处突然降为零,在深度4600km处再度出现。由此推测,2900~4600km范围由液态物质组成。

1909年,克罗地亚地震学家莫霍洛维奇(Mohorovicic,1857—1936)首先发现在地表以下存在一个纵波波速由7km/s提高到8km/s的界面,后来将这个不连续面称为"莫霍洛维奇不连续面"(Mohorovicic discontinuity),简称莫霍面(Moho或M面)。莫霍面以上称为地壳,以下称为地幔。后来根据进一步测量又相继发现和确定了很多界面,其中深2900km处的古登堡不连续面(Gutenberg discontinuity)和上面所说的莫霍面为一级界面,据此可将地球由外向内划分为地壳、地幔和地核三大圈层(图2-9),再根据其他二级界面划分出次一级圈层或层带(表2-3)。这些成果大约在20世纪70年前已基本确定,一直沿用至今。

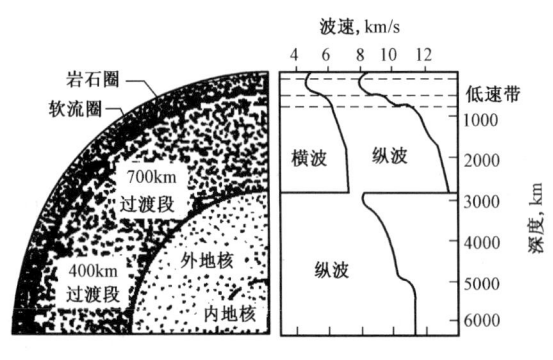

图2-8 固体地球、地壳、岩石圈示意图

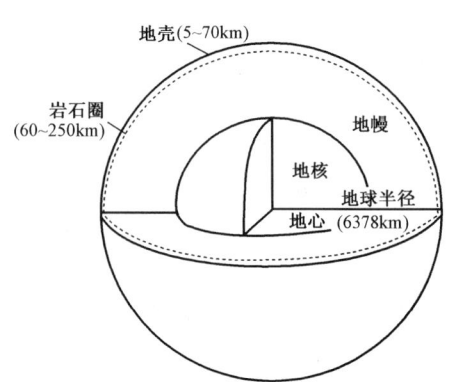

图2-9 由地震波变化确定的地球内部圈层

表 2-3　地球内部圈层及物理数据

圈层 名称	代号	深度 km	地震波速度 km/s 纵波	地震波速度 km/s 横波	密度 g/cm³	重力加速度 cm/s²	压力 10¹⁰Pa	温度 ℃	附注
地壳	A	0	5.6	3.4	2.6	981	0.0	14	岩石圈
地壳	A	10	6.0	3.6	2.7	983	0.3	180~300	岩石圈
地壳	A		6.6	3.8	2.9				岩石圈
莫霍面		33	7.6	4.2	3.0	984	1	400~1000	岩石圈
莫霍面			8.0	4.4	3.32				岩石圈
上地幔	B (低速带)	60	8.2	4.6	3.34	984.7	1.9	500~1100	岩石圈
上地幔	B (低速带)	150	7.7	4.0	3.5	987.5	4.9	800~1400	软流层
上地幔	B (低速带)	250	8.2	4.55	3.6	989	6.8	1000~1600	软流层
上地幔	B (低速带)	400	9.0	4.98	3.85	994	14	1200~2000	
下地幔	C D	1000	11.43	6.35	4.6	994	40	1850~3000	物质不均匀
古登堡面		2898	13.32	7.11	5.7	1030	150	2850~4400	液态
古登堡面			8.1	0.0	9.7				液态
地核 外核	E	4640	10.4	2.07	12.0	610	298	4500~5000	
地核 过渡层	F	4900	10.4	1.24	12.2	500	320	4700~5700	
地核 过渡层	F	5155	11.0	3.6	12.7	430	332	4720~5720	
地核 内核	G	6371	11.3	3.7	13.0	0	370	5000~6000	

(二)地壳

1. 基本特征

地壳是固体地球的最外一圈,由岩石组成,是一个相对刚性的外壳,其下界以莫霍面与地幔分开。平均厚度约为 16km,只有地球半径的 1/400,体积只有地球体积的 0.77%。

2. 地壳的类型及结构

地壳分为大洋地壳(Ocean crust)和大陆地壳(Continental crust)两种类型(图 2-10)。

大陆地壳(简称陆壳)的厚度各地不一,最薄处在沿海的平原上,有的地方厚度不到 20km,最厚处在我国的青藏高原上,可达 70~80km,平均厚度为 35km。陆壳具双层结构,其分界面叫康拉德面(Conrad 面或 C 界面)。上层主要是由氧、硅、铝等轻元素组成,故称

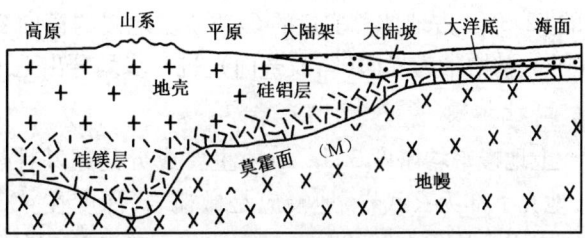

图 2-10　地壳结构示意图(据徐成彦,1988)

硅铝层(Sial),其平均密度为 2.7g/cm³,主要岩石为酸性岩浆岩和变质岩等,因富含碱金属(钾、钠)和较多的稀有元素(铀、钍、稀土、锆、铌等),故也叫花岗岩质层(Granitic layer)。下层主要成分是氧、硅、铁、镁,故称硅镁层(Sima),其平均密度为 3.0g/cm³,主要岩石为基性岩浆岩,故又称为玄武岩质层(Basaltic layer)。

大洋地壳(简称洋壳)厚度变化在 5~8km 之间,平均厚度 6km,缺失硅铝层,只有玄武岩质层。

硅镁层在大陆地壳和大洋地壳中连续分布,但陆壳硅镁层的成分不如洋壳硅镁层均匀,其中混有大量的中酸性岩成分,还有较多的钾、铷、锶、磷、钡、铀、钍等元素。硅镁层的厚度变化较小,但有个别地区很薄甚至缺失(如美国西部海岸山脉下面)。

地壳表层长期与大气和水接触,遭受各种外动力地质作用,特别是在河流、湖泊和海洋中形成了一层沉积岩层,在大洋地壳表层较薄,仅 0.5~1km,在大陆地壳表层较厚,可达数千米以上。因此,也有人根据地壳不同深度的物质组成,将地壳分为沉积岩壳、花岗岩质壳和玄武岩质壳。

3. 地壳的均衡现象

大洋下面的地壳薄,陆地之下的地壳增厚,高原下面的地壳最厚。这种地表地形越高地壳越厚的现象早在 1855 年左右,就由英国大地测量学家普拉特(J. H. Pratt,生卒不详)和天文学家艾里(G. B. Airy,1801—1892)提出两种解释。

普拉特认为组成高原、平原及洋底地壳的物质密度不同,它们都漂浮在高密度物质上面,密度越小的地壳部分地形越高。犹如将截面积相同、质量相等,但密度不同的物体放入液体中。按阿基米德原理,在重力作用下,物体下界面保持在同一水平面上,顶部则会产生高低不平的现象。这种地壳内部各地密度不同而引起的自动调整(补偿)现象称地壳均衡(Isostasy)。

艾里提出了另一种漂移机制,他认为地壳是由密度相同、厚度不同的块体组成,它们又都漂浮在密度更大的物质上面,有如截面积相同的木块浮在水面上,水面上露出的越高,下面的"根"也越深。

根据新的研究成果,地壳由各种形状和大小的块体拼接而成。宏观上看,密度相差不大,地形高低与地壳厚薄关系符合艾里的漂浮机制;但是,在不同地壳块体内部,确实存在密度不同的现象,因而普拉特的说法也是存在的。

均衡是地壳物质取得平衡的一种必然趋势。均衡现象表明组成地壳的物质较轻(大陆更轻),另外也表明地幔中存在可以流动的物质。按均衡原理,一个地区下降,必然有别的地区上升,反之亦然。均衡的不断破坏和恢复,演绎出一部地质历史。

(三)地幔

地幔介于莫霍面和古登堡面之间,厚度在 2800km 以上,平均密度为 4.5g/cm³,占地球体积的 82.3%,占地球总质量的 67.8%。地幔的横向变化比较均匀,根据地震波速度的变化以 1000km 激增带为界面(雷波蒂面),进一步划分出上地幔和下地幔两个次一级圈层。

1. 上地幔

上地幔平均密度 3.5g/cm³,主要成分是超基性岩。根据地壳中熔融物质分异作用的研究,地壳下部为玄武岩,地幔应是橄榄岩,深度在 400km 以下,物质密度逐渐增加,压力大于 14×10^9Pa,温度达 2000℃以上。这并不是物质成分发生了什么变化,在接近 400km 深度处,有一个数十千米厚的地震波速度显著增速带,在这样的温度和压力条件下,橄榄石的原子排列更加紧密而转变成尖晶石结构,推测这里正好适合橄榄石的相变,并且形成一个橄榄岩的相变带。在 650~700km 深度区间,又出现了一个地震波速度急增区,此处橄榄石破裂为简单的氧化物,进而变成了更致密的物质。

2. 下地幔

下地幔的平均密度达 $5.4g/cm^3$,在 2900km 深度的下地幔底部,压力高达 $15×10^{10}Pa$,温度达 2700℃。下地幔的地震波速度增加缓慢,表明下地幔是一个物质成分比较均匀,相变不甚显著的区间。从上地幔下部开始至下地幔底部,物质密度的增加主要是由于压力增大,含铁量的增多也可能是另一个重要原因。

(四)岩石圈和软流圈

根据地震波速度的变化以及成分、物态等特征,国际上地幔研究计划(1965—1970年)将地表至 250km 深度划分为两个带。

1. 岩石圈

地下 0~70km(平均数)为 A 带,通常称岩石圈(Lithosphere)。岩石圈实际上包括地壳和上地幔的顶层,这是一个不算很厚的板,由固态物质组成,刚性、有强度,大陆区有硅铝层、硅镁层及橄榄岩层,大洋区只有硅镁层和橄榄岩层。岩石圈的厚度不均,总的特征仍然是海洋下面最薄,高原区最厚。我国近几年的测量结果,东部边缘海区厚 68km,华北平原厚 80km,青藏高原厚 138km。岩石圈也不是一个整块,而是由许多大小和形状不同的碎块拼接而成,称为板块。

2. 软流圈

地下 70~250km 深度区间为 B 带,通常称软流圈(Asthenosphere)。B 带横波波速从 A 带的 4.8km/s 突然减至 4.2km/s,因而又称低速带,其中以 100~150km 范围内波速最小,低速带的顶、底界不很确定。实验证实,横波速度在液态结晶混合物中减慢并被吸收。一般认为,低速带内岩石接近熔点,但并未完全熔化,只有部分熔融物质,数量可达 10%,物质可以缓慢流动和对流,岩石强度也大大减小,故称软流圈。覆盖在软流圈上面的岩石圈碎块能够容易地漂移,这里的热态区又是岩浆作用的发源地。

(五)地核

地核以古登堡面与地幔分界,由 2900km 深度处至地心为地核,厚 3473km,占地球体积的 16.3%,占地球总质量的 1/3。地震波在 2900km 处波速由 13km/s 降至 8km/s,横波中断,表明 2900km 处的古登堡面两侧物质状态发生巨变。地核又可根据 4640km 和 5120km 深度的两个界面划分为外核(E 层)、过渡层(F 层)和内核(G 层)三个次级圈层。

1. 外核

外核的平均密度约 $10.5g/cm^3$,由于纵波速度降低,横波不能通过,说明刚性为零,呈液体状态。

2. 过渡层

过渡层的波速变化复杂,并测到波速不大的横波,可能是由液态开始向固态过渡。

3. 内核

内核平均密度约 $12.9g/cm^3$。测得内核的纵波速度为 11.2km/s,横波速度为 3.7km/s。显然,内核的横波是由到达内核的纵波重新转变而来,这表明内核是固体。地核的主要成分是铁和镍,除铁、镍之外,还有少量较轻的硅、硫等元素。

二、地球的外圈

地球表面以上,充满了大气、水和生物,自然地形成了大气圈、水圈及生物圈,它们包围地球,各自形成连续完整的圈层。

(一)大气圈

大气圈(Atmosphere)是包围固体地球的大气层,厚度可达几万千米以上。两极薄、赤道厚。由于地心引力作用,接近地面的大气较为稠密,向外层逐渐变稀薄,最后过渡为宇宙空间。随着高度的变化,大气圈的密度、温度、成分等物理状态都有一系列的变化。按密度和成分由下至上可将大气圈进一步分为对流层、平流层、中间层、热层和散逸层(图2-11)。

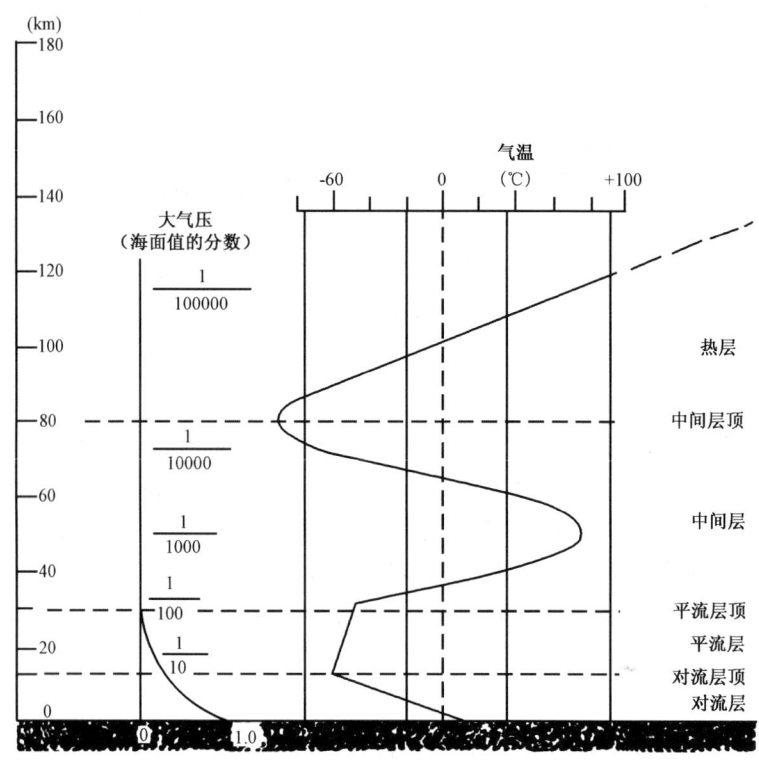

图2-11 大气圈的分层

1. 对流层

对流层(Troposphere)是大气圈的最底层,其高度在赤道为18km,两极为9km,平均厚度约11~12km,该层的厚度可随夏季升温而增厚,冬季降温而减薄。大气圈中对流层的密度最大,其质量占大气圈总质量的79.5%。由于温度主要来自地面反射回来的太阳辐射热,所以近地面的温度高,气温随高度上升而递减,平均每升高1km,气温下降6℃,称为大气降温率。按此规律,对流层顶部气温可降至-53℃(两极上空)及-83℃(赤道上空)。底层的热空气可因密度较轻而上浮,高层冷空气可因密度增大而下沉,因而会产生大气的上、下对流;由于地表各处的温度有明显的差异,因而又可产生横向对流,从而使对流层的空气十分均匀。

空气的主要成分有氮(75.09%)、氧(20.00%)、氩(0.93%),其他为二氧化碳(0.03%)、臭氧、水蒸气及其他少量杂质(如尘埃等),总含量不超过1%。

干燥的空气0℃时在海平面上的标准密度为0.00123g/cm³,其压力大约1×100kPa。空气的密度和压力随高度而减小,每上升20km气压减小10倍,在对流层的顶部压力只有10~50kPa,空气相当稀薄。

由大气的对流和环流生成风,自海面或地面蒸发升空的水汽可凝聚成云,并可以雨、雪、冰雹等形式回到地面,因而在对流层中不断有风云、雷电、雨雪和冰雹等复杂多变的天气现象,直接或间接地影响着外动力地质作用,支配着地球表面多种多样的自然地理环境,塑造出千姿百态的地理景观,从而赋予地球无限的生命力。

对流层受人类活动影响最显著,人类生产和生活活动排放的大气污染物绝大部分都集中在该层中。

2. 平流层

从对流层顶到35~55km高度的范围内为平流层,其厚度在赤道小于两极,形状为球形。尽管平流层的厚度是对流层的两倍,但质量却只占大气总量的20%,可见空气极为稀薄。平流层的温度与对流层刚好相反,随高度上升而上升,在平流层顶部又回复到0℃左右,这表明平流层的热量不是来自地面的反射,而是直接从太阳辐射热中吸取的。平流层的大气下重上轻,只能随地球自转产生的温差而进行水平流动,平流层亦因此而得名。

平流层中的氧分子受到太阳紫外线辐射分离为氧原子,有少量氧原子结合成臭氧(O_3),在20~35km范围内臭氧特别集中,形成一个臭氧层。臭氧层吸收了太阳紫外线的90%,成了地面生物的防护罩。

3. 中间层

从平流层顶至85km的高空为中间层。中间层空气极为稀薄,因吸收太阳的紫外线和X射线使大气中的氧和氮分子分离成为原子或离子,因而又叫做电离层。中间层可以反射地面发射出的无线电通讯短波。

4. 热层和散逸层

从中间层顶至500km的高空为热层(或称暖层),该层因直接吸收太阳紫外线辐射而使温度升高至数百度乃至1千度以上,故称热层。再向上至数万千米的高空为散逸层。散逸层的空气已极为稀薄,由于远离地面,引力作用微弱,气体不断向太空逸散,因而找不到确定的外边界。过去对中间层以上的大气圈所知甚少,自从宇宙探测开始以后,根据所收集的资料可知,其结构还相当复杂,大约在6000~10000km和20000~30000km高处还有两个辐射带;在50000~70000km高处有一个磁层,其强度可达$(50~100)×4\pi×10^{-3}A/m$。正是这个磁层挡住了太阳发出的高能电子流(俗称太阳风,速度高达300~1500km/s),使生物免受太阳风的袭击。

大气圈好像是固体地球的一件透明外衣,它过滤太阳发来的有害射线,焚毁闯入地球的宇宙尘埃,净化大气和水源,给固体地球和生物以良好的保护。

(二)水圈

1. 水圈的组成

水圈(Hydrosphere)是由水体(呈液态及部分呈固态)组成的地球表层。地表最大的水体是海洋,占地表水总量的97.2%,属于咸水;另一部分散布在陆地上的河流、湖泊、冰层、土壤和岩石孔隙中,占2.8%,属于淡水,而在陆地水中,冰川大约占其总体积的77.4%;此外,在大气下层和生物中(生物体的3/4是由水组成的)也含有水分。这些水包围着地球形成一个连续而不规则的圈层。水圈的厚度因地而异,厚度可达 11km 以上,最高的山区地下水层可达 10km。

水圈为行星地球所特有,它是一切生命发生和繁衍的前提。太阳系的其他成员中没有生命正是由于没有水,在茫茫沙海中生物难以生存同样也是由于缺乏水。

2. 水的循环

水圈的总量是不变的,但在不同的条件下以固、液、气三种状态不断地相互转化着,同时也以蒸发、运移、降水等方式经久不息地循环着(图 2-12)。水在循环中不断地进行着自然更新,研究表明,各种水体平均更新一次的时间为:大气中的水为 9～12 天,河流水为 12～20 天,潜水面以上的土壤水为 15～30 天,湖泊水为 10～100 年、地下水 100～1000 年、冰川水 10000 年、海洋水 1000～10000 年。

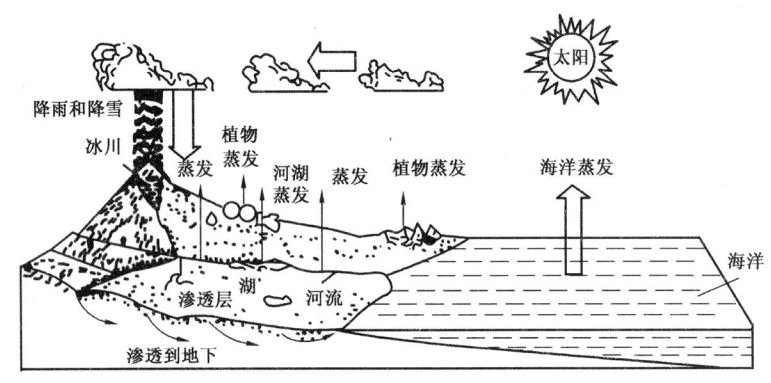

图 2-12 水圈示意图

水圈的循环作用产生了三个重要结果:(1)源源不断地制造淡水供给陆地;(2)净化了空气和大自然;(3)通过河流将陆地表面的松散泥沙及溶解物质送入海洋。含有水分的沉积岩在造山作用过程中,其中的水分又可被挤压排出形成地下水的一部分;也有些水在大洋地壳的海沟下面随沉积岩带入地下深处,转变成岩浆中的水,并可以温泉形式或随火山喷发返回地表。上面所述的多种循环作用一直保持着水圈的自然平衡。

(三)生物圈

1. 生物圈的组成

生物圈(Biosphere)是地球上所有生物(动物、植物和微生物)及其生存环境组成的连续圈层。生物圈包括大气圈的下层、岩石圈的上层和整个水圈,最大厚度可达数万米。在大气圈 10km 的高空、地壳 3km 深处和深海底都发现有生物存在,但主体部分为地表以上 100m,水下 200m 之间的范围。目前,已知的动物、植物大约有 250 万种❶,其中动物约为 200 万种,植物约为 50 万种,微生物约为 3.7 万种。微生物的生存适应能力相当惊人,在温度 -50～180℃ 之间,压力高达 8kPa 的情况下仍能成活。

生物圈化学组成极其丰富,最主要的是氧、碳、氢、氮四种元素,其次为钙、钾、硅、镁等,它们具有重要的生物化学功能。

生物圈的生物,按其性状特征可分为四类,即原核生物界、真菌界、植物界和动物界。生物

---

❶ 据科学家估计,地球上大约有 500 万～3000 万种生物。

依据与营养物之间的关系,可分为自养生物与异养生物。植物依靠光合作用制造食物,不需要运动器官,称为自养生物。而动物是吞食者,以植物或其他动物为食,它们需要通过运动寻找并大量消耗食物,称为异养生物。

地球上的生命界可以划分成不同的层次或组织水平,从大分子有机物开始直到生物圈,复杂程度逐级增加(图2-13)。当一个层次过渡到另一个较高的层次时,生命组织便会出现前一级所不具有的新性质和特征。

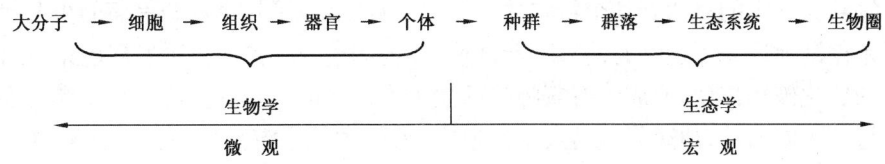

图2-13 生命界的组织水平

在生物圈内,各种生物组合形成生物链,纵横交错互相依存,与水圈、大气圈和岩石圈进行着复杂的物质交换,共同构成一个完整的自然平衡。

2. 生命的特征

生命是由核酸和蛋白质等物质组成的分子体系,它具有不断繁殖后代以及对外界产生反应的能力。生命是一种能自我复制、记载、累积和传递遗传信息的有机体。组成生命的化学物质以碳、氢、氧和氮四种元素为主,以核酸和蛋白质的大分子为主体,构成细胞。细胞是一切生物体的基本结构单位和功能单位,是生命活动的基本单元。细胞由细胞核、细胞膜、细胞质组成。细胞大小不一,一般 $10\sim100\mu m$,也有大的,如一粒鱼卵、一枚鸡蛋。人类新生婴儿有2万亿个细胞。细胞是生命体氨基酸、蛋白质合成的地方、储存信息的地方以及发出指令的地方。

自然界所有生物的遗传物质都是核酸。核酸有脱氧核糖核酸(DNA)和核糖核酸(RNA)两大类。脱氧核糖核酸是由脱氧核糖、磷酸盐和碱基组成。脱氧核糖和磷酸盐交替连接形成多核苷酸链,两条多核苷酸链通过碱基配对连接形成双螺形结构的DNA分子。由于DNA链很长,能组成很多的密码,因此,就有千奇百态的生物。染色体是DNA通过四级螺旋盘绕形成的桶状体,其结果是DNA的长度几乎被压缩了近万倍。人的一个染色体中最多可拥有3亿对碱基,由它们构成的基因可达1万个。

RNA是另一种对生命活动有重要意义的核糖核酸,包括三种类型:信使核糖核酸(mRNA),核糖体核糖核酸(rRNA)和转移核糖核酸(tRNA)。其功能分别是mRNA从DNA复制遗传信息;tRNA转移核糖核酸,运输氨基酸;rRNA进行蛋白质合成。

核酸的主要功能是编码蛋白质。蛋白质分子是由一条或多条多肽链构成的生物大分子,多肽链是由20种天然氨基酸通过肽键共价连接而成的,每种蛋白质都有一定的氨基酸序列和一定的空间结构。蛋白质的合成是以DNA为基础,通过mRNA、tRNA、rRNA和核糖体协同作用的结果,包含着遗传信息的转录和翻译两个过程。

遗传的传递过程:一个细胞就像一个工厂,DNA为总设计师,mRNA复制并带来图纸,rRNA是车间,tRNA是运输工具。在DNA统一指挥下,这个工厂按照图纸合成蛋白质,生命从而得到延续、发展。

3. 生命的起源、演化和生物圈的形成

生命是地球历史发展的产物。科学家推测,约在距今35亿~36亿年之间,地球产生了原始生命,这可视为地表无机环境的第一次质变。其过程可划分为4个阶段:

(1) 从无机小分子物质生成有机小分子物质；
(2) 从有机小分子物质到生命大分子物质；
(3) 从生命大分子物质组成多分子体系；
(4) 从多分子体系演变为原始生命。

大约进化到9亿~10亿年以前,生物进入第二次质变,地表环境已由还原性转为氧化性。在第二次质变以前,生物是一种不连续的分布,只是聚集在海洋内生存,以躲避致死的紫外辐射伤害。等到大气中的氧达到某个特定的浓度时,游离氧成了整个地球表面的主要化学营力,生物体开始逐渐地适应了这种游离氧的新环境,体内的过氧化氢酶体系发展起来,以抵抗氧气对有机体的氧化破坏作用,形成了有氧呼吸的生理生化功能。好气生物的产生和发展,光合自养生物数量的不断增殖,加速氧气向大气的逸入,致使大气中游离氧所占的比重进一步增多,当其浓度达到整个大气组成的10%左右时,就逐渐在大气圈的上部形成了有巨大意义的臭氧层。由于臭氧能强烈地吸收来自宇宙的紫外线,阻挡了紫外线大量到达地表面,给水生生物向陆地的发展创造了一个基本条件,因此,在到了大约4亿年前的泥盆纪,终于实现了生物从海到陆的飞跃。至此,由植物、动物、微生物所共同组成的生物界才遍布全球各处,一个连续的名符其实的圈层——生物圈便形成了。

4. 生态系统及其平衡

生态系统(Ecological system)是指在一定空间中,共同栖居着的所有生物(即生物群落)与其环境之间由于不断地进行物质循环和能量流动过程而形成的统一整体。

任何一个生态系统都可以分为两个部分:无生命物质——无机环境和有生命物质——生物群落(图2-14)。

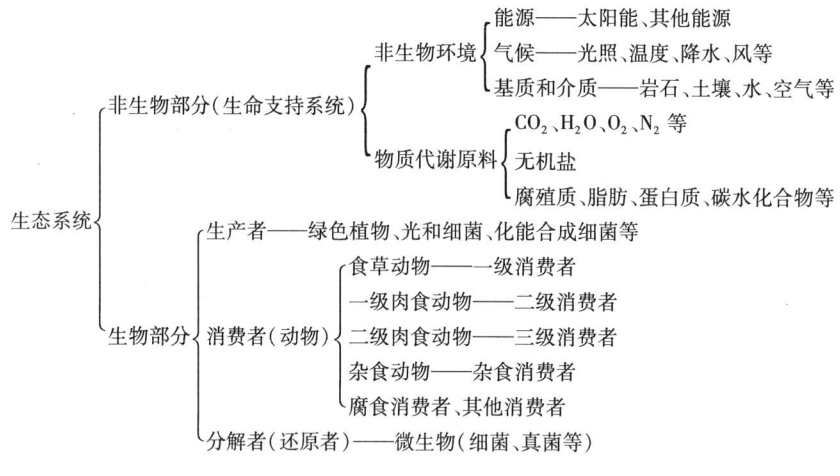

图2-14 生态系统的组成

生态系统的功能主要表现为生物生产、能量流动和物质循环,它们是通过生物群落(生活在一定的自然区域内,相互之间具有直接或间接关系的各种生物的总和,是种群的集合体)来实现的。

生物群落是生态系统的核心,可以分为三大类群:

第一类为自养型生物,包括各种绿色植物和化能合成细菌,称为生产者。

第二类为异养型生物,包括草食动物和食肉动物,称为消费者。顾名思义,这些消费者不能直接利用太阳能来生产食物,只能通过直接或间接地以绿色植物为食获得能量。根据不同的取食地位,异养型生物又可以分为直接依赖植物的枝、叶、果实、种子和凋落物为生的一级消费者,如蝗虫、野兔、鹿、牛、马、羊等食草动物;和以草食动物为食的二级消费者,如黄鼠狼、狐狸、青蛙等;以及肉食动物之间由于存在着弱肉强食的关系,其中的强者成为三级和四级消费者,这些高级的消费者是生物群落中最凶猛的肉食动物,如狮、虎、鹰和水域中的鲨鱼等。有些动物既食植物又食动物,称为杂食动物,如某些鸟类和鱼类等。

第三类为异养型微生物,如细菌、真菌、土壤原生动物和一些小型无脊椎动物,它们靠分解动植物残体为生,称为分解者。

生态平衡是指在生态系统内部,生产者、消费者、分解者和非生物环境之间,在一定时间内保持能量与物质输入、输出的相对动态稳定状态。包括两方面的稳定:一方面是生物种类(即生物、植物、微生物及有机物)的组成和数量比例相对稳定;另一方面是非生物环境(包括空气、阳光、水、土壤等)保持相对稳定。如果生态系统受到外界干扰超过它本身自动调节的能力,会导致生态平衡的破坏。例如,20世纪50年代,我国曾发起把麻雀作为"四害"来消灭的运动,可是在大量捕杀了麻雀之后的几年里,却出现了严重的虫灾,使农业生产受到巨大的损失。后来科学家们发现,麻雀在大自然中要吃大量的虫子,麻雀被消灭了,天敌没有了,虫子就大量繁殖起来,结果出现虫灾暴发,引起农田绝收的惨痛后果。

生态系统平衡的破坏,有自然原因也有人为因素。自然原因主要是指自然界发生的异常变化,如火山爆发、山崩、海啸、水旱灾害、地震、暴雨、流行病,等等,都会使生态平衡遭到破坏;人为因素主要指人类对自然资源的不合理利用和工农业生产产生的大量污染物进入环境后引起的生态平衡的破坏。

第三章 地　　壳

第一节　地壳表面的形态特征

地壳(Crust)表面明显地划分为陆地和海洋两大部分,陆地面积为 $1.49\times10^8\text{km}^2$,海洋面积为 $3.61\times10^8\text{km}^2$,分别占地球表面积的 29% 和 71%;海陆分布极不均匀,65% 以上的陆地集中在北半球(图3-1)。地表最高峰是珠穆朗玛峰,海拔 8844.43m;大陆上最低点是西亚的死海,海拔为 -392m;海洋中最深点是西太平洋的马利亚纳海沟,在海平面以下 11033m。地表垂直起伏约为 20km,陆地上海拔 1000m 以下的平原、低山、丘陵面积最大,约占地表总面积的 20.8%,海洋中深度在 4000~5000m 的海盆面积最广,约占地表总面积的 22.6%(图3-2)。

从卫星上观察地球,地表是由弧形或线形延伸的巨大山系与面状展布的高原、平原和盆地(或深海盆地)组合而成的。

图3-1　地球大陆的分布

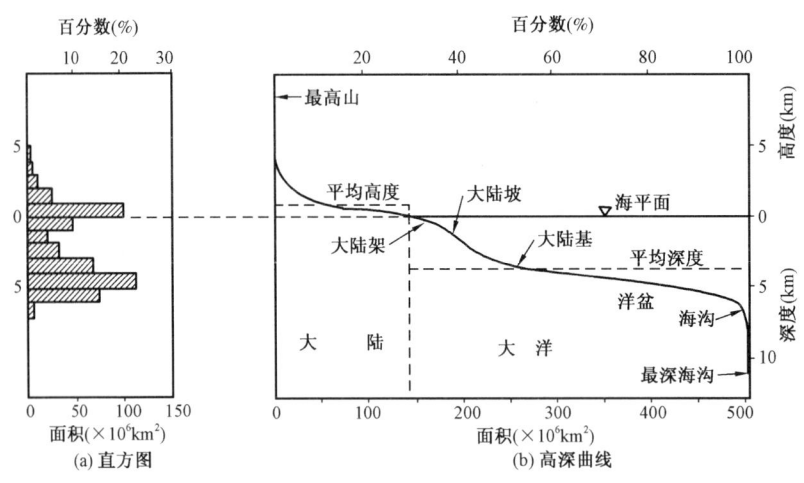

图3-2　地表各高程间的面积分配

一、陆地地形

按照高程和起伏特征,陆地地形可分为山地(Mountain)、丘陵(Hill)、平原(Plain)、高原(Plateau)、盆地(Basin)、洼地(Bottomland、Hollow、Pit 或 Senke)和裂谷系(Rift system)等类型。

(一)山地

通常把陆地上海拔500m以上的隆起高地称为山(Mountain)。山地按海拔高程分为低山(500~1000m)、中山(1000~3500m)、高山(3500~5000m)和最高山(高于5000m)。线状延伸的山体叫山脉(Mountain range),成因上相联系的若干相邻山脉组成山系(Mountain system)。

(二)丘陵

高低不平、连绵不断、相对高程在200m以下的低矮浑圆的小山丘称丘陵,如我国的川中丘陵。

(三)平原

平原是指宽广平坦或略有起伏的地区,如俄罗斯的西西伯利亚平原、我国的华北平原等。

(四)高原

相对面积较大,海拔高程一般在600m以上,地表较为平坦或略有起伏的地区称为高原。高原的边缘常以崖壁或地形的突降为限,我国的青藏高原是世界最高、最为壮观的高原。

(五)盆地

盆地是指四围是高原或山地、中央低平(平原或丘陵)的地区,我国四川盆地就是十分典型的盆地。

(六)洼地

大陆内部高程在海平面以下的地区称为洼地。我国新疆吐鲁番盆地的克鲁沁地区就低于海平面155m。

(七)裂谷系

大陆上有一些宏伟的线状低洼谷地,地质和地球物理在许多方面证实这些地带是地表面张开的巨型裂隙,地壳在这些地方被拉张裂开,称为裂谷系(统)或大陆裂谷系统。最早能够从地形上被直观辨认的是著名的东非裂谷系,很早就被地学界公认为巨型张裂。

裂谷一般发生于高原某隆起地区的顶部,谷宽30~50km或更宽,其两壁多为陡峭的断崖。东非裂谷为一系列峡谷和湖泊从莫桑比克附近向北经尼亚萨湖、坦噶尼喀湖、维多利亚湖、阿法尔、红海、约旦河、死海至喀尔湾,全长约6500km。主要地段位于海拔2000~3000m的埃塞俄比亚等高原上。东非裂谷谷底低凹,常有湖泊等,如死海甚至低于海平面,两侧为高出谷底数百至1000~2000m的大断崖。在平面上裂谷多呈拉开到90°或更大角度的"之"字形曲折延展,而且常有分支、合并,所以称之为裂谷系。裂谷两侧地形的凹凸相互消长,可以很好地拼合,这可以用大陆漂移学说进行解释。

二、海底地形

海底地形的复杂性并不比大陆逊色,有弧形与线状延伸的海底山脉与面状展布的海底平原和盆地,而且其规模都非常庞大,外貌更为奇特壮观。

海洋是由海和洋组成的。洋是远离大陆、面积宽广、深度较大的水域,是海洋的主体。在大洋的边缘与陆地毗邻,并与洋有一定程度隔离的水域称为海。世界的大洋有太平洋、大西洋、印度洋、北冰洋。

根据海底地形的成因与特征,把海底地形划分为大陆边缘、大洋盆地和大洋中脊三个大型地形单元(图3-3)。其中,大洋盆地的面积占海洋面积的二分之一,大洋中脊则约占三分之一(表3-1)。

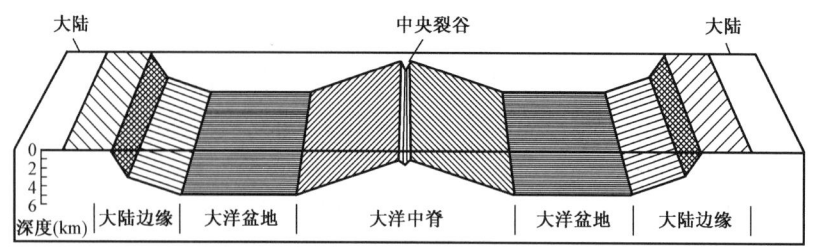

图 3-3 海底地形单元的划分(据 N. Strahler,1977)

表 3-1 大型海底地形单元及其面积

名称	面积($\times 10^6 km^2$)	占海洋面积百分比(%)	占地球表面积百分比(%)
大陆边缘	80.1	22.3	15.8
大洋盆地	162.6	44.9	31.8
大洋中脊	118.6	32.8	23.2

(一)大陆边缘

大陆边缘(Continental margin)是指大陆与深海盆地之间被海水淹没的地带,包括大陆架、大陆坡和大陆基(图3-4)。海沟和岛弧也可归于大陆边缘,但也有人将其划为另一类地形单元。

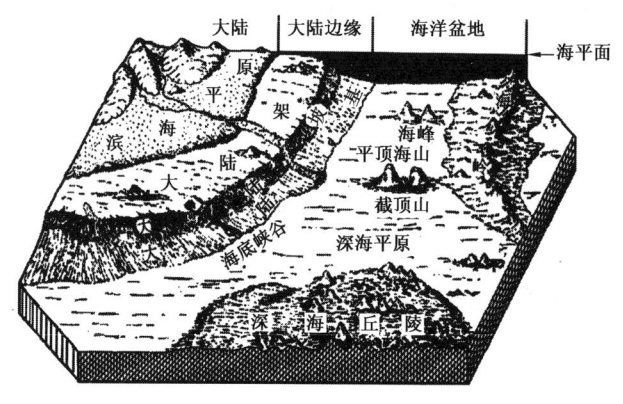

图 3-4 大陆边缘地形单元示意图

1. 大陆架

大陆架(Continental shelf)是海与陆地接壤的近海浅水平台,其范围是从海岸的低潮线起向海洋延伸到海底地形坡度显著增大的转折地段为止。大陆架地势平坦,坡度一般小于0.3°,平均为0.1°,外缘水深一般不超过200m,最深处可达550m(北冰洋巴伦支海),平均水深为130m。大陆架宽度各地不一,欧亚大陆和北冰洋沿岸有1000km以上,而有的地区非常狭窄甚至缺失,如日本列岛大陆架宽度仅4~8km,拉丁美洲西海岸大陆与深海盆地之间仅以海沟相隔。世界上大陆架平均宽度为70km。

2. 大陆坡

大陆架外缘地形坡度较陡的地带称为大陆坡(Continental slope)。其平均坡度为3°,最大可超过20°,水深范围从200m起到3000m以上。大陆坡是地球上最壮观的斜坡,它以20~40km宽度的条带围绕着大陆架。

大陆坡上最显著的特征是发育有许多两岸陡峭、高差很大的巨型槽谷,称为海底峡谷(Sea channel),有的甚至横切整个大陆坡和大陆架与现代或近代河口相连,其规模远远超过陆地上的任何峡谷。海底峡谷有的是大陆坡上滑塌作用刻蚀而成的,有的是陆上大河流的水下河谷的延伸部分。

3. 大陆基、岛弧与海沟

(1) 大陆基(Continental rise)又称大隆陆、陆基,是大陆坡外缘与深海盆地之间的缓倾斜地区,坡度仅5′~35′。地球物理资料表明,有的大陆基下面过去曾经是海沟。

(2) 岛弧与海沟。大陆边缘连绵延伸的一长串岛屿形成岛弧(Island arc)。太平洋北部的阿留申群岛、千岛群岛、日本列岛、琉球群岛,直至菲律宾、巽他、所罗门、马里亚纳群岛,以及大西洋加勒比海中的大、小安的列斯群岛都属于弧形岛链,是岛弧的典型例证。岛弧地带具有强烈的火山作用、深源地震发育,有较高的热流值和重力正异常。在岛弧靠大洋一侧常发育长条形的巨型深海凹槽,称海沟(Trench)。海沟是大陆地壳和大洋地壳的分界线,其横剖面呈不对称的"V"字形,靠岛弧一侧坡度较陡,靠大洋一侧坡度较缓,深度一般大于6000m,延伸可达数千千米。海沟地带浅源地震频繁,有重力负异常,热流值较低。海沟与岛弧平行伴生构成一个统一体。

4. 大陆边缘的类型

大陆边缘地壳性质与大陆壳相同,因此可推断它是大陆地壳的水下延伸部分。大陆边缘的结构是研究大陆与海底接触关系以及演变的重要依据,根据目前实际存在的情况,按地表形态可将大陆边缘分为以下三种类型。

(1) 大西洋型大陆边缘:以大西洋为代表,有大陆—大陆架—大陆坡—深海盆地,没有海沟,一般大陆架较宽。

(2) 安第斯型大陆边缘:以南美洲西岸边缘为典型,大陆坡与深海盆地之间有海沟,而且大陆边部有并行的山脉(大陆边缘山脉)—大陆架和大陆坡—海沟—深海盆地,大陆架和大陆坡一般很窄。

(3) 日本海型大陆边缘:与安第斯型有些类似,不同之处是由岛弧代替了海岸山脉,岛弧与大陆之间还有一片海域,称为弧后盆地,即有大陆—弧后盆地—岛弧(包括其旁侧较窄的大陆架、大陆坡)—海沟—深海盆地。

弧后盆地情况比较复杂,少数为深海,如西南太平洋;大多数为不典型的海洋,称为边缘海,如日本海,深度较浅,没有典型的洋脊,地形和以后要谈到的地壳结构与正常的深海盆地有一定差别;另外,还有相当数量的弧后盆地为浅海,海底主要为大陆架,如我国东部海域。这些复杂关系反映了大陆与海底演化过程的多样性。

(二) 大洋中脊

大洋中脊是大型海底地形单元之一,它是绵延在大洋中的海底山脉,又称中央海岭。常发生地震和地壳运动较强烈的海岭称为洋脊或洋中脊。洋脊在大西洋、印度洋、北冰洋中均有分布且互相衔接。太平洋洋脊主要分布于太平洋的东部和南部,东太平洋洋脊的中央裂谷不明显,两侧斜坡较平缓,地震活动和地壳运动也较弱,因而称为洋隆,与其他大洋的洋脊相区别。全球洋脊的分布见图3-5。遍及四大洋、线状延伸的巨大洋脊(Huge oceanic ridge)是大洋中最显著的地貌特征之一。

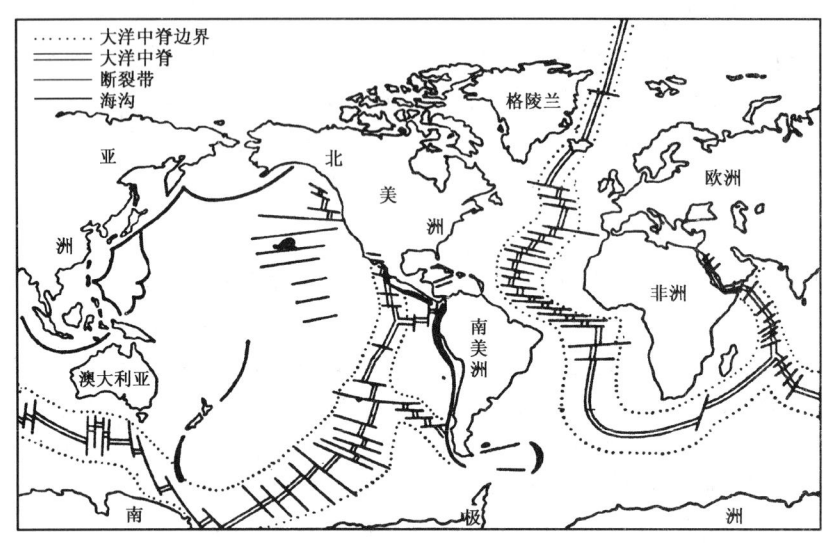

图3-5 全球洋脊和海沟的分布(据 B. C. Helgen)

1. 洋脊与洋隆

大型海底山脉在大西洋中呈"S"形延伸,北端穿越冰岛进入北冰洋,南端向东绕过非洲进入印度洋呈"Y"字形分叉,其北支经亚丁湾进入红海,另一支向东经澳大利亚南伸入南太平洋,再转向北经东太平洋伸入加利福尼亚湾,潜没于北美大陆西海岸,然后再转向西北进入北太平洋,连绵在60000km以上,宽度在1000~3000km,比深海盆地高2000~3000m,构成地壳表面最大的山系。构造运动活跃、有强烈火山活动的海底山脉称为洋脊(Oceanic ridge)。大西洋洋脊恰好位于大西洋的中央部位,故又称洋中脊(Mid-oceanic ridge)。大西洋、印度洋、北冰洋洋脊的中央有明显的大裂谷,深1~2km,宽数十千米,称为中央裂谷(Central rift),但东太平洋洋脊无明显的裂谷,地震活动也较弱,称为洋隆(Oceanic rise)。

2. 海岭

大洋中还有一些几乎没有构造地震、属大陆型地壳的小型水下山脉称为海岭(Submarine ridge),可能是大陆地壳下沉到海面以下形成的。

(三)大洋盆地

大洋盆地(Oceanic basin)是海洋中另一类大型地形单元。大洋盆地是介于大陆边缘及洋中脊之间的较平坦地带,水深一般为4000~5000m,约占海洋面积的43%。有深海丘陵、深海平原和海山三种主要地形。

1. 深海丘陵

深海丘陵(Abyssal hill)由高度在几十米到几百米的圆形或椭圆形山丘组成,集中分布在洋脊或岛屿附近,由火山活动形成。

2. 深海平原

深海平原(Abyssal plain)水深一般在4000~5000m,地势极为平坦,平均坡度小于千分之一,甚至小于万分之一,此地形各大洋均有发现,但在大西洋中最为多见。

3. 海山

深海盆地中规模不大、地势比较突出的孤立高地称为海山(Seamount)。其中相对高程在1000m以上,隐没于水下或露出海面呈锥状者,称为海峰(Seapeak)。海峰大多由火山岛组成,有的海峰基座是火山岩,顶部由生物碎屑灰岩或珊瑚礁组成。还有一类海山是隐没于水下的平顶海山,也叫盖约特(Guyot)(图3-6)。

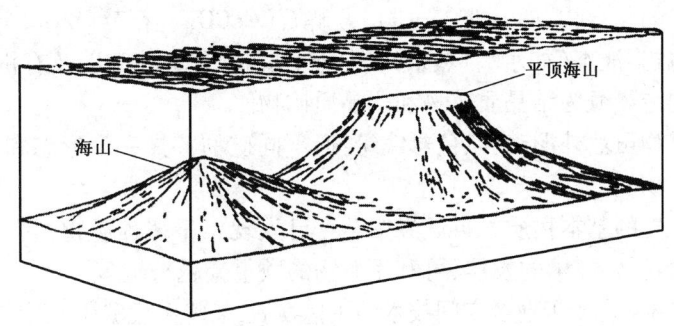

图3-6 海山和平顶海山

第二节 地壳的化学组成

地壳由各种化学元素组成,研究地壳的化学成分及其空间分布规律是地质学的重要课题之一。

一、元素的克拉克值

美国地质学家和化学家克拉克(F. W. Clark,1847—1931)积累数十年的研究成果,于1889年首次提出地壳中50余种元素的平均含量,后人称之为克拉克值(Clarke value)。用质量分数表示,称为"质量克拉克值",通常以"g/t"或"ppm"(1g/t = 1ppm)为单位,用原子百分数表示,称为"原子克拉克值"。后经他本人和H. S. 华盛顿(H. S. Washington,1867—1934)共同修订,于1924年发表了地壳中50种元素的含量资料。

二、丰度

通常将化学元素在宇宙体或地球化学系统,如地球、岩石圈、地壳、大气圈或某一岩体等中的平均含量称为丰度(Abundance)。因此克拉克值又称为地壳元素的丰度。

目前的克拉克值实际上是大陆地壳的克拉克值。为了求得整个地壳的克拉克值,许多科学家主张把地壳划分成深洋区、浅洋区、地盾区、褶皱区等,分别计算各区的平均化学成分,再用加权平均法求出整个地壳的平均化学成分。

三、地壳中元素的组成

各元素在地壳中的百分含量极不均一,O、Si、Al、Fe、Mg、Ca、K、Na这8种元素占地壳总质量的99%,而其余元素的总和仅占地壳总质量的1%。尽管如此,由于元素的地球化学性质和地质作用的自然选择,在一些地区,某些元素的含量可能高于克拉克值,在另一些地区则可能低于克拉克值。地壳中某些有用元素若其含量远远高于克拉克值,并可被开采利用时就成为矿产。

第三节 矿 物

一、矿物的概念

矿物是地质作用形成的天然单质或化合物,它具有一定的化学成分和物理性质。由一种元素组成的矿物称为单质矿物,如金(Au)、金刚石(C)、铜(Cu)等;大多数矿物是由两种或两种以上的元素组成的化合物,如岩盐(NaCl)、方解石($CaCO_3$)、石英(SiO_2)等。矿物绝大多数是无机固态,有少数为液态(如水、自然汞)和气态(如水蒸气和氡)以及有机物(如琥珀)。固态矿物按其内部构造可分为结晶质矿物和非晶质矿物。

自然界中的矿物虽然外形奇异、色彩缤纷,但不同矿物各具一定形态和物理化学性质,据此可识别和鉴定矿物。

矿物是组成地壳的基本物质。自然界中至今已发现三千多种矿物,它们之中有许多可被人们利用,而且随着科学技术的发展,可利用矿物的数量会越来越多。

由于国防、半导体、电子工业及空间技术的飞速发展,某些天然矿物,尤其是晶体的产量已经远远不能满足需求。20世纪60年代以来,人工合成矿物(晶体)的研究与生产迅猛发展,人工方法获得的某些与天然矿物相同或类同的单质或化合物,称为"合成矿物"或"人造矿物",如人造金刚石、人造水晶、人造云母、人造宝石等。合成矿物的研制成功可以进一步阐明与其类同的天然矿物的形成机理。此外,地球上还有少量来自天体的天然单质或化合物,称为"宇宙矿物"。

二、矿物的肉眼鉴定特征

(一)矿物的晶体格架和晶形

结晶质矿物不仅具有一定化学成分,而且内部质点(原子或离子)按一定方式作规则排列,并可反映出固定的外形,我们把这种具有自然多面体外形的固体称为晶体(图3-7)。例如,岩盐是由钠离子和氯离子按立方体格子式排列的(图3-8)。非晶质矿物的质点排列不规则,因而没有固定形状,如蛋白石。

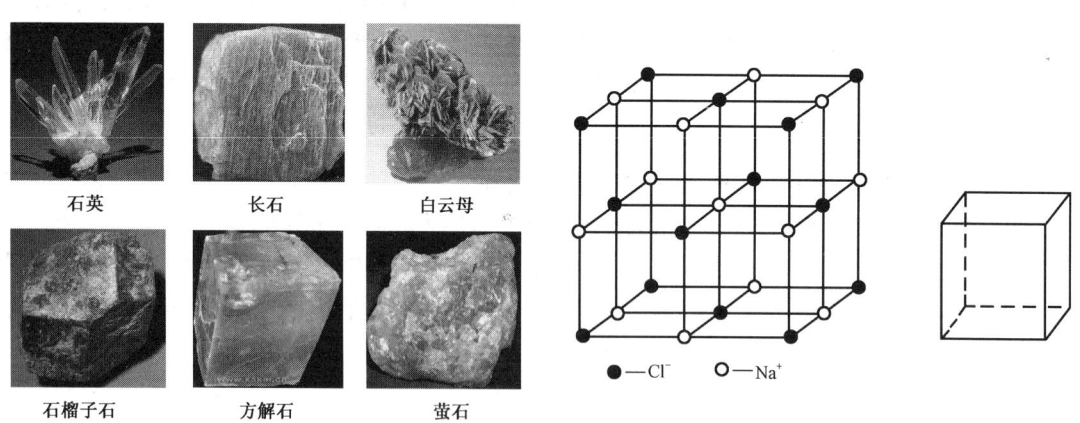

图3-7 矿物的几种晶体　　图3-8 岩盐的内部构造(左)和晶体(右)
(据成都地质学院,1978)

在适当的环境里,例如有使晶体生长的足够空间,矿物晶体往往可以形成一定的几何外形,即具有平整的面,称为晶面;晶面相交的直线,称为晶棱;晶棱汇聚形成的尖称为角顶。

晶体形态多种多样,但基本可分成两类:

(1)单形:是由同形等大的晶面组成的晶体。在晶体中出现的几何单形的种数有限,只有47种,最常见的单形有12种,见图3-9。

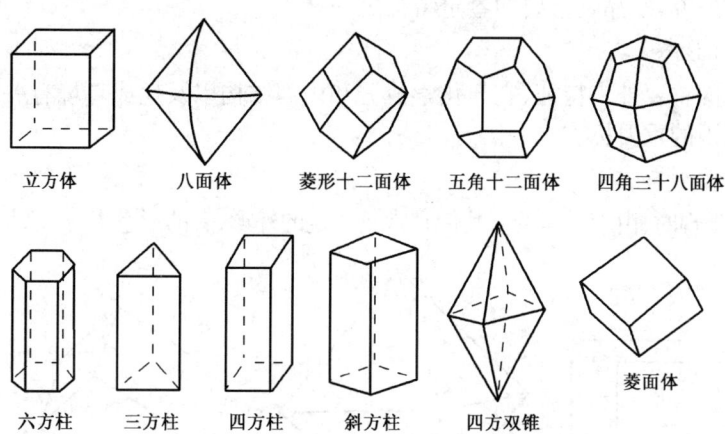

图3-9 矿物中常见的几何单形

(2)聚形:是由两种或两种以上的单形组成的晶体。聚形的特点是在一个晶体上具有大小不等、形状不同的晶面,如石英晶体的外形即为聚形(图3-10)。应该指出,自然界晶体在结晶过程中因受各种条件限制,往往形成不甚规则或不甚完整的晶形(图3-11)。

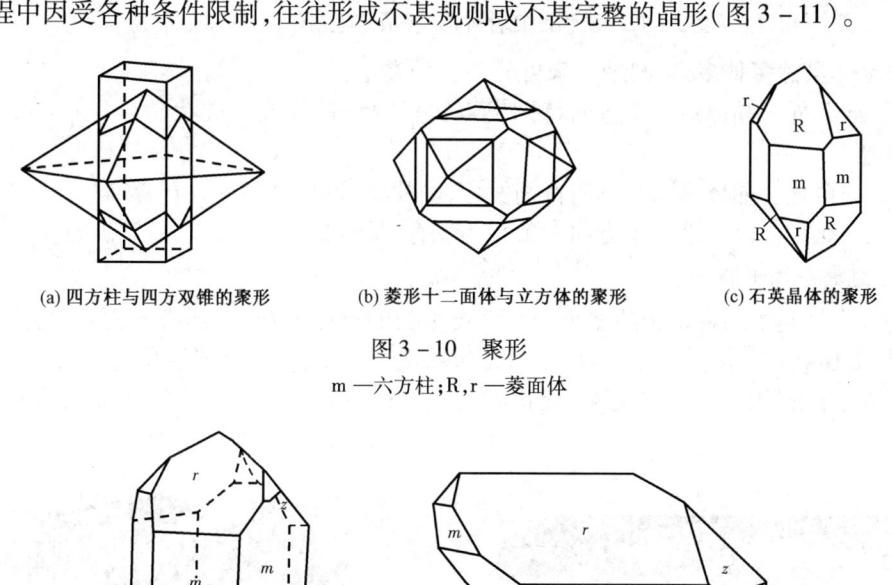

(a) 四方柱与四方双锥的聚形　　(b) 菱形十二面体与立方体的聚形　　(c) 石英晶体的聚形

图3-10 聚形

m—六方柱;R,r—菱面体

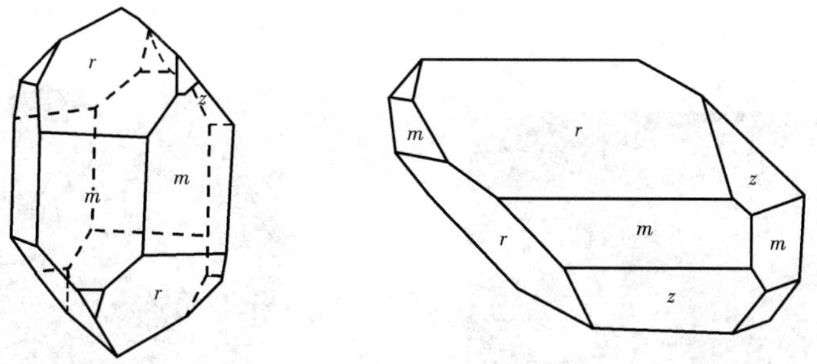

图3-11 不同形态的石英晶体(据潘兆橹,1993)

m—六方柱;r、z—菱面体

同时单形和聚形又可组合成多种不同的晶体形态,其中最具有观察意义的就是双晶。

双晶是指在天然晶体中,两个或两个以上的同种晶体按一定的对称规律形成的各种规则连生体。双晶中最常见的有三种类型:

接触双晶——由两个相同的晶体以一个简单平面相接触而成；
穿插双晶——由两个相同的晶体按一定角度互相穿插而成；
聚片双晶——由两个以上的晶体按同一双晶规律，彼此连生在一起而成。
对某些矿物来说，双晶是重要的鉴定特征之一。

（二）矿物的形态

形态是矿物的重要外表特征，它与化学成分和内部结构以及生成环境有关，所以是鉴定矿物和研究矿物成因的重要标志之一。

1. 矿物的单体形态

矿物呈单体出现时，由于晶体的习性使它常具一定的外形，有的形态十分规则(图3－12)。

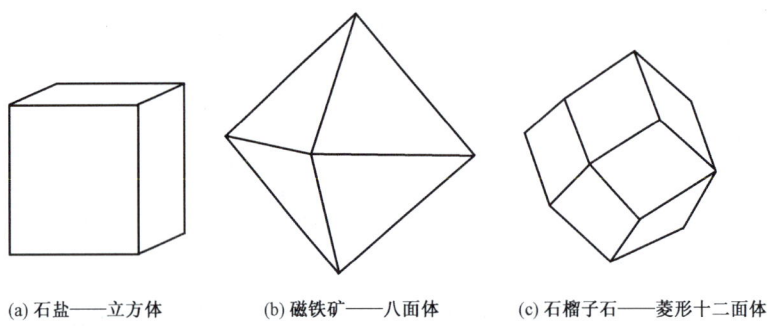

(a) 石盐——立方体　　(b) 磁铁矿——八面体　　(c) 石榴子石——菱形十二面体

图3－12　矿物的几种外形(据成都地质学院，1978)

矿物单体虽然多种多样，归纳起来可分为三种类型：

（1）一向延伸。晶体沿一个方向特别发育，呈柱状、针状或纤维状晶形，如石英、辉锑矿、纤维石膏等；

（2）二向延伸。晶体沿两个方向特别发育，呈片状、板状，如云母、石膏等；

（3）三向延伸。晶体沿三个方向大致相等发育，呈粒状，如黄铁矿、磁铁矿等。

2. 矿物集合体形态

矿物集合体是指同种矿物的多个单晶聚集生长的整体外观，其形态不固定，常见的有：粒状集合体，如磁铁矿多鳞片状集合体；云母多鲕状或肾状集合体，如赤铁矿(图3－13)；放射状集合体，如红柱石(因形如菊花又称"菊花石")(图3－14)；簇状集合体，如石英晶簇(图3－15)。

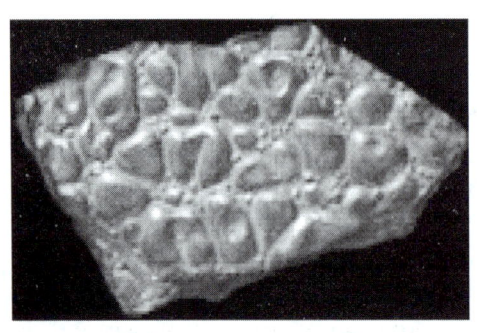

图3－13　肾状赤铁矿

图3－14　红柱石

图 3-15　石英晶簇

应该指出,矿物是否结晶与是否具有规则外形是两个概念,矿物结晶时,如具有液态或气态空间,晶体外形可自由展示时才能形成良好的晶形。相反,如许多矿物同时结晶、挤在一起时晶形发育就会受到限制,因而不能形成发育良好的晶形。

(三) 矿物的颜色与条痕

矿物的颜色是矿物对入射可见光中不同波长光线选择性吸收后,透射和反射的各种波长的混合色。矿物的颜色自古引人注目,许多矿物就是以其颜色而得名,如黄铜矿为铜黄色,黄铁矿为浅铜黄色,孔雀石为翠绿色,褐铁矿为褐色,等等。不透明的金属矿物颜色比较固定,而某些透明矿物常因含有杂质而出现别的颜色,如纯净的石英为无色透明,因含杂质可呈现红色、紫色、黄色、烟色等。

矿物在无釉的白色瓷板上磨划时留下的粉末颜色称为条痕。如赤铁矿的颜色可呈钢灰、红、铁黑色等,但其条痕总是呈樱红色。因而矿物条痕色比较固定,更有其鉴定矿物的意义。

(四) 矿物的光泽

矿物表面反射可见光线的能力及所表现的特点,称为光泽。根据矿物新鲜平滑面上反射光线的情况将光泽分为四级:

(1) 金属光泽:如同金属抛光后表面所反射的光泽,反光很强,耀眼夺目,如方铅矿、黄铁矿的光泽。

(2) 半金属光泽:比金属光泽暗淡,好像同陈旧的金属器皿表面所反射的光泽,如磁铁矿的光泽。

金属光泽与半金属光泽是不透明矿物具有的特征,除少数矿物如石墨等外,条痕为黑色或金属色者均为金属光泽,条痕为彩色者为半金属光泽。

(3) 金刚光泽: 如同金刚石或宝石矿物磨光面上所反射的光泽, 如浅色闪锌矿就具有金刚光泽。

(4) 玻璃光泽: 像平板玻璃表面所反射的光泽, 如石英、长石的光泽。

以上各级光泽是指矿物的平坦表面的反射情况, 而在矿物或集合体的不平坦表面(如解理面、断口)上引起光泽散射等作用而出现的变异光泽有珍珠光泽(云母等)、丝绢光泽(石棉等)、油脂光泽(石英断口)、土状光泽(高岭石)等。

(五) 矿物的解理与断口

矿物受力后沿一定的结晶方向裂开成光滑平面的性质, 称为解理, 所裂成的平面, 称为解理面。相同方向的一系列解理面称为一组解理, 如云母只具一组解理, 可以揭成一页一页的薄片, 而方解石则具有三组解理, 外形总是呈菱面体, 敲碎后仍为菱面体(图3-16)。

按矿物解理的发育程度一般分为五级, 即极完全解理、完全解理、中等解理、不完全解理和极不完全解理。矿物受力后在解理以外的裂开面, 称为断口。常见的断口有贝壳状断口, 如石英; 参差状断口, 如黄铁矿; 锯齿状断口, 如自然铜。

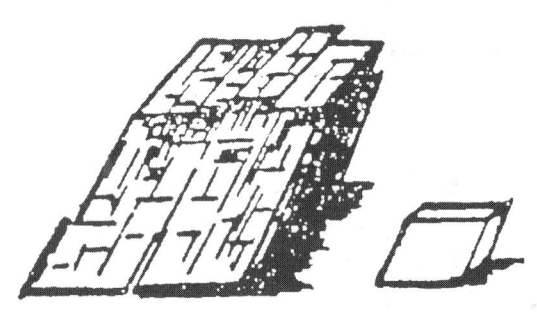

图3-16 方解石的解理(据成都地质学院, 1978)

(六) 矿物的硬度

矿物抵抗外力刻划、压入、研磨的能力称为硬度。通常, 矿物的硬度是指矿物的相对软硬程度, 如用两种矿物相互刻划, 受伤者的硬度小。德国矿物学家弗里德里希·莫斯(Friedrich Mohs)选择了包括最软和最硬的10种矿物做标准, 组成相对硬度系列, 称"莫氏硬度计"(表3-2)。

表3-2 摩氏硬度计

矿物名称	滑石	石膏	方解石	萤石	磷灰石	正长石	石英	黄玉	刚玉	金刚石
相对硬度	1	2	3	4	5	6	7	8	9	10

如果需要鉴定的矿物能刻划正长石, 但可被石英所刻划, 则它的硬度可定为6.5。野外利用指甲(硬度2.5)、小刀(硬度约5.5)、玻璃片(硬度6.5)等粗略测定矿物硬度, 常可区分许多外观相似的矿物。

矿物表面因风化会使硬度降低, 因而在测试硬度时必须在矿物单体新鲜面上进行。

(七) 矿物的其他性质

矿物的相对密度、透明度、磁性、放射性等对鉴定某些矿物是很重要的, 例如磁铁矿和赤铁矿用磁铁极易区分, 方解石和重晶石可利用相对密度区分, 无色透明的冰洲石可用其特殊的重折射现象(图3-17)鉴别。

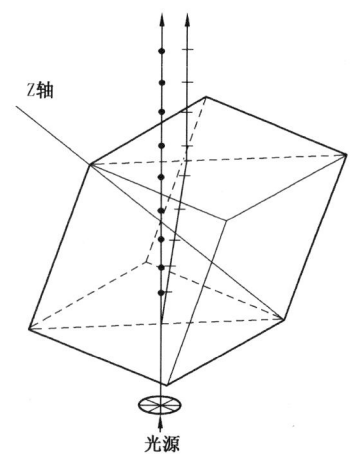

图3-17 冰洲石的重折射现象

第四节 岩 石

一、岩石的概念

岩石（Rock）是矿物的自然混合物，也可以是岩屑或矿屑的自然混合物。地壳是由岩石组成的，自然界中岩石种类繁多，有的是由一种矿物组成的单矿岩；有的是由多种矿物组成的复矿岩；有的是由岩屑或矿屑组成的碎屑岩。在生产上能被利用的岩石称矿石（Ore），矿石的周围或夹于其中不能利用的岩石称为围岩（Country rock）或脉石、矸石。通常把矿石中某种有用元素或化合物的百分含量称为岩石的品位（Grade）。

二、岩石的分类

地壳（或岩石圈）中岩石的种类很多，但组成岩石的主要矿物仅有几十种。各种岩石形成的原因和过程是各不相同的，按照岩石的成因可将岩石归纳为三大类，即岩浆岩（火成岩）、沉积岩和变质岩。

（一）岩浆岩

1. 岩浆和岩浆岩的概念

岩浆（Magma）是产生于地壳或上地幔深处的高温熔融体，其成分以硅酸盐为主，还具有数量不等的挥发性组分。在地壳构造运动的驱使下，岩浆侵入地下或喷出地表冷凝而形成的岩石称为岩浆岩（Magmatite）。

岩浆由火山通道喷出地表，称为喷出活动，由此而形成的岩浆岩称为火山岩。火山岩又可分为两种，一种是从火山喷发溢流出的熔浆冷凝而成的岩石叫熔岩或喷出岩，另一种是由火山爆发出来的各种碎屑物质从大气中降落下来而成的岩石叫火山碎屑岩。岩浆岩大部分为结晶质岩石，仅少数为玻璃质。

2. 岩浆岩的分类

1）按成岩环境分类

在不同的地质作用下，岩浆运移到不同环境，在运移过程中随着温度、压力的变化，逐渐形成岩浆岩。因此，根据成岩环境的不同可将岩浆岩分为以下两类：

（1）喷出岩（Extrusive rock），由岩浆在地表冷凝形成。

（2）侵入岩（Intrusive rock），由岩浆在地下冷凝形成。侵入岩又进一步可以分出生成部位较深的深成岩（Plutonic rock）和冷凝部位相对较浅的浅成岩（Hypabyssal rock）。深成岩一般形成于自地表3km以下的深处，多呈大岩体；浅成岩形成的深度小于3km，常呈小岩体产出。

2）按岩石的SiO_2的百分含量分类

岩浆的化学成分对岩浆的性质及岩浆岩的形成起着决定性作用，而岩浆的SiO_2含量又具有关键意义，因此，也常常根据岩浆的SiO_2含量对岩浆岩进行分类。按SiO_2的质量百分数，将岩浆岩划分为超基性岩类、基性岩类、中性岩类（包括中性—碱性岩类）和酸性岩类四类：

（1）超基性岩类中SiO_2含量小于45%，几乎全由暗色（铁镁）矿物组成，浅色（硅铝）矿物很少。

（2）基性岩类中SiO_2含量为45%~52%，主要由暗色（铁镁）矿物和基性斜长石组成。

（3）中性岩类（包括中性—碱性岩类）中SiO_2含量为52%~65%，主要由中性斜长石或碱性长石及暗色（铁镁）矿物组成。根据长石的性质及斜长石与碱性长石的量比，中性岩又可分为两个亚类，即闪长岩—安山岩亚类和正长岩—粗面岩亚类。碱性岩类的 SiO_2 含量为 52%~65%，但 K_2O 和 Na_2O 含量较高，主要由碱性长石、似长石和碱性铁镁矿物组成，不含石英。

（4）酸性岩类中 SiO_2 含量为 65%~75%，主要由石英、长石及少量暗色（铁镁）矿物组成。根据石英含量、长石的性质，酸性岩可进一步划分为花岗岩—流纹岩和花岗闪长岩—英安岩两个亚类。

根据 SiO_2 的含量、矿物成分、结构、构造和产状等可将岩浆岩进行分类，见表 3-3。

表 3-3 岩浆岩分类简表

按酸度划分岩石大类				超基性岩	基性岩	中性岩	碱性岩	半碱性岩	酸性岩
二氧化硅含量(%)				<45（不饱和）	45~52（不饱和）	52~65（饱和）	50~56（不饱和）	52~65（饱和）	65~75（过饱和）
矿物成分		浅色矿物		—	斜长石	斜长石	钾长石似长石	钾长石	钾长石、石英（白云母）
		暗色矿物		橄榄石、辉石（角闪石）	辉石（角闪石）	角闪石（黑云母）	—	角闪石（黑云母）	黑云母（角闪石）
岩石颜色				黑、黑绿	黑、深灰、灰	灰、浅灰	灰红、暗红	肉红、灰红	灰白、肉红
产状	岩体形态	构造	结构	岩石名称					
喷出岩	层状体	层理假流纹	火山碎屑	凝灰岩、火山角砾岩、集块岩					
		杏仁气孔流纹	玻璃质	火山玻璃、黑曜岩、浮岩、松脂岩、珍珠岩					
			斑状细粒、隐晶质	苦橄玢岩①	玄武岩	安山岩	流纹岩	粗面岩	响岩
侵入岩	浅成岩	脉状致密块状气孔	细粒、斑状	—	辉长玢岩	闪长玢岩	花岗斑岩②	正长斑岩	霞石正长斑岩
			伟晶、煌斑	细晶岩、伟晶岩、煌斑岩③					
	深成岩	块状致密块状岩体	全晶质，中、粗粒，均粒	橄榄岩类辉石岩	辉长岩	闪长岩	花岗岩花岗闪长岩	正长岩	霞石正长岩

注：①② 斑岩和玢岩都是指具斑状结构的浅成侵入岩，岩石中以斜长石作斑晶者称玢岩，以钾长石作斑晶者称斑岩；
③ 煌斑岩是一个笼统的岩石名称，一般将颜色较深、含暗色矿物较多的细粒隐晶结构或斑状结构的岩石称煌斑岩，也称暗色脉岩或基性脉岩。

3. 岩浆岩的物质成分与颜色

岩浆岩的物质成分是指其化学成分和矿物成分，研究物质成分不仅有助于了解各类岩浆岩的内在联系、成因及次生变化，而且还可作为岩浆岩分类的主要依据和判断沉积岩碎屑成分来源的依据。因此，研究岩浆岩的物质成分及其变化规律，是岩浆岩岩石学的重要任务之一。组成岩浆岩的矿物种类很多，其主要矿物有石英、正长石、斜长石、角闪石、辉石、橄榄石和黑云母等，这些主要矿物称为造岩矿物（Petrogenetic mineral）。前三种矿物中硅、铝含量高，色浅，称为硅铝矿物，也称浅色矿物；后四种矿物中铁、镁含量高，色深，称为铁镁矿物，也称暗（深）色矿物。

1）岩浆岩的化学成分

地壳中几乎所有的元素在岩浆岩中均有出现，岩浆岩中主要造岩元素有 O、Si、Ti、Al、Fe、

Mn、Mg、Ca、Na、K、H、P 等,其中含量最多的是 O、Si、Al、Fe、Mg、Ca、K、Na 等,它们占岩浆岩元素总量的 99.25%,尤以 O 含量最高,占元素总量的 46.59%。

由表 3-4 可知,SiO_2、Al_2O_3、Fe_2O_3、FeO、MgO、CaO、Na_2O、K_2O 和 H_2O 等 9 种氧化物最为主要,它们占岩浆岩平均氧化物含量的 98%,且各类岩石或多或少均有出现。

表 3-4 岩浆岩化学成分分析表　　　　　　　　　　　　　　　　%

岩类 氧化物	超基性岩		基性岩		中性岩		酸性岩		碱性岩
	1	2	1	2	1	2	1	2	1
SiO_2	43.67	43.60	48.25	50.00	58.05	57.60	70.40	71.00	64.30
Al_2O_3	4.53	4.72	14.90	16.48	17.41	17.50	14.48	14.30	16.21
Fe_2O_3	4.22	4.62	4.17	4.22	3.23	3.72	1.38	1.54	2.44
FeO	7.77	8.01	7.81	6.80	3.57	3.31	1.77	1.85	2.57
MgO	25.34	24.80	6.93	6.30	3.24	3.64	0.94	0.74	0.63
CaO	8.70	12.20	8.27	9.75	5.77	6.70	1.93	1.82	1.71
Na_2O	0.90	0.73	3.30	2.78	3.57	3.62	3.77	3.62	5.00
K_2O	0.41	0.38	1.72	1.24	2.36	2.01	3.99	4.02	5.51
H_2O	2.84	—	1.47	1.17	0.85	0.83	0.65	0.75	0.32
TiO_2	0.90	0.72	2.08	1.29	0.79	0.79	0.31	0.34	0.52

注:"1"为黎彤等(1962)的中国岩浆岩的平均化学成分;"2"为维诺格拉多夫(1955)的岩浆岩的平均化学成分。

岩浆岩随着 SiO_2 含量的增加,酸性程度增高,基性程度降低,其他氧化物作有规律的变化。MgO、FeO 随 SiO_2 含量的增加而逐渐减少,Na_2O、K_2O 随 SiO_2 含量的增加而增加;Al_2O_3 在超基性岩(纯橄榄岩、辉石岩)中极少,在基性岩(辉长岩)中大量增加,而在中性岩和酸性岩中保持相对稳定;CaO 在基性岩中大量增加,而在中性岩至酸性岩(闪长岩、花岗岩等)又逐渐减少。由此可见,不同类型的岩浆岩,主要造岩元素的氧化物有规律地改变,矿物成分也必然有差异。

岩浆岩中微量元素的总量一般不超过 1‰,不同岩石中微量元素也呈现有规律的变化。随着岩浆岩酸度的增高,K、Na 含量也增高,第一族碱金属微量元素 Li、Rb、Cs 等含量也随之有所增加;相反,对于亲铁微量元素,如 V、Co、Ni、Cr 等,则随着岩浆岩酸度降低而急剧减少。岩石中碱度增高(即 K、Na 含量增高),一般有利于多种稀有元素的富集。微量元素的含量常以"μg/g"来表示。

2) 岩浆岩的矿物成分

岩浆岩的矿物成分不仅是岩浆岩分类命名的主要依据,对了解岩浆岩的化学成分、生成条件及岩浆岩的成因都有重要意义,而且对于研究推断沉积岩中的碎屑岩物质来源和来源区、岩浆岩类型也具有十分重要的意义。组成岩浆岩的矿物总数不少于数百种,但最常见的不过 20 种。

岩浆岩根据化学成分和颜色可划分为硅铝矿物和铁镁矿物两类。硅铝矿物 SiO_2 和 Al_2O_3 含量较高,很少或不含 FeO、MgO,如石英、长石类及似长石类矿物,它们的共同特征是颜色较浅,又称浅色矿物。铁镁矿物以富含 FeO、MgO 为特征,SiO_2 含量较低,如橄榄石类、辉石类、角闪石类及黑云母等,它们的共同特征是颜色较深,又称暗色矿物。岩浆岩中暗色矿物的含量(体积分数)称为岩石的色率(颜色指数),根据色率有时就可粗略推测属于哪一类岩石。一般色率越高,岩石越趋基性;反之,则越趋酸性。一般超基性岩色率为60%~100%,基性岩色率为40%~60%,中性岩色率为20%~40%,酸性岩色率为0~20%。

根据矿物在岩浆岩中的含量可划分出主要矿物、次要矿物和副矿物三类。

(1)主要矿物含量较多,对岩浆岩大类的划分和定名起决定性的作用。例如,橄榄岩中橄榄石占50%以上,应为主要矿物;花岗岩中,石英、长石占绝对优势,也为主要矿物。

(2)次要矿物含量少于主要矿物,它的存在与否不影响岩浆岩大类的定名,而对岩浆岩种属的定名起一定的作用,含量一般小于15%。如钠闪石花岗岩,它的主要矿物是石英和长石,但含有一定量的钠闪石,故将钠闪石冠于花岗岩之前,作为花岗岩种属名称。

(3)副矿物含量甚微,一般小于1%,在岩浆岩分类命名中一般不起作用。如岩浆岩中磁铁矿、磷灰石、榍石、锆石、独居石等都是副矿物。但当副矿物含量较多,对岩浆岩成因和成矿有特殊意义时,也可有选择地用作岩浆岩名称的前缀,如独居石花岗岩,指示该花岗岩中富含Ce、La等稀土元素。

4. 岩浆岩的结构

1)结构的含义

岩浆岩的结构(Texture)是岩浆岩的基本特征之一,它不仅反映了岩浆岩形态上的特点,也是研究岩浆岩成分和形成条件的重要依据。岩浆岩的结构是反映岩石中矿物本身的特点及颗粒之间的组构特点,如矿物颗粒的结晶程度、晶粒的粗细及均匀程度等。岩浆岩结构所表现出来的特点,决定于岩浆岩形成时的物理化学条件(如岩浆的温度、压力、粘度、冷却速度等)。

2)结构类型

(1)按结晶程度分类,可将岩浆岩结构分为全晶质结构、玻璃质结构和半晶质结构(图3-18)。

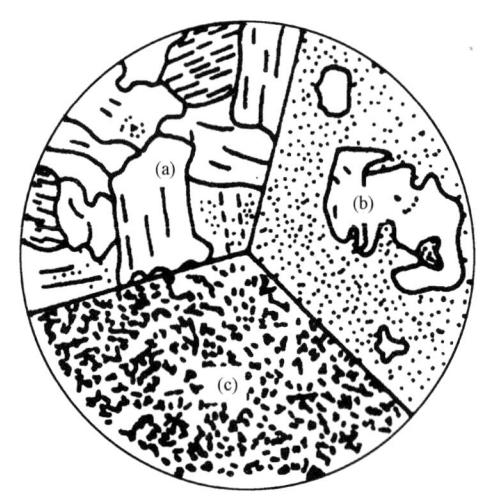

图 3-18 按结晶程度划分的岩浆岩结构
(a)全晶质结构;(b)半晶质结构;(c)玻璃质结构

① 全晶质结构:指岩石全部由矿物晶体组成。这种结构是在温度、压力降低缓慢,结晶充分的条件下形成的,为侵入岩、尤其是深成侵入岩所具有。

② 玻璃质结构:指岩石几乎全部由火山玻璃组成。这种结构是在温度、压力快速下降时冷凝形成的,多见于酸性喷出岩,也可见于浅成侵入体边缘。

③ 半晶质结构:指岩石部分由晶体部分由玻璃质组成,多见于喷出岩和浅成岩边缘。

(2)按矿物晶粒绝对大小分类,可将岩浆岩结构分为粗粒结构(粒径>5mm)、中粒结构(粒径为5~2mm)和细粒结构(粒径为2~0.2mm)等。

(3)按矿物晶粒相对大小分类,可将岩浆岩结构分为等粒结构和不等粒结构(图3-19)。

① 等粒结构:指岩石中矿物为全晶质,同种矿物颗粒大小相近。按粒径大小还可分为肉眼

（包括用放大镜）可识别出矿物颗粒的显晶质结构和需用显微镜才能识别矿物晶粒的隐晶质结构。

② 不等粒结构：指岩石中同种矿物粒度大小不等。矿物颗粒可以从大到小连续变化，也可以明显地分成大小不同的两部分，大的称为斑晶，小的称为基质。如果基质为隐晶质或玻璃质，则称为斑状结构；如果基质为显晶质而斑晶与基质成分基本相同者，称为似斑状结构。

(4) 按矿物的自形程度分类。

矿物的自形程度是指矿物晶体发育的完整程度。按矿物的自形程度可将岩浆岩结构分为自形晶结构、半自形晶结构和他形晶结构（图3-20）。

图3-19 按颗粒相对大小划分的岩浆岩结构
(a)等粒结构；(b)斑状结构；
(c)似斑状结构；(d)不等粒结构

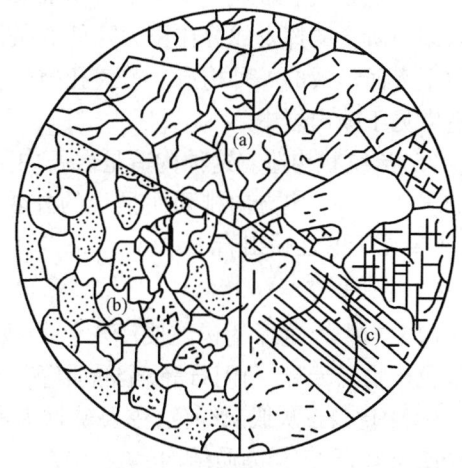

图3-20 按矿物晶粒外形划分的结构
(a)自形晶结构；(b)他形晶结构；(c)半自形晶结构

① 自形晶结构。自形晶指矿物晶粒具有完整的晶面，多半是在有足够的时间和空间的情况下生成的。如果岩浆岩中大多数矿物是由自形晶组成，就称为自形晶结构。

② 半自形晶结构。半自形晶指矿物晶体发育不完整，部分晶面完整，部分为不规则的轮廓，说明在结晶时很多矿物都在析出，互相干扰，没有自由空间充分结晶。如果岩石中大多数矿物由半自形晶组成或自形程度不等的矿物组成，则称为半自形晶结构。大多数深成侵入岩都具有这种结构。

③ 他形晶结构。他形晶是指晶体无一完整晶面，形状多不规则，呈他形晶的矿物，主要是由于晶体生长时已无自由生长的空间，或岩浆结晶较快，结晶中心较多，来不及形成完整的晶形。若岩浆岩中几乎全由他形晶粒组成，则称他形晶结构。

5. 岩浆岩的构造

1) 构造的含义

岩浆岩的构造（Structure）是指岩石中不同矿物、矿物集合体之间或与其他组成部分之间的排列充填方式等所反映出来的外貌特征。岩浆岩的构造是岩浆岩的基本特征之一，它对岩浆岩的研究具有重要意义。岩浆岩构造的特点则除了岩浆本身的特点外还与岩浆岩形成时的地质因素（构造运动、岩浆的流动等）有关。

2) 常见岩浆岩构造

(1) 块状构造。块状构造是指岩石中矿物颗粒均匀分布，在整块岩石中无论成分和结构都显示比较均匀。这种构造是侵入岩常见的一种构造。

（2）条带状构造。条带状构造是指岩浆岩中各个组成部分在矿物成分、结构及颜色上有一定的差异，且相间排列呈条带状，彼此平行或近于平行。这种构造主要是由于结晶条件周期性变化所致，常见于基性侵入岩中。

（3）斑杂状构造。斑杂状构造是指岩浆岩中不同组成部分在矿物成分、结构及颜色上有明显的差别，彼此呈不均匀的斑块状，各斑块形态不一、大小各异、混杂分布。这种构造主要是由于岩浆对捕虏体及围岩团块不均匀的同化混染作用形成，多见于侵入岩体的边缘部分。

（4）气孔、杏仁状构造。岩石中分布着大小不同的近圆形空洞，称为气孔构造。气孔构造是岩浆中所含的挥发成分在压力降低的条件下分离出来形成气泡，这些气泡在岩浆冷凝后被保留下来而形成的一种构造。若气孔被硅质、钙质或其他物质充填，则形成杏仁构造。这两种构造常见于喷出岩中。

（5）流纹状构造。这种构造是岩石中不同颜色、不同成分的条纹、雏晶、斑晶及柱状或拉长的气孔等沿一定方向排列而呈现的外貌特征。流纹状构造是熔浆在流动过程中冷凝形成的，主要见于酸性喷出岩中。

6. 常见岩浆岩

（1）花岗岩：通常为肉红或浅灰色，主要由石英、长石组成，石英含量大于20%，可含少量的暗色矿物黑云母、角闪石等，全晶质等粒结构或似斑状结构、块状构造。

（2）闪长岩：灰或灰绿色，主要矿物为斜长石和角闪石，次要矿物为正长石、黑云母、辉石，很少或没有石英，全晶质结构、块状构造。

（3）辉长岩：灰黑、暗绿色，以辉石和斜长石为主，其次为角闪石和橄榄石，全晶质结构、块状构造。

（4）橄榄岩：暗绿色或绿色，主要矿物为橄榄石和辉石，可含有少量角闪石、黑云母，全晶质结构、块状构造。

（5）花岗斑岩：颜色、矿物成分、构造与花岗岩相同，具斑状结构，斑晶为石英和长石，基质为隐晶—细晶质或玻璃质，如果基质为全晶质（细、中、粗粒），即具似斑状结构，称为似斑状花岗岩。

（6）闪长玢岩（闪长斑岩）：颜色、矿物成分与闪长岩相同，具斑状结构，斑晶为斜长石、角闪石，斜长石常可见环带状构造，基质为隐晶质至细粒结构，呈岩墙产出，也可产于闪长岩体的边缘部分，斑晶以斜长石为主时称为闪长玢岩。

（7）辉绿岩：矿物成分、颜色与辉长岩相同，细粒结构、块状构造，常呈浅成侵入体产出，如岩墙、岩床等。

（8）流纹岩：颜色、矿物成分与花岗岩相同，斑状结构，斑晶为石英、透长石，基质多为隐晶质或玻璃质，流纹构造。流纹质玻璃中可具大量气泡，形成浮石构造。具这种构造的岩石，能浮于水中，故称"浮岩"。

（9）安山岩：矿物成分与闪长岩相同，呈深灰、浅玫瑰、褐色等，一般为斑状结构，斑晶为斜长石、辉石等，块状构造，有时具气孔和杏仁状构造。

（10）玄武岩：矿物成分与辉长岩相同，常呈黑、灰黑、黑绿、灰绿色等，隐晶、细粒至斑状结构，斑晶常为斜长石，块状构造，也常具气孔状、杏仁状构造。陆相喷发常具柱状节理，水下喷发常形成枕状构造。

（11）伟晶岩：由粗粒甚至巨粒的石英、长石、白云母等浅色矿物组成，大多呈脉状体，称伟晶岩脉。

（12）黑曜岩：具深褐、黑、红等色，成分与花岗岩相同，是一种致密块状或熔碴状玻璃质岩石，具玻璃光泽，断口为贝壳状，含磁铁矿、辉石等暗色矿物微粒。

（二）沉积岩

1. 沉积岩的概念

沉积岩（Sedimentary rock）是在地表或近地表常温、常压条件下，各种外动力地质作用以及某种火山作用形成的松散堆积物经成岩作用所形成的岩石。

沉积岩在陆地表面的分布很广，约占地表面积的3/4。从地表往下，沉积岩所占比例逐渐缩小，到一定深度，即使是沉积岩也会转变为变质岩和岩浆岩。就地壳而论，沉积岩仅占地壳质量的5%，结晶岩（包括岩浆岩和变质岩）占95%。

2. 沉积岩的物质成分

沉积岩的物质组成有矿物碎屑和岩石碎屑，以及有机质和胶结物。

（1）沉积岩中已发现矿物160余种，但常见的只有20余种，在一种岩石中主要的造岩矿物通常是1~3种。有一些矿物如长石、石英、云母等是来自母岩的破碎产物，称矿物碎屑，也称为继承矿物，其数量与矿物的稳定性（抗风化能力）有关，例如，在岩浆岩中很普遍的橄榄石、辉石、角闪石等，由于抗风化能力较弱，因此在沉积岩中含量极少。另一些矿物如碳酸盐矿物、粘土矿物及盐类矿物等是沉积过程中的自生矿物，称为自生矿物，为沉积岩所特有；还有些是沉积岩形成以后发生的次生变化而形成的次生矿物。自生矿物和次生矿物统称为化学沉积矿物。

（2）岩石碎屑（简称为岩屑）是母岩岩石的碎块，是保持着母岩结构的矿物集合体。岩浆岩、变质岩和沉积岩在风化过程中都可以形成岩屑。

（3）含有机质是沉积岩与岩浆岩的重要区别，不同沉积岩中有机质含量相差很大，少数沉积岩（如煤等）几乎主要由有机质组成。

（4）胶结物是形成沉积岩不可缺少的组分，它填塞于碎屑颗粒之间或附着于颗粒表面，通常有泥质、钙质、铁质、硅质等多种。

把沉积岩和岩浆岩的化学成分相比较就可以看出，两者的化学成分十分接近。这并不是一种偶然现象，因为沉积岩基本上是由岩浆岩的风化破坏产物而生成的，但仔细观察，两者仍然存在着很大的差别，如两者Fe的总量是基本相同的，但是在沉积岩中多半是Fe_2O_3，而在岩浆岩中FeO的含量略高于Fe_2O_3。

3. 沉积岩的颜色

沉积岩的颜色取决于岩石的物质成分、沉积环境及成岩后的次生变化，其中起决定作用的是岩石中所含的色素（染色物质）。如岩石中含有机质（碳质、沥青质）或分散状硫化铁呈灰、黑等暗色；含FeO者呈绿色；含Fe_2O_3者呈红色；不含铁的化合物和游离碳等色素物质的岩石呈白色，如纯净的石英砂岩、岩盐、白云岩、石灰岩、高岭土等呈白色或浅灰色。

4. 沉积岩的结构

沉积岩的结构是指沉积岩的颗粒性质、大小、形状及其相互关系，主要类型有：

（1）碎屑结构。这种结构是由50%以上碎屑（包括矿物碎屑和岩石碎屑）组成的，其余为胶结物和杂基。这是沉积岩特有的结构，具这种结构的沉积岩称为碎屑岩。碎屑岩按碎屑颗粒大小可分为砾状结构(颗粒直径大于2mm)、砂状结构(颗粒直径为2~0.125mm)和粉砂状结构(颗粒直径为0.125~0.032mm)。

(2)泥质结构。岩石中粘土矿物占50%以上的结构为泥质结构。粘土矿物颗粒直径小于0.032mm。

(3)晶粒结构。这是由化学作用或生物化学作用在溶液中沉淀的晶粒或成岩后生作用重结晶形成的晶粒组成的一种结构。

(4)生物结构。岩石中生物遗体或碎片在30%以上的结构为生物结构。

5. 沉积岩的构造

沉积岩的构造简称为沉积构造或构造(注意与地质构造相区别),是指沉积物沉积过程中或沉积后由于物理、化学或生物作用所形成的岩石各组成部分的空间分布和排列状况。成岩之前形成的构造称为原生构造,成岩之后形成的构造称为次生构造。原生构造是反映沉积环境和确定地层顶、底面的重要标志。

1)层理构造

层理构造简称层理,是岩石性质在垂直方向上显示的层状构造,是由于沉积物成分、结构、颜色等突变或渐变而显示出来的。层理是沉积岩最常见、最具特征的构造,研究层理,有助于地层划分对比及沉积环境分析。由于岩石的渗透性在平行层理方向较好,因此研究层理有助于认识油、气、水在地下的流动规律,借以指导油气田开发。

(1)层理的组成。

层理由细层、层系、层组等要素组成。

细层又称纹层,是组成层理的最小单位,其厚度极小,常以毫米计。同一纹层是在相同的水动力条件下同时形成的,其产状有水平的、倾斜的或波状的。

层系由许多成分、结构、厚度和产状相似的同类纹层组成,它们是在同一环境、相同的水动力条件下,不同的时间形成的。

层系组也称层组,由两个或多个相似的层系或成因上有联系的层系叠覆而成。

若干个纹层、层系或层组构成一个层。层是由成分基本一致的岩石组成的沉积地层的基本单位,它以成分或结构上的不一致性与上下邻层分开。层与层之间有层面分隔。层的厚度可分为块状层(大于1m)、厚层(1.0~0.5m)、中层(0.5~0.1m)、薄层(0.1~0.01m)、微细层或页状层(小于0.01m)。

(2)层理类型。

在自然界中,常见的层理构造有下列几种类型(表3-5)。

① 水平层理和平行层理。

水平层理和平行层理的特点是纹层平直且与层面平行。一般认为,水平层理的沉积物来自悬浮物或溶液,故多见于细粒的粉砂或泥质沉积中,常见于海、湖深水区,闭塞海湾、潟湖、沼泽及牛轭湖等低能环境中。平行层理外貌与水平层理相似,但它是在较强的水动力条件下,由连续滚动的砂粒粗细分离或含不同重矿物的纹层叠覆而成,沿纹层面容易剥开(通称剥离线理),多形成于河道、湖岸、海滩等高能环境。

② 波状层理。

波状层理由许多波状起伏的纹层重叠在一起组成,是由于波浪引起沙纹的移动造成的。其特点是纹层呈波状,但总的方向与层面平行,当沉积速度较快时,可保存连续的波状。波状层理常形成于海、湖的浅水区及河漫滩。

表3-5 层理的基本类型及有关术语

层理类型		序号	层理形态	层系	层组
水平层理		1			
波状层理		2			
交错层理	板状	3			纹层
	楔状	4			
	槽状	5			
递变层理		6			
透镜状层理		7			
韵律层理		8			

③ 交错层理(斜层理)。

交错层理由一系列斜交层系界面的纹层组成,按其层系厚度可分为小型(小于3cm)、中型(3~10cm)、大型(10~200cm)和特大型(大于200cm)四种;按其层系形态可分为板状、楔状、槽状三种基本类型。板状交错层理的层系界面为平面,且彼此平行,大型板状交错层理常见于河流沉积之中,其层系底界有冲刷面,纹层内常有下粗上细的粒度变化,有的纹层向下收敛。楔状交错层理的层系界面也为平面,但互不平行,楔状交错层理常见于海、湖的浅水区和三角洲沉积中。槽状交错层理的层系底界为槽形冲刷面,大型槽状交错层理多见于河流沉积中,其层系底界冲刷面明显,底部常有泥砾。

交错层理的前积纹层与底面的交角通常变小,且纹层向上凸,大型纹层的下部常富集粗粒物质,这些特点可作为确定地层顶、底的重要标志。根据层系厚度还可大致推断其沉积时的水体深度,因为层系厚度即相当于沙波高度。

④ 递变层理。

递变层理又称粒序层理,其特点是由底至顶颗粒逐渐变化,除了粒度变化之外,无任何内部纹层(图3-21)。

根据内部构造特征,递变层理主要分以下两种基本类型:

(a)颗粒向上逐渐变细,但下部不含细粒物质,可能是由于水流速度或强度逐渐减低而沉积的结果,见图3-21(a);

(b)以细粒物质作为基质全层均匀分布,粗粒物质向上逐渐减少和变细,可能是由于悬浮体含有各种大小不等的颗粒,在流速减低时因重力分异而整体堆积的结果,见图3-21(b),属于浊流成因,大多数递变层理属于此类。

除以上两种基本类型之外,有时偶见递变序列中部颗粒粗、上下颗粒细的双向递变和下细、上粗的反向递变。

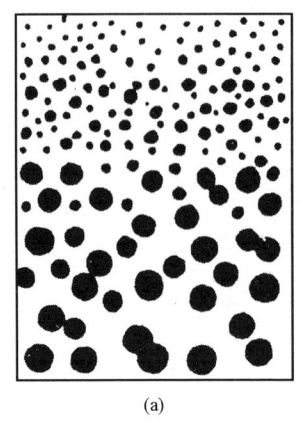 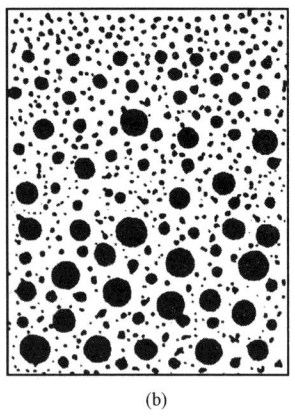

图 3-21　递变层理的两种基本类型(据 H. E. 赖内克等,1979)

⑤ 透镜状层理和压扁层理。

透镜状层理和压扁层理是砂、泥沉积中的复合层理。在水流或波浪作用较弱、砂质供应不足等对泥质沉积与保存都较有利的情况下,可形成泥包砂的透镜状层理。当水流或波浪作用较强,有利于砂质沉积和保存的情况下,因波峰处泥质缺乏或较薄,形成被砂质包围的泥质压扁体,称压扁层理或脉状层理。透镜状层理和压扁层理之间的过渡类型为砂、泥交互的波状层理,是在水动力条件强弱交替出现的情况下形成的。这类层理常见于潮汐环境中。

⑥ 韵律层理和沉积旋回。

韵律层理和沉积旋回是由不同成分、结构或颜色的沉积物有规律的交替叠置而成。如由潮汐变化产生的潮汐韵律层理,是一种砂、泥薄层相间的交替纹层,其砂层是在涨、落潮的水流活动期形成的,泥层是在高、低潮的滞流时期沉积的。潮汐韵律层理在潮滩和河口湾地带常见。由于季节变化产生的季节韵律层理,是由暗色层和浅色层交替沉积而成,其构成韵律层理的单层都是很细的粉砂和泥,因此肉眼观察通常只能根据颜色的深浅来识别。冰融水在冰川湖中沉积的冰川纹泥,也是一种季节韵律层理。夏季冰融化,释出大量碎屑物质,形成颗粒较粗的浅色层;冬季因没有新的陆源物质,悬浮的细粒物质下沉形成暗色层。这种层序年年重复,日久天长便形成韵律层理。

季节韵律与潮汐韵律层理有区别。滞水盆地中形成的季节韵律层颗粒细,显示韵律层的主要是颜色,横向延伸远;潮汐形成的韵律层是由砂层和泥层交替组成,显示韵律层的主要是粒径的变化,横向延伸短,只能追索几米甚至几分米。

大规模的沉积韵律层理常称为沉积旋回。一般来说,沉积韵律层理的形成,多与局部的地区性因素有关,如季节变化、潮汐变化、河道迁移摆动等原因,所以沉积韵律层理的规模较小。沉积旋回是指地壳运动引起的地层的岩性特征在纵向上连续、有规律的变化。当沉积区地壳下降、水体面积扩大时,可形成水进旋回,即沉积物由浅水相变为深水相;当地壳上升、水体面积缩小时,则形成水退旋回,即沉积物由深水相变为浅水相(图 3-22 和图 3-23)。在地层剖面中,一个完整的沉积旋回可表现为一个水退旋回叠置在一个水进旋回之上。但是,地壳上升阶段形成的水退旋回易被剥蚀,难以保存,故自然界中常见水进型半旋回。由于地壳运动的影响范围宽广,而在同一构造区域内,同一时期沉积旋回的性质是相同或相似的,因此,沉积旋回是地层划分对比和推断地壳运动情况的重要依据之一。

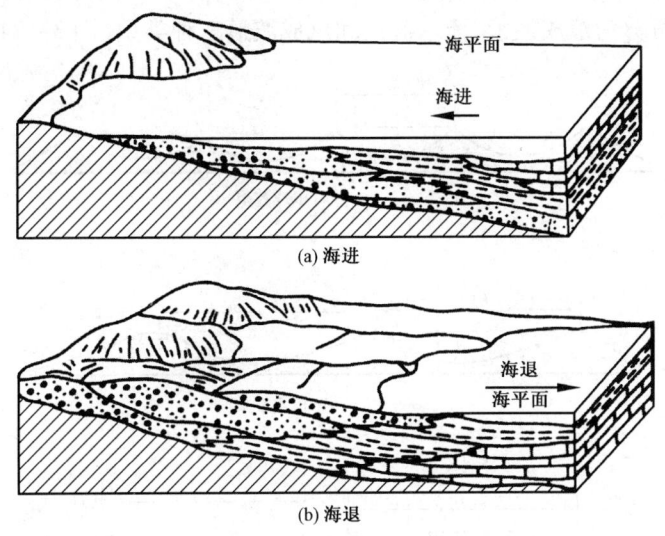

图3-22 海进、海退沉积情况示意图(据刘本培,1986,略有改动)

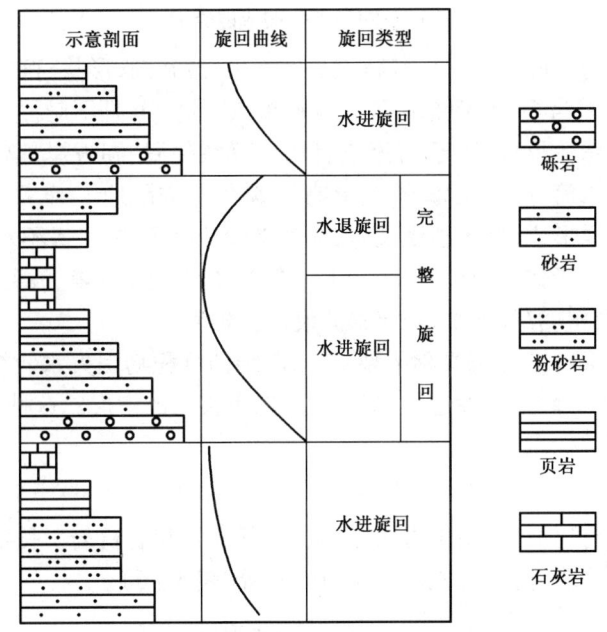

图3-23 沉积旋回示意图

⑦ 块状层理(均匀层理)。

块状层是一种不显示任何纹层构造的层理,其特点是外貌大致均匀,组分和结构无分异,也称无层理。块状层理可由悬浮物质快速堆积而成(沉积物来不及分异),如洪水沉积,也可由沉积物重力流快速堆积而成;有时,强烈的生物扰动、重结晶或交代作用破坏原生层理,而造成块状层理。严格说来,真正的块状层理使用仪器也辨认不出内部纹层。

2)层面构造

层面构造是指岩层表面呈现出的各种构造痕迹,常见的层面构造波痕、干裂。

(1)波痕。波痕是指由于波浪、流水、风等介质的运动,在沉积物表面形成的一种波状起伏的构造,按成因可分为浪成波痕、流水波痕和风成波痕三种类型(图3-24)。

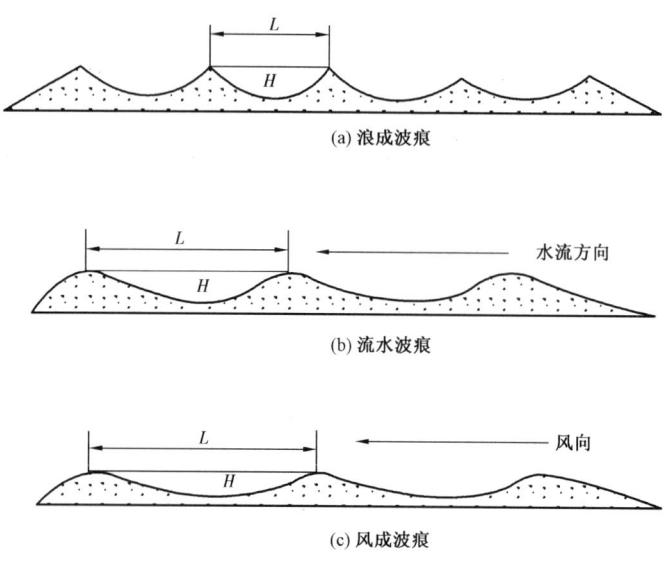

图3-24 波痕的成因类型

浪成波痕常见于海、湖浅水地带,其特点是波峰尖、波谷圆,形状对称。浪成波痕的波痕指数(L/H)为4~13,多数为6~7,但拍岸浪的波痕指数可达20,且不对称,陡坡朝向岸。

流水波痕由定向水流形成,见于河流或有底流存在的海、湖近岸地带,波峰、波谷都较圆滑,不对称,陡坡倾向水流方向,在海、湖滨岸地段,陡坡朝向陆地。

风成波痕由定向风形成,见于沙漠及海、湖滨岸沙丘沉积中,呈极不对称状,陡坡的倾斜方向与风向一致。其波痕指数(L/H)为10~70,一般在20以上,波峰、波谷都较圆滑,但谷宽峰窄,沉积颗粒在波峰处粗、波谷处细,与流水波痕情况相反。

(2)泥裂(Mud crack)。泥裂又称干裂,是未固结的沉积物因失水收缩形成的干裂纹保存在岩石中而形成的,在平面上呈多边形,剖面上呈向下尖灭的楔形。这种构造可作为识别沉积环境和确定岩层层序的标志。

6. 常见的沉积岩

最常见的沉积岩有碎屑岩、粘土岩、碳酸盐岩、蒸发岩和有机岩。按沉积岩的物质来源沉积岩主要分为陆源沉积岩、内源沉积岩和火山碎屑岩(表3-6)。

表3-6 沉积岩基本类型分类简表

陆源沉积岩		内源沉积岩				火山碎屑岩
陆源碎屑岩	粘土岩	蒸发岩	非蒸发岩		可燃有机质岩(碳质岩)	
按结构细分 / 砾岩 砂岩 粉砂岩	按固结程度细分 / 泥岩 页岩	膏岩 盐岩 钾岩	按成分细分	碳酸岩盐 硅质岩等	煤 油页岩	按结构细分 / 集块岩 火山角砾岩 凝灰岩

(1)砾岩。砾岩中粒径大于2mm以上的碎屑含量大于30%;砾石呈圆状或次圆状;砾间填隙物有砂、粉砂、粘土或化学沉积的胶结物;胶结物成分可为硅质、钙质、铁质、泥质等。砾岩形成于冲积扇、河床及海滨等。

(2)角砾岩。和砾岩一样,角砾岩中直径大于2mm以上的碎屑也占30%以上;砾石没有经过长途搬运或原地堆积,具有明显的棱角;砾间填隙物亦有砂、粉砂、粘土或化学沉积的胶结物;胶结物成分亦有硅质、钙质、铁质、泥质。除由分化、剥蚀、搬运、沉积而成的角砾岩外,按其成因还可分为火山角砾岩、断层角砂岩、喀斯特角砾岩等。

(3)砂岩。砂岩主要由粒径为 2~0.125mm 的碎屑颗粒和胶结物组成,碎屑含量大于50%;碎屑以石英、长石为主,还可有白云母、暗色矿物和岩屑;胶结物有硅质、钙质、铁质和泥质。

(4)粉砂岩。粉砂岩由50%以上的粒径在 0.125~0.032mm 的碎屑颗粒和胶结物构成;碎屑成分以石英为主,其次是长石,岩屑很少,有时有较多的白云母,混有较多的泥质,常与泥岩互层;胶结物有硅质、钙质、泥质、铁质。因颗粒较小,肉眼难以识别,放大镜下可识别石英,岩石断面粗糙。

(5)粘土岩。粘土岩由粒径小于0.032mm的各种粘土矿物组成,也可掺入少量其他碎屑和各种化学沉积物。层理、节理不明显的块状粘土岩称为泥岩,呈页片状或薄片状的粘土岩称为页岩。

(6)石灰岩。石灰岩是一种以方解石为主要矿物成分的碳酸盐岩,常混入粘土、粉砂等杂质;一般为灰色或灰白色;性脆、硬度不大;有致密状、结晶粒状、鲕状、生物碎屑等结构;滴加5%的稀冷盐酸石灰岩会剧烈起泡。石灰岩可以再细分出结晶灰岩、鲕状灰岩、生物碎屑灰岩等。

(7)白云岩。白云岩是一种以白云石为主要矿物成分的碳酸盐岩,常混入方解石、粘土矿物、石膏等杂质;一般呈白或灰白色;白云岩外貌酷似石灰岩,风化后常呈粉末状,并具有纵横交错的刀砍状沟槽,常称为刀砍纹;滴加5%的稀冷盐酸微弱起泡。

(三)变质岩

1. 变质岩的概念及物质成分

变质岩(Metamorphic rock)是原先存在的岩浆岩、沉积岩甚至变质岩,由于物理、化学条件的变化而形成的新岩石。变质彻底时,破坏原有岩石产生新的变质结构和构造;变质不彻底时,原岩特征可不同程度地残留下来。由岩浆岩变质而成的变质岩称为正变质岩,由沉积岩变质而成的称为副变质岩。

1)变质岩的化学成分

变质岩由不同原岩变质而成,其化学成分一方面与原岩的化学成分有关,同时又与变质作用特点有关。对于没有发生交代作用的变质岩,其化学成分主要取决于原岩的成分;在伴随有交代作用的情况下,由于有组分的带入或带出,变质岩的化学成分既决定于原岩的化学成分,同时还决定于交代作用的类型和强度。

变质岩的化学成分主要有 SiO_2、Al_2O_3、Fe_2O_3、FeO、MnO、MgO、CaO、K_2O、Na_2O、H_2O、CO_2 以及 TiO_2、P_2O_5 等。与岩浆岩一样,变质岩的化学成分仍以上述氧化物的质量分数来表示。

不同的变质岩,其化学成分差别较大。一般的说,正变质岩化学成分的变化范围较小,副变质岩化学成分的变化范围则很大。

2) 变质岩的矿物成分

比起岩浆岩、沉积岩来,变质岩的矿物成分要复杂得多,而且有极大的差别。现将三大类岩石中常见的造岩矿物成分特征列于表 3-7。

表 3-7 三大类岩石矿物成分特征

岩浆岩、沉积岩、变质岩中均可出现的矿物	主要在岩浆岩中出现的矿物	主要在变质岩中出现的矿物	主要在沉积岩中出现的矿物
石英、钾长石、白云母、金云母、黑云母、斜长石类、角闪石类、辉石类、部分石榴子石、橄榄石类、碳酸盐矿物、磁铁矿、赤铁矿、菱铁矿、磷灰石、榍石、锆石、金红石	鳞石英、白榴石、歪长石、霞石、黄长石、方钠石、蓝方石、黝方石	钠云母、绢云母、帘石类、符山石、方柱石、透闪石、阳起石、硅灰石、蓝闪石、软玉、硬玉、硬绿泥石、红柱石、蓝晶石、矽线石、刚玉、堇青石、十字石、石榴子石、硅镁石、方镁石、蛇纹石、滑石、石墨等	蛋白石、玉髓、粘土矿物、水铝石、盐类矿物、煤、海绿石

从表 3-5 和划分归属中可以看出变质岩矿物具有以下特征:

(1) 变质岩中出现一些岩浆岩、沉积岩中不出现的特征变质矿物,如红柱石、堇青石、十字石、矽线石、蓝晶石、硅灰石等;

(2) 变质岩中广泛发育纤维状、鳞片状、长柱状、针状矿物,如矽线石、绢云母、透闪石等;

(3) 变质岩中常出现比重大、分子体积小的矿物,如石榴子石。

原岩的成分是变质岩的物质基础,所以原岩的化学成分决定了变质岩可能出现何种矿物,至于具体出现何种矿物,还需取决于变质条件,即温度、压力等。如硅质石灰岩经热接触变质后,当压力为 1Pa、温度低于 470℃ 时,形成方解石、石英,若温度高于 470℃ 时,则会形成方解石、硅灰石或者石英、硅灰石。现将不同原岩在变质作用下可能出现的矿物列于表 3-8。

表 3-8 不同原岩在变质作用下出现的矿物成分

系列	原岩类型	化学成分特征	矿物成分 常见矿物	矿物成分 特征矿物
富铝系列	泥质沉积岩(粘土岩、页岩等)	富铝、贫钙,$Al_2O_3/(K_2O+Na_2O)$ 比值高,$K_2O>Na_2O$	石英、酸性斜长石、绿泥石、绢云母、黑云母、白云母	铁铝榴石、硬绿泥石、蓝晶石、红柱石、矽线石、堇青石
长英质系列	包括砂岩、粉砂岩、中酸性岩浆岩(包括火山碎屑岩)	SiO_2 高,Fe、Mg 低	与富铝系列基本相同,但石英、长石等含量较高	富铝系列特征矿物出现较少或不出现
碳酸盐系列	各种石灰岩及白云岩等	富 CaO、MgO,Al_2O_3、FeO、SiO_2 等含量低且变化极大	以方解石、白云石为主,按所含杂质不同,可出现各种不同钙镁含量的硅酸盐或铝硅酸盐,如滑石、蛇纹石、镁橄榄石、透闪石、透辉石、硅灰石、方柱石、金云母、符山石、钙铝榴石、黝帘石、斜长石等	
基性系列	基性岩浆岩(包括火山碎屑岩)及铁质白云质泥灰岩	与基性岩浆岩相当,富钙、镁、铁,含一定量的 Al_2O_3,贫 K_2O、Na_2O	各种斜长石、石英、绿帘石、绿泥石、蛇纹石、阳起石、普通角闪石、透辉石及紫苏辉石等,有时还出现方柱石、铁铝榴石等	
超基性系列	超基性岩浆岩及一些极富镁的沉积岩	富镁、铁,贫钙、铝和硅	滑石、蛇纹石、透闪石、镁铁闪石、镁铝榴石、橄榄石、尖晶石、顽火辉石、菱镁矿及碳酸盐等	

2. 变质岩的结构

变质岩的结构是指矿物的结晶性质、形状、粒度大小及其相互结合关系。主要有以下两种结构类型：

(1)变晶结构。变质过程基本上是在固态条件下进行重结晶，新形成的矿物晶体称变晶。根据变晶矿物粒度大小，变晶结构可分为粗粒变晶结构(粒径大于3mm)、中粒变晶结构(粒径3～1mm)、细粒变晶结构(粒径小于1mm)。根据矿物粒度的相对大小，变晶结构可分为粒径大致相等的等粒变晶结构，粒径大小不等但系连续变化的不等粒变晶结构，以及粒径大小相差悬殊，明显分为大、小两大种晶体的斑状变晶结构。根据矿物形态的不同，变晶结构还可分为粒状变晶结构、鳞片状变晶结构以及纤维状变晶结构。

(2)变余结构。变余结构又称残留结构，具有这种结构的岩石重结晶作用不充分，仍残留有原岩的结构特征，表明其变质程度较浅。描述时在原岩结构前加上"变余"二字即可，如变余砾状结构、变余斑状结构等。

3. 变质岩的构造

变质岩的构造是指变质岩中矿物或矿物集合体的分布状况和相互关系。变质岩的构造可分为变余构造和变成构造两大类。

1) 变余(残留)构造

与变质岩的结构一样，在浅变质的岩石中，原岩的构造常常不同程度地保留下来，称为变余(残留)构造。它们是恢复原岩性质的重要标志之一。正变质岩中，常见的变余构造有变余气孔构造、变余杏仁构造、变余流纹构造、变余枕状构造等；副变质岩中，则常见有变余层理、变余泥裂、变余波痕等构造。

2) 变成构造

变成构造是指岩石在变质作用过程中所形成的构造。这类构造在变质岩中占有重要地位，常见的变成构造有以下类型：

(1)板状构造。具这种构造的岩石中矿物颗粒很细小，肉眼难以分辨，但它们具一组组平行破裂面，沿破裂面易于分裂成光滑平整的薄板。破裂面上可见由绢云母、绿泥石微晶形成的微弱丝绢光泽，具变余泥质结构。

(2)千枚状构造。岩石中的鳞片状矿物呈定向排列，沿定向排列方向可劈成薄片，具较强的丝绢光泽，断面参差不齐。

(3)片状构造。片状构造又称片理，这种构造由片状、板状或针状矿物，如云母、绿泥石、滑石、角闪石等呈连续平行排列而构成，沿片理面极易劈成薄片，而且还常呈波状弯曲，显示强烈的丝绢光泽。矿物颗粒较粗，肉眼可识别，以此区别于千枚状构造。

(4)片麻状构造。这类岩石主要由结晶粒度较粗大而且颜色较浅的粒状矿物(如长石、石英)组成，又有一定的片状、柱状矿物(黑云母、角闪石)呈定向排列。由于片状、柱状矿物颜色较深，故形成不同颜色、不同宽窄的条带，故又称为条带状构造。如果其中长石、石英巨晶组成透镜体，周围被片状、柱状矿物形成的片理环绕，外形似眼球，则称为眼球状构造。

(5)块状构造。变质岩中的块状构造与岩浆岩中的块状构造相似，系指岩石中矿物成分和结构都很均匀、矿物或矿物集合体无定向分布的一种均一构造。石英岩和大理岩具有这种构造。

4. 常见的变质岩

(1)板岩。板岩具变余结构、板状构造，有时具变晶结构；岩石均匀致密，矿物颗粒肉眼难以识别;板理面上可有少量绢云母、绿泥石等新生矿物,微显丝绢光泽。板岩由粉砂岩、粘土岩等经轻变质而成,颜色多为灰至黑色,打击时有清脆声。

(2)千枚岩。千枚岩是具典型的千枚状构造的浅变质岩,容易裂成薄片,其原岩基本上全部重结晶,主要由很细小的绢云母、绿泥石、石英等组成,一般为鳞片变晶结构,具较强的丝绢光泽。这种岩石是由粘土岩、粉砂岩、凝灰岩等变质而成的。

(3)片岩。片岩是具明显片状构造的变质岩,主要由片状、柱状矿物(云母、绿泥石、角闪石)和粒状矿物(石英、长石、石榴子石,其中石英含量大于长石,长石含量一般小于25%)组成,具较粗的鳞片变晶结构或纤维变晶结构。

(4)片麻岩。片麻岩是具明显片麻状构造的变质岩,具中至粗粒变晶结构;主要矿物成分为长石、石英,含量大于50%,长石含量大于石英;片状或柱状矿物有黑云母、角闪石和辉石,有时出现矽线石、石榴子石等变质岩特有矿物。片麻岩是变质程度较深的变质岩,主要由花岗岩、长石砂岩变质而成。

(5)大理岩。大理岩是碳酸盐矿物方解石、白云石含量大于50%的变质岩,一般为白色,因含杂质可为灰、绿、黄等色;具粒状变晶结构、块状构造;以我国云南大理所产称著,故而得名。质地致密的白色细粒大理岩又称"汉白玉",是良好的建筑材料。

(6)石英岩。石英岩是石英含量大于85%的变质岩,具粒状变晶结构、块状构造,可含少量的长石、绢云母、绿泥石、白云母、角闪石等,主要是热变质的产物,由石英砂岩等经重结晶变质而成。

(7)蛇纹岩。蛇纹岩主要由蛇纹石组成,也可残存橄榄石与辉石,颜色黄绿色至黑绿色,质软、具滑感,蜡状光泽,隐晶质变晶结构、块状构造。

(8)矽卡岩。矽卡岩的主要矿物成分为石榴子石与辉石,有时含有硅灰石、角闪石、磁铁矿等,具不等粒变晶结构、块状构造,呈暗绿、棕褐色。这种岩石通常是由中酸性岩浆侵入碳酸盐岩石中发生接触变质作用而形成的。

岩浆岩、沉积岩和变质岩三大类岩石构成了地壳或岩石圈。这三类岩石的产出状态(产状)是不同的,沉积岩多呈层状,岩浆岩多呈块体状、脉状,变质岩则介于两者之间,既有呈层状或似层状的,也有呈块体状的。在地壳的演变过程中,各类岩石、矿物也处在演变之中,各类岩石在一定条件下是可以相互转化的。

第四章 地质年代与地质作用概述

第一节 地质年代

根据科学推测,地球的年龄大约46亿年。从46亿年前到大约38亿前为地球内圈形成的时期,一般称为地球的天文演化时期;38亿年前至今为地球地质发展时期,故称为地质历史时期。在漫长的地质历史时期中,地球经历了种种"地质事件",如地壳运动、海陆变迁、岩浆活动、生命的诞生与演化等,正是这些地质事件构成了地球发展和演化的历史,查明这些地质事件发生的先后顺序与发生的时代是十分重要的。

研究地质发展历史的主要对象是地层和化石。某地质历史时期的地层是指该时期所形成的岩石的总和,主要包括沉积岩、岩浆岩和经变质作用形成的变质岩。化石(Fossil)是指埋藏于沉积物(或沉积岩)中古生物的遗体或遗迹,如动物的骨骼、甲壳、足迹,植物的根、茎、叶等均可以成为化石(图4-1)。

(a) 中华莱德利基虫(华北下寒武统地层)

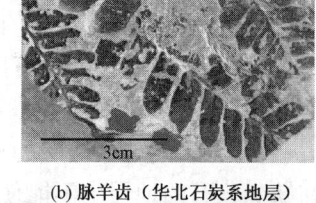
(b) 脉羊齿(华北石炭系地层)

(c) 始祖鸟(德国巴戈利亚州上侏罗统地层)

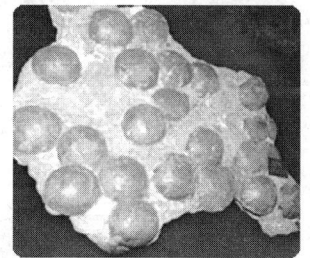
(d) 恐龙蛋(河南南阳西峡中生界地层)

图4-1 部分化石

地质学上计算时间的方法有两种:一种是相对地质年代(Relative time),它是指地质事件发生的先后顺序;另一种是绝对地质年代(Isotopic age),它是指地质事件发生的年代,主要是通过岩石矿物中所含的放射性同位素的自然衰变规律来测定,故又称为同位素年龄。

一、地层相对地质年代的确定

确定地层的相对地质年代的方法主要有地层学方法、古生物学方法和构造地质学方法等。

(一)地层学方法

沉积岩形成时,岩层面一般为水平或接近水平的状态,老的地层先形成并位于下部,新的地层后形成并位于老地层之上。这种原始产出的地层具有下老上新的地层层序叫地层层序律,它的确定地层相对地质年代的基本方法之一。这种利用地层层序确定相对地质年代的方法叫地层学方法。

如果地层形成以后遭受构造运动的影响,地层层序律可能会被破坏,这时可以通过沉积构造等判断岩层的顶、底面来恢复原来的生成顺序(图4-2)。地层学方法只适用于空间上相邻而且相互接触的地层,不适用于不同地区不相接触的地层。

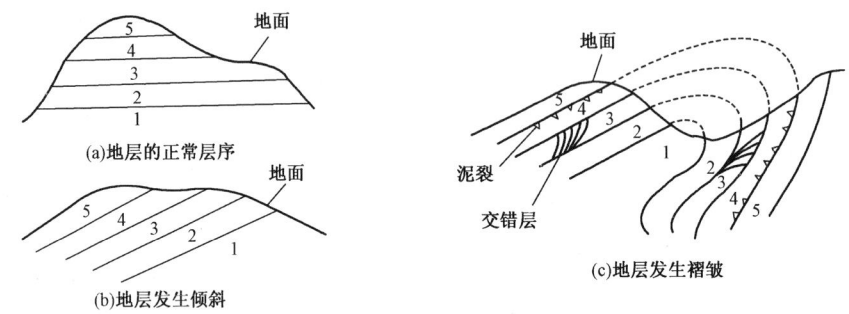

图 4-2 地层层序律示意图(据夏邦栋,1984)

(二)古生物学方法

研究表明,生物是从低级向高级演化,生物体的结构是从简单向复杂发展的。因此,地层年代越老所含的化石生物越低级、结构越简单,地层年代越新所含的化石生物越高级、结构越复杂。不同时代的地层含有不同的化石生物种属,所以可以利用地层中所含的化石确定地层的相对地质年代。利用地层中所含的化石确定地层的相对地质年代的方法叫古生物学方法,又叫生物层序律。

古生物学方法适合于不同地区地层的划分与对比(图4-3),是确定地层相对地质年代的最主要方法,但在缺少化石的地层中不能使用。

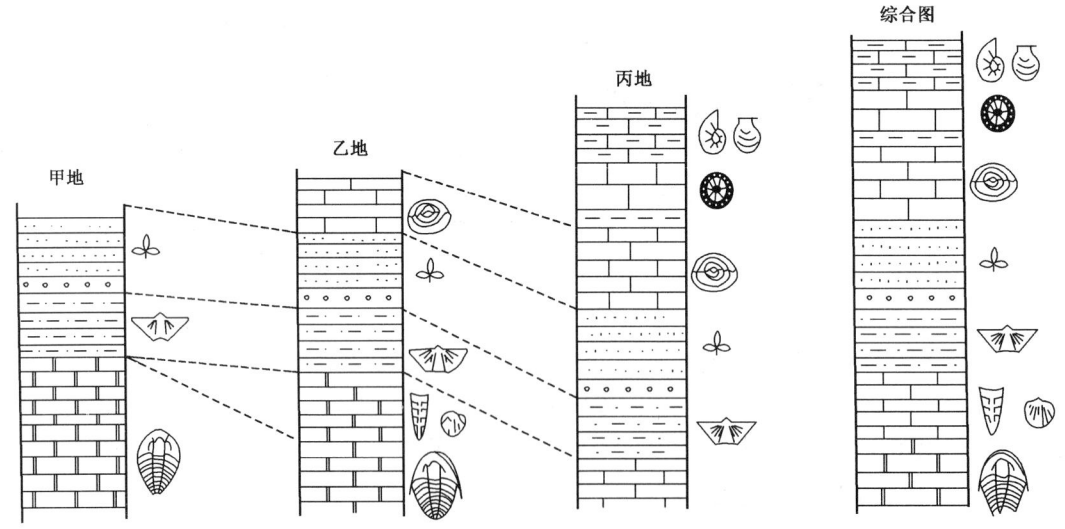

图 4-3 生物层序律应用于不同地区地层的划分与对比示意图
(据夏邦栋,1984)

(三)构造地质学方法

构造运动或岩浆活动可能导致岩体或岩层的切割穿插关系,依据切割穿插关系推断岩体或岩层的相对地质年代的方法叫构造地质学方法,具体推断方法是切割者新,被切割者老,故又叫地质体切割律(图4-4)。

二、同位素年龄(绝对年龄)的确定

在探索地质发展历史的过程中,人们迫切需要知道矿物、岩石或地质事件所发生的确切时间,19世纪末放射性同位素的发现为测定矿物、岩石或地质事件所发生的时间找到了科学的方法。

同位素年龄测定原理:当含有放射性同位素的岩石形成以后,在与外部环境隔绝的情况下,放射性同位素会随时间流逝不断衰变而减少,而衰变最终的产物稳定同位素则相应增加;只要能够准确测定出该岩石中所剩余的放射性同位素(P)的含量与衰变最终的产物稳定同位素(D)的含量,已知该放射性同位素的衰变常数(λ),可以利用放射性同位数衰变规律计算出该岩石的形成年龄(t)。计算公式如下:

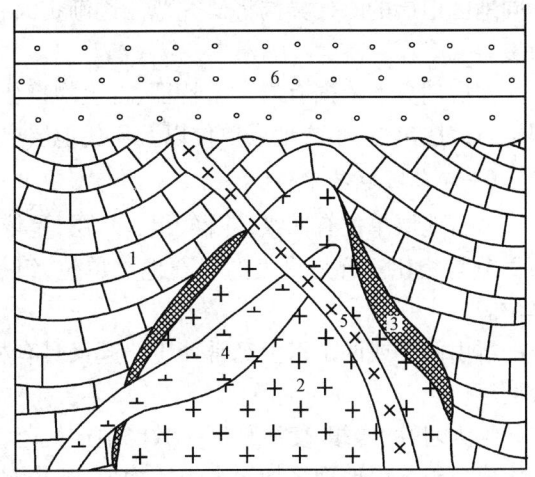

图4-4 地质体切割律判断地质体之间的相对年龄示意图(据夏邦栋,1984)
1—石灰岩;2—花岗岩;3—夕卡岩;
4—闪长岩;5—辉绿岩;6—砾岩

$$t = \frac{1}{\lambda}\ln\left(1 + \frac{D}{P}\right)$$

依据上述原理,人们已经制订出许多同位素年龄测定的方法(表4-1)。同位素年龄测定结果的准确性与以下条件有关:母体放射性同位素的种类及其相对丰度;母体放射性同位素的衰变常数;该测试体形成以后一直保持封闭状态,没有造成母体和子体同位素的进出;要有高灵敏度的设备测定测试体中的母体和子体同位素数目等。目前由于种种原因,难以完全满足上述条件,所以测试的结果往往存在一定的误差,一般来说,岩石的年龄越老测试结果误差越大,如南美洲圭亚那的角闪岩的年龄为4130±170Ma(铷—锶法测定值)。

表4-1 几种放射性同位素的半衰期衰变产物(据Steven M. Stanley,1989)

放射性同位素	半衰期(亿年)	衰变产物
铷87(^{87}Rb)	486	锶87(^{87}Sr)
钍232(^{232}Th)	140	铅208(^{208}Pb)
钾40(^{40}K)	13	氩40(^{40}Ar)
铀238(^{238}U)	45	铅206(^{206}Pb)
铀235(^{235}U)	7	铅207(^{207}Pb)
碳14(^{14}C)	5730年	氮14(^{14}N)

三、地层单位

探索地质发展的历史是从研究地层开始的,研究地层应从局部地区入手。局部地区地层的研究从野外勘察该地区出露于地表的地层开始。根据岩石学特征、古生物特征以及地层形成的年代等,将研究区地层划分为不同的地层段并理清它们形成时代的先后顺序。通过比较不同地区地层的时代异同将研究范围逐渐扩大,最终可以了解全球地层,进而探究地质发展的历史。

地层划分的依据有岩石学特征、古生物特征以及地层形成的年代,所以有三种地层单位,即岩石地层单位、生物地层单位以及年代地层单位。

(一)岩石地层单位

岩石地层单位有四级,即群、组、段、层,是依据岩石的岩性、岩相以及层序的特征进行地层的划分与相比。群是最大的岩石地层单位,组是基本的岩石地层单位,层是最小的岩石地层单位。

群由两个或两个以上经常伴生一起又具有相似的岩石学特征的组构成,如华北地区的五台群等。

组为岩性、岩相、变质程度一致的地层段落,可以由一种岩石组成,或由两三种岩石反复重叠构成。组名由地理名加一个组字构成,如华北地区的张夏组等。

段为组内依据岩性不同划分出的段落,如华北地区的沙河街组内可划分出沙一段、沙二段、沙三段和沙四段。

层为组、段内具有特殊意义的岩层,如煤层、油层、化石层等。

同一地质时期、不同地区的沉积环境不同,形成具有不同岩石学特征的地层,因此依据岩石学特征划分的结果,只能适用于本地区而不能适用于其他地区。图4-5为华北地区寒武系地层的划分。

(二)生物地层单位

生物地层单位是根据生物化石类型或组合特征为标志划分的地层单位,常用的术语有(某生物的)组合带、延限带、顶峰带。

(1)组合带是利用地层内所含化石或其中某一类化石的自然组合建立的化石带。

(2)延限带是指任一生物分类单位在其整个延续范围内所代表的地层体。

(3)顶峰带是指某些化石种、属最繁盛的一段地层,它既不包括前期这些化石虽已出现但数量不多时的地层,也不包括后期数量较少时的地层。

(三)年代地层单位

年代地层单位是依据地层形成的地质年代划分的地层单位,常使用的年代地层单位有宇、界、系和统等。年代地层单位宇、界、系和统等分别与地质年代单位宙、代、纪、世一一对应。地质年代单位宙、代、纪、世全球适用,而阶、时间带仅适合大的区域,而不是全球通用的地质年代单位。

    地质年代单位   年代地层单位
     宙(Eon)··················宇(Eonothem)
      代(Era)··················界(Erathem)
       纪(Period)··················系(System)
        世(Epoch)··················统(Series)

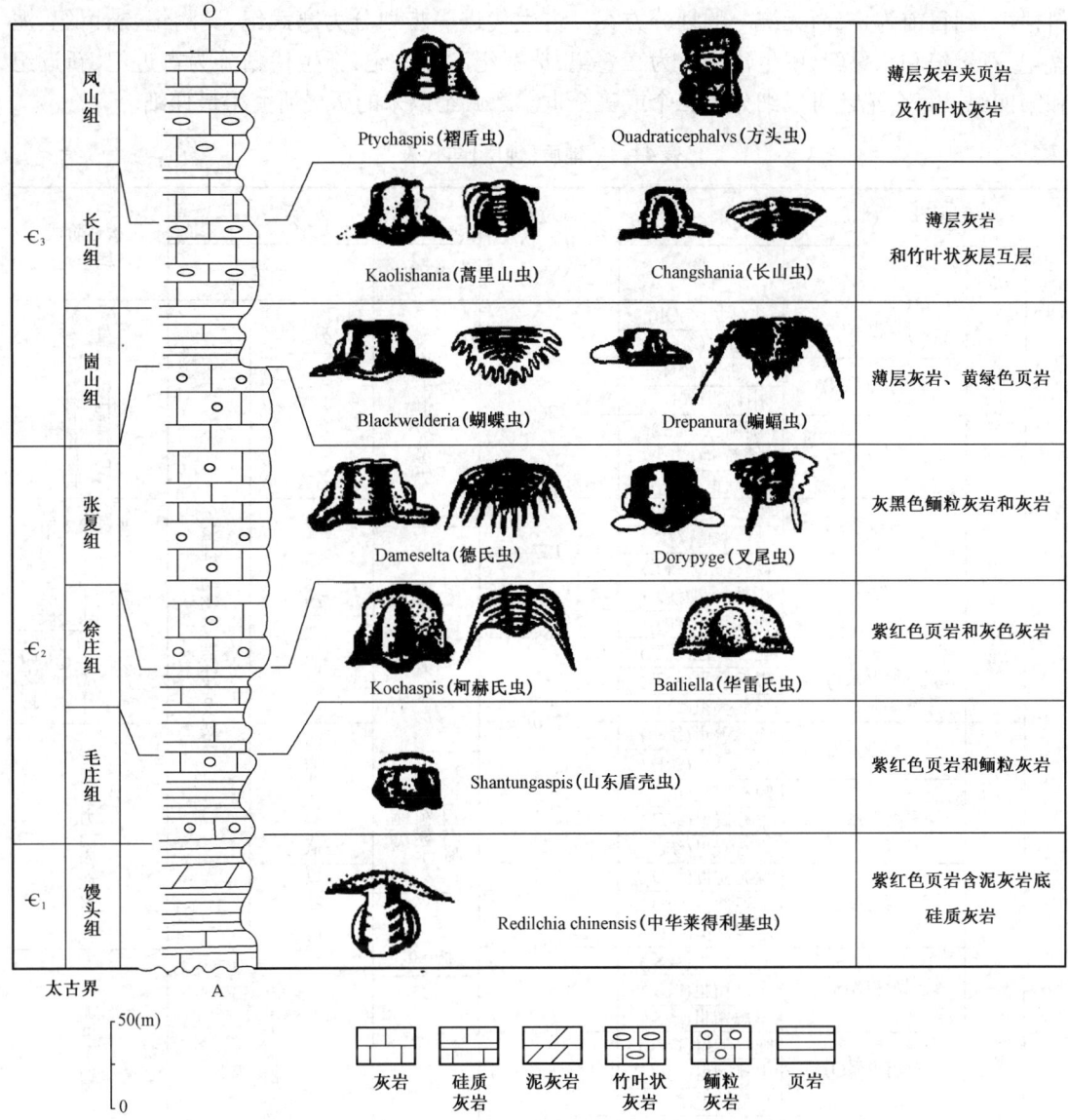

图 4-5　华北地区寒武系地层划分（据傅英祺，1985）

四、地质年代表

从确定一个地区地层的相对地质年代到建立全球地层的顺序，人们付出了很大努力。将全球地层按由老到新、由下往上的方式排列起来，便得到一张全球地层年代表。在此基础上结合生物演化和地球构造演化的阶段性以及同位素年龄测定所积累的资料，对地质历史时期进行划分，得出地质年代表（表 4-2）。表 4-2 中的地质时代和地层单位经国际地层委员会通过为世界通用。

地球的历史长达 46 亿年，距今 46 亿年到 38 亿年为地球圈层演化形成时期，38 亿年以后为地质发展历史时期，简称地史时期。地史时期首先依据生物演化的萌芽阶段和生物大发展阶段，划分为隐生宙和显生宙，隐生宙进一步划分出太古代和元古代，显生宙划分出古生代、中生代和新生代。太古代和元古代的地层由于经历了复杂的构造破坏和变质，而且生物化石资料很少,到目前为止,尚无统一的划分方案。古生代进一步划分为寒武纪、奥陶纪、志留纪、泥盆纪、石炭纪和二叠纪,中生代划分为三叠纪、侏罗纪和白垩纪,新生代划分为古近纪、新近纪和第四纪。每个纪还可以细分出二个或三个世。寒武纪以来的历史研究得最详细。

表 4－2 地质(地层)年代表

地质时代(地层系统及代号)				同位素年龄值(Ma)	生物界		构造阶段(及构造运动)
宙(字)	代(界)	纪(系)	世(统)		植物	动物	
显生宙(字)	新生代(界Kz)	第四纪(系Q)	全新世(统Qh)		被子植物繁盛	出现人类	新阿尔卑斯构造阶段(喜马拉雅构造阶段)
			更新世(统Qp)	2		哺乳动物与鸟类繁盛	
		新近纪(系N)	上新世(统N₂)				
			中新世(统N₁)	26			
		古近纪(系E)	渐新世(统E₃)				
			始新世(统E₂)				
			古新世(统E₁)	65			
	中生代(界Mz)	白垩纪(系K)	晚白垩世(统K₂)		裸子植物繁盛	爬行动物繁盛	老阿尔卑斯构造阶段	燕山构造阶段
			早白垩世(统K₁)	137			
		侏罗纪(系J)	晚侏罗世(统J₃)				
			中侏罗世(统J₂)				
			早侏罗世(统J₁)	195			印支构造阶段
		三叠纪(系T)	晚三叠世(统T₃)				
			中三叠世(统T₂)				
			早三叠世(统T₁)	230		无脊椎动物继续深化发展	
	古生代(界Pz)	二叠纪(系P)	晚二叠世(统P₂)		蕨类及原始裸子植物繁盛	两栖动物繁盛	海西华力西构造阶段
			早二叠世(统P₁)	235			
		石炭纪(系C)	晚石炭世(统C₃)				
			中石炭世(统C₂)				
			早石炭世(统C₁)	350			
		泥盆纪(系D)	晚泥盆世(统D₃)		裸蕨植物繁盛	鱼类繁盛	
			中泥盆世(统D₂)				
			早泥盆世(统D₁)	400			
		志留纪(系S)	晚志留世(统S₃)			海生无脊椎动物繁盛	加里东构造阶段
			中志留世(统S₂)				
			早志留世(统S₁)	435			
		奥陶纪(系O)	晚奥陶世(统O₃)				
			中奥陶世(统O₂)				
			早奥陶世(统O₁)	500			
		寒武纪(系∈)	晚寒武世(统∈₃)		藻类及菌类植物繁盛		
			中寒武世(统∈₂)				
			早寒武世(统∈₁)	570			
隐生宙(字)①	晚元古代	震旦纪(系Z)	晚震旦世(统Z₂)			裸露无脊椎动物出现	晋宁运动
			早震旦世(统Z₁)	800			
	中元古代 元古代(界Pt)			1000			吕梁运动
	早元古代			1900			五台运动 阜平运动
	(广义)太古代(界Ar)			2500 4600		生命现象开始出现	地球形成

① 近年来,国际上趋向于将元古代、太古代提升为宙一级的地质年代单位与显生宙并列,而不再使用隐生宙一词。

在地学发展早期,人们把地层由老到新分为第一系、第二系、第三系和第四系,随着地学研究的深入,人们用太古界、元古界代替了第一系,古生界、中生界代替了第二系,保留下第三系和第四系,近年来又用古近系、新近系代替了第三系。系一级地层单位是基本的年代地层单位,其名称多来源于最初研究地区的地名或当地民族的名字,少数是依据地层的特点而命名。寒武系之寒武取自英国威尔士的拉丁文;奥陶系之奥陶为威尔士地区一个古老民族的名字;志留系之志留为威尔士地区一个古老民族的名字;泥盆系之泥盆是英国泥盆郡名;石炭系之石炭因该地层富含煤层而得名;二叠系之二叠因该地层有明显的二分性得名;三叠系之三叠因该地层有明显的三分性得名;侏罗系之侏罗取自法国与瑞士交界的侏罗山脉名;白垩系之白垩因该地层产出白色细粒的碳酸钙,"白垩"为碳酸钙的拉丁文名中文译音。

第二节 地质作用概述

一、地质作用的概念

地质学习与研究过程中始终要坚持地球或地壳永远处于运动、变化、发展的观点,地质学中用地质作用概念来表述这个观点。地质作用(Geological process)是指由自然动力引起地球(主要是岩石圈)的物质组成、内部结构、构造和地表形态变化与发展的作用。地质学把引起这些变化的各种自然动力称为地质营力。地质作用一方面对已有矿物、岩石、地质构造和地表形态等进行破坏,另一方面又不断形成新的矿物、岩石、地质构造和新的地表形态。

二、地质作用的能量

引起地质作用的能量有的来自地球内部,有的来自地球以外,故可分为两类,来自地球内部的能为内能,来自地球以外的能为外能。

(一)内能

内能包括旋转能、重力能、热能,此外尚有结晶能、化学能等。

旋转能是因地球自转产生的能,据估计地球自转产生的能量有 1×10^{29} J。旋转能促使高纬度地区物质流向低纬度地区,这是因为离心力从高纬度地区向低纬度地区是逐渐增大的;旋转能也可以导致物质发生东西方向的运动。

重力能是地心引力给予物体的位能,是地表流水、冰川、块体等运动的动力,也是促使地球内部物质圈层分异的重要动力。

热能是地球内部物质圈层演化的最根本的动力,也是岩浆活动、变质作用的重要动力。一般认为地球是通过以下三种过程逐渐把热量聚集起来的(图4-6):

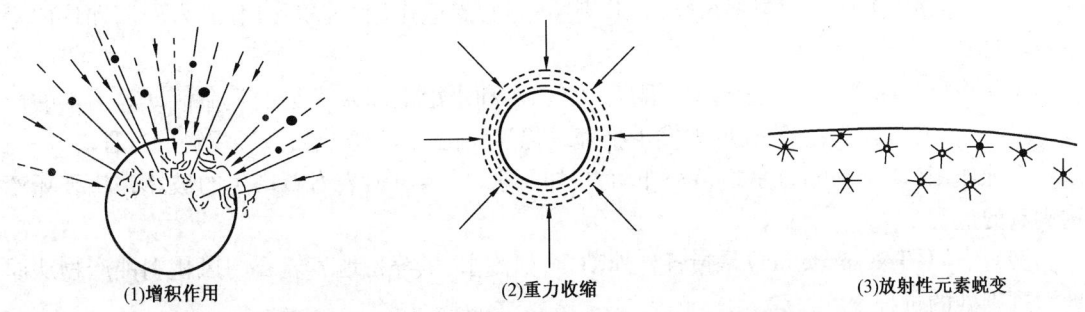

图4-6 地球内部热能的三种产生方式示意图(据Press,1982)

(1)地球形成过程中,星际物质聚集时因碰撞产生巨大热量,其中的一部分保留于地球内部;

(2)地球形成初期,在引力收缩阶段,部分重力能转化为热能;

(3)地球内部的放射性同位素随时间衰变产生的大量的热能。此外地球内部物质的结晶释放热能以及发生化学反应释放出能量等。

(二)外能

外能主要是指太阳辐射能、日月引力能和生物能。

太阳辐射能引起地面的温度变化,导致大气运动,促进自然界水的循环;太阳能是生物界繁荣的重要动力;太阳能也是地表面貌不断变化发展的主要动力。

日月引力能引起潮汐导致海面周期性涨落,潮汐是海岸地貌变化发展的动力;日月引力能也会引起固体地球表面的周期性涨落,即固体潮,固体潮的长期作用也会引起地壳内部物质变形。

生物能是生物生命过程中不断转化的太阳辐射能,表现为生物的新陈代谢和光合作用。通过新陈代谢,生物与环境不断进行着物质和能量的交换,维系着生物的生长、运动和繁殖;通过光合作用,二氧化碳和水等转化为生物直接或间接依赖的物质和能量。生物能对地表岩石的破坏、土壤的形成及煤和石油等矿产的形成也具有重要的作用。

三、地质作用的分类

按照能源和作用部位的不同,地质作用可分为内动力地质作用和外动力地质作用。

(一)内动力地质作用

由内能引起的岩石圈甚至地球的物质成分、结构和地表形态的变化与发展,称为内动力地质作用(Endogenic process)。内动力地质作用包括构造运动、岩浆作用、地震和变质作用等。

构造运动(Tectonism)主要是由地球内力引起的岩石圈的缓慢机械运动。

岩浆作用(Magmatism)是岩浆的形成、运动直到冷凝、固结成岩的全部过程。

地震(Earthquake)是地球岩石圈的快速颤动。

变质作用(Metamorphism)是由内能引起岩石产生变化形成新岩石的过程。

各种内动力作用是相互关联的。构造运动可以导致岩石圈断裂、地震发生,可以诱发岩浆活动;构造运动和岩浆活动可以引起变质作用的发生。总的来说,构造运动在内动力地质作用中起主导作用。

(二)外动力地质作用

主要由外能引起地壳表层形态、物质成分变化的作用,称为外动力地质作用(Exogenic process)。外动力地质作用包括风化作用、剥蚀作用、搬运作用、沉积作用、成岩作用和块体运动等。

风化作用(Weathering)是指由于温度、大气、水和水溶液以及生物的生命活动等因素的影响,使地壳表层的岩石、矿物在原地发生物理或化学变化,从而形成松散堆积物的过程。

剥蚀作用(Denudation)是指各种外动力,如流水、风等对地表岩石产生的破坏并将破坏产物剥离的过程。

搬运作用(Transportation)是指各种外动力,如流水、风等将地表岩石的风化剥蚀产物从原地搬到别处的过程。

沉积作用(Sedimentation)是指由于搬运介质的动能减弱或搬运介质的物理和化学条件的

改变,导致搬运物在新的环境下堆积或沉淀下来的过程。

成岩作用(Diagenesis)是指松散沉积物转变为坚硬岩石的过程。

块体运动(Mass movement)是地表的松散堆积物和岩块等由于自身的重量,并在各种外因触发下产生运动所引起的地质作用过程。

(三)内、外动力地质作用的关系

在整个地质发展历史中,内动力地质作用与外动力地质作用是密切联系、相互促进和相互制约的,两者共同促使地壳不断运动、变化和发展。内动力地质作用占据主导地位。总的说来,内动力地质作用的总趋势是使地球表面产生相当的起伏,诸如山脉和盆地、陆地和海域,同时奠定了地壳内部结构;而外动力地质作用的总趋势是削高填洼的作用,削平大山和高原,将破坏产物搬到低洼处堆积起来,使地球表面趋于平坦化。

第五章 构造运动与地质构造

构造运动(Tectonic movement)主要是由地球内动力引起的组成地球物质(主要为地壳或岩石圈)的机械运动。构造运动是产生褶皱、断裂等各种地质构造,引起海陆分布的变化、地壳的隆起和坳陷以及形成山脉、海沟等的基本原因。构造运动不但引起地震活动、岩浆活动和变质作用,还决定着地表外动力地质作用的类型、方式和强度,控制着许多地貌形态的发育过程,同时也控制着外生矿床和内生矿床的形成及分布。所以,构造运动是使地壳不断变化发展的最重要的一种地质作用。对构造运动的研究不仅对于找矿和国民经济、国防建设有重要的意义,而且对于复原地球发展历史、重塑地球的演化过程具有重要的意义。

新近纪以来的构造运动叫新构造运动,它在地貌、地物上有良好的表现;新近纪以前发生的构造运动叫古构造运动。从人类出现到现在所发生的新构造运动称现代构造运动。

从本质上讲,新老构造运动都是由内动力地质作用引起的,都会产生岩石的变形与错位,但老构造运动是很早以前发生的,它所产生的结果和痕迹主要记录在地层里,当时的地貌形态已不存在了;而新构造运动特别是现代构造运动,除了在新地层中有显示外,常常表现在隆起、沉陷、掀斜等各种地貌形态上。由于新老构造运动的表现和保存形式不同,其研究方法也不完全一样。一般的讲,研究老构造运动主要靠地层,研究新构造运动除地层外主要靠地貌,而研究现代构造运动则除了地层、地貌方法外,还要利用人类文化遗迹(考古学)和历史地震记载的研究结果,这样往往可以得到几百年、几千年构造变动的情况;此外还可用测量仪器进行观测,得出当前构造运动的速度和方向。也就是说,对于地质历史时期的古构造运动,主要通过地质学的方法去研究;对于新构造运动则主要依靠地质学及地貌第四纪地质方法进行研究;对于现代构造运动则多用考古学方法和现代精密仪器定性、定量测定方法进行研究。

第一节 构造运动的主要证据

一、新构造运动的证据

新构造运动发生的时间距今不久,时代较新,地物和地貌上的证据多保存较好,故可采用地物、地貌的方法,半定量地确定这一时期的构造运动;对于近代正在进行的新构造运动,则可利用大地测量的方法直接进行定量观测。

(一)地貌标志

地貌形态是内、外地质作用相互制约、综合作用的产物,且不同类型的地貌分布多受构造运动的控制。如以上升运动为主的地区,常形成剥蚀地貌;以下降运动为主的地区,常形成堆积地貌。由于新构造运动的时间较近,有关的地貌形态保留得较好,因此用地貌方法研究新构造运动是特别重要的方法。

例如,珊瑚是生长于温暖浅海中的腔肠动物,所处位置海水深度一般不超过70m,但有些珊瑚礁沉没于海下达几百米。又如,在大陆河口以外的海底可以发现溺谷(所谓溺谷是指被海水淹没了的河谷),非洲刚果河(扎伊尔河)口外有一段溺谷延伸达130km,沉没于海面以下达2km;我国的海河也有一段河道伸入渤海达7km。此外,有时在海面以下发现有被淹没的三角洲、阶地以及建筑物等,这些都是或可能是地壳下降的标志。

与上述情况相反,有时候在距海面十几米、二十几米甚至几百米高的地方发现珊瑚礁,如我国台湾高雄附近,在距今海面200～350m高的地方发现有下更新统的珊瑚灰岩。有时在距海面相当高的地点,发现海蚀穴、海蚀阶地、海蚀崖以及蘑菇石等,如在我国山东荣城、福建厦门一带,海滩高出海面20～40m。近年来,在江苏连云港南云台山主峰——玉女峰(625.3m)及周围山地也发现了大量海蚀阶地、海蚀穴等。广州七星岗的海蚀崖(图5-1)距现今海岸线已有数十千米远;辽宁熊岳望儿山保存的海蚀崖已远离海岸约10km,高出海面约60m。此外,河谷阶地、深切河谷汞。干溶洞、多级溶洞系统,以及在山地河流出口处,常有好几个洪积扇依次叠置,这些标志都是或可能是地壳上升的证据。

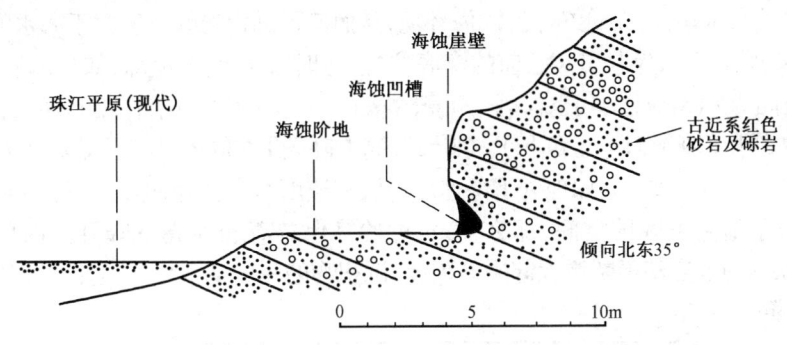

图5-1　广州七星岗海蚀崖示意图(据陈国达)

(二)大地测量标志

现代构造运动在短期或瞬间不可能在地貌上留下可以观察到的痕迹,因此必须借助于三角测量、水准测量、远程测量(激光测远)、天文测量等手段,即定期观测一点(线)高程和纬度的变化,以测出构造运动的方向和速度。如1953年,曾在甘肃省山丹县城与十里铺之间,测得一条基线全长1188.931m,1954年地震后,用同样的仪器和方法进行复测,结果是1188.854m,一年内缩短了7.7cm。

1972—1974年间,法、英两国科学家曾用三只深海潜水器对亚速尔群岛西南方的大西洋中脊进行详细考察,发现中脊裂谷深2800m,底宽3000m,由裂谷溢出奇形怪状的熔岩,形成新生的海底,研究证明海底不断向两侧扩张,通过磁异常条带的宽度计算,探知裂谷东侧海底扩张速度是13.4mm/a,西侧是7mm/a。用同样的方法,测知太平洋中脊在赤道附近的扩张速度平均为10mm/a。

(三)沉积物厚度

厚度特别大的第四纪松散沉积物常常是构造运动使地壳下降造成的。例如在我国天津,经钻探证实第四纪冲积层很厚,在深达800m处还未见到基岩;而在上海,井深300m处仍然是冲积层。这说明华北和华东平原第四纪以来,在接受沉积的同时,还伴随着地壳的下降,因此才形成如此厚的沉积物。

二、古构造运动的证据

发生在几百万、几千万以至若干亿年前的构造运动所造成的地貌形态,几乎都为后期的地质作用所破坏,因此不能使用研究新构造运动或现代构造运动的方法进行研究。但是,构造运动的每一进程却留下可靠的地质记录,故根据地层的岩相特征、厚度、接触关系以及构造变形等,用历史比较的方法加以分析,便能从中找到构造运动的信息,重塑地壳构造的发展历程。

(一)沉积标志

1. 沉积岩厚度

在一定时间内,一定沉积区内可以形成一定厚度的地层,对岩层厚度进行分析,可基本得出升降幅度的定量结论。现以浅海沉积而论,浅海深度通常只有200m左右,但从许多地方的地层剖面看,地层厚度可以达到几千到几万米,如天津蓟县、河北兴隆一带的中、上元古界(旧称震旦亚界)厚度近10000m。如何解释在几百米深的浅海中堆积了上千上万米厚的地层呢?假如海底稳定不动,则沉积物的厚度不会超过海水深度;假如海底不断上升,沉积物的厚度也不会超过海水的深度;如果海底边下沉边接受沉积,且沉积速度、沉积幅度与海底的下降速度、幅度相适应,则沉积物必然越来越厚,但却始终保持浅海环境,从而使得沉积物的厚度大于海水的深度。

如图5-2所示,I—I为沉积开始前的海底位置,这时海水深度为h_0,如果海底稳定,则可能沉积的最大空间为A(A应稍小于h_0,因为沉积物表面一般不超过波浪作用基面,若超过这个面,沉积物就要遭到水下剥蚀而停止沉积)。如果海底下降到Ⅱ—Ⅱ的位置,下降幅度为a,则可能沉积的最大空间为$A+a=B$。假如地壳下降速度与沉积速度基本相等,即边坳陷边沉积,沉积物深度m及时补偿了地壳下降的空间,那么,海水可始终保持着和地壳下降开始时的相似深度即$h_1=h_0$,而沉积物的厚度却不断增大起来。因此,沉积物的厚度基本代表地壳下降的幅度。

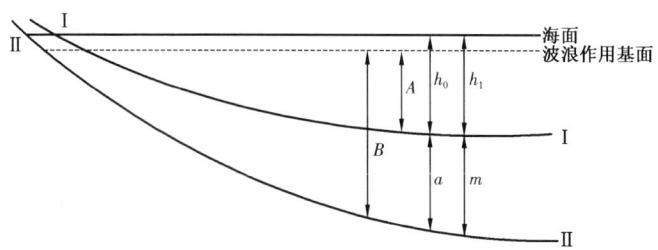

图5-2 地壳下降幅度和沉积物厚度的关系(据宋青春,1996)

h_0—下降开始时的海水深度;h_1—下降结束时的海水深度;a—地壳下降幅度;
m—沉积物深度;A—地壳稳定时的可能沉积空间;B—地壳下降时的可能沉积空间

又如中国中生代地层,许多是在大陆盆地中沉积的,其厚度也常达六七千米,肯定也是盆地边下沉边堆积形成的。由此可以得出这样的解释,即沉积物的厚度并不决定于沉积时海水的深度或盆地的深度,而主要决定于地壳下降的幅度。由于构造运动常常交替进行,下降运动引起相应的沉积,而上升运动则引起沉积中断或沉积物的剥蚀,所以,在一定时间内形成的岩层总厚度乃是地壳升降幅度的代数和,在一定程度上代表该地区地壳下降的总幅度。如果在一定范围内进行地层厚度对比,即可了解当时地壳下降幅度及古地理基本情况。

2. 岩相变化

在一定沉积环境中,无论是海洋还是陆地,是浅海还是深海,气候条件是干燥还是湿润、炎热还是寒冷,生物情况如何,等等,必然会通过沉积物的特征反映出来,例如沉积物的矿物成分、颜色、颗粒粗细、结构、构造、生物化石种类等。人们把能反映沉积岩或沉积物生成环境的物质成分、结构、构造、生物化石等各种综合特征的总和叫岩相。岩相是岩层形成环境的物质表现,岩相变化与构造运动存在着微妙的内在联系,当地壳发生升降运动时,随着古地理环境改变,岩相也相应发生变化。

岩相是随着时间的发展和空间条件的改变而变化的。在同一时间的不同地点,或在同一地点的不同时间,岩相常有不同。同一岩层的横向(水平方向)岩相变化,反映同一时期但不同地区的沉积环境的差异;同一岩层的纵向(垂直层面方向)岩相变化,反映同一地区不同时期的沉积环境的改变,而这种改变常常是构造运动的结果。

当地壳下降时,陆地面积缩小,而海洋面积扩大,也就是海水逐渐侵入大陆,这个过程称为海侵。如图5-3(a)所示,这时所形成的地层从垂直剖面来看,自下而上沉积物的颗粒由粗变细,同时,新岩层分布面积大于老岩层,形成所谓"超覆"现象。通常把具有这种特征的地层称为"海侵层位"。

当地壳上升时,陆地面积扩大,而海洋面积缩小,也就是海水逐渐退出大陆,这个过程称为海退。如图5-3(b)所示,这时所形成的地层从垂直剖面上看,自下而上沉积物的颗粒由细变粗;同时,新岩层的面积小于老岩层,形成所谓"退覆"现象。通常把具有这种特征的地层称为"海退层位"。在同一地层剖面上有时可以看到海侵层位和海退层位交替变化,即沉积物颗粒由粗变细又由细变粗,呈现有节奏、有韵律的变化,表明该区地壳曾经经历了由下降到上升的过程,称为一个沉积旋回。

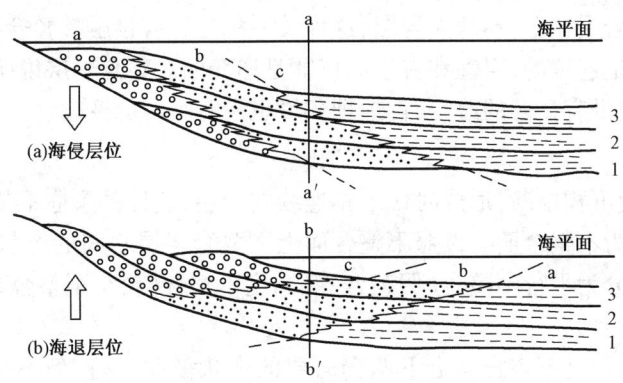

图5-3 海侵层位和海退层位(据李叔达,1994)
1、2、3—海面变化位置;aa′、bb′—同一地点的垂直剖面位置

大多数情况,海侵层位厚度较大,保存较好;而海退层位则相反,厚度较小,不易完全保存,有时甚至缺失,出现沉积间断。如图5-4(a)所示,在地层剖面中可以见到4套海侵层位,而缺失海退层位,说明缓慢的下降运动常为迅速的上升运动所代替,海底上升到海面以上,自然只有剥蚀,而无沉积作用了。在图5-4(b)剖面上也可以看到几次沉积旋回,但海退层位保存得较好未见有侵蚀面介于地层之间,表明该区多次由下降转为上升,但海底始终未升出海面遭受侵蚀。自然环境变化多样,反映在岩相上也极复杂,每一沉积旋回中可以包括若干次一级旋回或更次一级旋回。

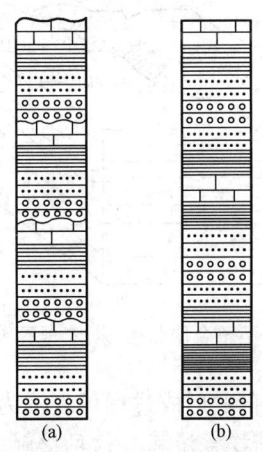

图5-4 沉积旋回剖面示意图(据宋青春,1996)
(a)只有海侵层位,缺失海退层位;
(b)海侵层位和海退层位有节奏地重复

(二)地质构造标志

褶皱和断层是构造运动的直接产物,反过来它们又是构造运动的证据,通过对褶皱、断层的分析,可以恢复构造运动的性质和方向。一般升降运动引起的褶皱,从形态上看常常是一些大型的宽缓隆起和坳陷,产生的断层也主要是正断层或高角度的逆断层。

由水平运动造成的构造形迹多比较清楚,强烈的挤压总是和紧密的褶皱、逆掩断层以及断层面呈波状的辗掩断层相联系。由于褶皱、辗掩而使地壳缩短变形、甚至重复,当重复地层遭受长期风化后,有时会形成飞来峰或构造窗。引张断陷形成裂谷、地堑,如莱茵地堑、东非裂谷和大洋中脊等。水平错动形成平移断层如圣安德列斯断层、郯庐断层等。

(三)地层接触关系

地壳下降引起沉积、上升引起剥蚀,所以,地壳运动在岩层中记录下来各种地层接触关系,它们是构造运动的证据。常见的地层接触关系有整合、不整合两种形式。

1. 整合接触

当地壳处于相对稳定下降(或虽有上升,但未升出海面)的情况下,形成连续沉积的岩层,老岩层沉积在下,新岩层在上,不缺失岩层,这种关系称为整合接触。整合接触的特点是:岩层是互相平行的,时代是连续的,岩性和古生物特征是递变的。整合岩层说明在一定时间内沉积地区的构造运动方向没有显著的改变,古地理环境也没有突出的变化。

2. 不整合接触

构造运动往往使沉积中断,形成时代不相连续的岩层,这种关系称不整合接触。两套岩层中间的不连续面,称为不整合面。按照不整合面上下两套岩层之间的产状及其所反映的构造运动过程,不整合可分为平行不整合(假整合)和角度不整合(斜交不整合)。

1)平行不整合

平行不整合的特点是不整合面上下两套岩层的产状彼此平行,但不是连续沉积的(即发生过沉积间断),两套岩层的岩性和其中的化石群也有显著的不同,不整合面上往往保存着古侵蚀面的痕迹(图5-5和图5-6)。

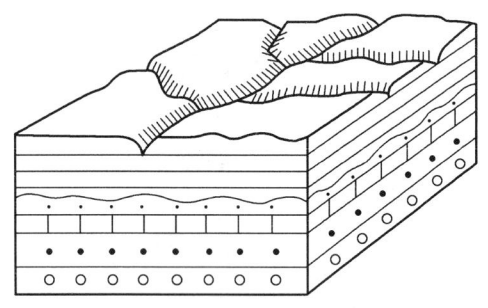
图 5-5 平行不整合块状图(据宋青春等,2000)

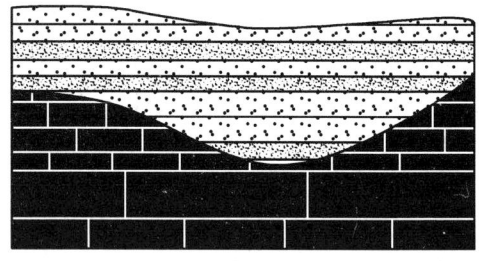
图 5-6 平行不整合剖面(据宋青春等,2000)

平行不整合的形成过程可表示为:地壳下降,接受沉积——→地壳隆起,遭受剥蚀——→地壳再次下降,重新接受沉积。这种接触关系说明在一段时间内沉积地区有过显著的升降运动,古地理环境有过显著的变化(图5-7)。

2)角度不整合

角度不整合的特点是不整合面上下两套岩层成角度相交,上覆岩层覆盖于倾斜岩层侵蚀

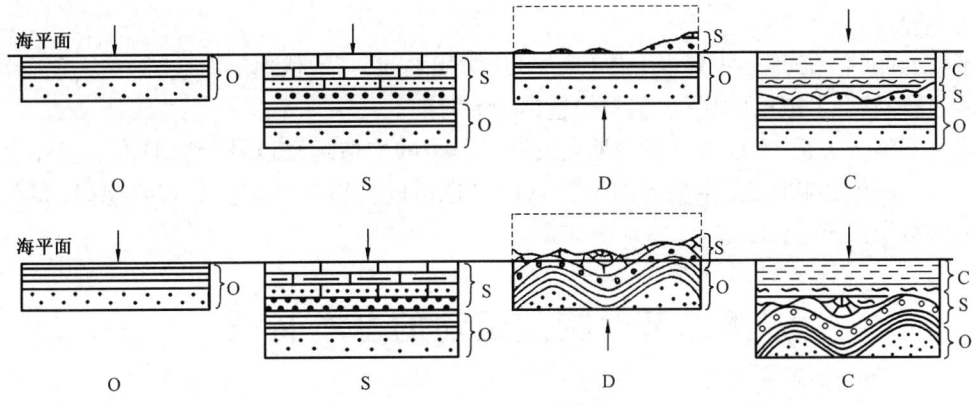

图 5-7 整合和不整合的形成过程示意剖面图(据李叔达,1983)
O—奥陶系;S—志留系;D—泥盆系;C—石炭系;箭头指向构造运动方向

面之上(图 5-8)或者褶皱岩层侵蚀面之上(图 5-9);岩层时代是不连续的;岩性和古生物特征是突变的;不整合面上也往往保存着古侵蚀面。

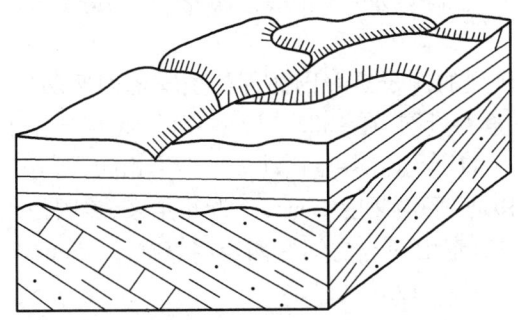

图 5-8 角度不整合块状图(据宋青春等,2000)

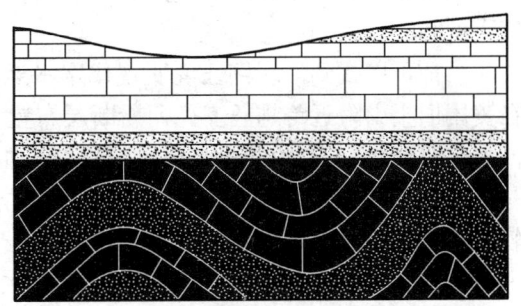

图 5-9 角度不整合剖面图(据宋青春等,2000)

角度不整合的形成过程可表示为:地壳下降,接受沉积——岩层褶皱隆起,遭受长期侵蚀——地壳再次下降,接受新的沉积(图 5-7、图 5-10)。

角度不整合说明在一段时间内,地壳有过升降运动和褶皱运动,古地理环境发生过极大的变化。

无论是平行不整合或角度不整合,通常都具有以下共同特点:

(1)有明显的侵蚀面存在,侵蚀面上往往有底砾岩、古风化壳等。所谓底砾岩是指位于不整合面上的砾岩(有时横向变为砂岩)。

(2)有明显的岩层缺失现象,代表长期间断。

(3)不整合面上下的岩性、古生物等有

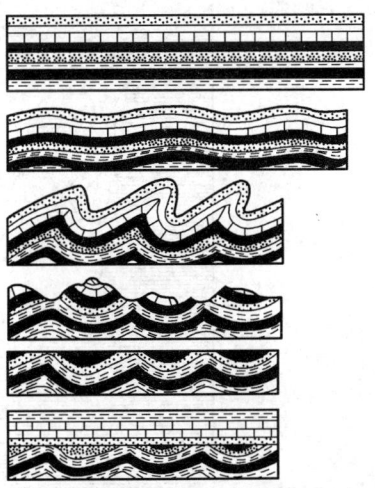

图 5-10 角度不整合形成过程(据宋青春等,2000)
由上至下:地壳下降,接受沉积;开始发生褶皱;
强烈褶皱,隆起为山;遭受侵蚀;
地形夷平;地壳再次下降,接受新的沉积

显著的差异。

不整合面的上覆地层中最老一层（底层）的时代之前，与下伏地层中最新一层（顶层）的时代之后，是不整合形成的时代，也就是构造运动的时期。

研究不整合关系，不仅可以确定地史发展过程中的构造运动以及相应的古地理环境的变化（如海陆变迁、山脉隆起、生物界演变等），而且也可以找出某些矿产分布的规律，如在不整合面上常富集铝土、粘土、铁矿、锰矿等矿产。

第二节　构造运动的基本特征

一、构造运动的方向性

按照运动的方向，构造运动大致可分为水平运动和垂直运动两类。

（一）水平运动

地壳或岩石圈物质大致沿地球表面切线方向进行的运动叫水平运动。这种运动常表现为岩石水平方向的挤压和拉张，也就是产生水平方向的位移以及形成褶皱和断裂，在构造上形成巨大的褶皱山系和地堑、裂谷等。

目前可以找到许多例证说明现代水平运动，典型的例子是美国西部的圣安德列斯断层。在美国旧金山附近跨越圣安德列斯断层布置了三角测量网，在1882—1946年的65年中作了四次定时测量，各三角测量点水平位移矢量如图5-11所示。各点运动矢量不尽相同，但方向是与断层线基本平行，断层西盘主要向西北方向移动，平均速度1cm/a。近几年来，美国使用轨道卫星和激光束新技术测定，断层两侧的昆西和奥泰山两点之间在四年内靠拢了35.6cm，即每年达8.9cm。看来，近几年来运动速度在加快（图5-12）。

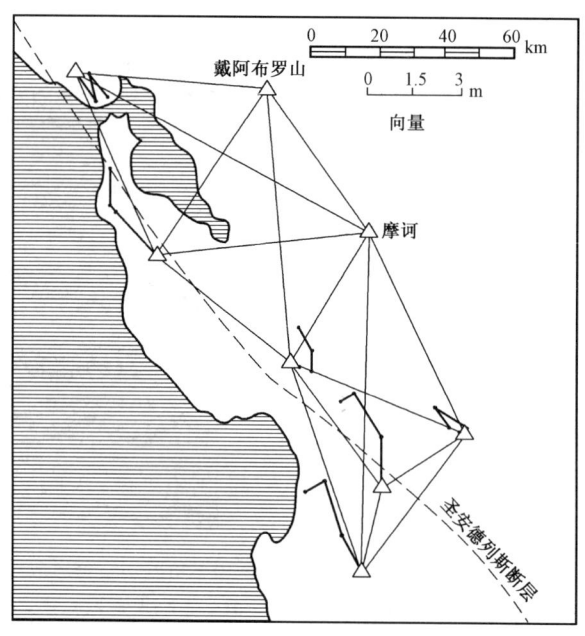

图 5-11　旧金山附近的三角测量站的相对位移（假定基线不动）（据 C. A. 怀腾,1948）

又如,根据近几年对格林尼治和华盛顿间的经度观察,证明它们的距离在13年内每年平均缩短0.7m左右。最近,据报告,英伦三岛也在移动,绘制新地图时须把英国向欧洲海岸移动190m,这是人造卫星为各大陆确定坐标时发现的,而且苏格兰诸岛的位置也应向南移动63m,向西移动116m。再如,1970年云南通海地震,一条北西西向的断裂,长60km,其水平位移量达2.2m。1976年7月28日唐山地震,其水平位移达1m多等,都说明水平运动的发生。

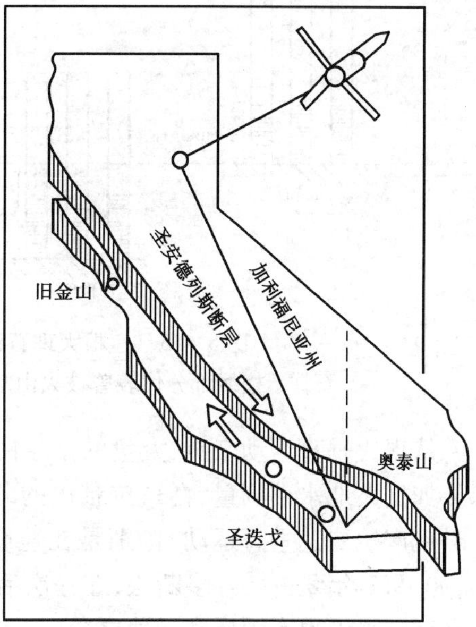

(二) 垂直运动

地壳或岩石圈物质沿地球半径方向的运动叫垂直运动,也叫升降运动。垂直运动常表现为大规模的缓慢上升、下降或升降交替运动,形成规模不等的隆起或坳陷,并引起海侵、海退,也就是导致海陆的变迁。

图 5-12 美国圣安德列斯断层示意图
(据李叔达,1983)

意大利那不勒斯海湾海岸的变迁,是说明现代升降运动的最好例子。1750年,在那不勒斯的火山灰沉积中发掘出一座古建筑废墟,据考证,该建筑修建于公元前罗马帝国时代,现在只保存下三根高约12m的大理石柱(图5-13)。这三根柱子上都保留着同样的地质遗迹,即柱子下部3.6m段是在1533年努渥火山喷发时被火山灰掩埋部分,柱面光滑;其上2.7m段在地壳下降时淹没于海水中,被石蛎和石蛏凿了许多小孔;柱子上部5.7m段一直未被海水淹没过,但遭受风化不甚光滑(图5-14)。18世纪中期整个柱子升出海面,19世纪地面又开始下沉,柱脚又被淹没在海水里了。据近百年来的观测记录,柱脚被海水淹没的深度在不断增加,1826年为0.3m,1878年为0.65m,1913年为1.53m,1933年为2.05m,1954年为2.50m(图5-15),其下降速度每年约为17.2mm。从这些地质遗迹和历史资料可知,这座古建筑在两千多年中曾几度沧桑。

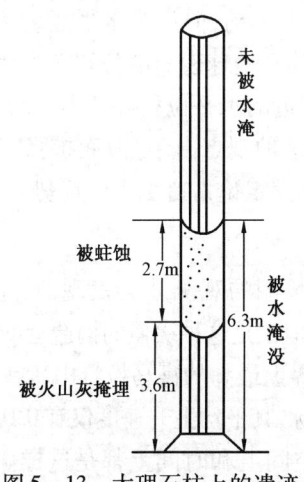

图 5-13 大理石柱上的遗迹
(据李叔达,1983)

图 5-14 三根大理石柱在1828年时的情况
(据 C. Lyell)

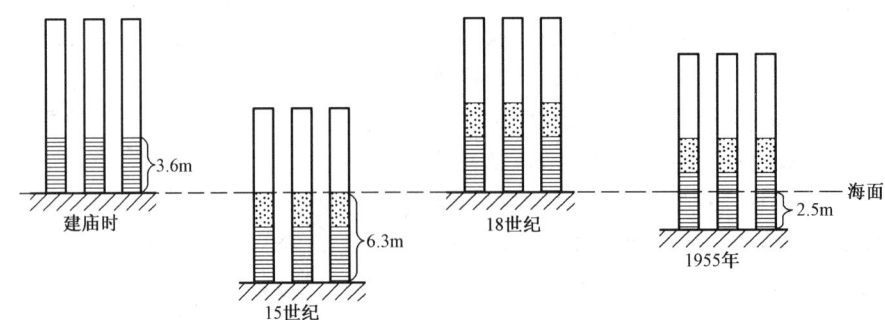

图 5-15　三根大理石柱的升降变化示意图（据宋青春，1978）
石柱上横线部分代表曾被火山灰覆盖部分，小点部分代表被海生动物钻孔部分

从现代垂直运动来看，大量的是缓慢运动，其上升或下降速度值一般为每年几毫米到几厘米。如据大地水准测量，喜马拉雅山的北坡地区，以每年 3.3~12.7mm 的速度不断上升。但有时也产生快速垂直运动，特别是在地震过程中，沿着断层在瞬息间即可产生较大的垂直位移，如 1957 年蒙古博各多断层，在一次活动中垂直位移达 300cm。不仅是垂直运动如此，对于水平运动来说也有缓慢和迅速之分。

实际上，把构造运动分为水平运动和垂直运动，并不意味着运动完全沿着水平方向或垂直方向进行。在自然界这两种运动往往相伴而生，这里所说的"相伴"有二重意思：一是在自然界，构造运动的方向不一定都是单纯的水平或垂直方向，比如一条断层更多的情况是两侧岩层斜着相对滑动，其中既有水平位移分量，也有垂直位移分量；二是从两种类型运动的相互关系看，水平运动必然引起垂直运动，而垂直运动也会引起水平运动，例如岩层因挤压而褶皱，有些地方隆起，有些地方凹陷，岩层因拉张而断裂，同样也有些地方上升，有些地方陷落。

在地球发展历史中，构造运动到底是以水平运动为主还是以垂直运动为主，曾经有过很大争论。但从当前发展趋势看，大多数人认为应以水平运动为主。从狭义角度看，所谓水平运动仅仅是指地壳上层岩石受到挤压而产生变形或错位。

关于地球的演化有相互对立的两种观点，一是固定论，一是活动论。固定论者认为，大陆自形成以来，其基底位置是固定不变的，这种观点也称为大陆固定论或大洋永恒论。从这种观点出发，自然主张地壳构造是垂直运动的产物，他们也承认有水平运动，但认为水平运动是由垂直运动派生出来的。活动论者认为，在地球历史演变过程中，大陆在地球表面的位置曾发生过显著的水平移动。说得更确切些，这种水平运动不是一般的原地附近的水平位移和变形，而是整个岩石圈分成许多"板块"，这些"板块"在软流圈上进行"漂移"。这种观点由于"海底扩张"和"板块构造理论"的提出为越来越多的人所接受，因此，当今活动论比固定论占有更大的优势。

二、构造运动的速度和幅度

构造运动是岩石圈的一种长期缓慢的运动，必须进行长期的观测才会发现，其速度一般以"mm/a"、"cm/a"计，因此凭人们的感官无法直接感觉出来。但正是这种缓慢的构造运动，在几十亿年漫长的地质历史时期中可引起翻天覆地的变化。例如，世界上最高的喜马拉雅山所在地区，在近 2500 万年前才开始从海底升起，现在已成为世界上最高的山脉，其平均上升速度仅有 0.04cm/a。

构造运动虽然极其缓慢，但也有相对快慢的差别，在空间上和时间上都是这样。从空间上来看，不同地区运动的速度有很大的差别，如东欧地区现代升降运动的平均速度为 0.2~0.4 cm/a，美国西部山区则为 11.5cm/a，大西洋中脊以 2~4cm/a 的速度向两侧分离，而太平洋洋隆有的地段每年以18.2cm的速度向两侧移动。从时间上来看,运动速度也不一样,特别是在地震区域内,构造运动速度往往在地震前夕或地震过程中明显加快,如美国西部的圣安德列斯断层,在1906年旧金山大地震前的16年中,断层位移达7m,平均速度为44cm/a,又如云南通海地区,1970年地震后可见最大水平位移达2.2m。

构造运动的幅度也有大小。构造运动的幅度指构造运动的位移量,常以某一段地质时期间隔内升降运动总的高差或水平运动的距离来衡量。如喜马拉雅山地区在新近纪以来,上升了近10000m;相反,在同样时间内,我国江汉平原地区却下降了近1000m(据古近系和第四系的沉积物厚度计算)。又如圣安德列斯断层错动幅度达480km。更大规模的运动幅度要算大洋底的运动了,它们表现为从洋脊向深海沟方向数千千米的运动幅度。这里必须指出的是,大陆上沿断裂出现的水平运动,在一条断裂的各段上运动幅度是不同的,一般来说,断层的中段运动幅度最大,向两端运动幅度逐渐减小,到端点部分趋近于零。

对于某一地区来说,如果长期处于上升运动或下降运动中,或者一直朝某一方向发生水平运动,则其运动幅度就大;如果在一定时间间隔内,运动的方向频繁变化,或时而上升时而下降,或者做往复的水平运动,则在地质记录上反映的运动幅度不大。

构造运动的幅度大小直接反映某个地区地壳的活动性,这是推算构造运动速度的一种依据。同一时间内,运动幅度大说明运动速度也大。

三、构造运动的空间分布和历史发展规律

(一)构造运动的空间分布特征

由于岩石圈的力学性质不均匀以及各个地区地质条件的差异,因此,构造运动在不同地区所表现的活动性是不一样的,有些地区要比另一些地区的活动性强些。从全球来看,既有构造活动比较活跃的地区也有比较稳定的地区,这两类地区通常被称为活动区和稳定区(图5-16)。在这两类地区之外的地区,其活动性介于两者之间。大陆地壳和大洋地壳都有这种特征。

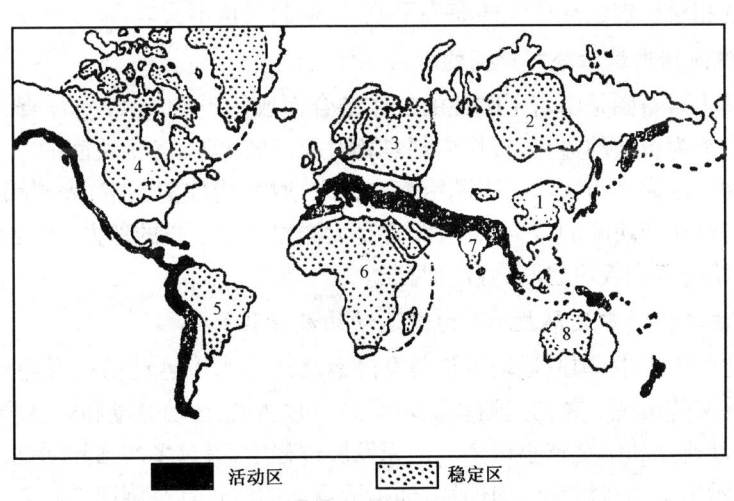

图5-16 大陆地壳构造活动性概略图(据李叔达,1983)
1—中朝地台;2—西伯利亚地台;3—俄罗斯地台;4—北美地台;
5—南美地台;6—非洲地台;7—印度地台;8—澳洲地台

1.地壳的活动带

无论在大陆或大洋,地壳活动区都呈带状延伸,地形上是高低悬殊的地带,如高耸的大山脉和

洋脊,以及深陷的海沟地带。在活动带里的各种地质作用,特别是内动力地质作用很活跃,现代构造运动速度较快,每年达数厘米至十几厘米,岩浆活动、变质作用、地震活动等均较强烈。

现代的巨型地壳活动带主要有:

(1)环太平洋海沟岛弧及沿岸山脉带:从南太平洋的新西兰起,向北经新喀里多尼亚、伊里安、菲律宾、中国台湾、琉球、日本、千岛群岛到阿留申群岛,再沿北美西侧的海岸山脉到南美安第斯山脉,构成一个不完整的环。

(2)地中海—印度尼西亚带:从地中海周围诸山脉(欧洲的阿尔卑斯山脉、喀尔巴阡山脉、非洲的阿特拉斯山脉)往东经过高加索山脉、兴都库什山脉、喜马拉雅山脉、横断山脉、马来半岛、巽他群岛与环太平洋带衔接,又从地中海向西经亚速尔群岛、安的列斯群岛与环太平洋相接。

这两个带都是现代的大山脉和海沟岛弧所在地,是地质构造十分复杂的褶皱带(Foldbelt),反映出水平挤压显著,是水平运动占优势的地区。这两个带也是岩浆活动、变质作用、地震活动的场所,活动规模很大。

(3)大洋洋脊及大陆裂谷带:呈带状分布,主要是沿几个大洋的洋脊分布。从印度洋洋脊北端进入红海和死海裂谷,与地中海—印度尼西亚带衔接,并自红海分支与东非大裂谷连接。

这一带为地壳的张裂带,表现为正断层、地堑的形式,常发生浅震,岩浆活动规模较大,有玄武岩浆贯入裂谷和洋脊轴部。

2. 地壳的稳定区

地壳的稳定区为古生代以来构造运动相对稳定的地区,地形上高差不大,常为广大平原或盆地,现代升降运动速度为每年百分之几至十分之几厘米,水平运动也不显著,岩浆活动、变质作用、地震活动均较微弱,又叫地块(Craton),大陆上巨大的地块有中朝地块、西伯利亚地块、东欧地块、北美地块、南美地块、非洲地块、印度地块、澳大利亚地块,南极大陆也应该是一个巨大地块(图5-16)。

大洋地壳的相对稳定区是广大的海底平原,地形起伏也不大。

3. 板块学说对构造运动分布特征的看法

板块学说认为岩石圈是由若干刚性的块体结合而成的(图5-17),洋脊、海沟和岛弧、转换断层和地缝合线为板块的边界,板块内部是相对稳定的区域,各板块间的结合地带是相对活动的区域。海沟地区表现为大洋岩石圈沿海沟插入地幔,构成消亡带,表现为挤压应力作用,如太平洋板块与欧亚板块间的接合情况;洋脊是大洋岩石圈生长的地方,主要表现为引张应力作用,如非洲板块与美洲板块之间的接合情况。

(二)构造运动的历史发展规律(构造运动的旋回性)

在地壳演化的历史中,构造运动无论是升降运动还是水平运动都表现为比较平静时期和比较剧烈时期的交替出现。在构造运动比较剧烈的时期里,运动速度和幅度都较大;在比较平静的时期里,运动速度和幅度就小得多。地壳发展过程中,有过多次强烈活动阶段和相对缓和的阶段,这就显示出了构造运动的周期性,即构造运动的演化具有旋回性特点。

构造运动比较平静时期主要表现为缓慢的升降运动,常常引起海陆变迁,其间也可夹有次一级的比较剧烈的升降运动或水平运动,但历时较短。一次大的、更急剧的构造运动常常表现为水平运动占主导地位,经历时间较平静时期短些,通常形成巨大的褶皱山系,所以过去也称造山运动(Orogeny)。

由于构造运动引起海陆变迁、地形变化、自然地理环境改变,以及地壳成分、结构的变化,

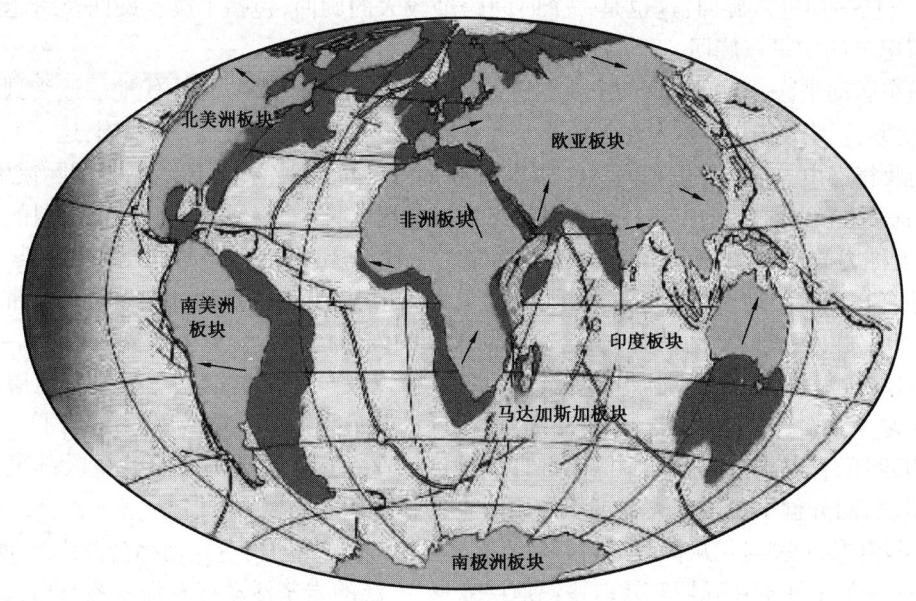

图 5-17 全球板块划分示意图

从而使沉积环境和古生物特征以及岩浆活动性质和矿产特征也发生变化。可见,构造运动的周期性决定了地壳发展历史的阶段性,因而,构造运动可作为划分地层界线的主要根据之一。通常代(界)与代(界)之间由最强烈的构造运动分开,纪(系)与纪(系)之间由次强烈的构造运动分开。

虽然构造运动具全球周期性,但不同地区又有自己具体的周期性,不能设想每次构造运动同时波及全球。即使如此,全世界的地质工作者通过对整个地质历史时期的地质记录研究后认为,地球上曾经发生过几次比较强烈、影响范围较大的构造运动,而每次强烈的运动时间虽然各地先后不同,但大体上是同时的,这些剧烈的构造运动时期也称构造期(Tectonic phase)或称为构造旋回(Tectonic cycle)。

构造运动的周期性决定了地壳的演化具有旋回性特点。地质学为总结构造运动的历史规律,通常将一次规模较大、影响范围较广的运动加以命名,对每个运动都仔细地确定其发生的时间、性质和作用范围,然后总结出全球性构造运动的历史进程。全球构造运动大致可以分为以下构造旋回(构造期):

(1)太古代旋回:其时代跨越整个太古代,跨度极长,距今约 2500~3000Ma,实际上是由多个旋回组成,由于研究程度不够,尚未作详细划分。在这一旋回中,形成了各大陆由太古代深变质岩组成的古老核心,即陆核(Continental nucleus),如北美大陆中部的太古代岩石就是这样的陆核。旋回末期发生一次强烈的构造运动,在我国称为阜平运动(Fuping movement),因以太行山阜平地区的构造运动最为典型而命名,这次运动促使太古代地层发生强烈的变质、变形、岩浆活动,以及形成太古代地层与元古代地层之间的不整合接触。

(2)元古代旋回:它跨越除震旦纪以外的全部元古代,包括了多个次一级的旋回,每一个次一级旋回的末期都出现了重要的构造运动,如华北的五台运动(Wutai movement)(发生在距今 2000Ma 前,以我国山西五台山地区为典型而命名)与中条运动(Zhongtiao movement)(发生在距今 1700Ma 前,以山西中条山地区为典型而命名)。这些运动促使早、中元古代地层发生变质、变形,引起岩浆运动并造成相应地层之间具有不整合接触关系。

(3)震旦—加里东旋回:这也是一个时间跨度较大的旋回,包括了震旦旋回及跨越从寒武纪到志留纪末的加里东旋回。

加里东运动是这一旋回末期的主要构造运动,表现为震旦纪及早古生代地层遭受到轻度变质、强烈变形、岩浆侵入以及泥盆纪地层不整合在志留纪或更老地层之上,在我国,这一运动主要见于华南及祁连山等地。加里东运动(Caledonean movement)一名来源于欧洲,是国际惯用名称。

(4)海西(华力西)旋回:其时代从泥盆纪到二叠纪末,这一旋回的末期出现强烈的构造运动,国际上称为海西运动(源于欧洲),表现为晚古生代地层强烈变形、岩浆活动以及早三叠世地层不整合在二叠纪地层之上。在我国,主要见于天山、昆仑山以及浙、闽、粤沿海一带。

(5)印支旋回:其时代为三叠纪,这一旋回末期的强烈构造运动称为印支运动(In-dosinian movement),表现为三叠纪地层的变质、岩浆活动,以及早侏罗世地层与三叠纪地层之间的不整合接触关系。印支运动因在印支半岛发育最好,并最先命名而被沿用。在我国,这一运动见于四川西部、青海东南部以及中国东部许多地区。这一运动促使海水自我国大陆的大多数地区撤退,从而开创了我国以大陆沉积作用为主的新时期。

(6)燕山旋回:其时代从侏罗纪到白垩纪末,这一旋回出现的构造运动称为燕山运动(Yanshan movement),它引起中侏罗纪及白垩纪地层变形、广泛的岩浆活动以及侏罗系与白垩系及白垩系与第三系之间的不整合接触关系。燕山运动因以我国河北燕山地区为典型,并研究最早而得名。燕山运动在我国东部地区有广泛影响,在我国西南部的横断山脉地区有重要表现。

(7)喜马拉雅旋回:其时代包括整个新生代,这一旋回中的构造运动称为喜马拉雅运动(Himalayan movement),主要表现为新生代地层的变形,古近系与新近系及二者与第四系之间的不整合接触。喜马拉雅运动的影响见于我国台湾及喜马拉雅地区。

国际上常将从中生代延续到新生代的旋回统称为阿尔卑斯旋回,旋回内的构造运动统称为阿尔卑斯运动(Alpine movement)。

第三节 岩层产状

沉积岩、层状火山岩和副变质岩等呈层状产出的岩石是构成地壳表层地质构造的主要物质,野外认识和研究构造形态,是从观察和测量岩层的产状着手的,因此层状构造的产状是研究地质构造形态的基础。

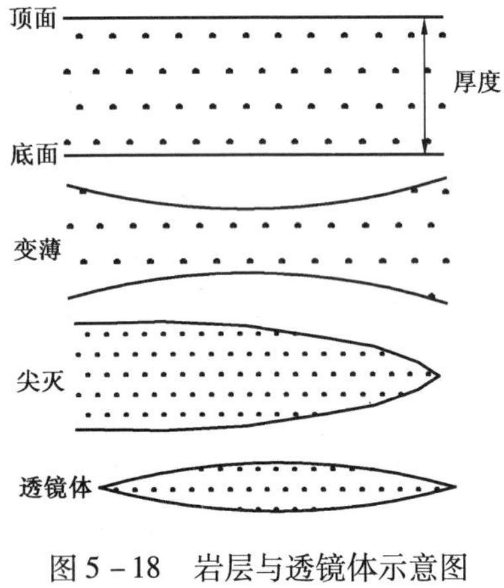

一、岩层的概念

地壳中的层状岩石泛称岩层,是指由两个平行或近于平行的界面所限制的、岩性基本一致的层状岩石。岩层的上下界面称为层面,上层面称顶面,下层面称底面,两个岩层的接触面,既是上覆岩层的底面,又是下伏岩层的顶面,岩层的顶、底面之间的垂直距离为岩层的厚度。由于沉积环境和条件的不同,有的岩层厚度比较稳定,在较大范围内变化不大,岩层的顶、底面相互平行;有的岩层厚度不稳定,当岩层向某一方向变薄,甚至厚度逐渐趋于零时,称为岩层的尖灭;当岩层向两个方向均发生尖灭时,岩层则形成透镜体(图5-18)。

图5-18 岩层与透镜体示意图
(据刘吉余等,2006)

二、岩层的产状要素

岩层的产状是指岩层在三维空间的产出状态和方位的总称,是以岩层面在三维空间的延伸方位及其倾斜程度来确定的。对岩层的产状,地质学上用走向、倾向和倾角来表示,这三者称为岩层产状三要素(图 5 – 19)。在野外,岩层的产状要素常用地质罗盘进行测量(图 5 – 20)。

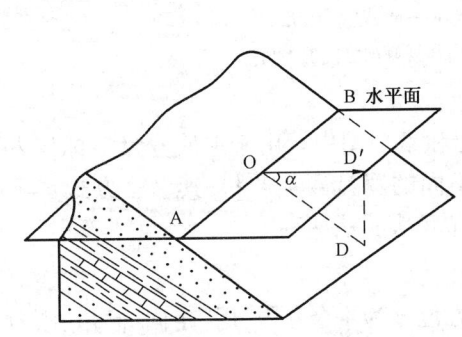

图 5 – 19　倾斜岩层产状要素(据曹成润,1992)
AOB—走向线;OD—倾斜线;
OD′—倾斜线的水平投影,箭头方向为倾向;α—倾角

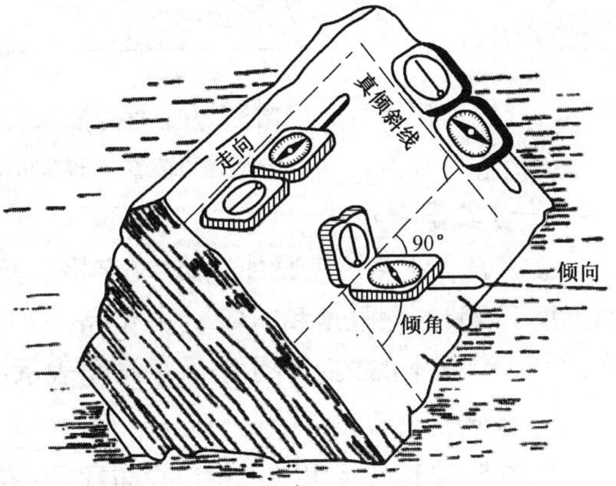

图 5 – 20　产状要素的测量(据汪新文,1999)

(一) 走向

岩层面与水平面的交线被称作走向线。走向线两端的延伸方向称岩层的走向,表示岩层在空间的水平延伸方向。一条直线有两个延伸方向,故同一岩层的走向有两个,彼此相差180°,但在实际工作中,为了使问题简化,只测量和记录一个方向。一个倾斜岩层面可以和无数个不同高度的水平面相交,这些交线都是岩层的走向线,因此,在一个倾斜岩层面上可以有不同高度但互相平行的无数条走向线。岩层的走向一般用走向线的方位角表示。

(二) 倾向

垂直于走向线,沿倾斜岩层面向下所引的直线叫岩层的真倾斜线,简称倾斜线,它的水平投影线所指的方向称为岩层的真倾向,简称倾向,表示岩层在空间的倾斜方向。岩层的倾向只有一个,其他斜交于岩层走向线沿倾斜层面向下引出的任意一条倾斜线称为视倾斜线,它的水平投影线的方向则称视倾向。倾向一般用方位角表示,数值与走向相差90°(图 5 – 19)。

(三) 倾角

倾角是倾斜线与其水平投影线之间的夹角,称岩层的真倾角,简称倾角,表示岩层的倾斜程度。视倾斜线与其水平投影线之间的夹角,叫视倾角或假倾角。真倾角与视倾角的关系如图 5 – 21 所示,可用数学式表示:

$$\tan\beta = \tan\alpha \cdot \cos\omega$$

该关系式表明:真倾角最大,视倾角总是小于真倾角。因此,在野外用罗盘测倾角时,把罗盘贴在平整的层面上来回转动罗盘,测得倾角最大者即为真倾角。

三、岩层产状的表示方法

岩层的产状要素可用文字和符号两种方法表示。

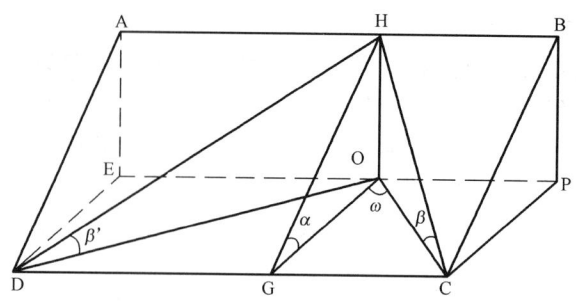

图 5-21　真倾角、视倾角的关系（据曹成润，1992）

α—真倾角；β、β'—视倾角；ω—真倾向与视倾向之间的夹角

（一）文字表示法

文字表示法多用于野外记录、文字报告及剖面图和素描图中。由于地质罗盘上标记方位的刻度有 90°的象限角和 360°的方位角两种，使用不同的罗盘测定产状，其书写方式也不一样，所以，最基本的文字表示法有象限角表示法和方位角表示法两种。

1. 象限角表示法

如图 5-22 所示，以北和南的方向作为零度，将方位分为 4 个象限，用"走向/倾角、倾向象限"表示或"走向/倾向象限∠倾角"表示岩层产状。例如，根据测量岩层的走向为北东 60°、倾向 150°、倾角 40°[图 5-22（a）]，则记录写成 N60°E/40°SE 或 N60°E/SE∠40°，即表示走向为北偏东 60°，倾角为 40°，向南东倾斜。又如，N70°W/45°SW 或 N70°W/SW∠45°，表示岩层走向为北偏西 70°，倾角为 45°，倾向南西[图 5-22（b）]。在生产实践中，象限角记录方法目前很少采用。

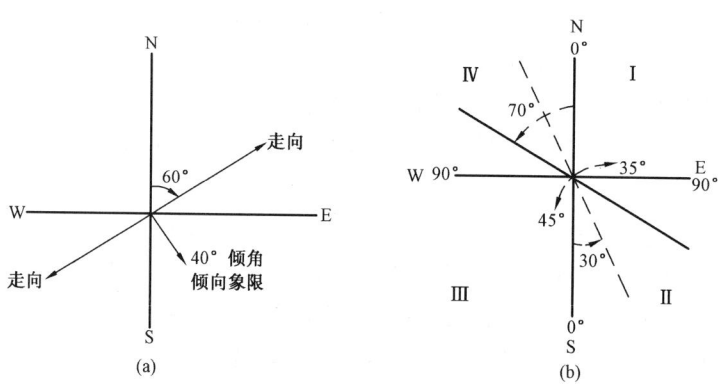

图 5-22　象限角表示岩层产状

2. 方位角表示法

如图 5-23 所示，将方位分为 360°，以正北方向为零度（或 360°），与正北方向顺时针所夹的角度即为方位角，角度变化范围为 0°～360°。由于倾向±90°即为走向，故一般只测量和记录岩层的倾向和倾角，用"倾向方位角∠倾角"表示岩层产状。例如，205°∠25° 或 SW205°∠25°，表示岩层的倾向为 205°，岩层的倾角为 25°[图 5-23（a）]；又如，330°∠35° 或 NW330°∠35°，表示岩层的倾向为 330°，岩层的倾角为 35°[图 5-23（b）]。方位角记录法比较简便，是我国目前通常使用的方法。

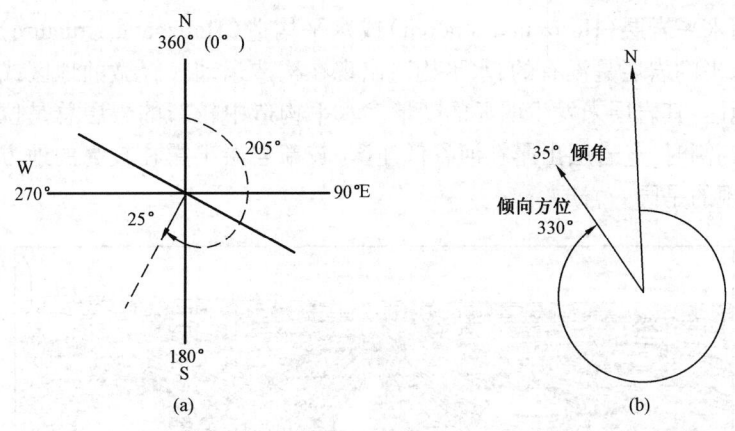

图 5-23 方位角表示岩层产状

(二)符号表示法

自然界的岩层按其产状和地层的新老关系分布情况可分为 4 种类型,即水平岩层、倾斜岩层、直立岩层、倒转岩层。

在地质图上,常用特定的符号来表示不同类型岩层的产状要素,常用的产状符号及其代表意义如下:

(1)⊤53°代表倾斜岩层,长线表示岩层走向,短线表示岩层倾向,度数表示倾角数值,长、短线必须按实际方位标绘在图上;

(2)✝代表直立岩层,箭头指向较新岩层,长线表示走向;

(3)✚代表水平岩层(倾角 0°~5°的岩层);

(4)⋊70°代表倒转岩层,箭头指向倒转后的倾向,即指向老岩层,度数表示倾角数值,长线表示走向。

用地质符号表示岩层的产状,要与野外岩层的产状一致,不能随意标注在图上。在国内外的地质书刊和地质图上,岩层产状要素的符号和书写方式并不完全相同,参阅文献资料时应予注意。

第四节 地 质 构 造

沉积岩、火山岩等岩石除了在沉积盆地及岛屿的边缘或火山锥附近等局部地区具有原始倾斜以外,基本上是水平产出的,而且在一定范围内是连续的。侵入岩具有整体性。经过构造运动,岩层由水平状态变为倾斜或弯曲,连续的岩层被断开或错动,完整的岩体被破碎等,使岩石原有的空间位置和形态发生改变。地质学上把岩石的原始层位在构造运动的影响下所发生的变形和变位,称为构造变动(Tectonic disturbance),或称构造变形(Tectonic deformation)。组成地壳的岩层或岩体受力而发生变位、变形留下的形迹称为地质构造(Geologic structure),地质构造在层状岩石中表现最为明显。地质构造的基本类型有水平构造、倾斜构造、褶皱构造和断裂构造等。

一、水平构造

岩层的产状是水平的或近于水平(一般倾角小于 5°),即同一层面上各点海拔高度都基本相同的岩层称为水平岩层(Horizontal stratum)或水平构造(Horizontal structure)(图 5-24,图 5-25)。绝对水平的岩层是没有的,水平构造出现在构造运动较轻微的地区或大范围内均匀抬升或下降的地区,其岩层未发生明显的变形。水平构造中较新的岩层总是位于较老的岩层之上,当岩层受切割时,老岩层出露在河谷低洼区,较新岩层出露在较高的地方。不同地点在同一高程上,出现的是同一岩层。

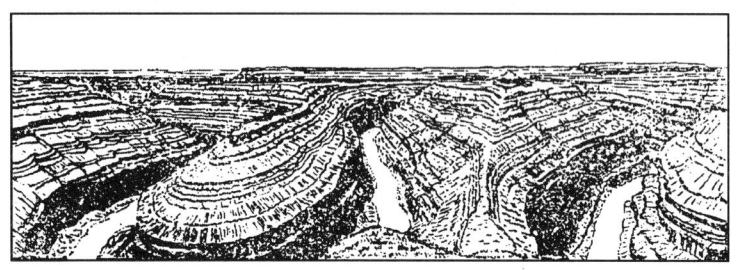

图 5-24　水平构造及深切曲流——圣·胡安河峡谷(据 E. C. La Rue 改绘)

图 5-25　四川苍溪观音寨中侏罗统水平岩层素描图(据李承三)

二、倾斜构造

构造运动不仅使岩层形成时的位置发生变化,而且改变了岩层的原始水平状态,使岩层层面与水平面之间有一定夹角时,称为倾斜岩层(Tilted stratum)或倾斜构造(Dipping structure)(图 5-26)。若一个地区内的一系列岩层的倾向、倾角大致相同,则称为单斜岩层或单斜构造。

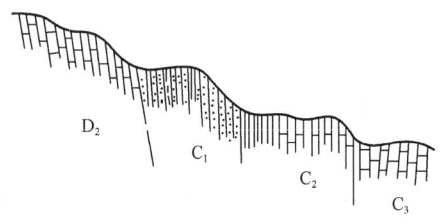

图 5-26　倾斜岩层剖面图(据胡明,2007)

倾斜构造常常是褶曲的一翼或断层的一盘,也可以是大区域内的地壳不均匀抬升或下降所形成的区域性倾斜。具有倾斜构造的岩层,不同地点在同一高程上出现不同时代的岩层,这与水平构造有区别。

岩层形成以后,经受构造运动产生变位、变形,改变了原始沉积时的状态,但仍然保持顶面在上、底面在下,上面岩层较新,下面岩层较老,称为正常层序(Normal succession);倘若岩层产生强烈变位,使岩层倾角近于 90°时,称直立岩层(Vertical stratum)(图 5-27);当岩层顶面在下,底面在上时,则岩层层序发生了倒转,层序是下新上老,称为倒转层序(Reversed succession)(图 5-28)。

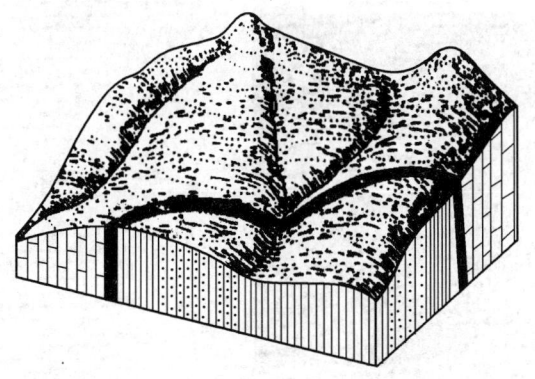

图5-27 直立岩层立体示意图(据陆克政等,1996)

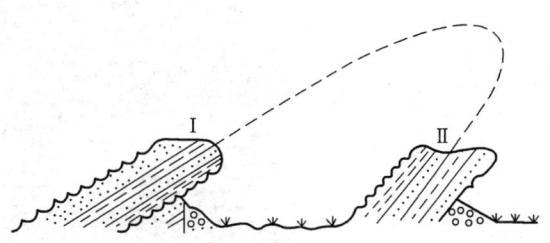

图5-28 正常产状与倒转层序(据李叔达,1983)

Ⅰ—正常层序,波峰朝上;Ⅱ—倒转层序,波峰朝下

岩层的正常与倒转主要依据化石确定,也可以根据岩层层面的构造特征以及沉积岩岩性和构造特征来判断,如沉积岩层层面上的泥裂、波痕、雨痕、足印等特征均可以确定岩层的正常与倒转。

三、褶皱构造

褶皱(Fold)是地壳中常见的构造形态,是地质构造中最引人注目的地质现象,它是岩层受力变形产生的一系列连续的波状弯曲,其岩层的连续完整性没有遭到破坏,是岩层塑性变形的表现。褶皱在层状岩石中表现得最明显。褶皱形态千姿百态,复杂多样,规模差别极大,小的在手标本中即可显示,甚至需要在显微镜下才能看到,大的宽度可达几十千米,延伸长达几百千米。

(一)褶曲的基本类型

褶皱构造中的一个向上或向下的弯曲称为褶曲构造,简称褶曲。褶曲是组成褶皱的基本单位,即褶皱是由一个或若干个褶曲构成的。

根据褶曲的形态和组成褶曲地层的新老分布关系,褶曲的基本类型分为背斜(Anticline)和向斜两种(Syncline)(图5-29,图5-30)。

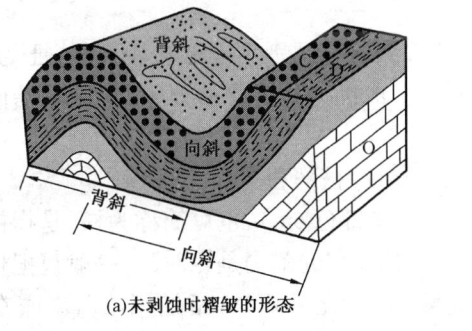
(a)未剥蚀时褶皱的形态

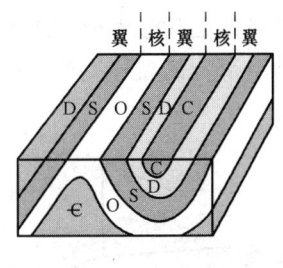
(b)剥蚀后平面岩层的对称排列

图5-29 褶皱的基本类型示意图(据汪新文,1999)

背斜是岩层向上拱的弯曲,形成中心部分为较老岩层,两侧岩层依次变新;向斜是岩层向下凹的弯曲,中心部分是较新岩层,两侧部分岩层依次变老。背斜和向斜遭受风化剥蚀之后,地表可见到不同时代的地层出露。在平面上识别背斜和向斜,是根据岩层的新老关系的分布规律来确定的,如中间为老地层,两侧依次对称出现较新地层,则为背斜构造;如中间为新地层,两侧依次对称出现较老地层,则为向斜构造[图5-29(b)]。但是,在有些情况下,岩层的

图 5-30 褶曲的基本类型野外照片

新老关系不清时,将岩层向上弯曲的褶曲称为背形,向下弯曲的褶曲称为向形。

如果岩层未经剥蚀,则背斜形成隆起的脊,向斜成为谷地,地表仅能见到时代最新地层。褶皱遭受风化剥蚀后,背斜隆起部分被削低,甚至遭受强烈剥蚀而形成谷地,而向斜中部则因处于挤压状态,岩石不易被剥蚀而形成山脊,这就是所谓的"向斜成山,背斜成谷"的道理。因此应该指出,背斜的上拱和向斜的下凹并不一定与地形的高低相一致,即地形并不等于构造形态,二者不能混淆,背斜可以成山,但也可以成谷,同样,向斜可以成谷也可以成山(图 5-31)。

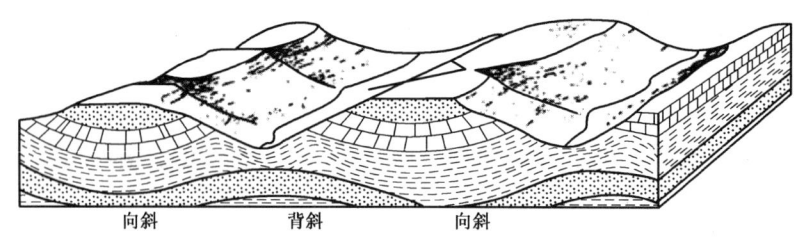

图 5-31 褶皱在地形上的表现(据 R. J. Foster 修改)

(二)褶曲要素

为了对各式各样的褶皱进行描述和研究,认识和区别不同形状、不同特征的褶皱构造,需要统一规定褶曲各部分的名称。褶曲的各个组成部分称为褶曲要素,常用的褶曲要素有以下几种(图 5-32):

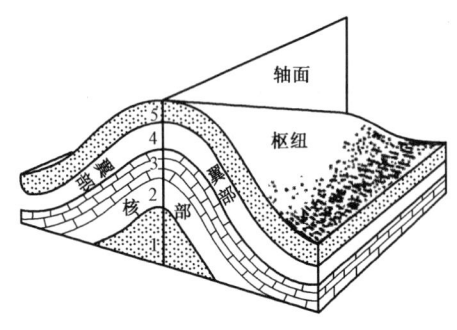

图 5-32 褶皱要素示意图(据汪新文,1999)
1、2、3、4、5—地层从老到新的顺序

(1)核部和翼部。

核部(Core),也可简称为核,是指褶曲中心部位的岩层,它的范围是相对的,一般只把位于褶皱内的某一地层定为核,常指经剥蚀后出露在地表的褶皱中心部分的地层,背斜的核是最老的地层,向斜的核为最新的地层。

翼部(Limb),也可简称为翼,是指褶曲核部两侧的岩层。当背斜和向斜相间出现时,翼是公用的。

(2)转折端。

转折端(Hinge zone)是指褶曲连接两翼的部分或褶曲从一翼到另一翼过渡的弯曲部分。

(3)枢纽。

枢纽(Hinge of fold)是指同一褶曲面上各最大弯曲点的连线。枢纽可以是直线也可以是曲线或折线,可以是水平线也可以是倾斜线(图5-33)。

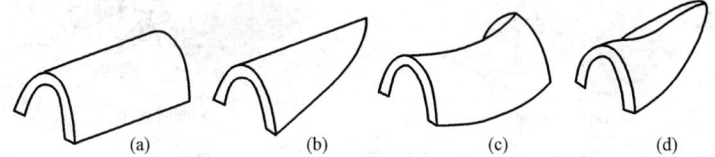

图5-33 不同产状和形态的枢纽线示意图(据谢仁海,2007)
(a)—平直状态的枢纽;(b)—倾伏直线状态的枢纽;
(c)—水平弯曲的枢纽;(d)—倾伏弯曲的枢纽

(4)轴面。

轴面(Axial plane)也称枢纽面(Hinge plane),是指连接褶曲各层枢纽构成的面是一个抽象的假想面。轴面可以是平面也可以是曲面,轴面可以是直立的也可以是倾斜的(图5-34)。轴面的产状与任何构造面的产状一样是用走向、倾向和倾角来确定的。

(三)褶曲分类

自然界中,褶曲具有各种不同的几何形态和空间产出状态,同一褶曲在不同方向和不同位置的剖面上表现出的形态也各不相同,通常可根据褶曲要素的变化及组合,从不同侧面对褶曲进行分类与描述。在地质生产工作中,通常从横剖面(铅直剖面)和平面两个方向来对褶曲进行分类。

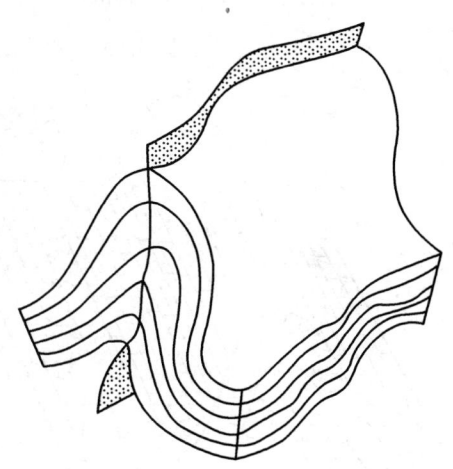

图5-34 轴面的不规则形态示意图
(据曹成润,1992)

1. 剖面上的褶曲形态分类

1)按褶曲轴面产状和两翼岩层产状分类

(1)直立褶曲:轴面直立,两翼岩层倾向相反,倾角相等或差别不大。直立褶曲也称对称褶曲[图5-35(a)]。

(2)倾斜褶曲:轴面倾斜,两翼岩层倾向相反,倾角相差悬殊,所以又称不对称褶曲[图5-35(b)]。

(3)倒转褶曲:轴面倾斜,两翼岩层倾向相同,一翼岩层层序正常,另一翼岩层层序倒转,较老岩层在新岩层之上[图5-35(c)]。

(4)平卧褶曲:轴面近于水平,一翼岩层层序正常,另一翼岩层层序倒转[图5-35(d)]。

2)按褶曲枢纽产状的分类

(1)水平褶曲:褶曲枢纽产状水平,在平面地质图上表现为褶曲两翼沿各相应岩层的走向线平行延伸(图5-36)。

(2)倾伏褶曲:褶曲枢纽产状倾斜,在平面地质图上表现为褶曲两翼相应岩层的走向线不平行延伸,并在延伸一定距离后,两相应走向线相交于一点,甚至形成岩层走向线圈闭。在地质图上,岩层露头线呈"V"字形或"之"字形弯曲(图5-37)。

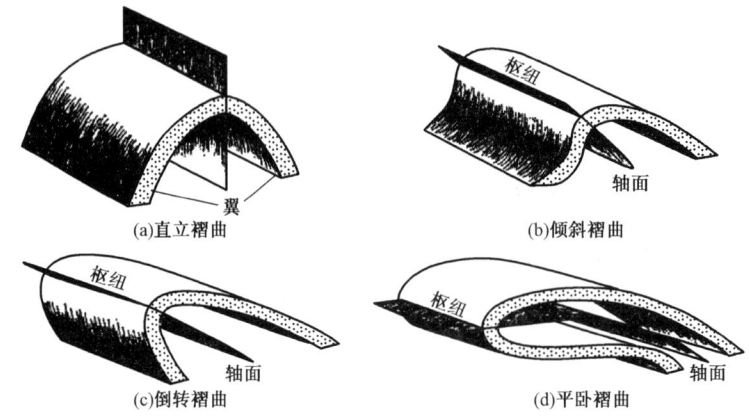

图 5-35 褶曲按轴面产状分类(据李叔达,1983)

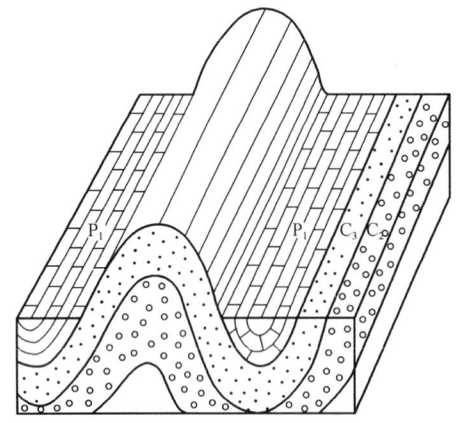

图 5-36 水平褶曲立体示意图(据谢仁海,2007)

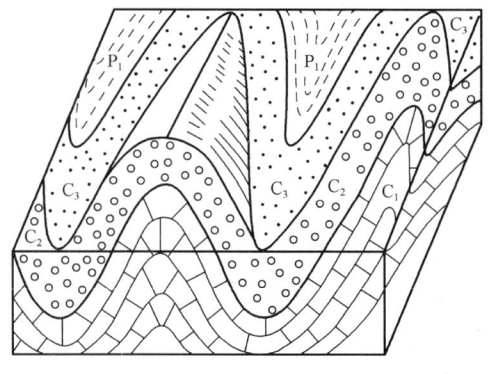

图 5-37 倾伏褶曲立体示意图(据谢仁海,2007)

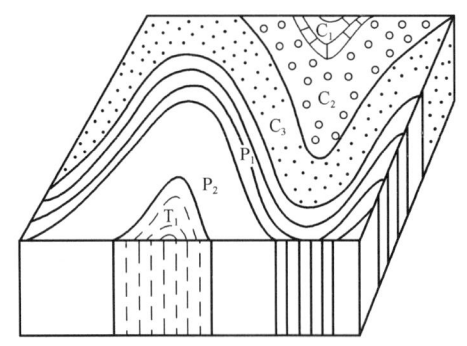

图 5-38 倾竖褶曲立体示意图(据谢仁海,2007)

(3)倾竖褶曲:倾竖褶曲在自然界比较少见,其岩层、枢纽、轴面都近于直立,在平面地质图上表现与倾伏褶曲相似,岩层露头线呈"之"字形弯曲,延伸的方向代表岩层的走向(图5-38)。

3)按褶曲转折端形态分类

(1)圆弧褶曲:岩层呈圆弧状弯曲,褶曲顶部开阔[图5-39(a)]。

(2)箱状或屉状褶曲:两翼较陡,但褶曲顶部平坦形成箱状,具有一对共轭的轴面[图5-39(b)]。

(3)尖棱角状:两翼平直相交,由于两翼陡所以顶角小,呈尖棱状[图5-39(c)]。

(4)扇形褶曲:褶曲顶部呈圆弧状,两翼均有倒转现象,构成扇形[图5-39(d)]。

(5)挠曲和构造阶地:在平缓岩层中,一段岩层突然变陡而表现出的褶皱面的膝状弯曲称为挠曲[图5-39(e)];陡倾斜褶皱岩层中一段突然变缓而表现出的台阶状弯曲称

图 5-39 褶曲按弯曲形态分类(据陆克政,1996)

为构造阶地。

构造阶地和挠曲(图 5-40)都是发育不完全的褶曲,与其他类型的褶曲有一定的区别,一般是出现在褶皱轻微的地区。

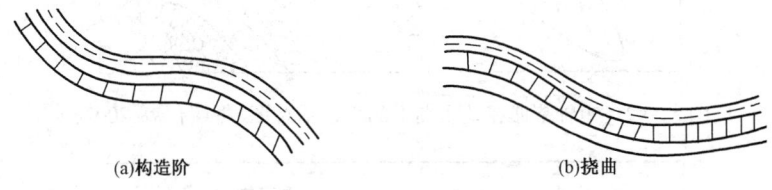

图 5-40 构造阶地和挠曲(据胡明等,2007)

2. 平面上的褶曲形态分类

在平面上,褶曲同样表现为各种各样的形态,通常,根据褶曲的某一岩层(褶曲面)在地面(平面)上出露的纵向长度和横向宽度之比,将褶曲描述为:

(1)线状褶曲:褶曲的纵向和横向长度之比超过 10∶1 的各种狭长形褶曲(图 5-41)。

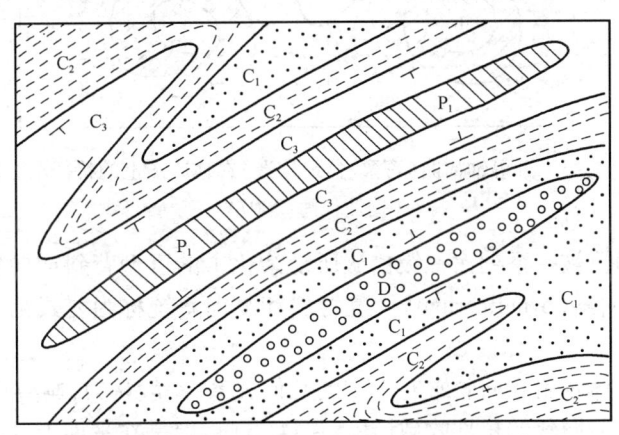

图 5-41 线状褶曲在地质图上的特征示意图(据谢仁海,2007)

(2)短轴褶曲:褶曲的纵向和横向长度之比在 3∶1~10∶1 之间的褶曲(图 5-42)。

(3)穹隆构造:褶曲的纵向和横向长度之比小于 3∶1 的背斜构造(图 5-43)。

(4)盆地构造:褶曲的纵向和横向长度之比小于 3∶1 的向斜构造(图 5-43)。

(四)褶曲的组合形态分类

如前所述,褶曲仅是岩层褶皱的一个弯曲,就一个褶皱而言,它是由若干个褶曲组成的,并在空间上有规律的组合,从而形成褶皱。

1. 剖面上褶曲的组合形态

(1)复式褶皱(复背斜和复向斜)。

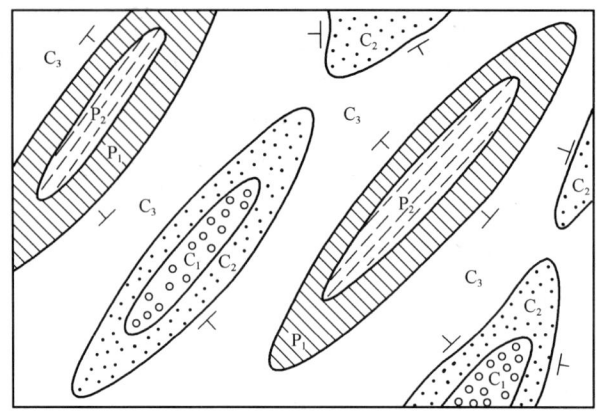

图 5-42 短轴褶曲在地质图上的特征示意图(据谢仁海,2007)

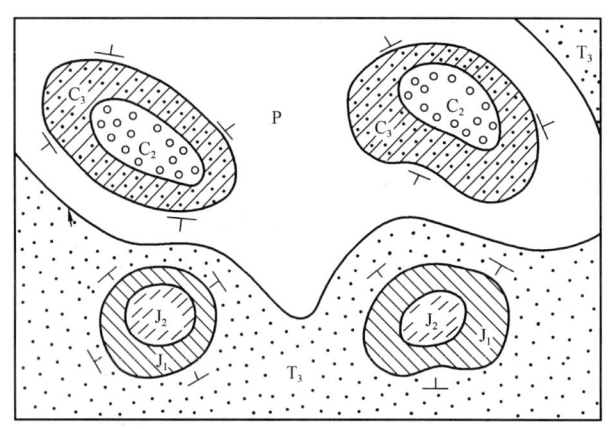

图 5-43 近等轴褶曲(穹窿、盆地构造)在地质图上的特征示意图
(据谢仁海,2007)

复式褶皱是指两翼被一系列次一级褶皱所复杂化了的巨型背斜或向斜,分别称为复背斜(Anticlinorium)或复向斜(Synclinorium)。复背斜和复向斜统称为复式褶皱(Compound folds)[图 5-44(a)]。

各次级褶皱与总体背斜和向斜常有一定的几何关系,一般认为,典型复式褶皱的次级褶皱轴面常向该复背斜或复向斜的核部收敛[图 5-44(b)],但是在平面上,次级褶皱的轴线延伸方向近于平行。

(a)复背斜　　　　　　　　　　　(b)复向斜

图 5-44 复背斜和复向斜(据陆克政,1996)

复背斜和复向斜常形成于强烈水平挤压的构造环境中,也常分布在这种构造活动带,如我国的秦岭、天山、喜马拉雅山和欧洲的阿尔卑斯山、北美的阿巴拉契亚山等褶皱带中都有这类

褶皱。

(2)隔挡式和隔槽式褶皱。

由一系列平行的紧闭背斜和开阔向斜相间排列而成的褶皱构造,称为隔挡式褶皱(Ejective fold),也有人称为梳状褶皱(Comb-shaped fold),我国四川东部的北北东向褶皱组合就是这类褶皱的典型实例(图5-45)。

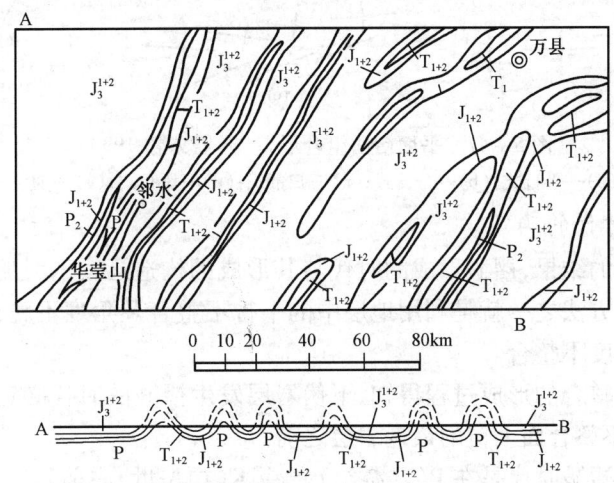

图5-45 四川盆地东部隔挡式褶皱(据陆克政,1996)

隔槽式褶皱(Trough-like fold)是由一系列平行的紧闭向斜和平缓开阔背斜相间排列而形成的褶皱构造,如我国贵州正安以东地区的褶皱是很典型的隔槽式褶皱(图5-46)。

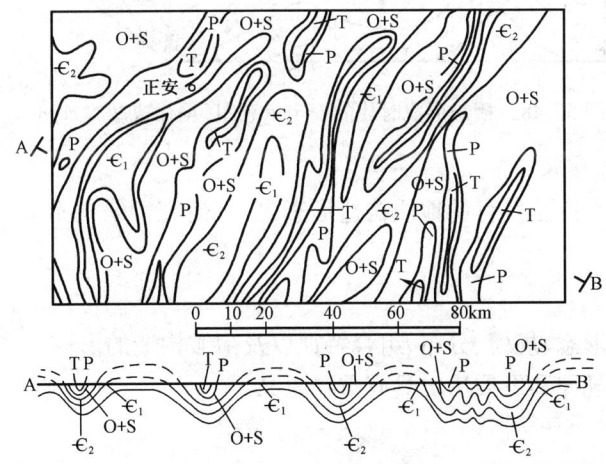

图5-46 贵州正安以东地区隔槽式褶皱(据陆克政,1996)

2. 平面上褶曲的组合形态

从平面地质图上看,常见的褶曲组合形式有以下几种:

(1)平行式:一系列背斜与向斜相间排列,轴线近于平行[图5-47(a)]。

(2)分支式:一个褶曲在延伸方向上分成几个褶曲[图5-47(b)]。

(3)扫帚式:相间排列的背斜与向斜,一端收敛,一端撒开[图5-47(c)]。

(4) 雁行式:一系列褶曲轴线错开呈斜列展布[图5-47(d)]。

(5) 羽状:两行褶曲相对斜列[图5-47(e)]。

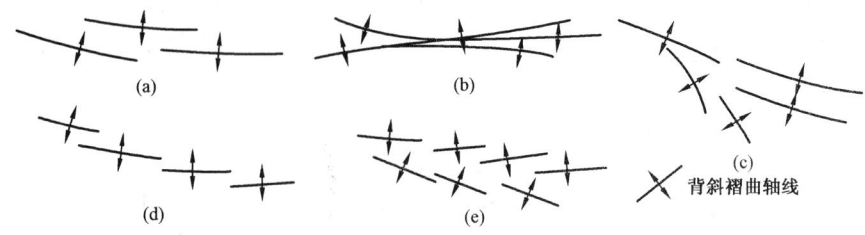

图 5-47　平面褶曲组合形态(据黎文清,1993)

(a)—平行式;(b)—分支式;(c)—扫帚式;(d)—雁行式;(e)—羽状

(五)褶皱形成时代的确定

褶皱是构造运动的结果,褶皱形成的时代与其形成的构造运动的时期是一致的。确定构造运动时期的最主要方法之一就是利用地层中的平行不整合及角度不整合,而确定褶皱形成时代的重要依据是角度不整合。

从前述的角度不整合的形成过程得知,下伏岩层发生褶皱的时代必定是在不整合面下伏最新岩层形成以后,不整合面上覆的最老岩层之前。

例如图5-48的褶皱时代是在P(二叠纪)之后,K(白垩世)之前。

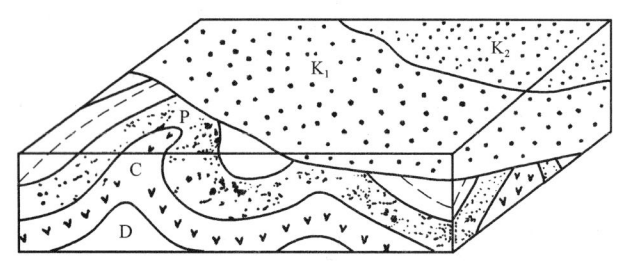

图 5-48　褶皱形成时代的确定示意图(据徐成彦等,1988)

(六)褶皱的研究意义

褶皱构造是地壳上广泛发育的地质构造形态之一,研究褶皱构造具有重要的理论意义和实践意义。

1. 理论意义

研究褶皱构造的形态、规模、分布、组合特征以及褶皱构造的形成方式和时代,对揭示一个地区地质构造的形成规律和发展历史具有重要意义。

2. 实践意义

(1)褶皱的研究对找矿有很大的意义。沉积矿床本身就是沉积岩层的组成部分,岩层发生褶皱,矿层也随之弯曲(图5-49)。褶皱对内生矿床的形成和分布也起着控制作用,如背斜轴部的裂隙常是岩浆或热液上升的良好通道和储集场所,有利于金属矿产的形成。

(2)褶皱构造对寻找石油具有特殊的意义。世界上许多大油田都聚集在背斜中,完整的背斜构造,尤其是短轴背斜和穹窿构造,是良好的储油构造(图5-50)。

(3)褶皱构造也是地下水储存的良好构造。例如,储有丰富地下水的构造盆地有时可形

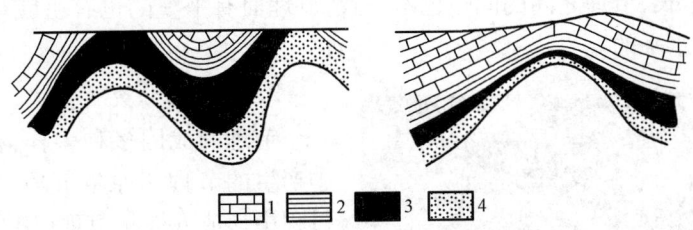

图 5-49 褶皱对煤层的影响(据徐成彦等,1988)
1—石灰岩;2—页岩;3—煤层;4—砂岩

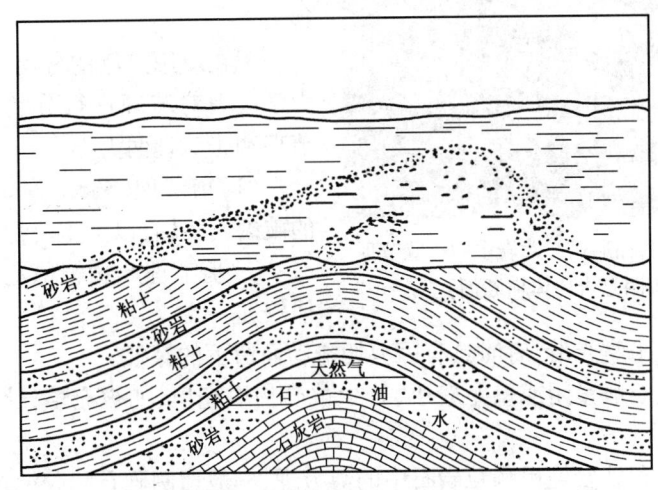

图 5-50 理想的背斜储油构造(据张家环,1986)

成自流盆地,在自流盆地中打井,地下水就可源源不断地流出地面。另外,褶皱变形时,在褶皱某些部位出现的裂隙也常是地下水储水的良好空间(图 5-51)。

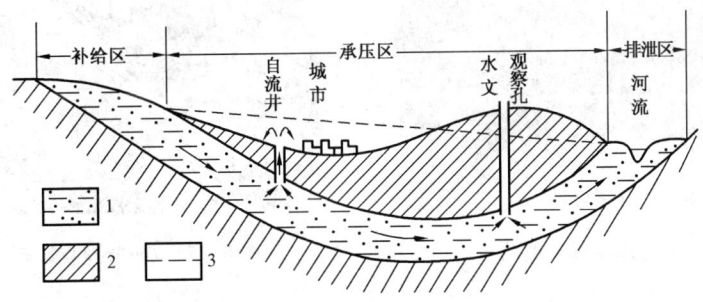

图 5-51 承压水的补给与排泄(据徐成彦等,1988)
1—含水层;2—不透水层;3—承压水面

四、断裂构造

岩体、岩层受力后发生变形,当所受的力超过岩石本身强度时,岩石的连续完整性受到破坏,便形成断裂构造。断裂构造包括节理和断层两种类型。

(一)节理

1. 节理的概念

节理(Joint)是岩层、岩体中的一种破裂面,在破裂面两侧的岩块没有发生显著的位移,是野外常见的一种构造现象,分布极为广泛,常成群出现。节理的长度不一,有的仅几厘米长,有的达几米至几十米长,节理之间的间距也不一致,节理面有平整的也有粗糙弯曲的,其产状可以是直立、倾斜或水平的。

2. 节理的分类

节理的成因多种多样,在岩石形成过程中产生的节理叫原生节理,如喷出岩在冷凝过程中形成的柱状节理(图5-52)。岩石形成后才形成的节理叫次生节理,如由构造运动产生的节理,次生节理很普遍,其规模可以很大。

现在应用广泛的分类方式为根据节理的力学成因对节理进行分类,可将节理分为剪节理和张节理两大类。

(1)剪节理(Shear joint)是由剪应力产生的破裂面,具有以下主要特征(图5-53):

① 剪节理产状较稳定,沿走向和倾向延伸较远。

图5-52 美国加利福尼亚玄武岩中的柱状节理
(左下方小图是岩柱体横断面)

② 剪节理面较平直光滑,有时具有因剪切滑动而留下的擦痕。

③ 剪节理两壁一般紧闭或壁距较小,较少被矿物质充填,如被充填,脉宽较为均匀,脉壁较为平直。

④ 发育于砾岩和砂岩等粗颗粒岩石中的剪节理,一般切割砾石和胶结物(图5-54)。

图5-53 某地野外剪节理照片

图5-54 剪节理直切砾岩中的砾岩
(傅昭仁摄影,宋姚生素描)

⑤ 典型的剪节理常常组成共轭X形节理系。X节理发育良好时,可将岩石切割成菱形或棋盘格式(图5-55),如果一组节理发育而另一组不太发育,则形成一组平行延伸的节理。不论是X形节理或一组平行节理,节理往往呈较好的等间距排列。

(2)张节理(Tension joint)是由张应力产生的破裂面,具有以下主要特征(图5-56):

① 张节理产状不甚稳定,延伸不远。

② 张节理面粗糙不平,无擦痕。

③ 张节理多开口,常常被矿脉充填成楔形、扁豆形及其他不规则形状,脉宽变化较大,脉壁不平直。

图 5-55　巢湖坟头组砂岩的剪节理　　　　图 5-56　某地野外张节理照片

④ 在砾岩或砂岩中的张节理常常绕砾石或粗砂粒而过。
⑤ 张节理有时呈不规则的树枝状及各种网络状。

3. 节理的研究意义

节理构造是地壳上部岩石中发育最广的一种地质构造。节理研究在理论上和实践上都具有重要意义。

1）理论意义

节理的性质、产状和分布规律与褶皱、断层和区域构造有着密切的成因联系，所以，节理的研究对于认识区域地质构造特征，阐明力学机制和构造发展史具有重要作用。

2）实践意义

（1）节理常常为成矿热液的分散、渗透、迁移和储存提供了通道和空间。一些矿区矿床中矿体的形状、产状和分布与该区节理的性质、产状和分布有密切关系。

（2）节理也是石油、天然气和地下水的运移通道和储集场所。节理发育的密度和开启程度，不仅影响油气的渗透、迁移和聚集，还会影响油气的采收率。

（3）大量发育的节理常常引起有关工程建筑的渗漏和岩体的不稳定，为水库和大坝等工程带来隐患。

（二）断层

1. 断层的概念

岩层或岩体受力破裂后，破裂面两侧岩块发生了显著位移的断裂构造叫断层（Fault），断层包含破裂和位移两层意义。断层是地壳中广泛发育的一种地质构造，其种类很多，形态各异，规模不一。小的断层在一块手标本上即可见到，大的断层可延伸数百甚至上千千米。位移小的仅几厘米，大的错动距离可达数百千米。断层的深度也不一致，有的很浅，有的很深，甚至切穿了岩石圈，这样的断层称为深断裂。断层主要由构造运动产生，也可以由外动力地质作用产生，外动力地质作用产生的断层一般规模较小。

2. 断层要素

断层的基本组成部分称断层要素，可根据各要素的特征来描述和研究断层。最基本的断层要素是断层面和断盘（图 5-57）。

（1）断层面。断层面（Fault surface）是指断裂两侧的岩块沿之滑动的破裂面，断层面产状的测定和岩层面产状的测定方法是一样的。由于两侧岩块沿破裂面产生了位移，所以在断裂

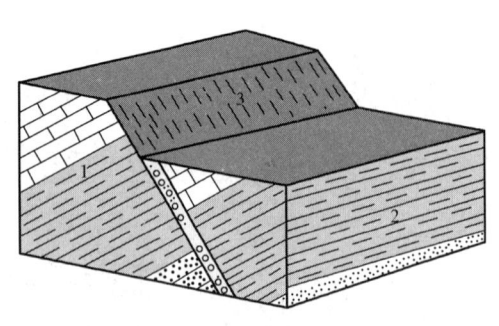

图 5-57 断层要素图(据汪新文,1999)
1、2—断盘(1 为下盘,2 为上盘);
3—断层面(面上的细纹断线表示擦痕)

面上有摩擦的痕迹,表现为无数平行的细脊和沟纹,称为断层擦痕。一条断层可以只有一个断层面,也可以是由许多疏密不等的破裂面构成一个断裂带。断裂带宽度由几米到数百米,甚至更宽。断裂带中常有由破碎岩石构成的角砾岩或糜棱岩等。

断层面与地面的交线称为断层线,断层线是重要的地质界线之一,沿着断层线常形成沟谷,有时有泉水发育。

(2)断盘。断盘(Fault wall)是指断层面两侧的岩块,断层面如果是倾斜的,断盘有上、下之分,位于断层面上方的断盘称为上盘,位于断层面下方的断盘称为下盘。断层面为直立时,往往以方向来说明,如称为断层的东盘或西盘。按其运动方向,把相对上升的一盘称为上升盘,相对下降的一盘称为下降盘。上盘可以是上升盘,也可以是下降盘。

3. 断层的分类

按断层两盘相对位移的方向可将断层分为正断层、逆断层和平移断层(图 5-58)。

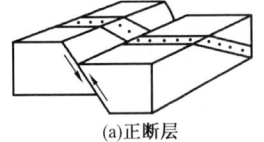 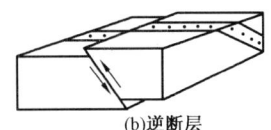 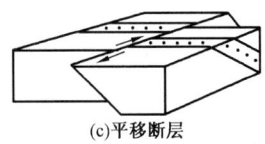

(a)正断层　　　　(b)逆断层　　　　(c)平移断层

图 5-58　断层基本类型(据汪新文,1999)

(1)正断层(Normal fault)是上盘相对下降,下盘相对上升的断层,断层面倾角一般较陡,通常在45°以上,主要由于引张力和重力作用形成。

(2)逆断层(Reverse fault)是上盘相对上升、下盘相对下降的断层,逆断层的倾角有陡有缓,断层面倾角小于45°的低角度逆断层常称为逆掩断层,逆断层主要由水平挤压作用形成。

(3)平移断层(Strike slip fault)是两盘沿断层面走向方向相对错动的断层,断层面常较陡或近于直立,断层线较平直,主要由水平剪切作用形成。

4. 断层的组合类型

断层有时在一个地区成群、成组出现,形成一定的组合形态,其在不同的切面表现不同。

1)剖面上断层的组合类型

正断层或逆断层常常成列出现,形成各种组合类型。

(1)阶梯状断层(Step fault)是由两条或两条以上的倾向相同而又互相平行的正断层组成,其上盘依次下降呈阶梯状[图 5-59(a)],多出现在断陷盆地的边缘。

(2)地堑(Graben)是由两条或两组走向大致平行但倾向相反、性质相同的断层组合而成,其中间断块相对下降,两边断块相对上升[图 5-59(b)]。现今的一些狭长形断陷盆地往往是地堑构造。

(3)地垒(Horst)是由两条或两组走向大致平行但倾向相反、性质相同的断层组组合而成,其中间断块相对上升,两侧断块相对下降[图 5-59(b)]。

构成地堑、地垒的断层一般为正断层,少数是逆断层。

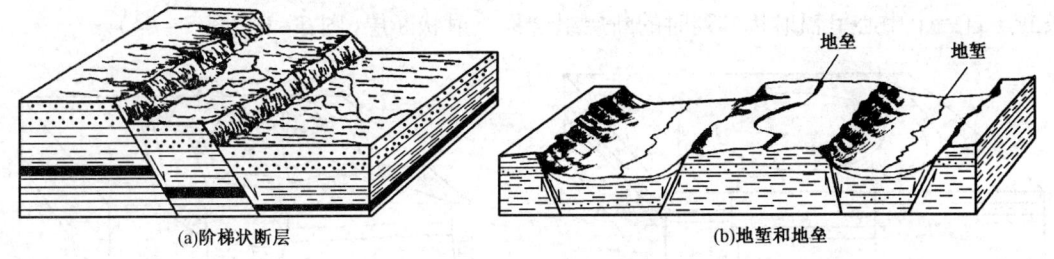

图 5-59 断层的组合类型(据李叔达,1983)

(4)叠瓦状构造(Imbricate structrure)是由一系列产状大致平行的逆断层所组成,其老地层依次逆冲于新岩层之上,状如叠瓦,故称为叠瓦状构造(图 5-60)。它常同剧烈的褶皱作用伴生,说明曾经历了强烈的水平挤压作用,多出现于褶皱山系的两侧边缘。

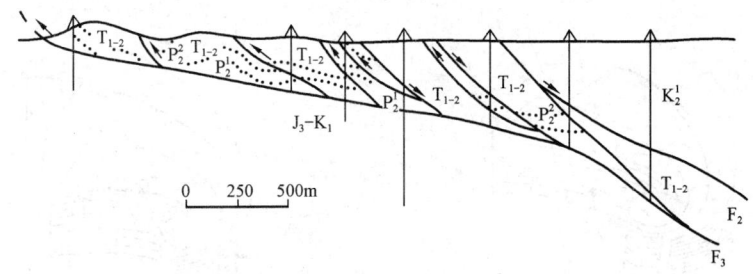

图 5-60 苏茅山南段花山一带叠瓦式逆冲断层(据江苏煤田地质勘探公司)

2)平面上断层的组合类型

常见的断层平面组合类型有平行断层、雁列式断层、环状断层、放射状断层和旋扭断层(图 5-61)。

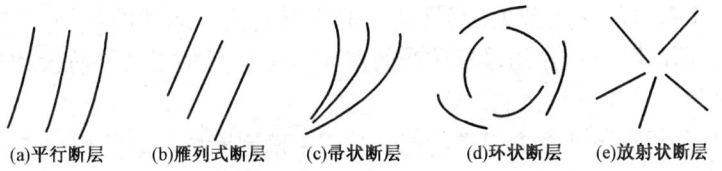

(a)平行断层 (b)雁列式断层 (c)带状断层 (d)环状断层 (e)放射状断层

图 5-61 常见断层平面组合类型示意图(据陆克政,1996)

(1)平行断层(Parallel faults):断层面具有相同的走向,断层线在平面上相互平行的断层组合称为平行断层。剖面上的阶梯状断层、叠瓦状断层在平面上均表现为平行断层。

(2)雁列式断层(Echelon faults):由同性质的若干条断层在平面上呈斜向错列展布时形成的断层组合,是一种特殊的平行断层。雁列式断层与剪切构造应力有关(图 5-62)。

(3)环状断层(Ring faults)和放射状断层(Radial faults):若干弧形或半环状断层围绕一个中心呈圆环状排列的断层组合叫同心环状断层。若干

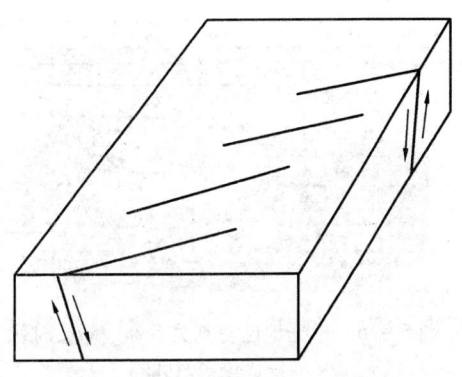

图 5-62 雁列式断层(据徐开礼等,1989)

条断层自一个中心呈辐射状排列时的断层组合称放射状断层(图 5-63、图 5-64)。

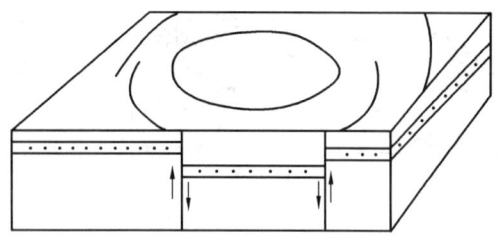
图 5-63 环状断层(据徐开礼等,1989)

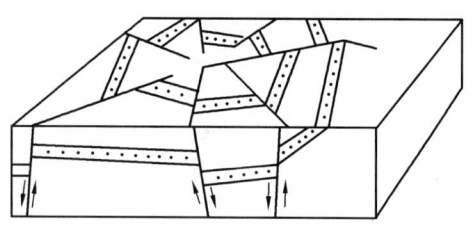
图 5-64 放射状断层(据徐开礼等,1989)

(4) 旋扭断层(Hinge faults):也称帚状断层,是由较大断层的剪切滑动所诱导的扭动力偶作用下形成的若干较小规模的弧形断层组合,它们向一端收敛,向另一端撒开(图 5-65)。

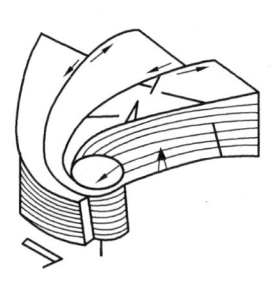

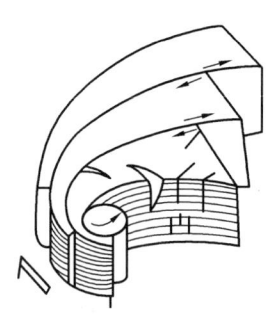

(a) 张扭性旋扭构造　　　　　　　　(b) 压扭性旋扭构造

图 5-65 旋扭构造立体示意图(据北京大学等,1978)

5. 断层形成时代的确定

断层不是一个孤立的地质现象,而是某一地质时期构造运动的产物,它同褶皱构造的形成、岩浆作用、变质作用、沉积作用以及矿产的形成等综合反映了某一阶段构造运动的性质和特点。

目前,一般采用对如下几个方面进行综合分析来确定断层形成的相对时期。

(1) 根据区域性角度不整合。

确定断层形成时期一般主要依据为区域性角度不整合接触关系。若断层只切割了不整合面之下的岩层,而不整合面之上的岩层未被切割,那么在一般情况下就以不整合面之下最新的地层时代为断层发生时代的下限,以不整合面之上最老的地层时代为断层发生时代的上限,上下限之间的时间距离即为断层形成的时期。这同不整合及其代表的构造运动时间是一致的(图 5-66)。

(2) 根据断层的切错关系。

若一条断层切割和错断另一条断层或褶皱,则该断层形成于被切割、错断的断层或褶皱之后。另一方面,早已存在的断层能够限制和中止后来断层的发展,即老的断层能够限制新断层的

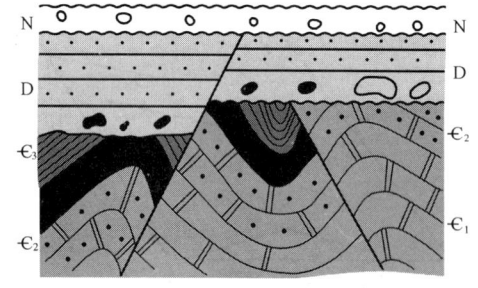

图 5-66 根据地层切割关系确定断层时代
(据徐成彦等,1988)

注:右断层形成于 ϵ_3 之后、D 之前;
　　左断层形成于 D 之后、N 之前

延伸。

(3) 利用断层与岩体、岩脉的关系。

如果断层切割岩体、岩脉或矿脉,则断层形成是在岩体或矿体形成之后;如果有岩体、岩脉或矿脉充填于断层之中,则断层形成时期相当于或早于岩体的形成时期,再利用放射性同位素法可测定岩体时代,从而可确定出断层形成的时代;如果断层被岩体切断,则断层形成早于岩体。

6. 断层的研究意义

研究断裂构造对国民经济建设和解决地质理论方面的一些问题,都具有十分重要的意义。

1) 理论意义

研究断层的空间展布规律和时间演化规律,对于了解区域构造的发育和演变历史具有重要的理论意义,尤其是对比较大型断层的研究,对大地构造单元的划分以及全球构造及其演化的探讨都具有很重要的意义。

2) 实践意义

(1) 断层是许多内生金属矿床的运移通道和富集场所。断层两盘的移动使得原来成层和连续的矿床(如煤层、矿脉等)改变原来的形状和位置,使得完整的矿层被断开,在矿井中可使矿层重复或终断等。

(2) 对于石油和天然气来说,某些断层能控制盆地内次级构造带及圈闭构造的形成、发育和分布,控制盆地内沉积作用和沉积相带的展布以及油气生成、运移、聚集和保存。

(3) 断层的活动是诱发地震的重要因素,可形成地震活动的震源带。

(4) 研究断层对工程建筑也具有非常重要的意义。如果没有搞清地质情况,将水坝、桥梁或厂房建设在正在活动的断层上,就会影响建筑物的质量和使用年限,甚至会造成严重的事故和灾害。

第六章 地震作用

地震(Earthquake)是地球岩石圈的快速震动,它是构造运动的一种激烈的表现形式,常在几秒钟至几分钟内即行停止。据统计,全世界每年发生的地震约500万次,其中大部分是人们不易察觉到的小地震,人们能感觉到的地震约5万次,破坏性的大地震更少,七级以上的破坏性地震平均每年约有20次。

地震一直是危害人类生存的最大自然灾害之一。历史上造成死亡人数最多的地震是1556年1月23日发生在我国陕西省的大地震,死亡人数约83万人。20世纪死亡人数最多的地震是1976年7月28日我国河北唐山大地震,死亡人数约24万人,重伤约16万人。2008年5月12日14时26分四川汶川大地震导致6.9万人死亡,1.8万人失踪。

发生于海底的地震叫海震,由海震引起的海啸也会给人类生命财产造成巨大的损失,如2004年12月发生于印度尼西亚的里氏7.9级海震,形成了波及印度洋沿岸十多个国家和地区的巨大海啸,沿岸国家和地区的死亡人数约29万人。

人们一直十分关注和研究地震并试图预报地震。成功预报地震的例子很少,如我国1975年2月4日成功预报了海城地震,但多数地震的发生不在预报之中,如河北唐山大地震、四川汶川大地震等。我国是地震多发的国家,加强对地震的研究具有十分重要的意义。本章主要介绍与地震有关的术语、地震的成因和地震的分布规律。

第一节 与地震有关的术语

本节主要介绍与地震有关的术语与地震作用的表现。与地震有关的术语有震源、震中、震中距、地震震级、地震烈度、等震线等。地震过程的不同阶段,有不同的地震作用的表现。

一、震源、震中和震中距

地表以下始发震动的位置叫震源(图6-1),它是地震能量积聚和释放的地方。震源一般是具有一定空间范围的区间,故可称为震源区。震源在地面上的垂直投影点叫震中。震中也是有一定范围的,称为震中区。震中附近震动最大,远离震中震动减弱。震中到震源的距离叫震源深度。地表上任何一个地点到震中的水平距离叫震中距。从震源到地面任一点的距离,叫震源距离。

震源深度一般为几千米至300km不等,最大深度可达720km。按震源深度的不同,可将地震分为浅源地震(70km以内)、中源地震(70~300km)和深源地震(300km以上)。

据统计,有72%的地震发生于地表以下到33km处,24%的地震发生于33~300km范围内,深度大于300km的地震仅占地震总数的4%。浅源地震具有更大的危害性,由于震源浅对地面造成的破坏更严重,所有灾害性地震均属此类。我国地震多为浅源地震,如唐山地震震源深度约13km,汶川地震震源深度约16km。

二、地震震级和地震烈度

(一)地震震级

地震震级是表示一次地震释放能量大小的量度。震源发出的能量越大,震级就越大。震

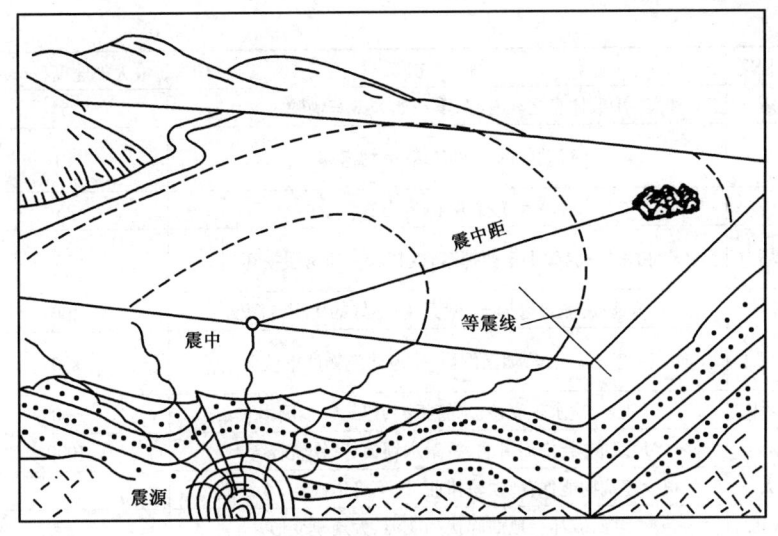

图 6-1　与地震有关的术语示意图

级是以地震仪记录的地震波的最大振幅来计算的。

震级(M)和震源发出的总能量(E)之间的关系是：

$$\log E = 11.8 + 1.5M$$

其中 E 的单位是尔格，M 和 E 的关系如表 6-1 所示。

表 6-1　震级与地震能量的关系表（据《地震问答》编写组，1977）

震级	能量(J)	震级	能量(J)
1	2.0×10^6	6	6.3×10^{13}
2	6.3×10^7	7	2.0×10^{15}
3	2.0×10^9	8	6.3×10^{16}
4	6.3×10^{10}	8.5	3.6×10^{17}
5	2.0×10^{12}	8.9	1.4×10^{18}

一个 1 级地震的能量约为 2×10 J，每增大 1 级，则能量约增加 32 倍。一个 7 级地震，相当于近 30 个两万吨级原子弹的能量。小于 2 级的地震，人们感觉不到；2~4 级为有感地震；5 级以上的地震开始引起不同程度的破坏，称为强震；7 级以上的地震为大震。已记录的最大地震震级是 1960 年发生于南美洲智利沿海的 8.9 级海震。

（二）地震烈度

地震烈度是指地震引起的地面及房屋建筑物遭受破坏的程度。我国目前采用 12 级地震烈度（表 6-2）。地震烈度的大小是根据人的感觉、家具物品的振动、建筑物以及地面的被破坏程度等因素综合考虑来确定的。

表 6-2　我国地震烈度分级表（据李善邦，1981）

烈度数	破坏程度	判据	最大加速度(cm/s²)	震级
Ⅰ	微震	只有仪器记录	2.5	
Ⅱ	轻震	极少数敏感之人有感	2.5	$3\frac{1}{2}$

续表

烈度数	破坏程度	判 据	最大加速度(cm/s^2)	震级
Ⅲ	小震	少数休息之人有感,震动如大型车辆驶过	5	4
Ⅳ	弱震	行动中的人亦有感,吊物摇动	10	$4\frac{1}{2}$
Ⅴ	强震	人人有感,睡者震醒	25	5
Ⅵ	损坏	树木摇动,架上东西掉落,老朽和劣质房屋损坏	50	$5\frac{1}{2}$
Ⅶ	轻破坏	人惊逃;房屋普遍掉土,壁面裂;不好的房屋有倾倒	100	6
Ⅷ	破坏	砖砌房屋裂缝、烟囱倒塌;一般建筑物严重破坏	200	$6\frac{1}{2}$
Ⅸ	重破坏	地裂,喷水带泥沙;水管折裂;建筑物多倒塌	500	7
Ⅹ	毁坏	地裂成渠,山崩滑坡,桥梁水坝损坏,铁轨轻弯	1000	
Ⅺ	毁灭	很少建筑物能保存,铁轨扭曲,地下管道破坏,水泛滥		
Ⅻ	大灾难	全面破坏。地面起伏如波浪、大规模变形		

地震烈度的大小与震级大小、震源深浅以及该地区的地质构造有关。一般情况下,震级越大地震烈度越大;同一次地震地震烈度从震中往外逐渐减小;震级相同的地震,震源越浅烈度越大;同一次地震,距离震中相同距离的不同地区,由于地质构造不同或地震发生时散发出的纵波、横波和表面波可能发生的叠加和消减,地面的破坏程度也不同;此外,表土的性质、地基的好坏以及房屋的结构和质量也影响到地震对地表建筑物的破坏程度。

地震发生后,地震学家要到震区进行考察,评估各地地震破坏程度,认定各地地震烈度,为救灾、防灾提供科学依据。将地震烈度相等的各点用光滑曲线连接起来得到地震烈度分布图(图6-2),可为救灾、防灾提供科学依据。地震烈度相等点的连线叫等震线,等震线为围绕震中呈光滑的封闭曲线。

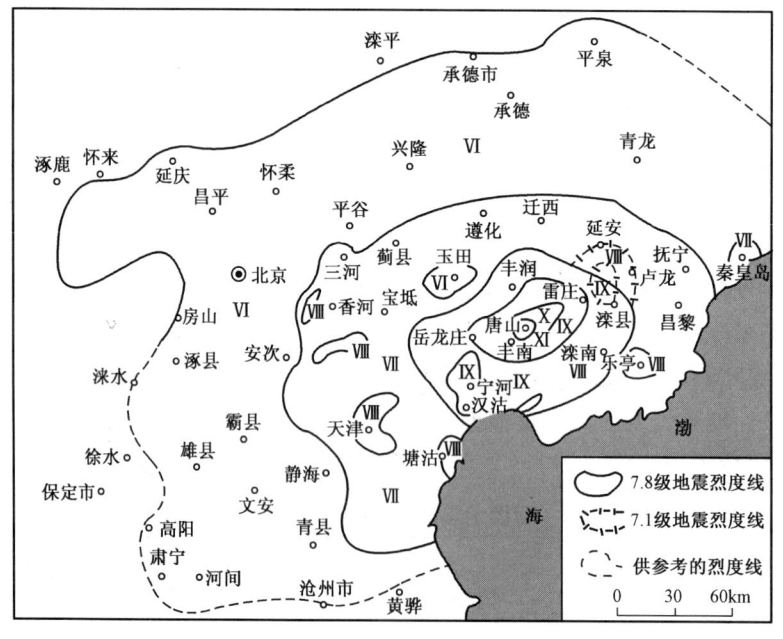

图6-2 河北唐山地震烈度分布图(据夏邦栋,1984)

三、地震作用的表现

地震的过程就是岩石圈内部应力或应变能量不断积累与释放的过程。这个过程一般可以分为孕育、临震、发震和余震四个阶段,不同阶段的地震地质作用有不同的表现。

(1)孕育阶段是地应力或应变能量不断积累的阶段。这个阶段由于地应力没有达到岩石的强度极限,所以这个阶段几乎没有或很少发生地震,该阶段一般要经历几十年到几百年时间。

(2)临震阶段是地应力或应变能量不断积累已经接近或超过岩石的强度极限,处于将要出现大规模断裂的临界状态阶段。这个阶段可能发生许多地震前兆现象,如地形变化异常、小震频繁、地磁地电异常、地下水异常等现象,该阶段持续时间短则几天,长则几年。有的地震震前前兆明显,有的地震无明显震前前兆。地震前兆现象是目前地震预报的研究重点。

(3)发震阶段是地应力或应变能量不断积累已经超过震源岩石的最大强度极限,导致震源断层大规模活动,释放大量应变能量,发生强烈地震阶段。该阶段往往只有几分钟或几十秒钟,但常发生许多宏观的地震地质现象,造成灾害。常见的地震地质现象有建筑物的破坏、地面出现裂缝、山崩和滑坡等。

(4)余震阶段是震源断层的弹性调整阶段。该阶段的时间较长,主要表现为余震不断,一般随时间震级减弱。

2008年5月12日14时26分我国四川汶川发生的大地震,人们没有观察到明显的地震震前前兆,主震震级为里氏8.0级,余震不断,6级以上余震4次,4级以上余震百余次,震级随时间逐渐减弱,余震震中逐渐沿龙门山大断裂向北迁移。这次地震给震区人们的生命财产带来了巨大损失,受灾严重的城镇90%以上的房屋倒塌,大地撕裂,地面变形,还引发了严重的山体滑坡、公路堵塞、江河堵塞,多处形成堰塞湖等。在党和政府领导下,全中国人民展开了一场史无前例的抗震救灾和重建家园的运动。

第二节 地震的成因类型

地震有多种成因,早在1873年R.海尼斯(Hoernes,1850—1912)按其成因分为构造地震、火山地震、陷落地震三种类型。此外,由于人工爆炸、水库蓄水、深井注水和矿山开采等也可以诱发频繁的地震活动,属于人工地震,不属于自然地震。

一、构造地震

构造地震(Tectonic earthquake)是由构造运动所引起的岩体断裂产生的地震。岩体受力后先产生弹性变形并储存能量,当岩体变形超过岩石的强度时,岩体发生断裂,破裂的岩体像刚断开的钢片一样"弹回"到原来的状态,快速释放能量产生地震(图6-3)。

浅源地震可以用弹性回跳震源机制来解释,对于中深源地震的成因,板块构造有如下解释(图6-4)。在板块消减带,俯冲板块下插到深约700km深度以前,因其运动速度较快,岩石导热性差,岩石尚未完全重熔,还能保持一定的刚性,故能产生断裂引起地震。

构造地震是数量最多的一类地震,构造地震约占地震总数的90%,其特点是活动频繁、分布普遍、延续时间长、影响范围广、破坏性强、造成的灾害大,世界上大多数地震和大的地震均

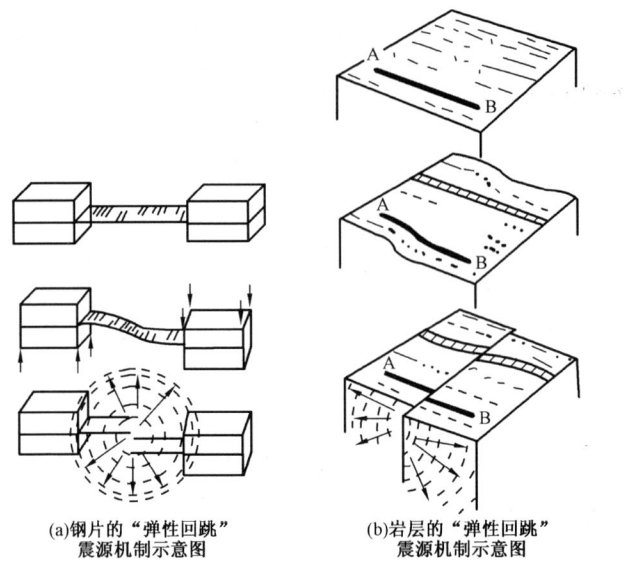

图 6-3　构造地震产生的"弹性回跳"震源机制示意图（据徐成彦等,1988）

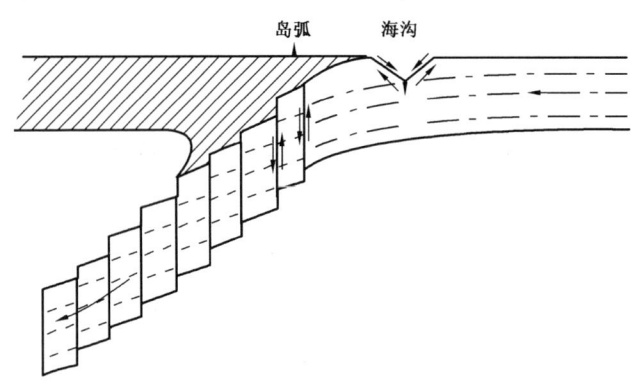

图 6-4　板块构造对中深源地震的解释示意图（据尹赞勋,1972）

属此类。这类地震与构造运动有密切联系,常分布在活动断裂带及其附近,如四川汶川8级大地震震中就位于龙门山断裂带上。

二、火山地震

火山活动引起的地震称为火山地震（Volcanic earthquake）,其特点是震源常限于火山活动地带,一般为深度不超过10km的浅源地震,震级较小,多属于没有主震的地震群型,影响范围很小。这类地震只占地震总数的7%。

三、陷落地震

陷落地震（Depression earthquake）是由于岩层大规模崩塌或陷落而引起的,一般震级较小,影响范围也不大,主要发生在石灰岩或其他易溶岩石（如石膏岩、岩盐等）地区。这类地震只占地震总数的3%。

此外,在高山地区的大规模山崩和滑坡,也可导致地震。

第三节 地震的分布特征

通过将发生过的地震震中投影于地形图上,可了解全球地震的分布情况(图6-5)。从图可以看到,地震并不是均匀分布于地球的各个部位,而是集中分布于某些特定的狭长地带上,这些地带习惯上称为地震活动带,简称地震带。

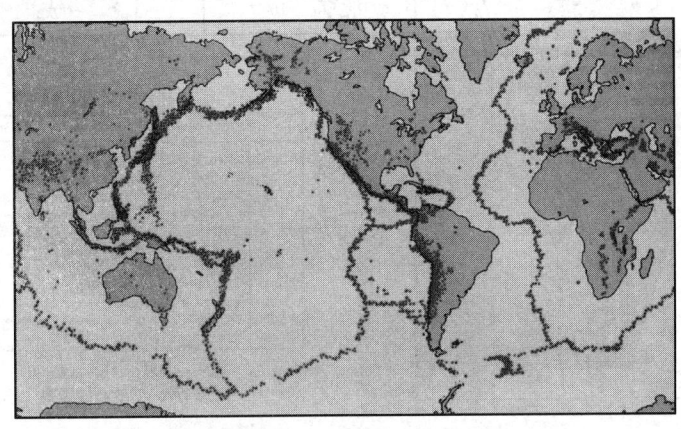

图6-5 全球地震分布示意图
(图中黑色小圆点代表地震震中,震中集中分布的狭长地带为地震带)

一、全球地震带的分布

世界上主要的地震带有4个,即环太平洋地震带、地中海—印度尼西亚地震带、洋脊地震带和大陆裂谷地震带。

(1)环太平洋地震带。

环太平洋地震带位于太平洋周边的大陆或岛弧之上,是全球最主要的地震带。全球约80%的浅源地震、90%的中源地震和几乎所有的深源地震都发生于此带上。不同深度的震源在空间上有一定的排列规律:平面上,浅源地震分布于岛弧的外缘、海沟内侧或海沟与山弧之间,中源地震分布于岛弧内侧或沿岸山脉地带,深源地震分布则更靠近大陆或大陆内部;剖面上,震源集中分布于由海沟起约呈45°角下插到大陆下面的一个倾斜带上,这个倾斜带叫贝尼奥夫带(Benioff zone)(图6-6)。板块构造认为,环太平洋地震带正分布于与太平洋板块相接的各大陆板块边缘,太平洋板块向周边板块俯冲产生地震。

(2)地中海—印度尼西亚地震带。

地中海—印度尼西亚地震带主要分布于欧亚大陆的南缘,西起大西洋亚速尔群岛,经地中海到喜马拉雅山系转向南至印度尼西亚,再向东转与环太平洋地震带相接。该带以浅源地震为主,也分布有中、深源地震,全球约有15%的地震发生于此带中。板块构造认为,地中海—印度尼西亚地震带正分布于欧亚板块与非洲板块和印度板块相接处,非洲板块和印度板块往北漂移与欧亚板块南缘相碰撞产生地震。

(3)洋脊地震带和大陆裂谷地震带。

洋脊地震带和大陆裂谷地震带位于拉张型板块边缘,因地幔物质上升引起地震,地震为浅源地震。

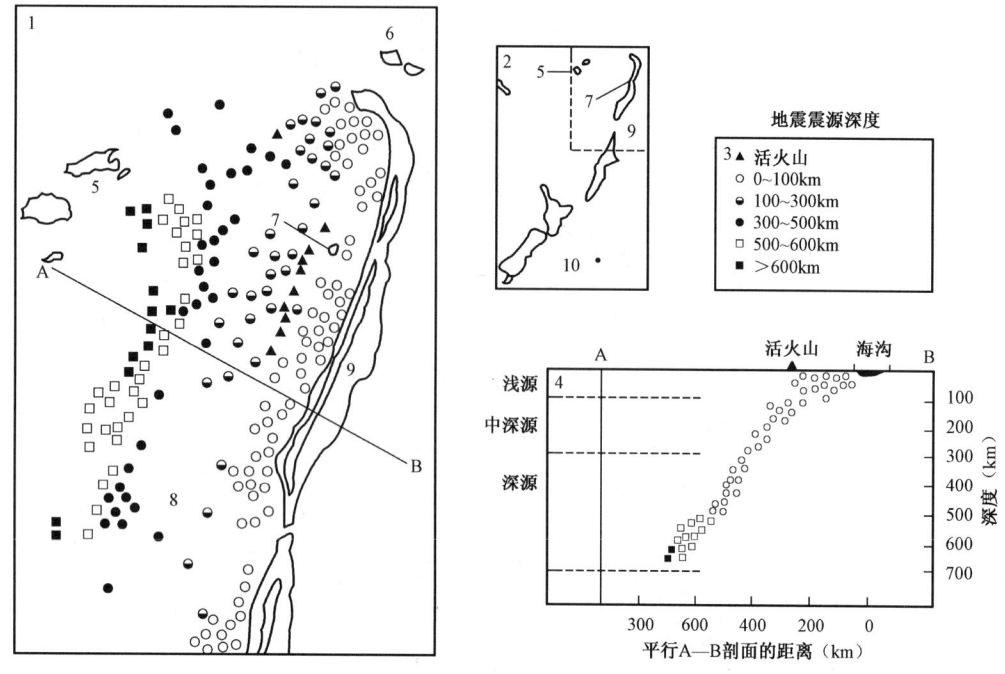

图 6-6 汤加海沟附近的贝尼奥夫带示意图(据许至平,1990)

1—汤加—斐济一带地震中分布图;2—新西兰—汤加、斐济地理简图,表示图1的位置;
3—图例;4—为过AB线的铅直投影图;5—斐济群岛;6—萨摩亚群岛;7—汤加岛;
8—斐济海;9—汤加海沟;10—新西兰

二、我国地震活动带

我国位于地中海—印度尼西亚地震带与环太平洋地震带之间,地震活动比较强烈。我国地震主要集中分布于东部地震带、中部地震带和西部地震带(图6-7)。

(1)东部地震带。

我国东部地震主要沿东北—西南向的山脉分布,包括东北诸山、燕山、太行山、吕梁山、大别山、贵州东部诸山以及台湾和东南沿海诸山,特别是华北地区,从有史记录以来发生过不少次强烈的地震,如1976年河北唐山7.8级大地震。

(2)中部地震带。

位于我国中部呈南北走向的山脉,包括贺兰山、六盘山、龙门山、横断山脉等也是地震多发地带。该带南北延长约两千千米,宽约几十千米,正位于我国地壳厚度变化剧烈地带,发育断裂带,历史上曾多次发生大地震,最近一次四川汶川8.0级大地震就是发生于龙门山断裂带上。

(3)西部地震带。

我国西部沿近东西向延伸的山脉,包括喜马拉雅山脉、冈底斯山脉、念青唐古拉山脉、昆仑山等地带也是地震频繁发生的地带。此带属于地中海—印尼地震带的一部分。由于我国西部人烟稀少,地震记录资料少。

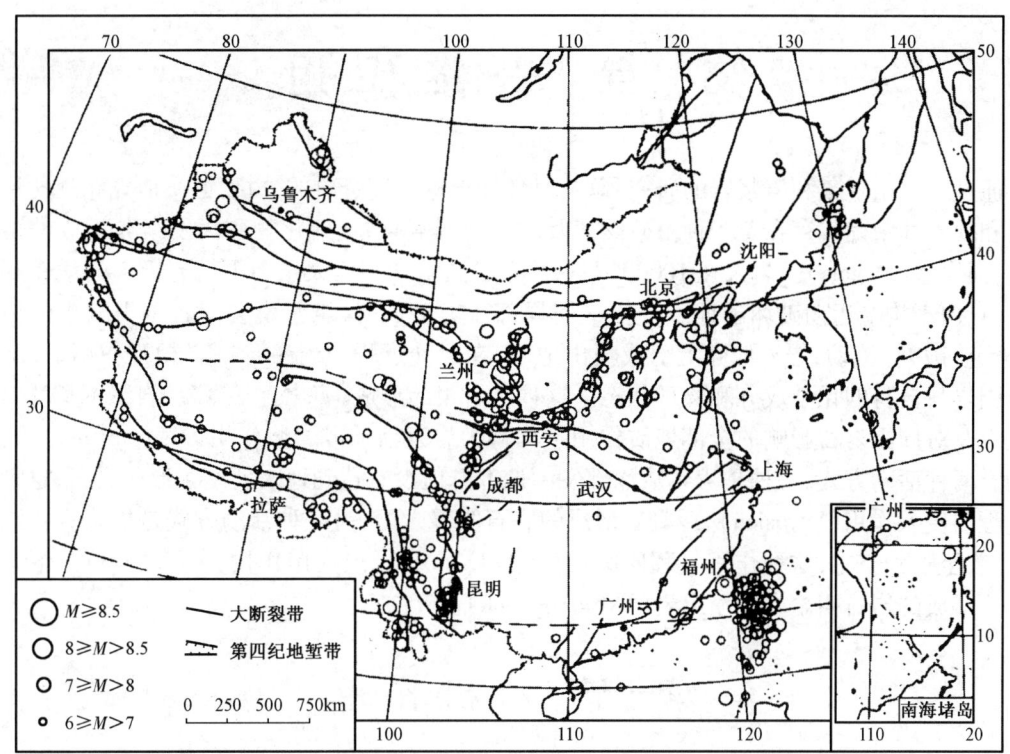

图6-7 我国地震分布示意图(据中国科学院地球物理研究所,1977)

公元前780年至公元1973年5月资料,$M \geq 6$

第七章 岩浆作用

通过对火山现象和岩浆岩的研究,以及对各种地球物理资料的分析,证实地壳深处的局部地段和软流圈中确实存在着一种由硅酸盐及部分金属氧化物、硫化物和挥发组分组成的熔融物质,即岩浆(Magma)。岩浆在1000℃左右甚至更高温度和巨大压力下具有极大的潜在膨胀力,一旦由于构造运动破坏了地下平衡或使局部压力降低时,岩浆就会向着压力减小的地方(如隆起、破裂)流动,侵入地壳上部或喷出地表,在运动过程中岩浆与围岩相互作用,不断改变着围岩与自身的化学成分和物理状态。这种从岩浆的形成、演化直至冷凝,岩浆本身发生的变化以及对周围岩石影响的全部地质作用过程称为岩浆活动或岩浆作用(Magmatism)。岩浆活动有两种活动方式,一种是岩浆从深部发源地上升但没有达到地表就冷凝形成岩石,这种作用过程叫侵入作用(Intrusion),冷凝后形成的岩石叫侵入岩;另一种活动方式是岩浆直接溢出地面,甚至喷到空中,这种作用过程叫喷出作用(Extrusion)或火山作用(Volcanism)。熔浆冷却后所形成的岩石叫熔岩或喷出岩(Extrusive rock)。

第一节 喷出作用

一、火山概述

岩浆沿地壳某些通道喷出地表后冷凝、堆积而成的山体,称为火山(Volcano)。

火山喷发的最初阶段是先从原有火山口或裂缝中喷发蒸汽,随之而来的是大量的其他气体和火山灰喷向天空,形成巨大的黑色烟柱,同时伴有地下雷鸣、地面颤动,大量的熔浆随之涌出火山口,空气由于受热膨胀而上升形成强烈的对流,并可引起高空气象的骤然变化。

(一)火山的类型

根据火山喷发活动的情况,火山可分为以下三种类型:

(1)活火山。活火山是指现代仍在活动或有周期性活动的火山,如意大利的斯特朗博利活火山。

(2)死火山。死火山是指在近代地质历史时期中确有活动过的证据,但在人类历史时期中从未有火山活动记载的火山,如我国江苏南京六合县东部的方山就是死火山。

(3)休眠火山。这种火山在人类历史记载中曾经有过活动,而现在暂未活动。

火山停止喷发以后,地下岩浆活动还没有完全停止,这时虽然岩浆已无力冲到地面上来,但是岩浆中的残留气体或液体,仍然可以从地壳裂缝里上升到地面,形成喷气孔、温泉、喷泉(间歇泉)和泥火山等现象。这些现象是在火山停止喷发后继续发生的,所以称为火山晚期现象。

(二)火山的结构

火山活动是一种极其壮观的地质现象,常引起地震、塌陷、山崩、海啸、暴雨、山洪、泥石流等灾害。对于火山的研究包括火山机构、火山喷出物、火山活动规律和岩浆来源等问题。

一个典型的火山机构包括火山锥、火山口、火山喉管三部分(图7-1)。

(1)火山喷发的固态和液态物质常堆积成圆锥形,称火山锥,它是中心式喷发的特征产

状。根据喷发物不同,又可分为以下3种:

① 火山碎屑岩锥:组成火山锥体的物质全部为火山碎屑岩,越靠近火山口其粒度越粗,远离火山口则粒度逐渐变细。如火山为间歇性喷发,可见火山锥是由一层一层的火山碎屑组成。

② 熔岩火山锥:火山锥几乎全部由熔岩组成,岩浆多次溢出,构成宽矮的穹窿,形如古代的盾牌,坡角2°~10°,顶部有火山口,形态低平,四壁较陡,称为盾火山。

③ 复合火山锥:由熔岩和火山碎屑岩互层组成的火山锥。许多现代复合火山锥可以形成很高的山峰,坡角小于35°,向火山口方向逐渐变陡。

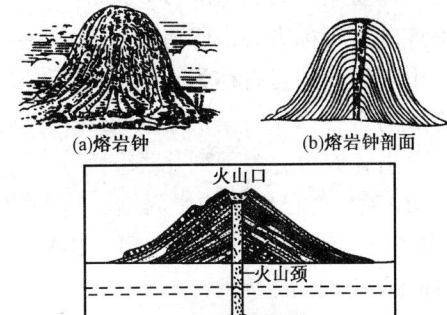

图7-1 火山地形和喷出岩体产状示意图
(据张宝政,1983)

(2)火山物质从地下涌到地面的通道称火山喉管。喉管中充填的是由岩浆冷凝成的柱状岩体,称火山颈。

(3)火山物质溢出地面的位置称火山口。火山口中积水形成的湖叫火山湖,如位于我国黑龙江省长白山顶的天池,就是有名的火山湖。火山喷发结束后,火山口的熔浆冷凝收缩或塌陷,形成锅状或漏斗状的地形,当火山再次猛烈喷发时可将原有的火山口破坏,或者由于岩浆收缩、塌陷等形成更大的圆形或椭圆形洼地,称破火山口。破火山口可由后期喷发或受后期侵蚀而不断扩大,直径有时可达几千米。

我国著名的火山胜地黑龙江省五大连池最近一次大规模火山喷发活动是在公元1719—1721年。这次喷发非常猛烈,形成的主要山峰有药泉山、老黑山、火烧山、南格拉球山、北格拉球山、笔架山等,在老黑山等处还留有完整的火山口,并积水形成了火山湖。据记载,老黑山火山湖中生长着倒鳞鱼。这次火山喷出的熔岩堵塞了白河河道,形成了五个湖泊,即五大连池。

二、火山喷出物

火山喷出物按其物理性质可分为气体、固体和液体三种。

(一)火山气体和固体喷出物

1. 气体喷出物

火山喷发过程中,始终都有气体喷出,但气体喷出量相对集中在火山喷发的初期和晚期。其挥发组分主要是水蒸气,平均约占70%,最高可达93.7%,其次是CO_2、N_2、Ar、SO_2以及少量的CO、H_2、F_2、S、Cl_2等游离的气体物质,这些气体主要从火山口以及火山周围的喷气孔中喷出。所谓喷气口(Fumarole)是在岩浆向地壳表层运移的过程中因温度降低、压力减小,其中的挥发组分会分离出来,从火山口或火山口四周的裂缝中喷出而形成的。从火山口及喷气孔喷出的气体不是全部逸散到空中,有相当一部分在火山口附近直接形成凝华物(也称为升华物),常见的有硫磺、氯化铵、氯化钾、硫化钾等,有时,凝华物大量堆积形成喷气矿床,还有部分水蒸气凝结成水,经残余热量加热自地下流出形成温泉或矿泉。

2. 固体喷出物

固体喷出物是爆炸式火山的产物。当岩浆由地下深处运移至地壳表层时,因围压骤降,挥发分聚集并以猛烈爆炸的方式冲破上覆岩层,连同原有火山锥及火山颈的部分或全部以及熔浆等一并喷射到空中,然后以大小不同、形状各异和不同结构的碎块降落到地面,这种火山喷出的固体物质叫火山碎屑(Pyroclast)。火山碎屑的喷出量往往很大,堆积起来,经过压固胶结而形成的岩石称为火山碎屑岩。其中,主要由火山灰组成的岩石称为凝灰岩;主要由火山砾、粗火山灰组成的岩石称为火山砾凝灰岩及粗火山灰凝灰岩;主要由火山弹、火山岩块及围岩碎块组成的岩石称火山集块岩或火山岩块角砾岩等。

火山碎屑可分为下列几类:

(1)喷出时已固结或半固结。这种物质无一定的形态与结构,按其大小可分为火山集块(粒径大于 100mm)、火山角砾(100～2mm)、火山灰(2～0.01mm)、火山尘(粒径小于 0.01mm)。

(2)喷出时还保持一定流动性。因喷发时尚未冷凝成固体,在空中运行时才形成固体,故常形成纺锤形、条带形或各种扭动形状,称火山弹(Volcanic bomb)(图7-2)。也有一些火山碎屑在降落到地面时与地面冲撞成扁平状的火山饼(Dish stone 或 Volcanic cake),有时也可在运行中被拉长成丝状的火山毛(Volcanic hair)等。

(3)喷出的熔浆由于温压急剧降低,挥发分大量逸出形成众多的不规则气孔。其中基性熔浆冷凝形成黑、褐等色的火山渣(Scoria);酸性熔浆冷凝形成色浅、质轻、多孔、能浮于水的玻璃质岩石,称浮岩。

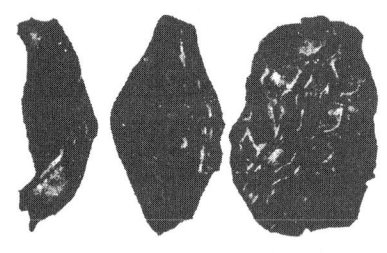

图7-2 扭转状(左)、纺锤状(中)和面包状(右)火山弹
(据张宝政,1983)

通常情况下,火山固体喷出物大部分降落在火山口附近呈环状或扇状分布,由火山口向外喷出物颗粒一般由粗变细,每一阶段喷出物形成的片区之间显示出粗略界线,据此可追寻火山口位置或研究火山活动的期次。

显然,距离火山口越远的地方,降落下来的火山碎屑越细,所以火山渣和火山弹一般只落在火山口附近。火山灰喷射到高空中可以被风吹送到很远的地方,但大部分仍落在火山附近,据此可以推断古火山口的位置。

(二)火山液体喷出物(溶浆)

到达地表的液态熔浆是火山喷出物的主体,其冷凝后所形成的熔岩(Lava)是研究岩浆活动的主要依据。熔岩与熔浆的差别在于水分和气体较少。

根据熔浆中 SiO_2 的含量可以将熔浆分为超基性、基性、中性和酸性熔浆四种。

1. 超基性熔浆

超基性岩类在地表分布很少,仅占岩浆岩总面积的 0.4%。超基性岩体的规模也不大,常形成外观像透镜状、扁豆状的岩体,好像一串串大小不同的珠子一样沿着一定方向延伸,断断续续排列,有时可以追索上千千米,其 SiO_2 含量小于 45%。超基性喷出岩首先发现于南非巴伯顿山区的科马提河流域,故称科马提岩,这种熔岩 MgO 含量高达 20% 以上,结晶温度约 1600℃,喷出后冷却很快,常形成毛发状或马鬃状构造。

超基性岩颜色比较深,大部分都是黑灰色、墨绿色,相对密度也很大,一般都在 3.0 以上,因此很坚硬,常具致密块状构造。超基性喷出岩往往代表热流值高、扩张迅速而且宽度较小的洋脊系统。超基性岩基本上由暗色矿物组成,主要是橄榄石、辉石,二者含量可以超过 70%;其次为角闪石和黑云母;不含石英,长石也很少。这类岩石最常见侵入岩是橄榄岩类,喷出岩是苦橄岩类。

2. 基性熔浆

基性熔浆又称玄武熔浆,其 SiO_2 含量在 45%~52%,挥发分少,温度高达 1000~1200℃,有时更高,粘性小、流动性大、冷却缓慢。喷发时基性熔浆从火山口宁静溢出,熔浆中的挥发分能从容而自由地逸散,含气体较少,无固爆炸现象,无固体抛出物,主要为宁静式喷发,常形成基座很大、坡度平缓(3°~10°)的盾形火山。

熔浆流出火山口之后,沿着山坡或沟谷形成舌状及各种形状的熔岩流(Lava flow),熔岩形态十分奇特,有熔岩河、熔岩瀑布、熔岩湖等。老黑山和火烧山的熔岩流长达十余千米,宛如黑色巨龙匍匐地面,长期以来人们形象地称它为石龙。

以宁静式喷发为主的火山不仅可以出现在海洋中(如夏威夷),也可出现在沿海岛屿(日本及我国台湾等)和大陆内部。

大陆上基性熔浆常常沿巨大的断裂带喷出形成裂隙式喷发,熔浆大面积铺盖地面,冷凝后形成熔岩被。

大陆玄武岩岩被中常发育因冷凝收缩而成的多边形裂隙,因裂隙面常垂直于冷却面(岩流的底面和顶面)向下延伸,将玄武岩层切割成多边形柱体,称柱状节理。

海底基性熔浆喷发时,由于熔浆受海水的淬火冷却很难远距离流动,而是呈团块状堆积于喷出口附近,形成枕状构造,称枕状熔岩(Pillow lava)。

3. 中性和酸性熔浆

中性熔浆又称安山质熔浆,SiO_2 含量为 52%~65%,温度为 900~1000℃。酸性熔浆又称流纹质熔浆,SiO_2 含量大于 65%,温度为 700~900℃。

从中性到酸性熔浆,挥发组分逐渐增多、温度逐渐降低、粘度逐渐增大、流动性逐渐减小,因而在围压降低时,挥发分易集中在岩浆房顶部,受岩浆房顶盖围岩及火山颈的阻挡,压力逐渐增大,因而一旦爆发十分猛烈。

冷却较快的酸性熔浆运移到地壳表层时易于在火山喉管中凝固,像"塞子"一样封闭火山通道,使上涌的气体和岩浆受阻而聚集,当压力增大到超过"塞子"的阻力时,会骤然冲开"塞子",发生猛烈爆炸,随着气体和碎屑物喷发之后是大量熔浆溢出,大量碎屑物(有时可占喷出物总量的95%以上)在火山口附近堆积成坡度较陡的碎屑火山锥。多数火山在不同时期可属于不同的喷发类型,常以爆炸式和宁静式喷发交替进行,以猛烈式喷发的火山碎屑和宁静式喷发的熔浆形成互层的层状火山锥。

粘性大、难于流动的酸性熔浆,表层迅速冷却后形成脆性薄壳,而下部熔浆中析出的气体逐渐聚集可引起硬壳的爆裂,再由仍在继续流动的熔浆推挤,形成散乱堆积的块状熔岩。

熔岩流可具有各种表面形态,概括起来可分为结壳熔岩、渣块熔岩和枕状熔岩三种基本类型。

(1)结壳熔岩。结壳熔岩(Pahoehoe lava)按夏威夷土语的原意是绳子的意思,这种熔岩的流动性很大,往往是基性熔岩,常呈席状分布,称岩席,岩席表面平坦、光滑。在熔岩流动过程中先凝固的表层没有显著破碎,表层比较光滑且呈波状,凝固后称波状熔岩(Wave lava);如果下面的熔岩仍继续流动,使上部的薄壳被拖引成绳状构造,这时又可称为绳状熔岩(Ropy lava)。

(2)渣状熔岩。渣状熔岩(Clinker lava,Scoriaceous lava 或 Slaggy lava)一词为夏威夷土语,是块状的意思,也可以称块状熔岩(Block lava)。这种熔岩常是粘度较大的酸性熔岩,表面由大小不等的岩渣状碎块组成,五大连池一带的居民形象地称之为翻龙石。渣状熔岩是因熔岩在流动过程中,先固结的表层发生脆性或半塑性的破碎而成为渣块,渣块又随同液体熔岩继续流动,再次破碎、翻滚、粘结,并卷进"外来"固体成分,形成翻花状,因此渣状熔岩又称翻花熔岩。

(3)枕状熔岩。枕状熔岩(Pillow lava)一般认为是水下喷发的玄武岩(基性)熔岩的表面特征。炽热的熔岩遇水时蒸汽压剧增,使熔岩分裂成大小不等的块体,被高热蒸汽包围着向低处滚动,就形成椭球状的枕状块体。另一种观点认为,基性熔浆流入水中发生淬火冷却,表面硬结成壳,熔浆从表面许多孔隙中挤出流动又迅速冷却,于是形成椭球状的枕状熔岩。枕状熔岩的表面因迅速冷却,所以是玻璃质,而内部是结晶质,凝固时,内部收缩,可产生与表面垂直的放射状裂隙,内部常有气孔构造,且越近表面气孔越多。

熔岩冷却过程中,在其内部可以形成各种构造,如流纹构造(Rhyotaxitic)、气孔构造(Vesicular)和柱状节理等。流纹构造是熔岩在流动过程中由于相对集中的矿物成分相间排列造成色带和细纹等形成的。气孔构造有时受熔岩本身流动的影响被压扁、拉长甚至排列成线状。

三、火山喷发的类型

(一)决定火山喷发类型的因素

火山活动的类型是多种多样的,主要决定于以下几种因素:

(1)岩浆成分,水及其他挥发分的含量,温度及粘度。玄武质的岩浆含 SiO_2 及挥发分少,温度高、粘度低、流动性大,所以喷发时较为平静;而流纹质和安山质岩浆富含 SiO_2 及挥发成分,其温度低、粘度大、流动性差,因此喷发时较为猛烈。

(2)地下岩浆囊和供给通道中的压力以及喷溢地表的通道形状。有时,岩浆沿原先存在的断裂上涌,形成裂隙式喷发;而有时,岩浆凭借压力"钻通"地表(一般位于裂隙的交叉处)形成筒状喷发。

(3)岩浆喷出时的环境。例如,陆地喷发和水下喷发,这两种环境的火山喷发情景很不一样。

(二)主要喷发类型

主要的火山喷发类型有熔透式喷发、裂隙式喷发和中心式喷发三种。

1. 熔透式喷发

熔透式喷发(Deroofing eruption)是指在地壳发展的初期,地壳还很薄,地下的岩浆非常热,有可能大面积熔透地壳,即形成熔透式火山。在各大陆太古代岩石中见到地下冷凝的岩浆岩体与上面的喷出岩呈直接过渡的现象,有些学者认为这就是由熔透式火山作用形成的。熔透式喷发类型在现代很少见。

2. 裂隙式喷发

裂隙式喷发(Fissure eruption)是指熔岩沿构造裂隙溢出的现象。一般这种喷发以基性的玄武岩流为主,无爆炸现象,往往呈大片流出,常展布在广阔的面积上,形成一大片连续的玄武岩层,可形成玄武岩高原。这种喷发在现代大洋中脊的中央裂谷处正在进行,地幔物质以这种方式上涌,溢出大量的熔岩形成了新的洋壳。大陆上也有这种喷发类型。

3. 中心式喷发

中心式喷发(Central eruption)也称筒状喷发,是岩浆通过喉管通道到达地面形成的一种喷发形式,是现代大陆上火山活动的主要类型,这可能是由于现代陆壳已加厚,岩浆只能沿裂隙交叉处形成的通道喷出。按照中心式喷发的剧烈程度又可将其分为宁静式、爆烈式和递变式三种。

(1) 宁静式(或称夏威夷式)。这种火山喷出类型的熔岩以基性熔岩为主,其粘度小、流动性很大、熔岩中含气体很少,没有爆炸现象。这种火山的熔岩流面积很广,形成的火山锥坡度平缓,为盾形火山锥。

(2) 爆烈式(又称培雷式)。有时,岩浆上升未达到地表,在火山口或火山颈中就凝固了,从而封闭了岩浆涌出的通道,阻塞了岩浆和气体喷出,当地下岩浆压力增大,冲破上面的堵塞时,就发生猛烈的爆炸,称为爆烈式喷发。这是一种猛烈爆炸的火山喷发形式,喷出物主要是火山灰、火山渣、火山弹和热气体,其特点是粘性大、不易流动、含气体多、冷凝快,几乎没有熔岩流溢出。爆烈式喷发的爆炸物形成方式有喷气柱(Phreatic)、喷发柱(Columnar)和扑撩云(Plume)等几种,几乎没有熔岩流溢出。

(3) 递变式。这种喷发方式介于宁静式和爆烈式之间,喷发物以中、基性熔岩为主,并有一定的爆炸力,通常是首先喷出大量的气体和碎屑,随后喷出熔岩,但溢流不远,一般没有火山灰。大多数火山都属于这种类型。

一个火山在不同时期可能属于不同的喷发类型,如早期为爆烈式,后期变为宁静式,以后又可以变成爆烈式,做周期性的更替,这主要是由于地下岩浆性质和气体数量的变化所致。

四、火山喷发环境及旋回的划分与对比

在对火山岩系地层剖面研究的基础上,根据火山岩上、下岩层的岩性组合和各岩层之间的相互关系,可确定火山岩的喷发环境,并进行火山喷发旋回的划分。

(一) 火山岩喷发环境的确定

火山岩喷发环境可分为陆相喷发和海相喷发两类。

1. 陆相喷发

陆相喷发的主要特点是火山熔岩与下伏岩层常呈不整合接触关系;火山岩系中的夹层均为陆相沉积的砂砾岩和泥岩,不含海相生物化石;岩流流出地表,易于氧化,颜色多呈红褐色,特别在岩流表面更为显著;陆相喷发的火山碎屑物占比例较大,常见大小不等的呈梨形和纺锤形的火山弹及熔结凝灰岩,且分布面积较广。我国东部侏罗—白垩纪及古近纪和新近纪火山岩大多属于陆相喷发。

2. 海相喷发

海相喷发的火山熔岩与下伏岩层常呈整合接触关系;火山岩系中的沉积夹层主要为石灰岩、硅质岩、碧玉岩、硬砂岩等海相沉积岩,并含有海相生物化石;由于熔岩溢出于水下还原环境,颜色常呈暗绿色或黄绿色,并常见枕状构造;火山碎屑岩发育较差,无火山弹和熔结凝灰岩,且分布面积比较局限。我国西北甘肃白银的细碧角斑岩系,即属于加里东期海底火山喷发。

(二) 火山岩喷发旋回的划分

火山喷发往往表现为岩性、成分和喷发强度有规律的周期性变化,称为喷发旋回,它常与特定的构造运动相联系。一次大规模的喷发旋回,无论陆相喷发还是海相喷发,其基本规律是:旋回的下部多为火山角砾岩、角砾熔岩、熔岩,中部多为火山碎屑岩,上部多为正常沉积岩。在两个喷发旋回之间,均或多或少地存在一个沉积间断、侵蚀风化面或构造界面。

对于以熔岩为主的喷发旋回,由于深部岩浆分异作用,在地层剖面上往往出现下部以基性熔岩(玄武岩、细碧岩等)为主,中部以中性熔岩(安山岩、英安岩、粗面岩、角斑岩等)为主,上部以酸性或碱性熔岩(流纹岩、碱性流纹岩、响岩等)为主。由于地质情况多变,影响因素十分复杂,不同地区可有不同的特点,所以在具体对某一地区喷发旋回进行划分时,还应结合实际资料具体分析,不要机械套用。

(三)火山岩系的划分和对比

火山岩系产状复杂,且成分和厚度变化很大,在对其进行分层和对比时,常根据其中沉积岩夹层、不整合面、喷发间断及喷发类型等特点,结合起来进行分层,同时根据上述特点,划分为几个喷发旋回,以便进行大区域的对比。如我国长江中下游宁芜地区早侏罗统的火山岩系,上下两层火山岩中夹有云合山组湖相沉积层,这就容易划分出上、下两个喷发旋回,下部旋回称龙王山组,上部旋回称大王山组。但在大王山组之上又有一套碱性火山岩,岩性与大王山组有明显的不同,代表另一次喷发旋回。因而该区可分三个喷发旋回:第一旋回(龙王山组)喷发类型为裂隙—中心式喷发,其上湖相沉积层代表一次喷发间断;第二旋回(大王山组)是以中心式喷发为主的裂隙—中心式喷发,其上仅有一短期的喷发间断;第三旋回(娘娘山组)是中心式喷发,以碱性火山岩为主,喷发强度大为减弱。根据该火山岩系分层特点和喷发旋回的划分,可进行火山岩系大区域的对比,对查明该区构造和岩浆活动历史及指导找矿有重要意义。

第二节 侵入作用

岩浆侵入作用包括以机械力挤入围岩为主的浅成侵入作用和以热力熔化围岩为主的深成侵入作用两种形式。岩浆并不是都能将地壳穿透并到达地表的,多数是穿入到地壳的一定深度就停留下来了。岩浆上升运移到地壳中的活动过程称侵入作用。岩浆在地壳中不同深度冷凝后,则形成各种各样的岩浆岩体,也叫侵入体。根据侵入体与围岩的接触关系,可分为整合侵入体的产状和不整合侵入体的产状两种类型。侵入体周围的岩石叫围岩。侵入体的大小、形状和特点是不同的,这些主要决定于下面两种因素:

(1)岩浆的物理性质。不同的岩浆成分其物理性质有很大的差别,如温度、粘度的不同就决定了岩浆流动的速度。岩浆的冷凝速度和深度对侵入体的结构、构造和形态起重要的作用。

(2)围岩的构造特征和强度。一般围岩的构造条件控制了岩浆的侵入,如果围岩的断裂发育,空隙多则岩浆易于侵入,反之则难于侵入。

每一岩体由于形成的地质环境不同,使得岩石的组成、结构、构造也不相同。

一、浅成侵入作用

在地壳浅部(3~6km 以上),岩层承受的静压力较小、脆性大,在断裂发育的部位,由于层间结合较松散,岩浆可以机械力为主挤入围岩。这种侵入作用形成的岩体一般较浅,称浅成侵入作用,其所形成的岩体称浅成侵入体。浅成侵入体又分为整合侵入体和不整合侵入体两种类型。

(一)整合侵入体

当岩浆以巨大的机械力为主沿围岩层面、片理面挤入并占据一定空间,冷凝后形成与围岩产状协调一致的关系时,称整合侵入体。常见的整合侵入体有:

(1)岩床(Sill)。岩床是岩浆侵入到围岩的层面之间呈板状的浅成侵入岩体,其上、下两面和围岩的层面近于平行,厚薄比较均匀,岩体通常是基性岩类。一般岩浆顺围岩层面挤入并形成与围岩平行一致的板状岩体(图7-3),其厚度由几厘米到几百米甚至更厚,分布面积较广。某些较厚的岩床,由于岩浆分异作用,上下成分不完全相同,一般下部偏基性、上部偏酸性。岩床有时单独出现,有时成群出现。

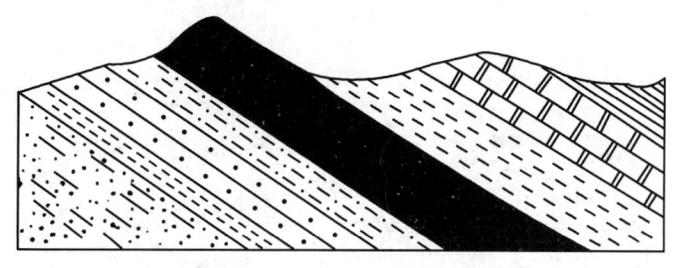

图7-3 岩床(据张宝政,1983)

(2)岩鞍或岩脊(Phacolith)。岩鞍是一种产于强烈褶皱区的岩体,是岩浆顺岩层或不整合面侵入褶皱弯曲岩层虚脱部位而形成的马鞍状小岩体。岩鞍在平面上或剖面上多成新月形,其成因与强烈褶皱作用有关,常成组出现,单个岩体一般都不大,最厚可达数百米。

(3)岩盘与岩盆。岩浆顺层面挤入将上覆岩层拱起,形成上凸下平的透镜状侵入体,称为岩盘(Laccolith)(图7-4)。岩盘一般规模较小。岩浆顺向下弯曲的围岩挤入,形成中央凹、四周高的盆状侵入体,称为岩盆(Lopolith)(图7-5)。岩盆规模可很大,达数百千米,多由中性到基性岩石组成。

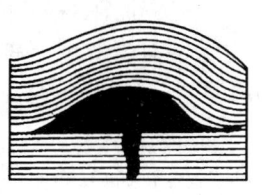 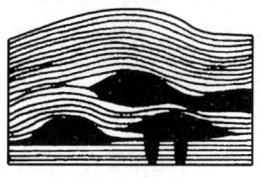 

图7-4 岩盘　　　　　　　　　　图7-5 岩盆

(二)不整合侵入体

岩浆沿断裂机械挤入并占据一定的空间形成与围岩产状不一致的侵入体,称不整合侵入体。

不整合侵入体最常见的是岩墙(Dike)或岩脉(Vein),其厚度变化较大,从几厘米至几百米,长度从数十米至数百千米,通常将厚而较规则的称岩墙,薄而较复杂的称岩脉,但是其间并无严格界线。不论岩墙或岩脉皆是常见的小型侵入岩体。岩墙常成群出现,可形成相互平行排列的岩墙群(沿断裂带侵入),也可形成放射状及环状岩墙群(沿火山锥周围侵入),这与构造裂隙的有规律分布有关。放射状岩墙群的形成是由于岩浆垂直上升时,围岩受自下而上的挤压力而产生放射状张性裂隙系,然后岩浆沿此种裂系进入而成;环状和锥状岩墙是由于上升的岩浆顶挤压上覆岩层,使之产生张性锥状裂隙,而当岩浆房萎缩时,上覆围岩下塌而产生剪性环状裂隙,然后岩浆沿这些环状裂隙进入而成。

浅层侵入岩体由于是在相对浅处冷凝成岩,有其共同的特点:冷凝较快、结晶迅速,岩石虽为全晶质,但矿物颗粒较细;岩体规模不大,可见根底,形状较规则;成分从酸性岩到基性岩全有;与围岩的接触关系有整合和不整合接触;围岩变质轻,变质圈厚度不大,捕虏体也少见。

二、深成侵入作用

由于深成侵入作用多发生在地壳的较深处(3~6km以下),这里压力和温度均较高,岩浆冷却缓慢,因而矿物为全晶质,呈等粒状的粗粒和中粒结构,形成的岩体称深成侵入体,主要呈岩基、岩株产出(图7-6)。

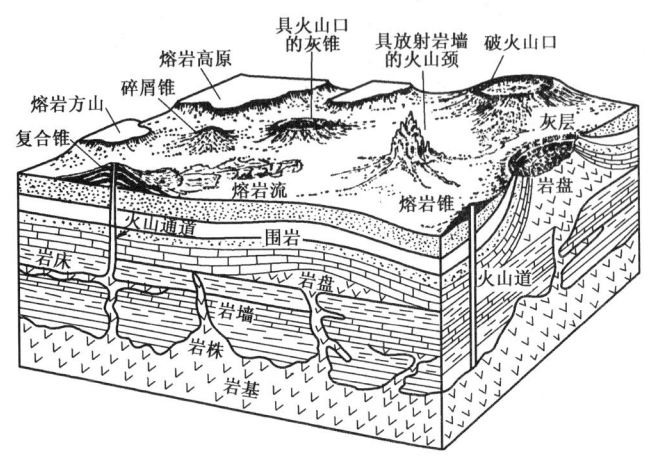

图7-6 火山机构、火山地貌和侵入体的产状(据张宝政,1983)

(1)岩基(Batholith)。

岩基是一种规模巨大的侵入岩体,其横截面积大于100km²,甚至上万平方千米,深度可达10~30km;形态不规则,通常向一个方向延伸,与褶皱山脉走向一致;边缘常有岩脉或岩株穿插于围岩中。岩基主要见于花岗岩类,构成岩基的岩石大都是酸性的岩浆岩,最常见的是花岗岩,故有花岗岩岩基之称。

岩基的顶不规则,有不同形状的突出部分,其边缘部分常有围岩的碎块,称捕虏体。岩基在地面出露的面积决定于剥蚀深度,它的边界与围岩产状在局部地方可以是平行的,但从整体看来是不平行的,所以叫不平行侵入体。

岩基这种大规模的侵入体用岩浆机械挤入围岩冷凝而成来解释是难以令人接受的。近年来,用地球物理方法探测,发现有的岩体深度很大,有的岩体下界在2~3km深度结束,其下是其他类型的岩石。因而对岩基的成因提出了两种解释:一种观点认为,岩基是原生岩浆冷凝结晶形成的,是板块边缘受挤压向上弯拱时,岩浆随之占据空间,最后成为拥有巨大体积的岩体;另一种观点认为,是原有的富含硅铝质岩石(例如相应成分的沉积岩或变质岩)因温度升高发生重熔,在经过岩浆阶段之后再冷凝结晶而形成的,其主体就是岩基,穿入围岩中的较小岩枝就是岩株。

就目前国内外研究成果表明,上述两种成因都有,前一种成因的花岗岩称为Ⅰ型,后一种成因的花岗岩称S型。

(2)岩株(Stock)。

岩株是地下深处的岩浆穿入地壳薄弱地带,如大断裂的深部以及褶皱轴部地带而形成的侵入体,其规模比岩基小,面积小于100km²。岩株常常是岩基的分支,底下和巨大的岩基相连,构成岩株的岩石常为酸性及中性的岩浆岩,其平面形状往往近圆形或不规则状,与围岩接触面比较陡,也是成不协调接触的。

深成侵入岩体由于其形成环境的相似,如相对位置较深、温度和压力较高、范围大、冷凝较慢等，因此有很多共同的特征，这些特征是：岩石皆为全晶质，矿物颗粒粗而匀，岩体不规则，成分多为酸性或中酸性的花岗岩或花岗闪长岩，与围岩为不整合接触，接触处有捕虏体和明显的接触变质现象。

三、岩浆的起源与演化

（一）岩浆的起源

在自然界中岩浆岩种类繁多，但原生岩浆有几种？这个问题已争论了很久。近代岩石学家 P. J. 威利(1978)等认为，原始岩浆有三种：一种是源于上地幔顶部岩石部分熔融的基性岩浆；第二种是大陆地壳硅铝质岩石部分熔融而成的酸性岩浆；第三种是源于大洋板块俯冲带下插洋壳（玄武岩及上覆沉积物）以及上地幔物质部分熔融、混合、分异结晶等复杂过程而生成的中性岩浆。上述原始岩浆在岩浆源处或上升过程中经岩浆分异、同化混染等作用后形成不同成分的派生岩浆，然后在不同环境下冷凝形成多种类型的岩浆岩。

（二）岩浆的演化

地壳上的原始岩浆是由上地幔或地壳不同壳层局部熔融产生的熔融物质，它们在地球内动力和构造作用下，沿地壳的断裂带不断向上运移，侵入地层或喷出地表。在其形成和运移的过程中，由于物理化学条件和周围环境的改变，一种或几种性质不同的原始岩浆可演化出许多不同成分的派生岩浆，从而形成各种各样的岩浆岩。根据几十年来大量的研究认为，岩浆演化的机理主要有同化混染作用、岩浆分异作用和岩浆混合作用。

1. 同化混染作用

高温的岩浆熔化围岩使围岩消失于岩浆之中，对围岩而言谓之同化；岩浆因同化围岩而改变了成分谓之混染，这种作用总称同化混染作用(Assimilation - contamination)。例如基性岩浆同化富含硅铝的围岩时，基性程度降低可演变为中性岩浆。岩浆冷凝成岩后，常残留有尚未熔尽的围岩碎块称为捕虏体，捕虏体是恢复围岩类型和研究岩浆演化的重要资料。同化混染作用的过程，就是岩浆熔化、熔蚀或交代围岩及捕虏体的过程。高温的岩浆具有足够的热量时，可以完全熔化围岩及其捕虏体；如热量不足时，它们之间可通过互相反应或交代形成新的矿物。岩浆中的挥发分对同化混染作用也有重要影响，它具有极大的渗透和扩散性质，在反应和交代过程中起着催化剂的作用。一般来说，岩浆可熔化比自身熔点低的矿物组合，并使岩浆总成分发生改变，如玄武岩浆可熔化花岗岩质岩石，使岩浆成分向偏酸性方向演化，而不足以熔化比自身熔点高的岩石（如橄榄岩等），只能与之发生反应和交代，形成某些新矿物。如花岗岩浆与玄武岩质岩石发生同化混染作用时，不能使后者全部熔化，而只能使其中辉石类矿物转化为角闪石、黑云母，基性斜长石转变为酸性斜长石或产生反环带结构等。

此外，影响岩浆同化混染作用的因素除了上述岩浆的温度和挥发分外，还受以下各种因素的制约。

(1)岩浆侵入时的地质条件。

一般在构造活动带，断裂构造发育，岩浆穿透性较强，有利于同化混染作用的进行；在复杂的褶皱带，一般轴部比翼部同化混染作用较强；在相对稳定的地台和地盾区，岩浆穿透能力较弱，不利于同化混染作用的进行。

(2)岩浆侵入的深度和岩体的形态。

一般岩体侵入深度越大，所含挥发分较高，而且冷却缓慢，有利于同化混染作用的进行。此外，岩体规模愈大，形态愈不规则，与围岩接触面积较大，也有利于同化混染作用的进行。地球上规模巨大的深成不整合侵入体,常伴随着强烈同化混染作用,这就是有力的证据。

(3)围岩的成分。

一般围岩成分与岩浆成分相差越大,同化混染作用越明显。如花岗岩浆侵入到石灰岩中,可使岩浆中钙质含量明显增加,硅质含量有所减少,可形成相当于闪长岩和花岗闪长岩质的混染岩,甚至可形成辉长岩和辉长闪长岩质混染岩。我国黑龙江大罗密地区,花岗岩与富含 Ca、Mg、Fe 的围岩发生同化混染作用后,便形成辉长岩和辉长闪长岩质混合岩。又如花岗岩浆侵入到富铝的泥质岩后,经同化混染作用可形成高铝花岗岩,并出现硅线石、堇青石、红柱石,甚至刚玉等富铝矿物。

过去人们对花岗岩类岩石同化混染作用研究较多,而对基性—超基性岩类的同化混染作用研究较少,其实基性—超基性岩类由于岩浆形成温度较高而更有利于对围岩发生同化混染作用。

同化混染作用在岩石的结构、构造上也常有明显的反映,同化混染岩石中常见捕虏晶构造、斑杂状构造、条带状构造,斜长石中常出现反环带构造,碱性长石中常出现交代条纹结构及交代蠕英石结构等。

此外,同化混染作用过程中还可由围岩提供某些金属元素而富集成矿,对指导找矿有重要意义。如某些锰矿是岩浆同化了含锰石灰岩形成的,某些钨矿是岩浆同化了含钨的铝硅酸盐岩形成的。

2. 岩浆分异作用

在岩浆的冷却过程,由于温度、压力和运动状况等内部物理、化学条件的改变,原来岩浆的不同组分按密度或结晶顺序而分离成为两种或两种以上成分不同的岩浆岩,称为岩浆的分异作用(Magmatic differentiation)。岩浆的分异作用主要分为三种。

(1)熔离分异作用。

溶离分异作用是原来均匀的岩浆在岩浆房中长时间停留,密度不同的液态组分发生分离形成下重上轻的液态分层。熔离分异在基性岩浆中较为常见,表现为 Cu、Fe、Ni 的金属硫化物因密度较大而集中在岩浆房底部,可形成有工业价值的矿床。实验证明,不仅硅酸盐熔体本身可产生熔离分异作用,而且某些金属硫化物和氧化物也可从硅酸盐熔体中熔离出来形成矿床。欧洲矿床学家 J. H. L. Vogt 指出,由于岩浆温度的降低或由于岩浆中 MgO、FeO 组分的减少,SiO_2、Al_2O_3、CaO 组分的增高,都会使硫化物在岩浆中的溶解度下降,从而促进硫化物自硅酸盐岩浆中熔离出来,他用这种观点解释了挪威某些苏长岩中铜、镍硫化物矿床的成因。

(2)结晶分异作用。

结晶分异作用发生在大约 1200～1800℃温度条件下,岩浆中部分矿物开始结晶,这时岩浆并未完全凝固,先结晶出来的固体矿物密度不一样,轻者上浮,重者下沉,称结晶分异作用。在结晶过程中,先结晶的基性矿物密度大,先下沉而集积在岩浆下部,冷凝后形成基性岩或超基性岩;上面的岩浆酸性程度愈来愈高,冷凝结晶后形成酸性岩或中性岩。结晶分异作用的主要分离方式有三种:

① 重力分异作用(Gravitation differentiation)。

重力分异作用是指早期析出的矿物因密度较大而下沉,晚期析出的矿物因密度较轻而上浮,从而形成不同成分的岩浆岩。如玄武岩浆首先析出的是橄榄石,因密度较大,下沉到岩浆房底部形成橄榄岩层;由于橄榄石的析出,熔体中便相对富含 SiO_2,于是有辉石和斜长石的析出,形成辉长岩层;残余岩浆更加富含 SiO_2,可形成闪长岩和花岗岩成分的中酸性岩石停滞在岩浆房的上部,从而产生不同成分的层状杂岩体。

② 压滤分异作用(Pressure filtration differentiation)。

压滤分异作用类似于挤压浸了水的海绵,水分从海绵孔隙中挤出。岩浆早、中期析出的晶体,如橄榄石、辉石、斜长石等首先结晶形成晶体网,残余熔浆充填其间;此后,由于受到外界压力,如上覆岩层的负荷压力或褶皱运动的侧压力,可使早期先形成的晶体网变形,而使充填其间相对富含 SiO_2 的残余熔浆向压力减小的方向运移,离开晶体网进入到另一空间,从而形成不同成分的岩浆岩。

③ 摩擦作用(Fractional)。

摩擦作用是指岩浆及其早期析出的晶体,在流动过程中与围岩接触带发生摩擦,使早期析出的晶体滞留于岩体的边部形成一种岩石,而残余熔浆继续流动,在别处冷凝结晶而形成另外一种岩石。

(3)气态分异作用。

岩浆分异作用到了后期阶段,分化出来的残余岩浆中含有很多挥发性物质成分,特点是熔点低、挥发分高,另外因其化学活泼性强,可以和岩浆中各种金属元素,特别是稀有元素结合成挥发性化合物,当温度和压力降低时,这些挥发性化合物便从岩浆中分离出来,集中在岩浆的上部或扩散到围岩的裂隙和空隙中去。这种在岩浆分异作用的后期,大量挥发性成分从岩浆中分离出来的过程称为气态分异作用。因为气态活泼性很强,它们侵入到围岩中形成的岩石往往晶体都很大,可形成伟晶岩,这一阶段也可称为伟晶岩化阶段。该阶段是岩浆冷凝过程的第三阶段,温度大约在 800~500℃ 之间。伟晶岩主要由石英、长石和云母的巨大晶体所组成。伟晶岩中晶体巨大的原因是由于挥发性物质降低了岩浆粘度,延缓了岩浆的凝固速度,有助于晶体的成长,因而形成巨大晶体。伟晶岩一般呈脉状和透镜状产出,厚度可从几十厘米到几十米,长可达几百米,其分布常受断裂构造控制,多成群出现。

本世纪初,美国岩石学家鲍温(N. L. Bowen,1887—1956)模拟岩浆结晶分异过程,再结合自然作用形成的岩石研究成果,提出了一个造岩矿物的结晶序列,称为鲍温反应系列。

鲍温反应系列(表 7-1)揭示了矿物结晶顺序的自然规律,很成功地解释了岩浆演化的一系列问题,经历了近 100 年的实践与应用,无愧为岩石学中的一个重要理论。

表 7-1　鲍温反应系列

温　度	暗色矿物	淡色矿物	岩石类型	
高(1100℃) 低(573℃)	橄榄石 ↓ 辉石 ↓ 角闪石 ↓ 黑云母 ↘	基性斜长石 ↓ 中性斜长石 ↓ 酸性斜长石 ↙ 正长石 ↓ 白云母 ↓ 石　英	(喷出岩) 玄武岩 安山岩 流纹岩	(侵入岩) 辉长石 闪长石 花岗岩

从表 7-1 可以看出:

① 主要造岩矿物的结晶温度在 1100~573℃ 之间。对比前节所述,基性至超基性熔浆的温度为 1200~1600℃。

② 造岩矿物分为两个系列:暗色矿物从橄榄石至黑云母为不连续反应系列,其中每种矿物的成分和内部结构各不相同;浅色矿物从基性斜长石到酸性斜长石为连续反应系列,长石的内部结构相同,只是成分发生连续变化。最后剩下的岩浆中继续晶出正长石、白云母和石英,这又是一个不连续反应系列。

③ 从横的方向看,一个含有综合性成分的岩浆体,随着温度降低,最先晶出橄榄石,沉底集中可形成橄榄岩;继而晶出的辉石和基性斜长石,沉底集中可形成辉长岩;接着是生成中性岩和酸性岩。矿物结晶系列中,相邻的矿物可以在同一种岩石中出现,相隔较远的矿物共生产出的机会很少。由于岩浆来源和演化历史复杂,某种成分过多或因挥发组分含量不同等因素,鲍温反应系列可能出现某些混乱。

④ 在结晶分异过程中,冷却速度快慢及岩浆停留时间长短控制着结晶分异的完善程度。在良好的条件下,先结晶的矿物易形成自形晶结构,还可呈斑晶出现,后结晶的矿物因空间受到限制,只能形成半自形或他形晶结构。含铬、镍、铂等元素的矿物结晶温度很高,常与橄榄石伴生,在分异完好的岩浆岩体底部可集中形成岩浆矿床。

⑤ 温度降至600℃以下时,岩浆的主体成分已经先后结晶出来,完成了岩浆作用阶段,剩下的残浆具有丰富的 SiO_2 和多种金属元素的挥发性组分。这些残余成分以气、液为主,具有极大的活动性,可沿着围岩的裂隙运移甚至离开母岩浆体很远处。残液中的成分在适当条件下形成巨大的结晶体,最常见的是石英、长石、云母等,这就是所谓的伟晶作用。温度更低的热液可以扩散得更远,常在远离母岩浆的适当围岩中沉淀出钨、锡、铜、铅、锌等的硫化物,并形成有开采价值的多金属矿床,称为热液作用。

原始岩浆的种类虽然是有限的,但通过岩浆分异作用和同化混染作用会使其发生复杂的变化,它们是岩浆岩石类型多样性的重要原因。另外岩浆的演化给各种金属矿床形成创造了物质条件。

四、岩体与围岩接触关系及岩体年代的确定

岩体与周围岩石的接触关系有侵入接触、沉积接触和断层接触三种(图7-7)。图7-7中,左侧γ与S为侵入接触,其典型特征是岩体界线切割围岩或穿插其中,围岩受岩浆热的烘烤而变质,岩体内可能找到围岩的捕虏体。图7-7的顶部是沉积接触,由于先形成的岩体被侵蚀之后再沉积在顶部的岩层,故岩体界线被切割;上覆岩层也不会变质;而且在沉积岩的底部砾岩(如果有砾岩)中可能找到由岩体破碎下来的砾石。图7-7的右侧是断层接触。

三种接触关系中,侵入接触表明岩体比围岩年轻,沉积接触表明岩体年龄较老,断层接触时,岩体与围岩的相对年龄则要具体分析。这是一种相对年代的确定方法,另外还可以采用同位素年龄测定的方法来确定岩体更精确的年龄。

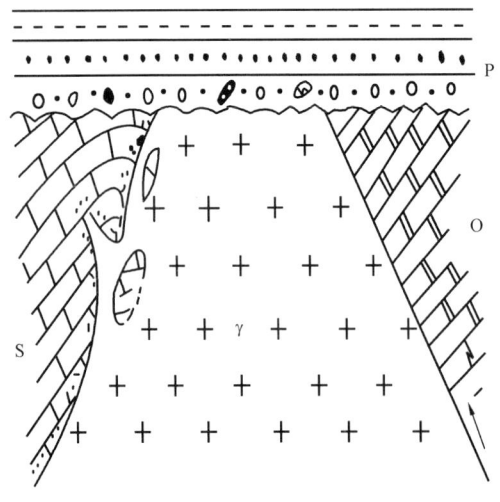

图7-7 岩体与围岩接触关系示意图
γ—岩体;S—围岩;γ与O为断层接触;γ与P为沉积接触

第三节 岩浆活动的基本规律

20世纪60年代以来,以大陆为基础而建立起来的火山学和岩石学才真正摆脱了过去那种孤立的描述状态,逐渐把大陆火山、海底火山以及整个岩石圈和软流圈的运动作为一个整体进行描述,从而正确地回答了关于岩浆活动规律及成因的一连串难题。

一、火山的地理分布规律

现代世界上的活火山有500余座,其分布并非杂乱无章,而是集中在几个蔚为壮观的火山带上。

(一)环太平洋火山带

该带围绕在太平洋的周边,有300余座活火山,从西南边缘的新西兰、汤加群岛开始,沿着太平洋西岸的所罗门群岛、伊利安岛、菲律宾、台湾岛、日本列岛到千岛群岛,然后转向,经阿留申群岛绕至太平洋东岸,之后沿着科迪勒拉山脉至安第斯山脉南端。活火山呈串珠状分布,在西、北、东三面包围着太平洋,这是世界上最宏伟的一个火山带,全长近50000km,是著名的环太平洋"火圈"。环太平洋火山带的最大特点是:在西太平洋沿岸,这些彼此相关的中心式喷发火山形成一连串的岛链称岛弧,在东太平洋,这些火山则是与连续、雄伟的海岸山脉共生;其共同特点是在火山带的大洋一侧都具有深陷的海沟。

(二)苏门答腊—爪哇火山带

该带规模较小,全长4500km,拥有活火山60余座,著名的喀拉喀托火山就在其中。火山带具有岛弧性质,其西南一侧是印度洋边缘的爪哇海沟,基本特征与环太平洋火山带相似。

(三)地中海火山带

该带长约4000km,拥有15座活火山,武尔卡诺、斯特博利及维苏威等著名火山就在这个带上。地中海火山带处于非洲大陆与欧洲大陆的接合带上,是大陆之间的火山带,因而与环太平洋火山带和苏门答腊—爪哇火山带不同。该带是18世纪传统火山学的发源地。

(四)洋脊火山带

世界各大洋洋中脊是现代岩浆的巨大涌出口,由于岩浆喷出数量和速度仅够补充洋脊两侧分离的空间,致使洋脊火山不能增加高度,不仅不能露出洋面,而且始终位于数千米深的大洋底。有少数火山如大西洋中脊北端的冰岛,岩浆涌出的数量很大,由熔岩堆积成数十万平方千米的岛屿,仅露出海面的面积就超过$10^5 km^2$。

(五)大洋内部及大陆内部的火山群

这类火山分散在世界各地,每一个火山群都具有各自的发育规律,但各火山群之间完全无关。著名的夏威夷火山群、东非火山群及中美洲的安的列斯群岛火山群等,都与局部发育的断裂、张裂带、俯冲带或地下通道无关。

二、岩浆性质在空间上的变化

上面列举的火山带和火山群可归纳为两大类,一类是分布在岩石圈大板块的接缝带上或在接缝带旁侧,另一类是分布在岩石圈板块内部或者小型板块的接缝处。

以太平洋及周边大陆为例,太平洋洋脊火山及太平洋板块内部的火山,除个别地点已发现超基性喷出岩外,全部是基性的玄武岩浆喷出物,所以整个大洋地壳是由硅镁层构成的。

太平洋西岸的岛弧(如日本、中国台湾等)上以及东岸的科迪勒拉—安第斯山带中,火山的性质主要是中性的安山质火山,同时也可以伴随基性和酸性的火山喷发,在岛弧较深的部位发育着中酸性侵入岩体或岩基。在相当于海沟的位置上存在着一条分界线(安山岩线),岛弧属于硅铝质地壳,而安山岩线也就是大陆板块和大洋板块的分界线。

大陆内部的火山(中国东部的火山、东非火山等)喷出物性质复杂,既可形成基性的高原玄武岩,也有中、酸性熔岩的喷出,表明岩浆可能来源于不同深处,而且与双层地壳性质有关。

三、中国岩浆活动简况

中国幅员辽阔、地质构造复杂,岩浆活动和岩浆岩的分布也十分广泛,岩石类型多种多样,而且几乎在各个地质历史时期和各个地质构造阶段均有表现。

(一)晚元古代前的岩浆活动

这一时期包括泰山期、五台期和吕梁期,地质年龄大致在 25 亿~17 亿年之间,这一时期的侵入岩主要为混合花岗岩、基性岩和超基性岩,大多分布在天山—阴山、秦岭—昆仑山之间,以华北、东北南部、山东、河南、山西等地分布最广,如辽宁锦西兴城、山东泰安、燕山、大青山、鞍山、嵩山等地的花岗岩和伟晶岩,以及五台山、太行山、吕梁山、昆仑山等地的变质基性岩和超基性岩,都在这一时期形成。这个时期的喷出岩大多是变质的中性、基性及少量酸性火山岩,以五台山、太行山、吕梁山、昆仑山等地变质火山岩和细碧角斑岩为代表。

(二)晚元古代的岩浆活动

这一时期包括安东期、雪峰期、澄江期及第四期的岩浆活动,地质年龄介于 17 亿~6 亿年之间。侵入岩以花岗岩、闪长岩为主,也有少量基性、超基性岩分布,主要分布在云南、贵州、四川、湖北、江西、安徽、浙江东部、广西北部等地。此外,河北大庙－黑山地区的斜长－苏长岩及北京密云地区的更长环斑花岗岩,也认为是本期侵入的结果。

喷出岩大多为细碧岩和角斑岩,主要分布在我国北方,其次在西南和东部也有零星出露,广泛出现在昆仑山、大小兴安岭、秦岭、祁连山、大别山及云南、贵州、四川等地。此外,在河南西部还有变质中酸性火山岩,在燕山地区还有碱性粗面岩的发现。

(三)古生代岩浆活动

这一时期包括加里东期和海西期的岩浆活动,地质年龄介于 5.7 亿~2.5 亿年之间。

加里东期,地质年龄为 5.7 亿~3.75 亿年,主要侵入岩为花岗岩和混合花岗岩,大多分布于祁连山、阿尔金山及湖南、广西、广东、江西等地;其次,在昆仑山、大巴山、龙门山、大兴安岭、秦岭、内蒙、天山及云南西部也有零星出露。此外,在祁连山还有超基性侵入岩分布。这个时期的喷出岩,主要分布在祁连山、秦岭、昆仑山等地,以细碧角斑岩为主,在湖南、广西、广东、江西、福建等地还有变质中基性火山岩出露。

海西期,地质年龄为 3.75 亿~2.5 亿年,是我国地质历史上比较强烈的一次岩浆活动。侵入岩体早期以超基性、基性岩为主,中期以花岗岩类为主,晚期以碱性花岗岩为主。主要分布在东北、内蒙、阿尔泰、准噶尔、天山、昆仑山等地;此外,在我国西南地区及台湾有基性、超基性岩出露,湖南、广西、广东、江西等地有花岗岩及混合花岗岩出露。这一期的喷出岩,主要为基性、中性、酸性火山岩,部分为细碧角斑岩,大多分布在大兴安岭、天山、秦岭、昆仑山等地,在云南、贵州、四川和秦岭地区有巨厚的"峨嵋山玄武岩"喷发。

(四)中生代岩浆活动

这一时期包括印支期和燕山期的岩浆活动,地质年龄为 2.5 亿~0.6 亿年,是一个重要的岩浆活动时期。

印支期,地质年龄为2.5亿~1.85亿年,这一时期侵入岩以花岗岩为主,还有少量基性岩、超基性岩,主要分布在云南、四川西部、西藏东部及长江中下游及秦岭等地。此外,在辽宁东部、四川、云南边境还有碱性岩出露。这一时期的喷出岩较不发育,仅在西南金沙江流域,青海南部及西藏东部有零星分布的中、基性火山岩,规模一般较小。

燕山期,地质年龄为1.85亿~0.6亿年,是我国地质历史上最强烈的一次岩浆活动。这一时期的侵入岩以花岗岩为主,还有少量中性、基性、超基性侵入岩和碱性花岗岩,分布遍及全国各地,而以我国东部浙江、江西、福建、秦岭、长江中下游、山东半岛、燕山、大兴安岭等地最为发育;此外,在云南、西藏等地也有出露。在山西、辽宁、山东、河北等地还发育碱性岩,山东、贵州等地还有金伯利岩产出。这一时期的喷出岩以中酸性火山岩为主,也有少量基性火山岩,主要分布在我国东部,北起大兴安岭,南至广东,形成长3000km,宽300~800km的火山岩带。其次,在我国西南和西北地区,如横断山脉、西藏祁连山、昆仑山、柴达木、北山、阿拉善等地也有不少中基性火山岩出露,部分地区还有海底喷发的细碧岩。

(五)新生代的岩浆活动

这一时期主要是喜马拉雅期的岩浆活动,地质年龄从0.6亿年至今。这一时期的侵入岩主要分布在西藏和青海南部,以花岗岩和基性—超基性侵入岩为主。其中,花岗岩的侵入集中在喜马拉雅山、冈底斯山和念青唐古拉山一带,多以小型侵入岩产出;基性—超基性岩体往往沿印度板块和欧亚板块的碰撞缝合线呈长条带状分布,长达千余千米。

喜马拉雅期的喷出岩以中基性火山喷发最为活跃,主要分布在我国东部广大地区,北起黑龙江南至海南岛,均有古近纪、新近纪和第四纪的玄武岩、碱性玄武岩喷发,如黑龙江五大连池、山西大同、河北汉诺坝的基性熔岩,江苏南京及海南岛北部分布的新生代玄武岩等。此外,在西北和西南地区,如祁连山、天山、塔里木、云南、西藏北部及秦岭地区也有中基性、中酸性和碱性火山喷发,但远不如东部普遍和强烈。

由此可知,我国境内岩浆活动遍及各个地质时期,但岩浆活动的规模、强度及岩石类型各地都有不同程度的差异,而且愈近晚期,中、新生代岩浆活动表现得更为强烈,对进一步探明与岩浆活动有关的矿产和查明矿产资源的分布,以及其对油气藏形成的作用和影响,都具有十分重要的理论和实际意义。

第八章 变 质 作 用

变质作用(Metamorphism)是指原岩处在特定的地质环境中,由于物理、化学条件的改变,使其在固态下改变其矿物成分、结构和构造,从而形成新岩石的过程。经受变质作用所形成的新岩石,称为变质岩(Metamorphic rock)。变质岩在地球的发展演化过程中占有重要的地位,其分布占大陆面积的1/5以上,前寒武纪的岩石几乎全为变质岩。

我国的变质岩分布较广,如华北地台基底的结晶片岩、片麻岩,杨子准地台浅变质的板岩、千板岩等,地台之间古生代以后的各造山带也出露有各种类型的变质岩。在变质岩中还富有大量的金属和非金属矿产,其中铁矿的储量尤为丰富,如著名的鞍山式铁矿、大冶式铁矿均产于变质岩中。近年来,在玉门、辽河、胜利、渤海、冀东等油田的变质岩地层中发现了油气藏,为寻找油气后备资源开辟了新领域。

发生变质作用的原岩可以是沉积岩、岩浆岩或原生的变质岩。根据原岩种类的不同,可将变质岩分为两种类型:由岩浆岩变质形成的正变质岩和由沉积岩变质形成的副变质岩。岩石是否发生变质要看其有无重结晶现象或有无变质矿物出现。

变质作用与沉积作用不同,变质作用通常在高压和高温条件下进行,多发生在风化带、胶结带以下一定深度,温度一般大于150℃。低于150℃时,松散沉积物经过压实、脱水、胶结等形成岩石的过程,不属于变质作用范畴,而属于沉积岩的成岩作用范畴。当出现浊沸石(± 200℃,压力小于300MPa)、叶蜡石(温度大于200℃)、硬柱石($200 \sim 300$℃,压力大于300MPa)、蓝闪石(200℃,压力大)等矿物时,标志着低级变质作用的开始。

变质作用与岩浆作用不同,变质作用是在固态下进行的,只有在变质作用异常强烈时,由于温度和压力都很高,可使原岩发生局部重熔,产生部分流体相。可以把岩石的初始熔融温度作为它的最高温限,对大多数岩石来说,变质作用的高温限大致在$700 \sim 900$℃,高于这个温度属于岩浆作用范畴。变质作用是由低温到高温,岩石由固相到产生部分流体相的过程;而岩浆作用是由高温到低温,由流体相到固相的过程。

第一节 变质作用原理

一、变质作用的因素

引起岩石变质的主要因素是温度、压力及具化学活动性流体。有时变质作用以某种因素为主,有时是多种因素共同作用,这些因素互相配合又互相制约,共同改造着岩石,形成复杂的地质环境。

(一)温度

温度是引起变质作用的主导因素,温度升高会引起岩石的重结晶、加速变质反应和交代作用。例如,石灰岩在高温条件下,晶粒变得比原来粗大而成为大理岩;呈胶体状态的蛋白石因重结晶变为隐晶质的玉髓,若温度继续升高就可进一步变为晶质的石英。另外温度升高可促进变质反应的进行,形成新的矿物组合,这种反应是向着吸热和脱水的方向进行的,使岩石组分重新组合,岩石矿物成分和结构、构造均发生明显改变。例如,高岭石泥岩变成红柱石角岩,其反应式为:

$$Al_4[Si_4O_{10}](OH)_8 \underset{\text{放热}}{\overset{\text{吸热}}{\rightleftharpoons}} 2Al_2[SiO_4]O + 2SiO_2 + 4H_2O$$

（高岭石）　　　　　　（红柱石）　　（石英）　（水）

温度升高，变质反应伴随脱水而形成变质热液，这些热液积极参加反应，从而加速变质反应的速度，使其呈指数倍增快。此外，这些热液可将原岩中某些组分迁移到较远距离或在某处相对富集起来。当温度升高到一定程度时，在变质作用的基础上会引起岩石选择性重熔，形成花岗质流体，引起混合岩化作用。地下出现高温的地区通常是在侵入岩体周围、断裂活动带或地壳深部。

在变质作用中，引起温度升高的热能来源是多方面的。岩浆侵入体带来的岩浆热，使围岩发生接触变质作用；地热增温，随地区不同地热增温率有差异，通常地热增温率为每度 30～50m；上部地壳放射性元素蜕变引起的放射热；深部物质重力分异而产生的热；构造运动产生的摩擦热，这种热影响范围较局限，是动力变质作用的主要热源；地壳中物质相互转变而释放出来的热能等。不同来源的热能，对不同类型的变质反应所起的作用不相同，但必须指出，温度不是孤立起作用的因素，变质作用是在多种因素的有机配合下发生的，温度的变化只是引起岩石变质的诸因素中最重要的因素之一。

（二）压力

除了温度外，岩石发生变质还需在一定的压力条件下进行，这种压力可根据作用的方式和性质分为静压力、动压力和流体压力三大类。压力同样可以使矿物重结晶并呈定向排列（在定向压力作用时）和机械改造，从而形成变质岩特有的结构和构造。因而，压力是引起变质作用的另一个重要因素。

1. 静压力

静压力是由上覆地层引起的负荷压力，它随深度而增大，具有均向性。变质作用的最低负荷压力从 100～200MPa 开始，大约在 4～7km 深处；最大负荷压力约为 1000MPa，最大深度为 35km。静压力增大可使矿物分子体积缩小、密度增大，如红柱石可转变为蓝晶石。此外，静压力的增大还会使吸热变质反应的温度升高，如钠长石转变为硬玉和石英的反应，当静压力为 600MPa 时，在常温条件下钠长石就可以分解为石英和硬玉，当静压力加大到 1400MPa 时，反应的温度则大约需要 400℃。

2. 动压力

动压力又称构造应力，它主要与构造运动有关，特别出现在造山带或构造断裂带。动压力具有方向性，而且强度变化幅度大，在时间上可显示一定的阶段性，一般随深度增加而减小。岩石在重结晶时，动压力使矿物在平行压力方向上溶解、在垂直压力方向上沉淀，新结晶的片状或柱状矿物呈定向排列，在垂直压力方向上形成片理构造。动压力更主要表现在使岩石矿物发生机械改造，直接引起岩石的碎裂变质。

3. 流体压力

岩石产生变质过程中，常常由 H_2O、CO_2、O_2 等挥发性组分构成粒间流体，占据着粒间空隙，形成流体压力。在地下深处，全部负荷压都能传给流体，这时负荷压与流体压是相等的。在地壳浅部，岩层中孔隙和裂隙发育，且与地面贯通，流体压力较易退出空隙而小于负荷压力。在侵入体附近，伴随着岩浆冷凝过程而析出大量流体，这时可能出现流体压高于负荷压的情况。

（三）具化学活动性流体

化学活动性流体是一种以 H_2O 和 CO_2 为主，并包含多种金属和非金属（如 F、Cl、B、P 等组分)的溶液,它们的含量大约占岩石总量的1%~2%。具化学活动性流体在较高温度和压力下,具有很大的挥发性和具化学活动性,其来源广泛,沉积岩中的孔隙水、岩石变质过程中脱出的水、岩浆冷凝时析出的水及深部上升的溶液,等等。

具化学活动性流体在变质过程中可以促进组分的溶解,加速扩散速度,增强重结晶作用及变质反应,还可将一些组分带入变质反应中,或带出某些组分从而使原岩成分发生变化。另外,流体可以降低岩石的重熔温度,因此,流体的存在可能会降低各种变质级别的温度界限,使某些高级别变质作用在温度偏低的情况下就能完成。

具化学活动性流体在变质作用中虽然重要,但在一般情况下,它并不能单独引发变质作用,只有在具有一定温度和压力的条件下才会显示其作用,而且随着温度的增高,其作用更加显著。具化学活动性流体能导致新的成分加入,所以不仅能引起原岩结构、构造的改变,而且可以促使岩石的化学成分、矿物成分发生变化。

(四)时间

这里的时间是指变质作用持续的时间,也是发生变质作用很重要的因素,往往被人忽视。有些变质作用看来不易发生,但在长时间持续作用下却可以发生,特别是变质结构的生成、岩石的塑性变形,都是很慢的过程,均与变质作用经历的时间有关。

应当指出,在变质过程中,控制变质作用进行的各种物理因素(温度、压力)、化学因素(具化学活动性流体)和时间并不是孤立存在的,它们几乎是同时存在,而且是互相制约、互相影响的,只是在不同地质条件下,在不同变质时期内,某一种因素起着主导作用而已。一般来说,温度和时间是最重要的因素,其次是静压力,只有在地壳浅部,当流体压力小于或大于静压力时,流体压力成为影响平衡的一个独立因素。应力对岩石的结构、构造和变质反应的速度有重要的影响,一般认为它不是决定变质矿物共生组合的物化平衡因素。

二、变质作用方式和变质反应

岩石在变质作用过程中,矿物成分和结构、构造都发生变化,这些变化的方式和过程极其多样、复杂。变质作用的基本方式有碎裂变形作用、重结晶作用、变质结晶作用、交代作用和变质分异作用5种,这些作用都是在特定外部条件下受各种物理、化学原理及力学有关规律的控制,其产物又和原岩本身的成分和性质有关。

(一)碎裂变形作用

碎裂变形作用是指结构完整的原岩在应力作用下发生机械破碎,从而产生具碎裂结构的变质岩,或者原来岩石中的矿物、砾石的形状以及层理构造等发生变形,诸如压扁、拉长或扭曲等。碎裂和变形的程度视应力状况和场所而定,碎裂主要发生在温度、压力较低的地壳表层,而变形则发生在温度、压力较高的地下深部。在碎裂和变形过程中通常伴随着矿物的重结晶作用,其结晶程度由地表向下逐渐增高。

(二)重结晶作用

重结晶作用(Recrystallization)是变质作用的一种主要形式,它是指固态岩石的同种矿物经过有限的颗粒溶解、组分迁移,而又重新结晶成粗大颗粒,但并未形成新矿物。最典型的例子是隐晶质的石灰岩(主要成分为方解石),由于温度升高发生重结晶作用之后,变成颗粒粗大的大理岩(主要成分仍为方解石)。

原岩中矿物重结晶作用的强度和速度受许多因素控制。首先,重结晶作用主要和矿物颗粒的表面能有关,它表现为当同种矿物粒度越小,表面能则越大(大约粒径小一倍,其表面能增大十倍),因而在相同的温度、压力条件下,粒度较小者稳定性较差、易溶解,相应组分被迁移后,又自行结晶形成同种矿物的较大颗粒,或者在原来较大颗粒的表面继续结晶,使其更加粗大。因此,重结晶作用可使岩石的粒度均匀化。另外,当原岩为碎屑岩时(如石英砂岩、粉砂岩等),由于外形不规则的矿物颗粒棱角处表面能较高,易被溶解,凹面处表面能最低,利于别处的溶解、运移物质在此处沉淀和结晶,因而重结晶作用还可使形态不规则的矿物碎屑变成浑圆状。

其次,重结晶作用与原岩的成分有关,如碳酸盐类沉积岩及硅质岩常比砂质和粉砂质岩石易于重结晶;组分简单的岩石比组分复杂的岩石较易重结晶;岩石中含碳质、铁质等粉末状杂质时,常会阻碍主要造岩矿物的重结晶作用,所以在大理岩和片岩类岩层中,常发现碳质含量较高的夹层粒度较细。原岩的结构、构造对重结晶作用也有明显影响,特别是在中低温变质环境中常常发现成分相同的沉积原岩中,粒度较细者重结晶作用明显。

影响重结晶作用的外部因素主要是具化学活动性流体、温度和压力等。岩层中具化学活动性流体的参与,有利于重结晶作用的进行。温度的增高会大大增加重结晶作用的速度。应力使原岩矿物破碎,表面能增加,有利于重结晶作用进行。另外,应力的存在还对新形成矿物的形态、内部构造及与相邻矿物之间的界面特点等都有重大影响。

重结晶及变质结晶所形成的矿物颗粒的形态及其与相邻矿物之间的界面特征,主要受其表面张力相对大小的控制。在具等向习性的同种矿物颗粒之间,由于彼此表面张力基本相同,同时生长、相互干涉的结果,界面应为平面,在薄片中接触线应为直线。在大理岩等接近单矿物的岩石中,常常三个颗粒的边界线交于一点,交角约为120°左右,属于典型的平衡结构。在非均向的同种矿物颗粒之间,或不同矿物颗粒之间,由于表面张力不同,接触界面为曲面。相邻矿物,表面张力大的矿物界面外凸,表面张力小的矿物界面内凹,表面张力差别越大,界面的曲度也越大,有时,表面张力小的矿物可将表面张力相对大得多的矿物包裹起来。

(三)变质结晶作用(变质反应)

变质结晶作用是指在特定的温度、压力范围内,固体岩石内部的化学成分重新组合,结晶成新矿物的过程。这种作用通常是经过化学反应来完成的,所以又称为变质反应。变质结晶作用既意味着新矿物的形成,又意味着原有矿物的消失,其最主要的特点是,变质反应前后,岩石的总体化学成分不变,因而一般认为变质结晶作用是在封闭或半封闭系统中进行的,没有物质成分的带入和带出,但多数情况下有 H_2O 及 CO_2 流体直接参与活动。

形成新矿物的变质结晶作用主要有三种类型:

(1)同质多相转变。这种转变是一种不包含 H_2O 及 CO_2 释放或吸收的固相变质反应。常见的例子有变质矿物红柱石(Al_2SiO_5)、蓝晶石、矽线石之间的转变,这三种变质矿物的化学成分相同(即同质),但是在特定的温度、压力范围内,由于晶体内部元素质点排列组合方式的改变,表现为三种不同的矿物(图8-1)。红柱石为低温、低压条件下的稳定矿物,在低温和较高压力条件下可转变为蓝晶石,如果温度再升高,蓝晶石又可转变为矽线石。

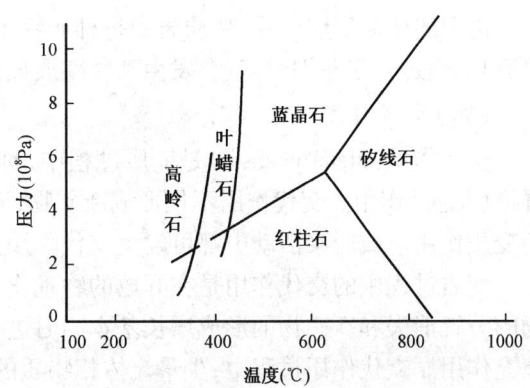

图8-1 某些铝硅酸盐反应的温度、压力界限和泥质岩石脱水反应曲线(据 A. B. Thompson 等,1970,综合简化)

(2)脱水(及水化)反应。脱水反应是指原有矿物或矿物组合随着温度上升,释放出 H_2O 形成另一种新矿物或矿物组合的变质反应,大多数变质反应属于这种类型。因为最常见的泥质(粘土质)岩石中含有大量水分,温度升高后可使它们产生明显的脱水反应。比如高岭石等粘土矿物,经脱水反应后可形成叶蜡石,其反应式如下:

$$Al_4[Si_4O_{10}](OH)_8 + 4SiO_2 \rightleftharpoons 2Al_2[Si_4O_{10}](OH)_2 + 2H_2O$$
　　(高岭石)　　　(石英)　　　　(叶蜡石)

叶蜡石随着温度的持续升高,在特定的温度、压力范围内,又可进一步脱水分解,形成红柱石或蓝晶石、矽线石等矿物。

$$Al_2[Si_4O_{10}](OH)_2 \rightleftharpoons Al_2SiO_5 + 3SiO_2 + H_2O$$
　　(叶蜡石)　　　　(红柱石或蓝晶石)

上述泥质岩石持续脱水变质作用的温度、压力区间范围,其实验数据如图8-1所示。

另一方面,在大量存在的玄武质岩石中,原来是贫水的,在向绿泥石片岩等转化的时候又明显地产生了水化作用。

(3)脱碳反应。钙质沉积岩的变质作用常有明显的脱碳反应,意味着随温度的升高,释放 CO_2,形成新矿物。比如,大多数石灰岩是由 $CaCO_3$、$MgCO_3$ 和 SiO_2 三种成分组成的,如果石灰岩由纯 $CaCO_3$ 组成,则只会随着温度升高,经过重结晶作用变为大理岩,但如果石灰岩中含有 SiO_2(即硅质灰岩),或者是含有 SiO_2 的白云质灰岩,则随着温度的升高,便会发生脱碳反应而形成硅灰石、透闪石等新的矿物,其反应式如下:

硅质灰岩:　　　　　$CaCO_3 + SiO_2 \rightleftharpoons CaSiO_3 + CO_2$
　　　　　　　　　(方解石)　(石英)　　(硅灰石)

含硅白云质灰岩:$5CaMg(CO_3)_2 + 8SiO_2 + H_2O \rightleftharpoons Ca_3Mg_5[Si_4O_{11}]_2(OH)_2 + 3CaCO_3 + 7CO_2$
　　　　　　　(白云石)　　　　(石英)　　　　　　　(透闪石)　　　　　　　(方解石)

其中透闪石类矿物,随着温度进一步升高,还会进一步发生脱碳反应形成透辉石、镁橄榄石等矿物。

由上述变质反应可见,变质岩中每种矿物组合都有特定的稳定区间,当温度、压力条件发生变化,超过一定范围时,就会发生某种变质反应,变成另一种新矿物组合。

(四)交代作用

交代作用(Metasomatism)是变质过程中,具化学活动性流体和固体岩石之间发生的物质置换(交换)作用。交代作用不仅形成新矿物,而且使岩石的总体化学成分发生改变。在强烈的变质作用下或岩浆活动中都可发生交代作用。

变质过程中的交代作用是在开放的物理化学系统中进行的,有物质的带出带入。原有矿物的分解消失和新矿物的形成增长基本同时进行,是物质逐渐置换的过程,而不是简单的注入填充作用。交代作用过程中,少量流体相物质的存在是十分必要的,但岩石基本保持固态,交代前后岩石总体积基本不变。交代作用主要通过渗透方式和扩散方式进行。

(五)变质分异作用

变质分异作用是指成分均匀的原岩变质时,不发生交代作用或重熔而形成成分不均匀的变质岩的作用。变质分异作用是一种重要的成岩过程,它是在岩石变质时,某些矿物在化学成分上重新调配或重组合而在局部富集。变质分异的结果是形成变斑晶、细脉、透镜体、结核和条带等,如泥质岩经热变质后在角岩中出现少量的红柱石和堇青石变斑晶;岩石节理和裂隙中产生的细脉或透镜体;角闪质岩石中出现的以角闪石为主的暗色条带和以长英质为主的浅色条带;磁铁石英岩内出现的透辉石的结核等。

第二节　变质作用的基本类型

根据变质作用所处的地质环境、变质因素及其产物特征,可将变质作用分为许多类型,现选择其中的几个主要类型进行介绍。

一、接触变质作用

接触变质作用(Contact metamorphism)是在岩浆岩体与围岩的接触部位上,由岩浆散发的热量和流体引起的一种变质作用,其温度范围大致为 300～800℃(有的达 1000℃以上),主要发生在地表至 8km 深度区间内,压力范围大致为 $(2～30)\times 10^7 Pa$,与其他变质作用相比规模较小。所以,通常认为接触变质属高温、低压变质作用,温度和具化学活动性流体是引起接触变质作用的主要因素。

典型的接触变质作用是围岩受到岩浆热量的烘烤而产生的变质,称为热接触变质作用(Contact thermal metamorphism)。如果在接触变质过程中有大量的挥发性组分参加,并且是由挥发性组分中带出的元素交代围岩形成新的变质矿物,称接触交代变质作用(Contact metasomatism)。

接触交代变质作用产生的典型变质岩是矽卡岩。矽卡岩非常重要的特性是含有多种金属及稀有元素,常可富集成有巨大经济价值的矿床。

接触变质作用的强度随着距离发生变质作用岩体距离的增大而减弱,直至热力减小到一定限度而消失。结果是以岩体为中心,在其周围形成一个变质强度不同的环状带,称接触变质晕(图8-2)。

接触变质晕的规模与岩体大小、性质、埋藏深度以及围岩性质有关。

接触变质晕的研究通常是划分出由强到弱的变质带。每一个变质带中都有能代表反应温度条件的变质矿物,并以这

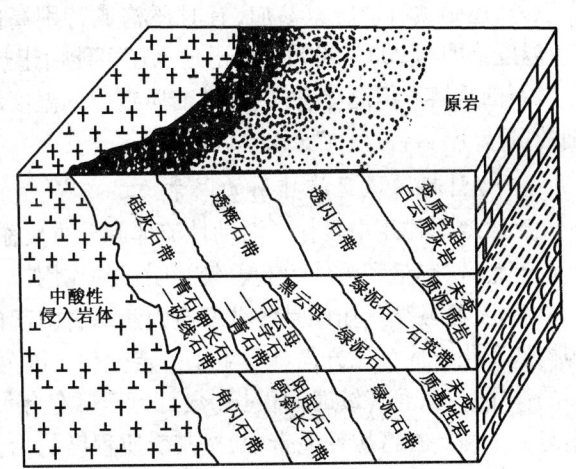

图 8-2　接触变质晕示意图
不反应变质晕的相对宽度

种矿物命名该变质带。图 8-2 中示意性地表示出在中酸性岩体周围三种代表性围岩(碳酸盐类、泥质岩类和基性火山岩类)所产生的变质晕情况。利用这些规律,在侵入岩体未剥蚀出露的情况下能够迅速识别变质晕的变化方向,以确定岩体位置,进而找寻接触变质矿床。

二、动力变质作用

动力(碎裂)变质作用(Dynamic metamorphism)是由定向压力引起岩石发生的破碎、变形

和重结晶等的一种变质作用。在动力变质作用的变质过程中,化学效应极微弱,主要为机械过程,但在不同部位和深度上,可有静压力及流体的参与,而且其重结晶作用也是十分普遍的,不过发育程度较差。

动力变质作用主要发生在断裂带或造山带中,其产物分为两大类:第一类称碎裂岩,由一些棱角分明的岩石和矿物碎块组成,也称为断层角砾岩;第二类是破碎程度很细的岩石,称为糜棱岩,其中破碎程度极细者又称超糜棱岩。

动力变质的破碎过程和性质可分成脆性和韧性两类。在一个很大的动力变质带中,通常在平面上边缘部分表现为脆性,中心部分表现为韧性;在剖面上,表层表现为脆性,随深度增加韧性加强,表现出双层结构。

因此,按照动力变质带的性质可区分出断层破碎带和韧性剪切带两种类型,前者的产物为碎裂岩,后者的产物为糜棱岩。

动力变质作用中还有一个特别的领域,称为冲击变质作用,它是陨石撞击地面时产生的高压($n \times 10^9 \sim n \times 10^{11}$Pa)、高温(可超过 1500℃)的结果。这种变质作用只发生在陨石坑中,碎裂作用可在陨石坑周围形成宽度不等的环。冲击变质作用形成冲击角砾岩,其岩性十分复杂,有原来的基岩碎块、有瞬间冲击作用形成的冲击玻璃等,岩石碎块可见到熔融或部分熔融特征。

三、区域变质作用

区域变质作用(Regional metamorphism)通常在大范围内发生,区域变质带长达数百至数千千米,宽数十至数百千米。区域变质作用广泛地发育在古老的大陆中心、古生代以来的造山带以及汇聚型板块边界上。

区域变质作用的深度由几千米至几十千米;压力范围在$(2 \sim 10) \times 10^8$Pa 以上,除负荷压力以外,还必须有动压力参加,有时还构成特别高的"构造超压"区,出现在板块的碰撞边界上;温度范围为 200~900℃,局部地点还可能由于热量的集中而形成"超高热囊",以至引起部分岩石的重熔。但总体看来,区域变质带中的温度和压力具有区域性和稳定性,因而同一种级别的区域变质岩常呈大面积单调地分布。

(一)引起区域变质作用的因素

区域变质作用中具化学活动性流体起着重要作用,由于经常伴随着岩浆侵入活动,因此在其局部地区,热量和流体也起着较为明显的作用。

总之,区域变质作用是各种变质因素综合引起的,区域变质岩与原岩相比在矿物组合、结构构造和化学成分三方面都发生了一定变化。因为区域变质作用是一个长期、复杂、周期性叠加的作用过程,且持续时间很长(数百万至数亿年),各种变质因素的组合在空间上可以达到相对的平衡。在区域变质带中,按其变质程度的由浅到深出现板岩——→千枚岩——→片岩——→片麻岩,并可见到其相应的系列产物。

(二)区域变质作用的分级

区域变质作用按变质程度可分为低级、中级和高级三个级别,现将与每种级别相应的岩石择其具代表性者列于表 8-1 中。表 8-1 中反映出如下基本规律:(1)泥质岩类对变质作用最为敏感,不同级别的变质岩特征明显,基性—超基性岩次之;(2)复杂成分原岩的深变质产物都是片麻岩和麻粒岩,代表高温变质环境,温度再高时原岩会全部重熔,则由变质作用转入岩浆作用范畴。片麻岩和麻粒岩的压力范围很宽,不可作为压力标志,成分单一的石英砂岩和石灰岩只反映在重结晶的程度上。

表 8–1　原岩及相应变质岩简表

原岩	低级	中级	高级
石英砂岩,纯碳酸盐岩,泥质岩,中、酸性岩浆岩,基—超基性岩	石英片岩,大理岩,板岩—千枚岩,片岩,绿片岩	石英岩,大理岩,片岩,片麻岩,斜长角闪岩	石英岩,大理岩,片麻岩,麻粒岩,片麻岩和麻粒岩,榴辉岩

变质矿物是在一定温度和压力下形成的,正如古生物化石是古代地表环境的指示物一样,变质矿物就成了古代地下地质环境的指示物。图 8–3 扼要示出了几种主要变质矿物的生成条件,反映出如下基本规律:(1)变质级别通常视重结晶程度而定,因而与温度关系密切。低级区的千枚岩、板岩中主要出现绿泥石;中级区的片岩中出现红柱石、蓝晶石、矽线石等;高级区出现重结晶完善、具花岗质结构、片麻状构造的片麻岩及麻粒岩。变质级别区的界线虽是弧线,但大体与压力轴线平行。(2)代表压力状况最有意义的是蓝闪石(以及硬玉 + 石英)和榴辉岩,前者代表低温、高压变质产物,后者代表高压、中温以上变质产物。(3)当变质级别达到片麻岩和麻粒岩形成条件时,温度界限已经可使花岗质岩发生部分重熔,故伴随着混合岩化的发生。这两种岩石是大陆地壳上保存下来的变质程度最深的岩石。

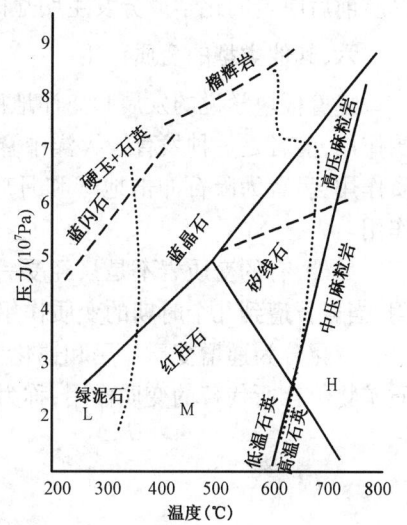

图 8–3　变质矿物与温度、压力的关系
细黑线为矿物生成和稳定界限;点线为
变质级别界限,(L 为低级,M 为中级,
H 为高级);虚线为压力区界限

(三)区域变质作用的类型

区域变质作用之中,除错综复杂的过渡变质类型外,还有三种具有特殊含义而且与地壳演化最为密切的变质作用,即洋底变质作用,以蓝闪石(还有硬玉 + 石英)出现为代表的高压低温变质作用,以及以片麻岩、麻粒岩出现为代表的高温高压变质作用。

洋底变质作用代表低压、高温的一种变质类型,它发生在地壳扩张的部位上。

蓝闪石等出现代表低温、高压变质作用,它出现在地壳不同板块碰撞(汇聚)的边界上。

麻粒岩的出现代表高温、高压的变质作用,变质程度最高,它出现在古老的大陆核心部位。这种变质作用与上述发生在地表浅处的两种作用不同,这种作用发生在地下深处,应有高温、高压的封闭环境,而且具有漫长的变质时间。后来由于大陆核心不断上升遭受剥蚀作用,使深部的麻粒岩及片麻岩得以出露地表。这就是为什么麻粒岩及片麻岩只发现在隐生宙的古老岩石中,而蓝闪石片岩等高压变质产物只发现在显生宙以来的造山带上,两者至今尚未发现其共生产出的场所。

四、混合岩化作用

混合岩化作用是当变质温度逐渐升高,在接近高温极限时,岩石产生部分重熔现象的变质作用。这时矿物的重熔顺序大致与岩浆冷凝过程中的结晶顺序相反,变质岩中出现数量不等的局部熔体,称为混合岩化。显然,这是变质作用和岩浆作用的交替过渡阶段,如果岩石的部分重溶到此停止,亦即继续升温条件遭破坏而变为退温过程,则可形成混合岩。在自然界中这类岩石保存较多,是一种最高级的变质岩,兼有变质岩和岩浆岩的双重特征。如果继续升温,变质作用阶段即告终结。

五、气成热液变质作用

具有化学活动性的热水溶液和气体对岩石进行交代而使岩石发生变质的一种作用称为气—液变质作用。这种变质作用的主要因素为具化学活动性流体,其次为温度。使岩石变质的气体和热水溶液可来自岩浆的挥发分,也可来自地壳内与岩浆无关的区域性分布的热水。变质前后原岩的化学成分发生明显的变化。

六、其他类型的变质作用

随着板块学说的发展和海洋地质学、月岩学研究的深入,人们提出洋底变质作用和冲击变质作用,前者是一种发育于大洋中脊处的基性、超基性火山堆积物由于较高的热流而引起的变质作用,后者为陨石冲击地球和月球并产生极大的压力和很高的温度致使岩石迅速变质的作用。

另外,有的变质岩不是只经受一次变质作用,而是经受不同变质阶段多次叠加的变质作用,当岩石遭到几个时期的变质作用时,称为复变质作用。在复变质作用中,常根据其矿物组合的变化分为递增变质作用和退化变质作用,原来比较低温的矿物组合变质后被较高温的变质矿物组合所代替的变质作用,称为递增变质作用;相反,称为退化变质作用。

第九章　风化作用

风化作用(Weathering)是指在地表或地表附近的条件下,坚硬的岩石、矿物在原地发生物理或化学变化,从而形成松散堆积物的过程。影响风化作用的因素有岩石的释重、温度的变化、大气、水和水溶液以及生物的生命活动等因素。

风化作用不仅发生在大陆上,而且也可以发生在一定深度的海底,其强度随着深度的逐渐增加而逐渐减弱。

第一节　风化作用的类型

根据影响风化作用的因素、方式及其产物的特点,风化作用可分为物理风化作用、化学风化作用和生物风化作用三种类型。

一、物理风化作用

物理风化作用(Physical weathering)是指地壳表层的岩石、矿物在原地仅发生机械破碎的风化作用,又称为机械风化作用。物理风化作用的主要影响因素是岩石的释重和温度的变化等,其主要的作用方式包括崩解作用、剥离作用、冰劈作用、结晶撑裂作用等。物理风化作用的产物是大小不等、棱角显著、没有层次的机械碎屑,其成分与下伏基岩一致。

(1)岩石释重引起剥落或崩解作用。

地下深处的岩石都承受着上覆岩层的巨大静压力,岩石内部质点在围压下呈紧密排列状态,一旦上覆岩层遭受剥蚀而升至地表,岩石因卸荷而释重,岩体趋向于向上或向外产生膨胀,形成与地表近于平行的裂隙,叫做席理,从而使岩石表层产生层状剥落或发生崩解。席理常见于一些大的采石场中(图9-1)。

(2)岩石、矿物的热胀冷缩发生剥离作用。

图9-1　采石场中岩石的席理

地表岩体白天在阳光直射下表层升温很快,因岩石是热的不良导体,热量向内部传递缓慢,造成岩体内外出现温差,导致岩体内外膨胀率的差异,从而产生与表面平行的微裂纹;夜晚岩体表面迅速散热降温,体积收缩,而内部仍受到表面传入的热量影响,仍处于膨胀之中,岩体表层的收缩可形成与表面垂直的微裂纹。这样天长日久,裂纹日益扩大、增多,岩体表面便会产生层层剥落现象,从而坚硬完整的岩体崩解成为碎块(图9-2)。

由多种矿物组成的岩石中,不同的矿物有不同的体胀系数(如石英的体胀系数为 31×10^{-6}、长石的体胀系数为 17×10^{-6}),当温度变化时,不同矿物会有不同程度的膨胀与收缩,这种作用长期进行,可使矿物颗粒之间彼此分离,从而使完整的岩石崩解。即使是由单种矿物组成的岩石,由于晶体的非均匀性,晶体各方向的线胀系数不同(如石英长轴的线胀系数是短轴的1/2),温度的变化同样能导致矿物晶体的破裂。岩石、矿物的热胀冷缩导致岩石矿物的破坏速度不仅取决于温度的变化幅度,更取决于温度变化的速度,因而这种作用盛行于昼夜温度变化较大的内陆干旱、半干旱地区。

(3)岩石空隙中水的冻结与融化引起冰劈作用(Frost wedging)。

水结冰时,体积可增大1/11,灌入地表上岩石空隙中的水在温度降至冰点以下而结冰时,由于体积增大,可对岩壁产生约 $9.4 \times 10^7 \sim 5.9 \times 10^8$ Pa 的压力,这种压力可促使岩壁空隙扩大和增多;当温度上升到冰点以上时冰重新融化,加之地表冰融水补充并向下渗透填满空隙,再冻结时,又可使裂隙扩展。如此反复进行,空隙会不断扩大,从而使岩石崩解(图9-3)。冰劈作用盛行于昼夜温度在0℃上下变化的高纬度地区和中低纬度的高寒山区。

图9-2 岩石热胀冷缩导致岩石破坏
过程示意图(李叔达,1983)

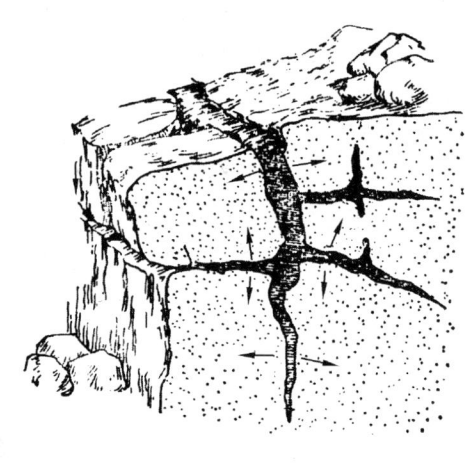

图9-3 冰劈作用示意图(据汉布林,1980)

(4)岩石空隙中盐的结晶与潮解—结晶撑裂作用。

在降水量少、蒸发剧烈的干旱、半干旱地区,地壳表层岩石空隙中含盐分较多。白天,烈日烤晒气温升高,水分蒸发,当盐分浓度增加至过饱和时,会发生结晶,结晶时由于体积膨胀,会使孔隙扩大;夜晚气温降低,盐分从大气中吸收水分而潮解、下渗,同时也将沿途盐分溶解下渗到新产生的空隙中,如此反复进行,同样会导致岩石崩解。

二、化学风化作用

氧和水溶液使地壳表层的岩石、矿物在原地发生化学变化并产生新矿物的过程叫化学风化作用(Chemical weathering)。化学风化作用的主要影响因素是氧和水溶液等,其主要的作用方式包括氧化作用、溶解作用、水合作用、水解作用、碳酸化作用等。化学风化作用的产物包括新形成的矿物、溶液物质和母岩中性质稳定的矿物。化学风化作用改变了母岩的结构、构造,降低了母岩的强度,有利于机械风化作用的进行。

(1)氧化作用。

氧化是一种极为普遍的自然现象,特别是潮湿空气中氧的化学活动性非常活跃,地壳表层氧化作用进行的范围称为氧化带(Oxidation zone)。在地下水位较低、地形起伏较大、岩石节理发育及气候温湿的地区氧化带较厚,在沼泽和终年冻结的地区,氧化带只限于地面附近。自然界中的有机物、低价氧化物及硫化物容易发生氧化作用,如黄铁矿在表生条件下,极易风化为褐铁矿就是一例,其化学反应式如下:

$$FeS_2 + H_2O + O_2 \longrightarrow Fe(OH)_3 + H_2SO_4$$

黄铁矿　　　　　　　　褐铁矿

风化产物中的褐铁矿与黄铁矿相比较,不仅成分改变了,硬度、相对密度也相应变小,而且通过这种变化,还能生成腐蚀性较强的硫酸,促使岩石中某些矿物分解形成一些洞穴与斑点,降低了原岩强度,更易使岩石发生机械破坏。

许多金属硫化物矿床常拌生有黄铁矿,其露头经风化后常呈红褐色或黑褐色,主要由疏松的褐铁矿及其他混合物组成,覆盖在原生矿床之上,称为"铁帽"(Gossan)(图9-4)。铁帽是寻找原生硫化物矿床的标志之一。

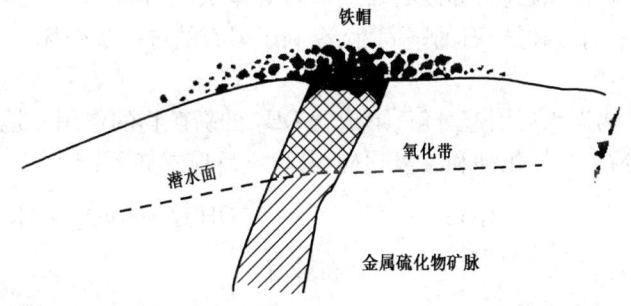

图9-4　金属硫化物近地表氧化形成的"铁帽"示意图(据袁见齐等,1979)

(2)溶解作用。

自然界的水中溶解有多种气体(如 O_2、N_2、CO_2 和 NO_2 等)和酸、碱、盐等化合物,这样水溶液除具有溶解、水化和水解等性能外,还具有碳酸化能力。

水是化学风化必不可少的要素。任何矿物都能溶解于水中,只是溶解度大小不同。矿物的溶解度决定于矿物的化学性质、内部结构和外界条件等,常见矿物的溶解度从大到小顺序为:

石盐→石膏→方解石→橄榄石→辉石→角闪石→滑石→蛇纹石

绿帘石→正长石→黑云母→白云母→石英

岩石中易溶矿物成分越多,越易化学风化。溶解作用使岩石中易溶的矿物或组分被溶蚀并随水流失,留下很多溶孔,大大降低了岩石的强度,更有利于其他风化作用的进行。

(3)水合作用。

水合作用是指矿物与水作用吸收一定量的水到矿物中形成新的含水矿物的作用,又称水化作用。水化作用形成的含水矿物改变了矿物的原有结构,硬度也相应降低,溶解度增大,减弱了岩石抗风化的能力。水合作用的一个典型例子是硬石膏遇水后发生反应吸收水分子到其晶格之间(图9-5),形成含水的石膏,其化学反应式如下

$$CaSO_4 + 2H_2O \longrightarrow CaSO_4 \cdot 2H_2O$$

硬石膏　　　　　　　石膏

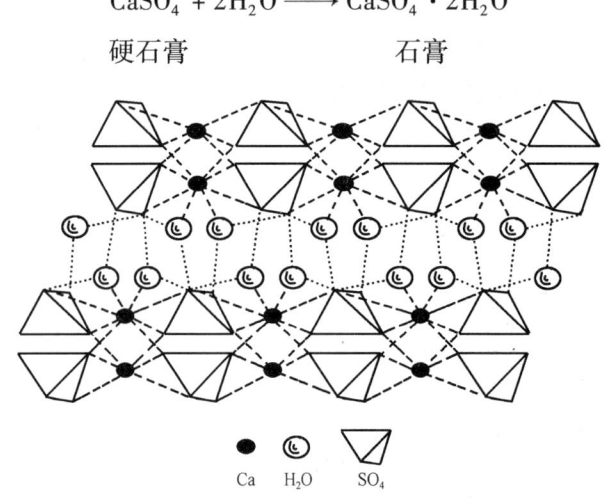

图9-5　石膏的结构示意图(据南京大学,1978)

水合作用常使矿物体积膨胀,如硬石膏变成石膏体积增加约60%。体积增大将对围岩产生挤压力,导致岩石松动,降低岩石的坚固性,有利于岩石的进一步破坏。

(4)水解作用。

水解作用是指矿物遇水后引起分解,形成含 OH^- 的新矿物的作用。地壳中广泛分布的钾长石水解后形成高岭石、氢氧化钾和二氧化硅,其化学反应式如下:

$$4KAlSi_3O_8 + 6H_2O \longrightarrow Al_4(Si_4O_{10})(OH)_8 + 8SiO_2 + 4KOH$$

正长石　　　　　　高岭石

其中氢氧化钾呈真溶液、二氧化硅呈溶胶状态,二者随水流失,只有松散的高岭石残留原地。

在湿热气候条件下,高岭石仍不稳定,它还会继续水解,最后形成铝土矿和二氧化硅,二氧化硅呈胶体溶液随水流失,残留下铝土矿,其化学反应式如下:

$$Al_4(Si_4O_{10})(OH)_8 + mH_2O \longrightarrow 2Al_2O_3 \cdot nH_2O + 4SiO_2 + 4H_2O$$

高岭石　　　　　　　　　铝土矿

(5)碳酸化作用。

碳酸化作用是指当水中溶有 CO_2 时,水溶液中除了含有 H^+ 和 OH^- 外,还有含有 CO_3^{2-} 和 HCO_3^-,它们遇碱金属及碱土金属后发生反应形成碳酸盐的作用。硅酸盐矿物发生碳酸化作用时,其中碱金属(K、Na、Ca、Mg等)也形成易溶于水的碳酸盐随水流失,使原有矿物分解并形成新矿物。例如,长石在地表条件下,也容易发生碳酸化作用形成高岭石、碳酸钾和二氧化硅,

其中碳酸钾呈真溶液、二氧化硅呈溶胶状态随水流失,高岭石则残留原地,其化学反应式如下:

$$4KAlSi_3O_8 + 2CO_3 + 4H_2O \longrightarrow Al_4(Si_4O_{10})(OH)_8 + 8SiO_2 + 2K_2CO_3$$

　　　正长石　　　　　　　　　　　高岭石

长石是岩浆岩中最主要的矿物之一,容易受水解和发生碳酸化作用形成粘土矿物,因此岩浆岩是很容易被风化的一种岩石。

三、生物风化作用

生物风化作用(Biological weathering)是指生物的生命活动及其分泌物质和遗体等腐烂分解物对岩石、矿物的破坏作用。生物风化作用可以分生物机械风化作用和生物化学风化作用两种方式。由于生物分布广泛,因此,生物风化作用十分普遍。

(1)生物机械风化作用。

生物机械风化作用是指在生物的生长或活动过程中对地表岩石产生的机械破坏作用。例如在岩石裂隙中生长的植物,其根系插入到岩石内部,随着植物的成长,根系增粗、增多,迫使岩石裂隙不断扩大而崩解,这个过程叫根劈作用(图9-6)。穴居的动物如田鼠、蚂蚁和蚯蚓等挖洞掘穴,有蹄类动物对地表岩石的践踏等都会对地表岩石产生破坏,这些都是生物机械风化作用的表现。随着人类广泛开发大自然,利用工具、大型机械或爆炸等手段对岩石破坏的速度和规模极为可观,实质上也应归入生物的机械风化作用。

图9-6　根劈作用

(2)生物化学风化作用。

生物化学风化作用是指生物的新陈代谢物和尸体的腐烂分解物对地表岩石的破坏作用。生物在其新陈代谢过程中,一方面从土壤和岩石中吸取养分,同时也分泌各种酸类物质以分解矿物,使矿物中一些活泼的金属阳离子游离出来,一部分供其吸收,一部分随水流失。生物死亡后,尸体在还原条件下腐烂分解,形成暗色或黑色的胶状物质,一般叫腐殖质。腐殖质一方面供给植物生长所必需的养料,如钾盐、磷盐、氮的化合物和各种碳水化合物,另一方面其所含的有机酸对岩石、矿物产生腐蚀作用。菌类、藻类及其他微生物因为数量极大、分布极广,其化学风化作用是很强烈的,据统计每克土壤中所含细菌数可达数百万个。

四、三种风化作用之间的关系

地表岩石、矿物经过物理、化学风化作用之后,再经过生物化学风化作用就可形成富含植物生长必不可少的有机质——腐殖质的土壤。因此,土壤是三种风化作用的综合产物,其中生物化学风化起主导作用。

一般来说,物理风化作用、化学风化作用和生物风化作用三者是相伴而存的,并相互影响、相互促进,共同破坏着地表的岩石。例如,物理风化作用能扩大岩石的空隙,使大块的岩石破碎,增加其表面积,有利于空气、水溶液以及生物的侵入,加速岩石的化学风化;化学风化作用改变了岩石的性质,破坏了岩石的完整性与坚固性,为进一步物理风化提供了有利条件。然而,不同的地区自然地理条件是千差万别的,在不同的气候条件下,控制岩石风化的主导因素不同,必然导致起主导作用的风化方式或类型的差异,风化的速度、风化的程度及其产物也各有不同,由此造成了自然界岩石风化的方式与产物的多样性。

第二节　影响风化作用的因素

地表岩石在遭受风化过程中,岩石的性质是影响风化作用的主要内在因素,它决定了风化产物的性质;气候条件是影响风化作用的主要外部因素,它决定了风化作用的方式和强度。影响风化作用的因素主要有气候、地形、地质等。

一、气候因素

影响风化作用的气候因素主要包括降水量和温度。水是化学风化作用中最活跃的因素,没有水就不能进行有效的化学风化,而降水量则控制着水的多少。在降水量丰富且水循环较快的地区,有利于化学风化作用的进行;干旱、半干旱地区降水量少,化学风化作用微弱。温度的升高可加快各种化学反应的速度(温度升高10℃,化学反应可加快一倍),有利于化学风化作用的进行;温度的变化速度控制了物理风化作用进行的速度;降水量和温度的综合影响则控制了生物,尤其是植物的类型和数量,影响着生物风化作用。

降水量和温度从极地到赤道呈上升的趋势,植被主要分布于温带和赤道热带地区(图9-7)。地表上的气候具有明显的分带性,决定了地表风化作用的速度、风化作用的方式以及风化的产物也具有明显的分带性(参阅本章第三节)。

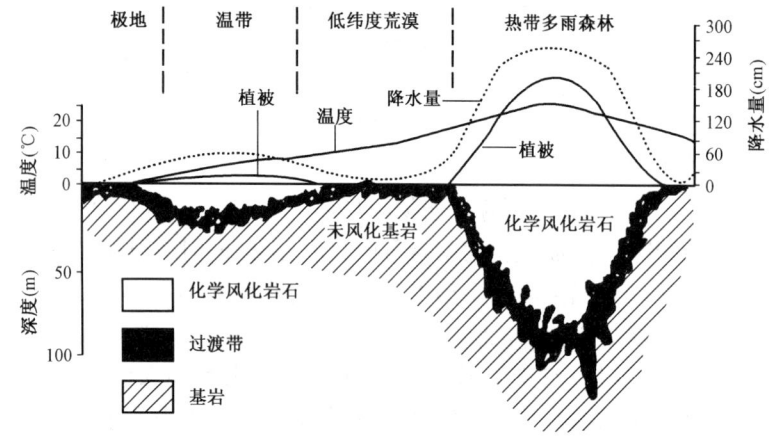

图9-7　地表气候带与风化作用关系示意图(据汉布林,1980)

二、地形因素

地形起伏一方面影响水土的保持情况及植被的生长条件,另一方面还可造成局部气候的分带以及阴坡、阳坡的气候变化等。在陡坡处,因风化产物易被移走,基岩裸露,有利于物理风化作用的进行;在缓坡处,则因易于保留残积物及水分,因而植被发育,对化学风化十分有利。另外,地形的高低也可控制风化作用类型,例如雪线以上的高山区盛行冰劈作用,而低山地区则以生物风化和化学风化为主等。

三、地质因素

(一)岩石类型和矿物成分对风化作用的影响

不同矿物抗风化的能力不同,常见矿物抗风化能力由弱到强的排序与鲍温的结晶系列有着对应的关系:岩浆岩中先晶出(结晶温度高)的矿物,更容易风化一些,后晶出(结晶温度低)的矿物难风化一些,石英是自然界中抗风化能力最强的矿物。不同的岩石抗风化能力也不相同,一般来说,沉积岩比岩浆岩和变质岩更难风化一些,不同的沉积岩抗风化的能力也不相同。这种由于岩性不同引起的风化程度的差异现象简称差异风化,如在野外常可看到有石灰岩组成山脊或陡坡、粘土岩构成洼地与缓坡的现象,表明石灰岩比粘土岩更抗风化一些。

(二)岩石的结构和地质构造对风化作用的影响

同一种岩石其结构不同抗风化能力也会存在着差异。一般而言,细粒、等粒的岩石较粗粒、不等粒岩石抵抗物理风化的能力强些;等粒结构和胶结疏松的岩石更容易风化一些,因为更有利于水溶液的渗透和生物活动。

断裂构造发育的岩石更容易风化,因为地下水更容易沿着断层破碎带或节理往下渗流进行化学风化作用,所以沿着地表出露的断裂带常发育成沟谷或洼地。

在节理发育的厚层砂岩或火成岩地区,两组以上的节理可将岩体分割成大小不等的岩块,地下水沿着这些裂缝渗入对岩体产生风化,并向岩体中心推进。在节理交叉的岩块的棱角部位,风化作用进行得比其他部位要快,在长期的风化作用下,可使棱角逐渐圆化。不论岩块原来的形状如何,风化作用的结果是,越往岩块核心越趋向于使岩块变圆。当岩块暴露于地表时,在物理风化作用下,岩块像卷心菜一样的呈圈层状脱落,这种现象叫球状风化(图9-8、图9-9)。球状风化产生的条件是:(1)发育纵横交错的节理;(2)厚层状或块状的岩石;(3)岩石主要为等粒结构;(4)难于溶解的岩石类型。

图9-8 球状风化
样品采集人:中国地质大学博物馆;
采集时间:1982年;收藏单位:中国地质大学博物馆

(三)构造运动

构造运动较稳定的地区,地形平缓,风化作用得以持续缓慢的进行,风化的深度比较深,各种风化作用的产物易于在原地保留,可形成很厚的风化层,随着风化层的形成与增厚,下伏的基岩逐渐免于风化,限制了风化作用向纵深方向发展。相反,在构造运动上升地区,剥蚀作用强烈、地面切割破碎,地形陡峭,风化产物易于转运它处,因而风化层较薄,甚至基岩裸露而不断接受风化作用。

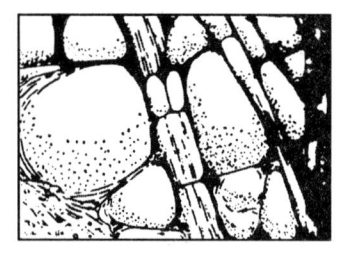

(a)岩石被节理条切割　　　　　(b)球状风化初期　　　　　(c)球状风化晚期

图 9-9　球状风化说明示意图(据汉布林,1980)

第三节　风化壳与土壤

一、风化壳的概念及研究意义

地表附近的岩石经过长期的风化作用,风化的产物(残积物和土壤)残留于原地,构成了覆盖在陆地地表上的一个不连续的薄层,叫风化壳(Crust of weathering 或 Residuum)。

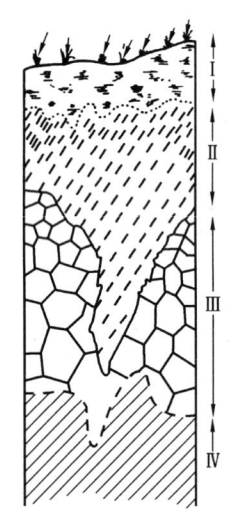

图 9-10　风化壳剖面示意图(据徐成彦等,1988)

Ⅰ—土壤层；Ⅱ—残积层(亚土壤层)；Ⅲ—半风化岩石；Ⅳ—基岩

残积物是岩石物理、化学风化的产物,包括大小不一的碎屑和新生的矿物等;残积物结构松散,大小不一,棱角清晰,一般不显层理,剖面上粒度向下变大,逐渐过渡为基岩;残积物多分布于山顶或平缓的山坡上;残积物中若含有相对密度大、性质稳定的矿物,相对富集可形成残积沙矿床,如残积沙金矿、残积锡石矿等。残积物若在经历生物的化学风化作用,其中就含有了植物生长必不可少的腐殖质而成为土壤。土壤正是指含有腐殖质、矿物质、水和空气的松散堆积物。

地表岩石遭受风化作用的程度由地面向下逐渐减弱,逐渐过渡为未风化的岩石(图9-10)。风化壳的厚度一般为数十厘米至数米,甚至可达数十米以上,有些地区厚些,有些地区很薄或缺失。风化壳按照风化的性质和程度,从下往上可以分为三层,其下为未风化的岩石,习惯上称为基岩。基岩往上为半风化的岩石层,该层主要是物理风化的产物;再往上为残积层,该层是在物理风化的基础上叠加了化学风化的产物;最顶层为土壤层,该层是在残积层的基础上,叠加了生物风化作用的产物。风化壳剖面具有一定的层次,但层次之间没有截然的界线。在缺乏生物风化的地区,风化壳缺失土壤层;在化学风化弱的地区可缺失残积层,仅有一薄层半风化的岩石层;在陡坡上基岩裸露,缺乏风化壳。

有时,风化壳会被后来的堆积物所覆盖而得以保存下来,我们将这种地史时期形成的风化壳称为古风化壳(Palaeocrust of weathering)。古风化壳常分布于不整合接触地层的不整合面上,如华北地台奥陶系与石炭系地层之间广泛发育有厚数厘米的古风化壳。在地层剖面中的古风化壳是上、下两套地层之间发生过沉积间断的最好标志。

研究古风化壳具有理论的与现实的意义。在地壳处于缓慢上升或长期稳定的条件下,风化壳得以充分发育。如果在古代地层剖面中发现古风化壳,它代表被风化壳分割的两套地层之间曾发生过沉积间断,说明该地区在风化壳形成时期发生过地壳上升。风化壳的发育情况及成分、产状与气候关系非常密切,不同的气候条件形成不同的风化壳,对风化壳的研究,可以恢复古地理环境。风化壳中往往有某些元素富集成矿,如高岭石、铝土矿、铁矿等,华北中石炭统底部的多层铝土矿和"山西式铁矿"即为实例。由于古风化壳已成为疏松、多孔的岩石,因而是良好的储油层,在其他的条件配合下,可以形成油气藏。为了确保各种工程的安全,应当深入研究工程场地风化壳的发育情况,进行必要的工程处理等。

二、风化壳的主要类型

风化壳的类型与气候带关系十分密切,不同的气候带有不同的风化方式,形成不同类型的风化壳(见表9-1)。在寒带及高山寒冷气候区,以机械风化为主,形成碎屑型风化壳;在干旱气候区,以机械风化为主,形成硅铝—氯化物硫酸盐型风化壳;在温带半干旱气候区,以机械风化为主,化学风化弱,形成硅铝—碳酸盐型风化壳;在温带森林气候区,机械、化学和生物风化作用并行,形成硅铝—粘土型风化壳;在热带、亚热带湿润气候区,机械、化学和生物风化作用盛行,形成硅铝—铁质—铝土型(红土型)风化壳。在中低纬度的高山地区,气候垂直分带性十分显著,因而风化壳也具明显的垂直分带性,如喜马拉雅南坡由上而下分别是碎屑型风化壳、硅铝—碳酸盐型风化壳、硅铝—粘土型风化壳和硅铝—铁质—铝土型风化壳。

表9-1 主要风化壳类型及其特征(据李叔达,1983)

类型	气候条件	标型元素	标型矿物	风化作用程度标志
碎屑型	寒带及高山寒冷气候		原生矿物	物理风化形成的碎屑物
硅铝—氯化物硫酸盐型	干旱气候	Cl、Na、S(Ca、Mg)	岩盐、硝石、芒硝、硬石膏等	Na、Ca、Mg析出形成氯化物,硫酸盐富集
硅铝—碳酸盐型	温带半干旱气候(温带草原气候)	Ca、Mg(Na)	碳酸盐、芒硝、高岭石、有时有锰的氧化物和氢氧化物及粘土矿物	SiO_2部分流失、主要聚集Ca、Mg碳酸盐,Mg、Na元素部分聚集
硅铝—粘土型	温带森林气候	Al、Fe、Si	水云母、高岭石及Al、Fe的氢氧化物	水溶液呈弱酸—酸性,Na、Ca、Mg流失,Fe、Al氧化物淋滤富集在下层,SiO_2富集在表层
硅铝—铁质—铝土型(红土型)	热带、亚热带湿润气候	Al、Si、Mn、Fe	Fe、Al的氧化、SiO_2(蛋白石)、高岭石	水溶液呈酸性反应,SiO_2、Ca、Na、K、Mg大量流失,Fe、Al氧化物富集

三、土壤

土壤是指含有腐殖质、矿物质、水和空气的松散堆积物。土壤由残积物经生物的化学风化作用而形成并分布于风化壳的表层,其中的矿物质一般以石英、长石、云母、方解石、石膏碎屑等为主。土壤的主要特点是富含腐殖质,这是土壤与其他松散堆积物的主要区别。土壤中腐殖质的含量关系到土壤的颜色和肥沃程度,通常含量越多,颜色越深,越肥沃。腐殖质在土壤中的分布是不均匀的,一般是表层较多,往下逐渐减少。

土壤在垂直剖面上可以大致划分为三层(图9-11):表层(A层)位于土壤顶部,富含有机质和腐殖质,植物的根部常残留其中;表层下方为淋积层(B层),腐殖质由于被淋滤显著减少,颜色变浅,部分矿物质也被淋滤;淋积层之下为淀积层(C层),由上部淋滤下来的矿物质、腐殖质主要沉淀于此;再往下就是未受淋滤与沉淀作用影响的风化壳下部的残积层和半风化的岩石层。

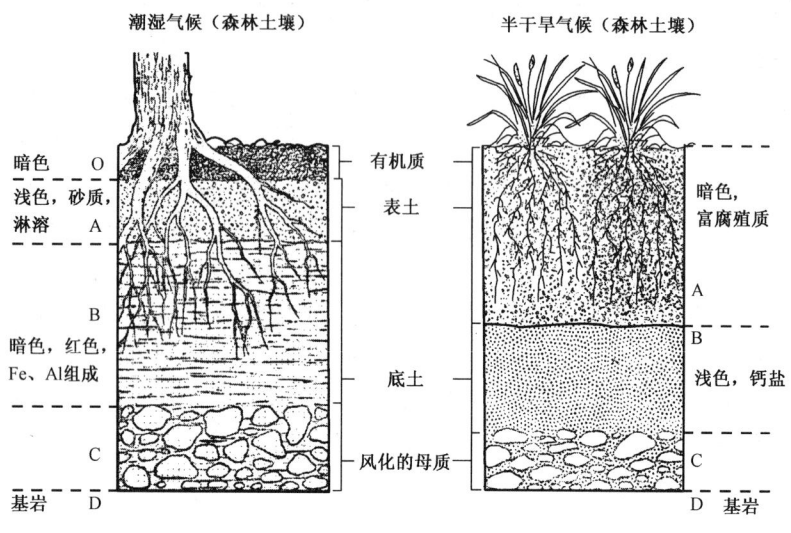

图9-11 土壤剖面示意图(据张家环,1986年)

影响土壤发育的因素较多,其中以气候和植物的生长情况最重要。在相同的气候和植物生长条件下,土壤的形成过程及其成分上都有类似的特点,当气候条件发生改变时,土壤也随之发生改变,形成适应于新的气候条件下的土壤类型,因此有人把土壤称为"气候的函数"。我国幅员广阔,气候条件复杂,不同的气候区,发育不同类型的土壤(表9-2)。

表9-2 我国的主要土壤类型(据徐成彦等,1988)

土壤类型	气候条件	主要特征	分布地区
黑土和黑钙土	年平均气温低、冰冻期长,年降水量不大,约400~500mm	腐殖质丰富,颜色深灰到黑色,化学风化程度较浅,黑土中有SiO_2粉末,黑钙土中含碳酸结核	东北北部
红壤、黄壤、砖红壤	亚热带气候,气候湿润,雨量充沛,年降水量1200~2500mm,气温较高	各种风化过程非常强烈,土壤中腐殖质较少(因淋失),但黄壤中较多,土中富含铁铝,土壤呈酸性	华南地区,包括东南沿海、云贵高原、四川盆地及喜马拉雅山南麓
棕色森林和褐色土	温带季风气候,夏暖冬凉,年降雨量500~750mm	风化较强,腐殖质多在表层,粘土矿物多,土层粘性大,在底部有钙质积聚层,土壤呈中酸性	东北的东部,华北地区,江淮地区,秦岭山地

续表

土壤类型	气候条件	主要特征	分布地区
栗钙土、棕钙土和漠钙土	干旱气候,降雨量稀少,植物稀疏,风多	腐殖质少,有易溶盐类淀积,漠钙土表层即有易溶盐类,矿物仅风化成细粉粒,很少有粘土质	内蒙、陕北、甘肃、青海、新疆及邻近沙漠地区
盐碱土	干旱及半干旱气候,蒸发量大,降雨量少	盐类借土壤孔隙的毛细管作用集中于表层,腐殖质极少	内蒙、西北干旱草原地区及华北半干旱地区的海滨地带

地史时期形成的土壤称古土壤(Palaeo soil)或埋藏土壤,它们大部分被新的堆积物掩盖,或已经受过成岩作用的改造。古土壤中的有机质也因不断被淋滤而减少,颜色变浅,且时代越老越不易辨认,只有形成于古近纪、新近纪和第四纪的古土壤才可能从其成分特点上加以识别。研究古土壤有助于恢复古气候、古地理环境。

第十章　地面流水的地质作用

第一节　地面流水概述

地面流水是指沿陆地表面流动的水体,是地球水体的一种重要存在形式。地面流水的运动是改变地球面貌的一种重要地质营力。

一、地面流水的来源

地面流水主要来源于大气降水,包括雨水、雪、冰雹等。降落在地面的雨水或渗入地下或直接向低洼处流动成为地面流水;冰雪融化后的水也是一部分渗入地下,一部分直接成为地面流水;地下水在某些地方又可以以泉水形式流出地表,成为地面流水。地面流水汇聚成河流,流向湖泊和海洋。大江、大河的水源往往表现为多种形式,例如我国的长江,发源地在唐古拉山主峰格拉丹东雪山一带,由冰川融化的雪水供给,沿途还不断有雨水、地下水及各支流水的补给,最后汇成举世闻名的长江。

二、地面流水的类型

地面流水通常按其水源补给特点分为常年流水及暂时性流水两类。常年流水是有稳定水源补给的水流,这种水流通常都有相对固定的流水渠道。暂时性流水是指在降雨以后或雨季才有水流动的地面流水。

1. 片流(Sheet flow)

无固定水道、沿整个斜坡流动的暂时性流水称片流。片流的特点是流速小、水层薄、无固定流向,呈网状细流。

2. 洪流(Flood flow)

随着片流的进一步发育,汇聚到沿沟谷流动,但无固定流向的线状暂时性流水称洪流。洪流的特点是流水动能大、流量大、流速快、机械冲击作用强,具有加深、拓宽沟谷的作用,受季节性影响较大。

3. 河流(River)

在固定的线状河床中流动的经常性水流称河流。河水来源于大气降水、冰雪融化、湖泊沼泽等地表水体及地下水的补给。地下水通常不是河流水的重要来源,但却是最稳定的补给,构成河流的基本径流。河水的流动是塑造地表地貌的重要地质营力。

三、地面流水的运动

(一)流水质点的运动方式

根据实际观察与室内试验研究,流水的质点具有层流、紊流、环流、涡流等运动方式。

1. 层流

层流(Lamellar flow)水质点在流动过程中相对位置保持平行的一种水流[图10-1(a)]。层流中所有水质点均平行于水流方向以不同的流速流动,不同流速的水层彼此在平坦的接触面上滑动。层流在地面流水中极少存在,仅局部出现在平滑地面上的薄层片流中和河内接近平坦河床的一层厚不过几毫米的水层中。层流流动缓慢、动能微小,流动稍快时则变为紊流。流水从层流转变为紊流时的速度称临界速度。

2. 紊流

紊流(Turbulent flow):水质点在流动过程中彼此间相对位置随时变换的一种水流,[图10-1(b)]。紊流几乎存在于一切地面流水中,只有部分片流例外。紊流的产生原因是当流体的流速快于某一临界值后,在流体内不同流速水层分界面上,内摩擦力使分界面不稳定,从开始时的波状发展成为复杂的漩涡。紊流的流速处于脉动变化状态,紊流产生的上升流,其流速可达水流水平流速的4%~8%。由紊流产生的上举力,是促使泥沙进行悬浮运动的原因。

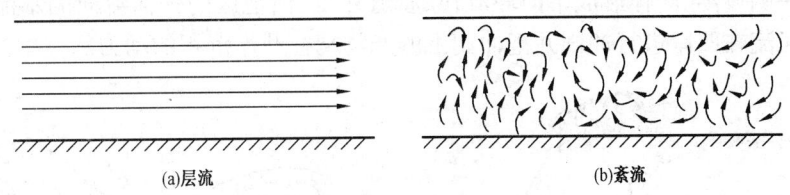

(a)层流 (b)紊流

图10-1 层流和紊流

1883年,英国人雷诺用实验方法研究了水流从层流向紊流的转变。雷诺发现从层流转变为紊流的水流速度为:

$$v = Re \cdot \frac{\mu}{\rho d}, \text{即} Re = \frac{v\rho d}{\mu}$$

式中 Re——雷诺数,无量纲;

μ——流体粘滞系数,g/(cm·s);

ρ——流体密度,g/cm³;

d——管径,cm;

v——水流速度,cm/s。

Re 的物理含义为流体惯性力($v^2\rho d^2$)与流体粘滞力($vd\mu$)之间的比率关系。显然,不同流体(如纯水与煤油)的 Re 不同,Re 越大,即惯性力大,越容易出现紊流。一般流水的 Re 小于2320时为层流,Re 大于2320时为紊流,因此,Re 决定了流动的性质。Re 的地质意义在于,对一定流体的流动来说,其 Re、ρ、μ 一定时,从层流转变为紊流的 v 与 d 成反比,这一点正确解释了自然界层流分布的规律,即过水断面越大,出现紊流的临界速度越小。

3. 环流

环流(Circular current)水质点作螺旋形的运动,在过水横切面上的投影为环状故名环流。环流有以下几种形式,各自成因不同。

(1)单向环流。

单向环流(Single circular current)水质点的运动轨迹在过水横断面上的投影为单向的环(图10-2)。单向环流普遍存在于自然界河流和洪流的转弯处。当水流循弯道转弯时,水流产生惯性离心力:

$$F = \frac{mv^2}{R}$$

从式中可看出,惯性离心力与质量(m)、流速(v)的平方成正比,与弯道的曲率半径(R)成反比。由于水流在不同深度处有不同的流速,并一般以水深 3/10 处最快,由此向河底急剧变慢,因此离心力一般以水深 3/10 处最大,向河底急剧减小。水质点在惯性离心力作用下,朝弯道的凹岸方向偏离,即水质点从弯道的凸岸流向凹岸(图10-2、图10-3)。结果,凹岸处水面涨高,水面高出平均水面,而凸岸处的水面相对低于平均水面,从而使凹凸岸之间产生水位差。在此水位差作用下,凹岸处水体被迫下沉,水从河底流向凸岸,于是出现了单向环流。凹岸水面高于凸岸,水不从水面上流向凸岸,这是离心力持续作用的结果。水流向下游流动,单向环流水质点的运动轨迹是单向螺旋流,据测量,单向环流的侧向流速可达水流纵向流速的10%~30%,呈单向环流的流水,斜向下游冲向凹岸。即使在平直河段,在科里奥利力影响下,水流也会向一侧偏离,同样形成单向环流,除赤道外,任何地区的任何流向的水流都如此。单向环流是使河流在凹岸进行冲刷并把冲刷下的产物携往凸岸沉积的动力。

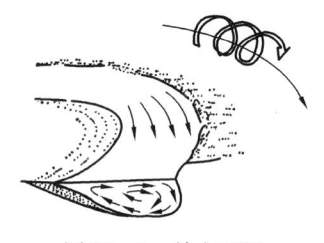

图10-2 单向环流

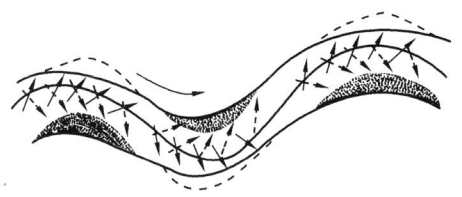

图10-3 曲流段环流

(2)双向环流。

双向环流(Double circular current)水质点的运动轨迹在过水横断面上的投影为两个环,它们是旋转方向相反的两股螺旋流(图10-4)。双向环流的产生完全是由于河水较深的平直河流因水位涨落或过水横切面面积改变引起的。由于河水和河岸泥砂砾石之间有粘附力,加之河心流速快,上游水量突变时,导致河水出现暂时涨水或暂时消水的现象,此时河心水面比河岸水面变化快。当水位上涨时,河心出现涨水现象,横剖面上河面呈上凸形;当水位下落时,河心出现消水现象,横剖面上河面呈下凹形。水面不平而出现横比降,从而引起水质点的双向环流。由于河水向下游流逝,这种环流表现为两股螺旋流。双向环流是河床发生冲刷或泥沙沉积的原因之一。

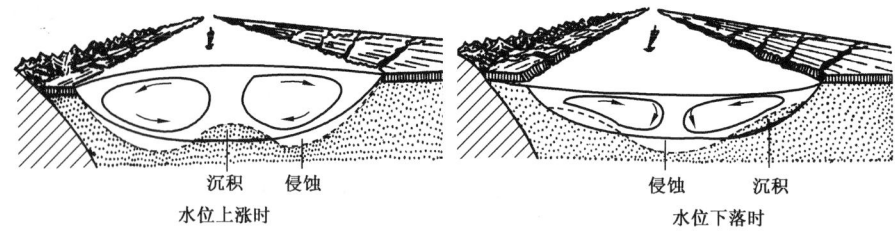

图10-4 直河段的双向环流

4. 涡流

涡流(Eddy current)河流中水质点绕轴旋转的现象。旋转轴有竖直的和水平的两种。河流中出现涡流的原因是水体具粘滞力。河湾中的水、河中障碍物下游的水或河底凸起物下游的水,因受阻流速变小,而水体粘滞力紧靠水流快的一侧,被水流带动而跟着流动起来,致水压力变小;而另一侧的流速小、压力大,水向水流一侧流动,于是形成绕轴旋转的涡流。河流中产生涡流的地方比较多,如河床不平会产生轴近水平的涡流[图10-5(a)],河道急转弯、支流的注入以及桥墩、沉船的阻挡,均可产生轴近竖直的涡流[图10-5(b)]。涡流一旦形成,会顺流向继续存在一段距离,然后变小而消失。涡流改变河流内泥沙的运动,造成局部泥沙沉积,也引起河床局部侵蚀。

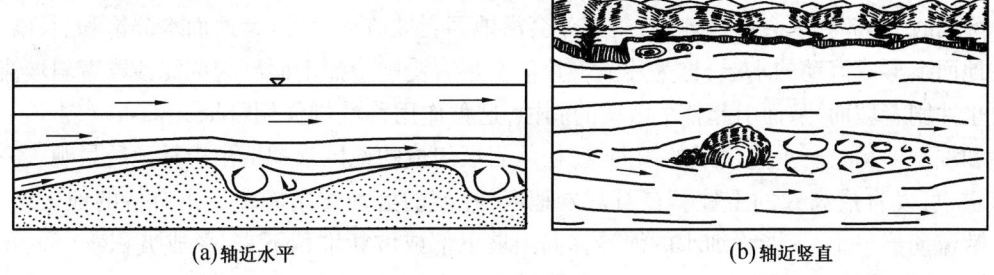

(a)轴近水平　　　　　　　　　　(b)轴近竖直

图10-5　涡流

(二)流速、流量与流水的动能

流速和流量是河流的两个重要水文指数。流速无论在横断面的每一点或在不同河段的某一点都是不同的。在河床底部及两侧具有最大摩擦阻力,因而流速最慢;在河床中央附近的水面水流最快,通常将其称为主流线。主流线随着河道的弯曲可以向某一岸侧偏移,由主流线水面向下约1/3处是水流流速最大点的位置。通常我们所说的河流流速指的是平均流速,精确测量平均流速是很困难的,平常使用的方法是将最大流速的6/10作为平均流速。

流量是指单位时间内通过河床断面的水量。一条河流的流量在一定的期间是一个常数,当其流经窄河床时,必然水层加厚、流速增大;当其流经宽河床时,水层减薄、流速减慢。

水体具有一定的质量,在其运动中具有一定的动能,河流拥有巨大的动能。所以,地面流水在流动过程中积极地改造着地面,是分布最为广泛的一种外营力,其动能大小与流量及流速有关,可以用下式表示:

$$E = \frac{1}{2}Mv^2$$

式中　E——流水的动能;

　　　M——流量;

　　　v——水流速度。

可见流水动能的大小与流量、流速的平方成正比,即流量与流速越大,流水的动能越大。流速决定于坡度,坡度越大的地方流速越快,动能也越大。流水流动过程中开凿了巨大的峡谷,建造了辽阔的平原,不愧为塑造大地面貌的雕塑家。

第二节　地面暂时流水的地质作用

地面暂时流水包括片流和洪流两种,它们一般随降雨过程产生和消逝。降雨及其产生的片流和洪流是剥蚀地面的重要动力之一。

一、雨蚀作用与片流剥蚀

雨滴可以100m/s的高速度从高空降落,当其撞击地面时,可将泥沙溅起,溅起的高度可达几厘米至几十厘米。这一过程如果发生在光秃的山坡上,尽管有一部分颗粒被溅到上坡方向,但大部分颗粒在雨滴的作用下有利于颗粒向下坡方向溅落,在片流作用下向下运移,因而山坡受雨滴的冲击而逐渐降低,这种作用称为雨蚀作用。雨水中还有一定的化学溶蚀作用,因为其中含有多种元素和离子,对岩石有腐蚀作用,特别是在碳酸盐岩地面上,雨水的溶蚀作用十分重要。

降雨时,一部分水会渗入地下,一部分会沿地面斜坡流动,特别是地面水分饱和后,雨水主要在地面上形成流动的水层,称为片流。片流携带着受雨滴撞击而溅起的泥沙顺着斜坡流动,同时也冲刷着坡面,从而引起整个山坡的剥蚀,这种作用称洗刷作用(Sheet wash)(图10-6)。雨蚀和洗刷作用具有垂直侵蚀的倾向,在松软岩层组成的地区常塑造出土林地貌景观,若有石块保护,可发育成高耸的土柱。在石灰岩地区,片流的溶蚀作用能塑造出奇特的地表岩溶地貌。片流动能很小,只能将细小的泥沙移向山坡下部或坡麓堆积下来,形成坡积物(Slope materials 或 Diluvial)。坡积物粒度细、土质松软,其分布区是山区重要的耕植场所。坡积物分布于山坡下部,围绕坡麓披盖,形如衣裙状,称为坡积裙(Talus fan)。

我国的黄土高原植被稀少、土质松散、降雨时间集中,因而洗刷作用显得十分强烈,造成沟壑纵横的恶劣地形。

二、洪流地质作用

片流沿山坡的最大斜面流动,当其汇积于沟谷中,便形成有集中流道的洪流。网状支沟的洪流水量较小,当其不断地倾入主沟时,便可形成势不可挡的山洪。主沟的洪流在陡峻的山谷中下泻,水量集中,流速很大,具有强大的动能,能挟带着大量泥沙、碎屑和巨大的滚石,对沟底及沟壁进行猛烈的冲击、破坏,具有强大的冲刷作用。由洪流切割形成的槽地称冲沟(Gully)(图10-7),在洪流的作用下冲沟向源头方向延伸的现象,称为溯源侵蚀。

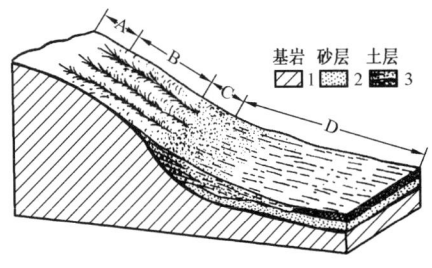

图10-6 洗刷作用强度在斜坡上的分布图
(据 E. B. 采桑尔改编)
A—弱洗刷带;B—强洗刷带;C、D—堆积带

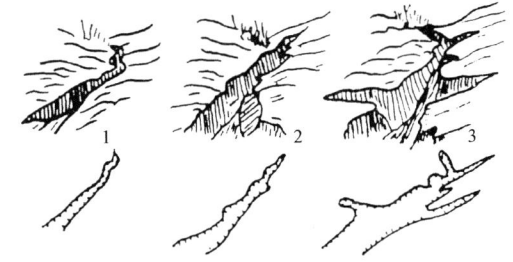

图10-7 冲沟的形成和发展示意

洪流流出沟口后,无侧壁约束,水流散开,被搬运的物质在沟口堆积下来形成洪积物(Proluvium),洪积物堆积的地形通常呈扇形分布,故称为洪积扇(Proluvial fan)。洪积扇实际上是一个由山口向前方及两侧倾斜的半锥体,扇体可在每一个山口形成和加大,相邻的许多洪积扇可以连接起来,形成洪积裙,由于地壳运动或水量的变化,老的扇体可被冲开并在其上或前方生成新的扇形体,称为联合洪积扇(图10-8)。

图 10-8　四川炉霍县的洪积扇、多级联合洪积扇（据胡承祖，1973）

洪积物是快速堆积的产物，由于搬运距离不远，因而它具有颗粒粗大、粗细混杂、分选性和磨圆度很差、层理发育不良等特点。

第三节　河流的基本特征

一、河流的有关概念

受降水、冰雪融水及地下水所补给，沿地表狭长谷地经常或周期性流动的天然水流称河流。河流的长度不等，一条大的河流向上游追索，会发现它像树枝一样不断分叉，由主流先分出第一级支流，一级支流再进一步分为二级、三级支流……。结果就形成一个庞大的地面水流网，称水系（Drainage system）。一个水系的地面流水最后会汇聚在一个主流中，这个水系所包括的区域，称流域（Watershed）。相邻两个水系（或流域）之间由分水岭（Water divide）隔开。通常将最长的源头至河口的水道称主流，其余则为支流。所以，主流有主流的流域，支流有支流的流域；所有支流流域都包括在主流流域之中（图 10-9）。

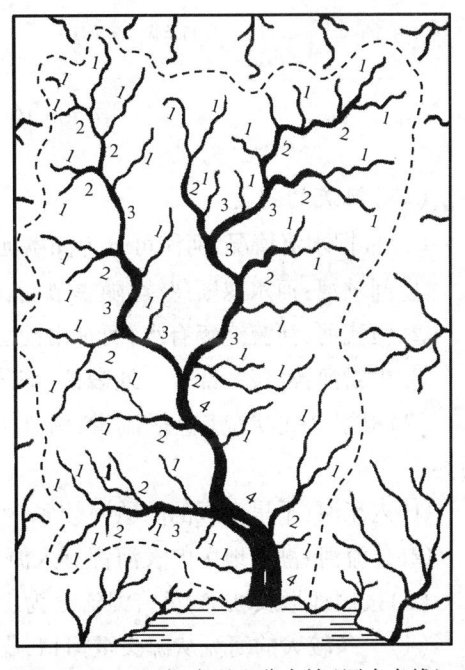

图 10-9　流域、水系和分水岭（图中虚线）
1—一级支流；2—二级支流；3—三级支流；4—主流

（一）水系的形态

水系在平面图上的几何形态常反映流域内的岩性、地貌、地质构造等特征，它是研究流域内地质构造、构造运动等的重要标志。水系可分为以下几种形态：

（1）树枝状水系：主、支流组合呈树枝状，常见于岩石强度的差异性小或地层平缓或岩浆体分布，以及松散沉积覆盖的平坦地区[图 10-10(a)]；

（2）向心状水系：在穹窿或盆地地区河流呈环状分布[图 10-10(b)]，局部受断层沿构造

轴部或在盆地内;

(3)格子状水系:主、支流呈格子状相交,常见于褶皱或倾斜岩层地区,沿构造轴部切割形成平行式河流,并在侵蚀较大的谷坡上发育支流[图10-10(c)];

(4)放射状水系:在穹窿以及火山锥周围,河流自中心部分向四周流动[图10-10(d)]。

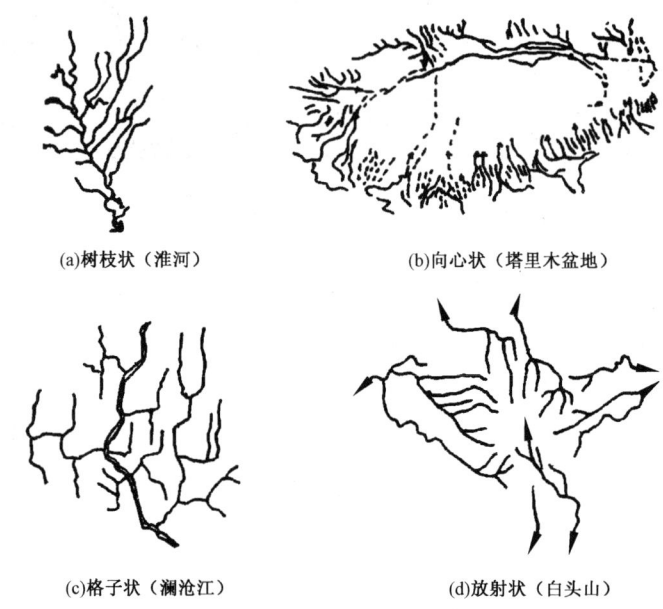

图10-10 水系的几种组合形态

(二)河流的分类

(1)根据水流情况,河流可分为间歇河、恒流河和中断河三类。

① 间歇河:河水忽断忽续,随季节而转移。如干旱地区只有雨季才有流水的河流。

② 恒流河:河流终年有水,河水由雨雪水和地下水补给。

③ 中断河:河流一部分在地表,一部分转为潜流。这种河流在石灰岩区较为常见。

(2)根据水文状况(包括流量、流速及水位等的变化),可将河流分为内流河和外流河两类。

① 内流河:干旱地区的间歇河较多,可形成没有入海口的内流河。

② 外流河:潮湿地区的大河都有入海口,可形成外流河。

(3)按照地形及坡降,可将河流分为山区河流和平原河流。

(4)一条较大的河流从源头至河口,据水系的分区、河谷地形和水文状况的变化,划分为上游、中游和下游。

① 上游(相当河流形成的开始阶段)主要分布在山区,其水源可由山区水系供给,或由冰川融化而来,或是潮湿地区的充沛雨量,经由许多小支流汇集,形成的汇集河网。上游的特点是落差大、水流急、多峡谷,河床中经常出现急滩和瀑布。

② 中游是河流的中段,一般特点是河道坡度变缓,河床逐渐拓宽和曲折,两岸有滩地出现。

③下游是河流接近出口的部分。河流下游的特点是河床宽、坡度小、流速慢,河道中淤积作用较显著,浅滩到处可见,河曲发育。

(5)按河流发育阶段,又可分为幼年期、壮年期、老年期河流。

幼年期属河流发育的初期阶段,山区河流多属此类型;壮年期或老年期河流多属平原河流。同一河系,上游可属幼年期,中游属壮年期,下游则属老年期。河系上游的幼年期河流由许多支流汇成主流,以侵蚀作用为主;至中游发育成壮年期,形成泛滥平原;至下游的海、湖岸边发育成老年期,呈网状分叉,恰与幼年期支流汇集河网的情况相反,产生很多分流和分泄,最后汇集于湖泊和海洋。

二、河谷

河谷(River valley)是由流水切割形成的谷地,它包括谷坡和谷底两大部分,与相邻的河流之间由分水岭相隔。河谷两侧的斜坡称谷坡(Valley wall),谷坡的横剖面形态变化很大,有简单倾斜、上凸、下凹及阶梯状等不同形态。河谷两侧谷坡坡麓之间的平坦部分为谷底(Valley bottom),谷底经常被流水占据的部位为河床(或河槽)(Stream bed),平水期露出水面的部位为河漫滩。谷底宽度差别很大,有的只有跨步即过的宽度,有的可达数千米。在有些特殊河段(如峡谷段)也可只有河床,没有河漫滩。

通常把谷坡、谷底和河床称为河谷的形态要素(图10-11)。

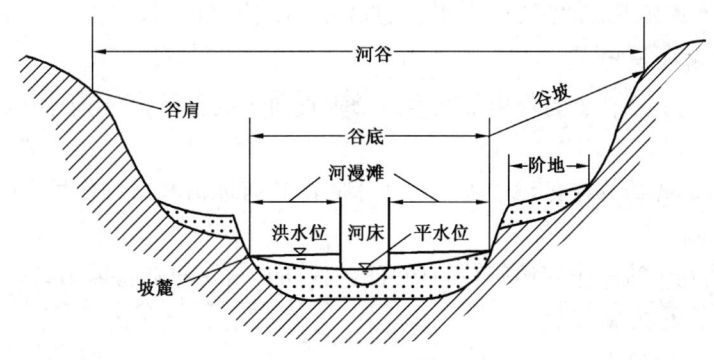

图10-11 河谷的形态要素

河谷形态按谷坡的斜度、高度,以及谷坡高度和谷底宽度之间的比例大体可分为"V"字形谷、"U"字形谷和碟形谷三种。一条很长的河谷,通常可分上游、中游及下游,谷底很窄的"V"字形谷和"U"字形谷是上游河谷特征;谷底较宽的"V"字形谷和"U"字形谷是中游河谷特征;碟形谷是下游河谷的典型特征。

河谷在纵向上的变化更为复杂,不同流段有不同的河谷形态,有时奔流于高山峡谷之中,有时又九曲回肠于广阔的平原之上。

河水因重力驱动向下游流动,从源头至河口可将河床水面连成一条弧形曲线,称为河流纵剖面。在纵剖面上,单位长度与水面降低高度的反比数值称为河床的纵比降,纵剖面和纵比降是一条河流的重要特征之一。如果从源头至河口沿河床地面也连成一条线,则称为河底纵剖面。因河床沿线每点深度不同,河底有深塘也有浅滩,因而河底纵剖面线不是平滑的曲线而是一条波状或锯齿状的曲线。

第四节 河流的地质作用

一、河流侵蚀作用的方式

河流对地面的侵蚀作用（Erosion）有冲蚀（用水力）、磨蚀（利用挟带的砾、砂）和溶蚀三种方式。

（1）冲蚀作用。流水本身的能量冲击河床及两岸的岩石，使河床遭到破坏，这种作用称为冲蚀作用。在水流湍急的上游地段及松软岩石、松散物质分布的地区，冲蚀作用显著。

（2）磨蚀作用。流水携带着泥沙和大小不同的砾石，在流动过程中磨损河床及两岸岩石的作用称为磨蚀作用。磨蚀作用可使河流中的砾石及碎屑的棱角被磨去而逐渐变圆、变细。在暴雨及洪水季节，河流的中上游地区磨蚀作用明显。

（3）溶蚀作用。河水溶解河床两岸的易溶岩石从而破坏河床，这种作用称为溶蚀作用。在石灰岩、石膏等易溶岩石分布地区，溶蚀作用较为显著。

水对岩石的化学溶蚀过程是看不见的，对其溶蚀力也很难计算和估计，但河水对河床及谷坡的机械冲蚀和磨蚀作用是很容易观察到的，其宏观效果就是河谷的不断加深和扩宽。

二、河流的下蚀作用

河流侵蚀河床使其不断加深的作用称下蚀作用（Vertical erosion）。

（一）下蚀作用的原因

（1）顺坡而下的流水在重力作用下产生一个垂直向下的分量，作用于河床的底部，一般坡度越陡下蚀作用越强。

（2）河流挟带的碎屑物在运动过程中对河床底部具有撞击和磨蚀作用，尤其是山区河流，在洪水期尤为明显。

（3）涡穴作用是由流水中急速旋转的涡流所引起的，它促使砾石像钻具一样作用于河底。河底上被钻出的坑，称为涡穴。

（二）下蚀作用的结果

1. "V"字形河谷

从整个河床的纵剖面来看，其下游河段通常已经丧失下蚀能力或表现十分微弱。从中游河段向上，下蚀作用强度逐渐增大。在河流的上游以及山区的河流，由于河床的纵比降和流水速度大，因此河流的动力在垂直方向上的分量也大，从而产生较强的下蚀能力，这样使河谷的加深速度快于拓宽速度，从而形成在横断面上呈"V"字形的河谷，也称V形谷。我国长江上游的金沙江河谷，谷坡陡、谷底窄，横断面为"V"字形，著名的金沙江虎跳峡的江面最窄处仅40~60m，最陡的谷坡达70°，峡谷深达3000m。

2. 急流和瀑布

由于不同河段的岩性差异，其抵抗剥蚀的能力也不同，由坚硬岩石组成的河床，抗剥蚀能力强，下蚀作用的速度较慢，河床相对凸起，而由较软岩石组成的河床，抗剥蚀能力弱，下蚀作用的速度较快，河床相对下凹，从而在河床的纵剖面上形成缓、陡坡交替出现的阶梯。在较陡的河床上，流水急，出现水花，形成急流，急流常具有更强的剥蚀能力。在长期的下蚀作用下，在河床的陡、缓交界处，陡坡下部岩石（软的岩石）不断地被剥蚀，而上部的坚硬岩石还保存下来,使河床在纵剖面上出现直立的陡坡。河水从陡坎处直泻而下就形成了瀑布,如我国贵州的黄果树瀑布(图10-12),河水从58m高的悬崖上倾泻而下,极为壮观。瀑布一般在河流的上游较发育。

3. 向源侵蚀作用

河水从陡坎直泻而下具有很强的下蚀能力,除水落差产生极大的冲击力破坏河床外,还以挟带的沙石磨蚀、撞击河床,跌落后翻起的河水或沙石不断破坏陡坎的基部岩石,使陡坎下部的岩石被淘空,形成壁龛。当壁龛不断扩大,壁龛上部的岩石由于失去支撑力而崩塌,便形成新的陡坎,于是陡坎的位置就不断向上游移动。美国尼亚加拉瀑布以每年1.3m的速度向上游移动,我国第二大瀑布黄河壶口瀑布平均每年后退5cm。瀑布后退(图10-13)河床不断加深,河床纵剖面坡度渐渐变小,瀑布消失。同样的道理,急流也向上游发育并逐渐消失。

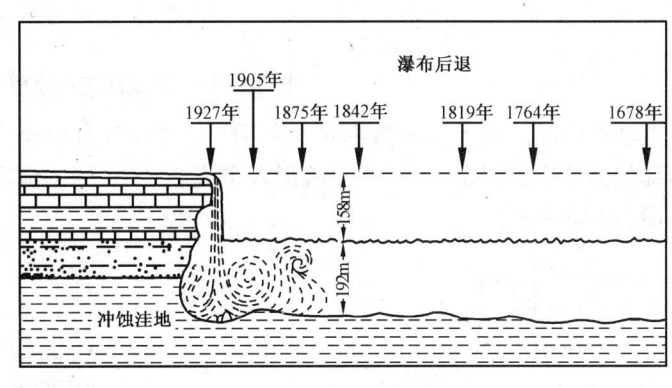

图10-12 贵州黄果树大瀑布　　　　图10-13 北美尼亚加拉瀑布后退示意图(据Gilbert)

从瀑布和急流向上游发展并逐渐消失的现象不难看出,下蚀作用在加深河谷的同时,还使河流向源头发展,加长了河谷。我们把河流向源头发展的侵蚀作用称为向源侵蚀作用。河流的源头部分大都存在跌水地段,该处下蚀作用最强,与瀑布、急流后退的现象类似,河流形成后,因向源侵蚀作用,河谷不断向源头方向延伸,加长河谷,直至分水岭。由于自然界种种因素(如水量、地形、岩性、构造等)的影响,不同地区的河流下蚀作用强度和速度是不一样的。若位于同一分水岭两侧的两条河流,如果其中一侧的河流下蚀作用较强、下蚀速度快于另一侧的河流时,其河谷可先发展到分水岭,迫使分水岭不断向下蚀作用弱的河流靠近,最后下蚀能力较强的河流侵蚀到下蚀作用较弱的河流,并夺取了它上游的河水,使其流入自己的河流中,这种现象称为河流的袭夺现象(图10-14)。当河流袭夺现象发生后,被袭夺河流的上游或支流以急转弯的形式流入新的水系,袭夺处的这个急转弯称袭夺弯(Elbow of capture),被袭夺的河流称为断头河(Beheaded river),它的水量大减,甚至会出现干谷河段。

4. 下蚀极限与河流平衡剖面

河流的下蚀作用不可能无休止进行下去,而是有一个极限,我们把这个极限称为侵蚀基准面(Base level of erosion),有入海口的河流通常以河流入海口的海平面作为该河的侵蚀基准面。实际上河底降低的最大限度应是河口处的河底海拔高度。河床由河口向上逐渐抬高,如果河流的下蚀使河床的每一段都降低到仅能维持水体流动所需的最小斜度时,此即河流的平衡剖面(Profile of equilibrium)(图10-15)。河流的侵蚀基准面可分为最终侵蚀基准面和局部

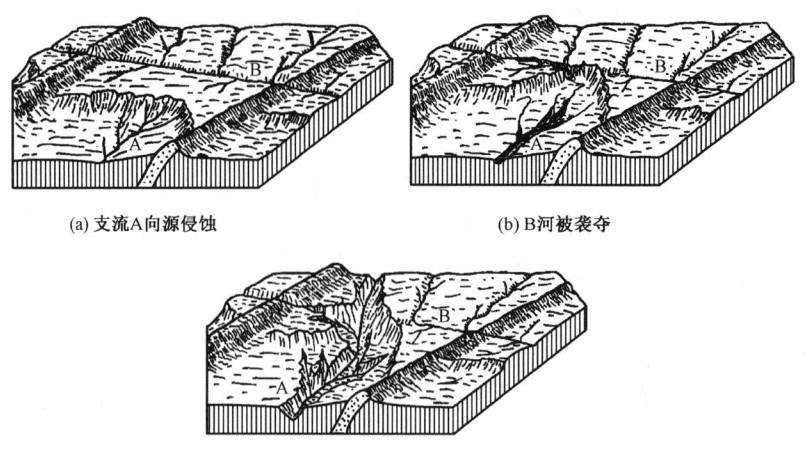

图 10-14 河流的袭夺原理

侵蚀基准面。陆地上大多数河流最终都注入海洋,所以海平面应是河流的最终侵蚀基准面。局部侵蚀基准面很多,如一些支流汇入主流或湖泊,则主流水面或湖泊水面即为其局部侵蚀基准面(图 10-16)。

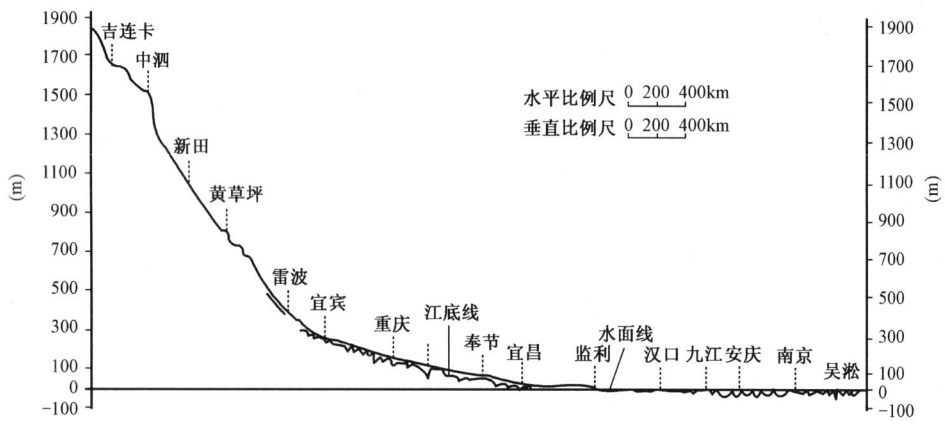

图 10-15 长江的河床纵剖面

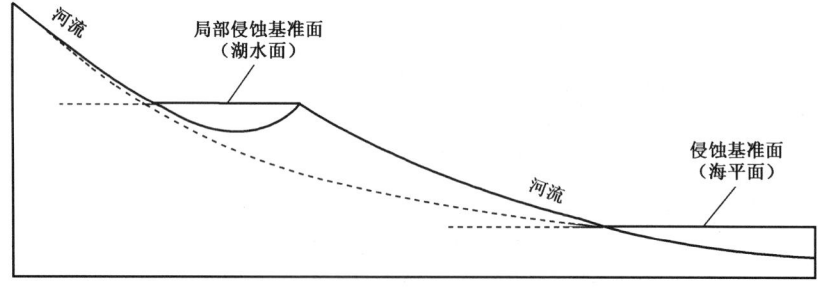

图 10-16 侵蚀基准面和局部侵蚀基准面之间的关系
(据夏邦栋,1984)

三、侧蚀作用与侧向堆积作用

河流侵蚀谷坡使河谷不断扩宽的作用,称侧蚀作用(Lateral erosion)。河流侧蚀作用不断掏挖河床两侧的谷坡,其结果是使谷坡后退,谷底加宽,并引起河床的左、右迁徙。引起侧蚀作用的主要原因主要是河流弯曲所致,另外受科里奥利力的作用可使河流的一侧侵蚀能力加强。

(一)科里奥利力的作用

科里奥利力是由地球自转引起的,又可称为地转偏向力(图10-17)。地球上一切运动着的物体,都将产生运动方向上的偏离,北半球向右岸,南半球向左岸。流向近于南北向的河流,因科里奥利力的作用,北半球河流的侧蚀中的水流总是偏向右岸,南半球总是偏向左岸。由于科里奥里利力较小,而且河道曲折多变不会永远保持南北向,因而对侧蚀作用影响不是很大。

(二)弯道环流作用

河道在转弯处,主流线因惯性而偏向凹岸,使凹岸一侧水体壅塞,水面高于凸岸,迫使凹岸的水体下沉形成底流,并沿河底返回凸岸一侧。

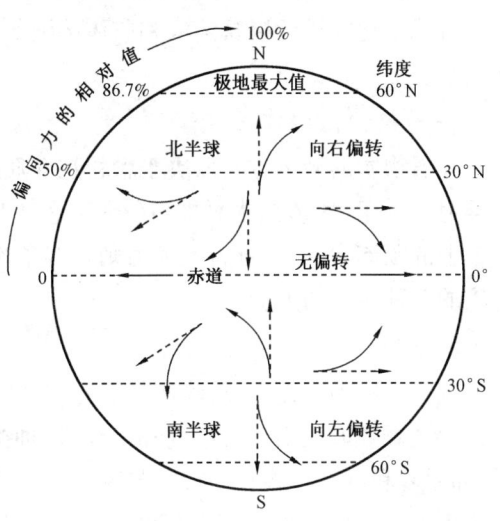

图 10-17 地转偏向力

上述过程是在河水流动中完成的,在三度空间上是一种螺旋流,称为单向横向环流。螺旋流不断掏蚀和冲蚀凹岸,使凹岸一侧逐渐后退,垮落下来的碎屑或岩块被底流带向凸岸,因水流分散、流速降低而发生沉积,在流量和流速保持不变的情况下,河床横切面形态应保持不变。为保持平衡关系,在凹岸被侵蚀后退时,凸岸一侧应有与凹岸侵蚀量相等的沉积物沉积下来,就这样,凹岸不断后退,凸岸不断前进(图10-18)。

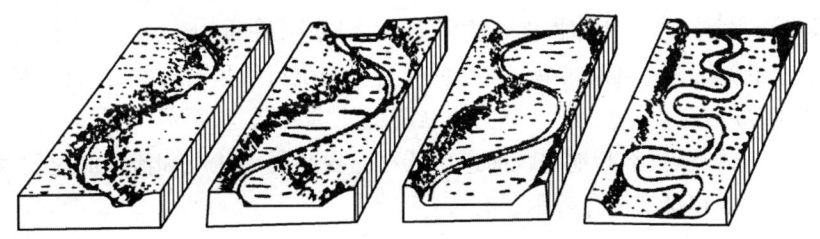

图 10-18 侧蚀作用使河谷加宽和形成河曲、蛇曲的过程
(据 C. R. Long well,稍有补充)

河流侧向侵蚀和侧向沉积作用的第一个直接结果是使河谷谷底不断拓宽;第二个结果是使河床的曲度增加,辗转流动于开阔的谷底上,形成一个曲流带;第三个结果是使相邻两个凹岸会逐步靠近,而且可以使河道发生截弯取直现象,原先的旧河弯被废弃或演变为牛轭湖(Oxbow lake)。

第五节 河流的搬运作用

一、河流的搬运方式

河流的搬运作用既有机械搬运也有化学搬运,但以机械搬运为主,包括推移、跃移和悬移三种方式。化学搬运以真溶液和胶体溶液的形式进行,生物的搬运作用与前两种类型相比意义较小。

(一)机械搬运作用

碎屑物质的搬运方式取决于颗粒在介质中的受力状况。流体作用于碎屑颗粒上的力主要有浮力(F)、重力(G)、水平推力(P)和垂直上举力(R)。水平推力(简称推力)是流体作用于颗粒上的顺流向的力,垂直上举力则是有紊流的扬举作用和流体由于不同深度的速度差异而产生的一种向上的力。

1. 推移

流体在运动过程中,对碎屑物质有一个向前的推力,当 $P \geq f \cdot (G - F - R)$ 时(f 为摩擦系数),碎屑颗粒开始沿底面滑动和滚动,这种搬运方式叫推移。被推移的物质一般为粗碎屑物质,如粗砂和砾石。颗粒的重量与颗粒的半径的立方成正比,如果碎屑颗粒成分相同或相似,显然粗大的颗粒需要较大的推动力,才能克服摩擦力而移动,细小的颗粒只需要较小的推动力便可向前移动,简言之,砂比砾石更容易搬运。如果碎屑颗粒的成分不同,则密度大者需要较大推力才能移动,而密度小者需要较小的推力就能移动。碎屑颗粒的形态也是重要的影响因素,球形颗粒容易被推移产生滚动,椭圆形颗粒次之,扁圆形或球度低的颗粒在较大的推力条件下才能产生滚动,一般多产生滑动。

2. 跃移

在搬运过程中,碎屑物质沿地面呈跳跃方式向前移动的过程叫跃移。一般来说,细砂、粉砂的搬运方式以跃移为主。当 $R \geq G - F$ 时,碎屑颗粒就会从地面上跃起,并在推力作用下向前移动,当颗粒上升到一定高度时,上举力就会大大减小,在重力作用下,颗粒再次落到地面上。上举力减小的原因是由于颗粒跃起后,颗粒上下的绕流线呈对称状,并且颗粒上下流体速度差也明显变小,导致压力差减小,上举力也就降低。颗粒跃起、降落,再跃起、再降落,这种过程反复的进行,碎屑颗粒就不断地跳跃前进。跃移主要与受力状况和流体的速度有关,但还与颗粒大小、形状、性质和排列情况等因素有关。

3. 悬移

细小的碎屑颗粒在流体中,由于 $R + F \geq G$,故不易沉到底部,总是呈悬浮状态被搬运,这种搬运方式称悬移。悬移主要发生在紊流中,流体的紊流作用使得上举力大于碎屑颗粒的重量,其结果使细小的物质悬浮在流体中搬运。影响碎屑颗粒是否呈悬浮方式搬运的因素除紊流作用和颗粒大小之外,还有颗粒形状、密度和流体的粘度等因素。在相同的流速条件下,粒径小、密度小的颗粒易于悬浮,而粒度大、密度大的颗粒则不易于悬浮。

(二)化学搬运作用

母岩经化学风化、剥蚀作用分解的产物(溶解物质)呈胶体溶液或真溶液的形式被搬运称化学搬运作用。Al、Fe、Mn、Si 的氧化物难溶于水,常呈胶体溶液搬运;Ca、Mg、Na 等元素所组成的盐类,常呈真溶液搬运。

1. 胶体溶液搬运

低溶解度的金属氧化物、氢氧化物和硫化物,常呈胶体溶液被搬运。胶体溶液的性质介于悬浮液和真溶液之间,在普通显微镜下不能识别。胶体质点极小,存在着布朗运动,因此重力影响微弱,使得胶体能够搬运较远的距离;胶体质点常带电荷,当胶体具有相同符号的电荷时,因排斥力而避免胶体聚集成大颗粒,有利于搬运;有机质的护胶作用可使胶体在搬运过程中保持稳定。当胶体进入海洋或湖泊中,由于化学条件发生变化,搬运过程结束,胶体凝聚沉积。

2. 真溶液搬运

母岩风化、剥蚀产物中,Cl、S、Ca、Na、Mg 等成分多呈离子状态溶解于水中,即呈真溶液状态被搬运,有时 Fe、Mn、Al、Si 也可呈离子状态在水中搬运。可溶物质能否溶解、搬运或者沉淀,与其溶解度有关,可溶物质的搬运或沉淀还与水介质的酸碱度(pH 值)、氧化—还原电位(Eh 值)、温度、压力等一系列因素有关。

二、泥沙启动与流速的关系

1935 年,尤尔斯特隆在进行水槽试验之后提出了一个流速与颗粒启动的关系图解,人们称之为尤尔斯特隆图解(图 10-19)。从图中可以看到如下规律:

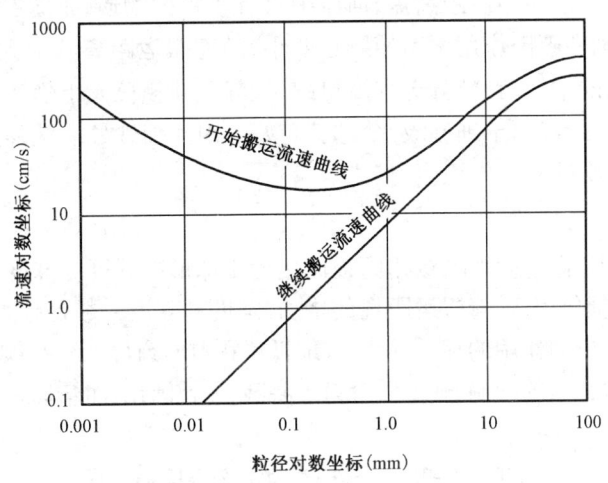

图 10-19 颗粒的启动、搬运、沉积与流速的关系

(1)颗粒开始启动所需的流速比启动后维持正常搬运的流速要大。

(2)0.05~2mm 粒径的颗粒最易启动,所需启动流速最小,表明细砂及中砂在水中最易移动,是流水搬运物中最活跃和移动方式多变的物质,而且启动和沉积两者的临界流速差较小。

(3)大于2mm 的颗粒与小于0.05mm 颗粒的启动流速都分别随粒度增加和减少而加大。表明很细的粘土类物质因粘结力增大,也不易启动,但一经启动就只要很小的维持流速即可搬运。小于0.004mm 的颗粒,即使在流速极小的流水中也不会沉积。另外,粗大颗粒的启动和沉积临界流速差很小,说明它们难以被搬运但极易被沉积的特性。

三、机械搬运力与搬运量

河流的机械搬运力有一个通用的公式,即被搬运物的重量与流速的6次方成正比,当流速增大1倍时,被搬运颗粒的重量将增大64倍。人们在山区河床上常可看到各种大小的石块,有的重达数十吨,显然这是以前的洪水搬来之物;在河流的下游河床上看到的尽是一些较细的卵石和砂,表明上、下游的搬运力相差很大。

河流的机械搬运量是非常巨大的,每条河流由于流速、流量,特别是流域自然地理因素等不同,其机械搬运量相差很大。

四、机械搬运与碎屑物质的变化

碎屑物质在长距离搬运过程中,由于颗粒间的碰撞和摩擦,流体对颗粒的分选作用,以及持续进行的化学分解和机械破碎,使得矿物成分、粒度、分选性和外形都发生变化。

(一)矿物成分上的变化

由于搬运过程中的化学分解、破碎和磨蚀作用,随着搬运距离增长,不稳定组分如长石、镁铁矿物等就会逐渐减少,而稳定组分如石英、燧石等含量就会相对增加。

搬运过程中的破碎和磨蚀作用对矿物成分的影响,许多学者作了研究,一般来说,软的、耐磨性低的、易碎的矿物,容易磨损甚至消失,反之,就易于保存而含量相对增加。重矿物随远离侵蚀区,其含量明显减少。

(二)粒度和分选性的变化

粒度是指碎屑颗粒的大小,分选是指颗粒大小趋向均一的程度。随搬运距离的增长,沉积颗粒越来越细。河流上游因搬运距离短,河床中只有较粗的物质;下游搬运距离远,河床中物质则较细。另外,磨蚀和破碎作用不断使颗粒变小,随着搬运距离的加大,使细小的颗粒不断增加。随着搬运距离的增加,颗粒分选程度也越来越高,即颗粒大小趋向于一致。但分选性还与粒度有一定关系,即越趋向于细砂级,分选就越好。因为细砂最活跃,易于沉积也易于搬运,因此可以受到不只一次的分选作用。

(三)圆度和球度的变化

圆度是指碎屑颗粒搬运过程中,棱角磨损而接近于球形的程度。球度则是碎屑颗粒接近于球形的程度。由于磨损作用,随着搬运距离的增长,圆度和球度一般是越来越高,特别是在搬运初期,圆化较为迅速。碎屑作用的存在,可部分地抵消颗粒的圆化。碎屑颗粒的圆化还受到矿物物理性质、搬运方式等因素的影响,硬度低者易于磨圆、颗粒圆化,而悬移难使颗粒圆化。

第六节 河流的沉积作用

河流的沉积作用可以在沿河的每一个地方进行,其覆盖宽度与谷底宽度一致,甚至许多谷坡上也有河流沉积物分布。

河流的沉积作用是流速降低、动能减小所致,沉积作用除发生在沿河谷底以外,大量沉积发生于山口和河口(最主要是入湖口和入海口)区。河流沉积物称为冲积物(Alluvium)。

一、谷底的沉积作用

在枯水期观察谷底横剖面很容易划分出河床沉积、堤岸沉积、河浸沉积和牛轭湖沉积4种沉积类型。

(一)河床沉积

河床是河谷中经常流水的部分,其横剖面呈槽形,上游较窄、下游较宽,流水的冲刷使河床底部显示明显的冲刷界面，构成河流沉积单元的基底。河床沉积以砂岩为主，其次为砾岩，碎屑粒度是河流沉积相中最粗的，层理发育，类型丰富多彩。河床沉积缺少动植物化石，仅见破碎的植物枝干等残体，岩体形态具有透镜状，底部具有明显的冲刷界面，冲刷面之上有残余的粗碎屑物质，集中堆积成不连续的透镜体，为河床滞留沉积，向上过渡为边滩或心滩砂岩沉积。

河槽一侧由砾、砂堆积而成的斜坡，称边滩(Marginal bank 或 Point bar)。边滩分两部分，一部分被水淹没，称水下边滩；一部分露出水面，称水上边滩，又称滨河床浅滩。水上边滩在洪水期变为水下边滩，因而不会长草，砾、砂大部分是上一次洪水退去后沉积下来的，其形体不固定，下一次洪水过后就可能被重新塑造。

汛期过后，河水逐渐退缩，搬运物也逐渐充填河床底部，至平水期，沉积物露出水面，出现被水包围的心滩(River island)。心滩的形体和位置不是固定的，通常是上游端被侵蚀，尾端因两侧岔河的归并形成双向环流而发生堆积，这样可使心滩逐渐向下游移动；心滩也可因主流线的变换而消失。大面积的心滩表面也能发育成河漫滩，随着河漫滩的形成，心滩也可被固定下来。河床水面因下蚀而降低后，心滩可演变为江心洲。

(二)堤岸沉积

堤岸沉积垂直方向上常发育在河床沉积的上部，相对河床沉积而言，属顶层沉积。与河床沉积相比，堤岸沉积岩石类型简单，粒度较细，以小型交错层理为主。堤岸沉积可进一步分为天然堤和决口扇两个沉积微相。

河流在洪水期因水位较高，河水携带的细、粉砂级物质溢出河道，沿河床两岸堆积，形成平行河床的砂堤，称为天然堤。天然堤主要由细砂岩、粉砂岩、泥岩组成，粒度比边滩沉积细，比河漫滩沉积粗，垂向上突出的特点是砂、泥岩组成薄互层，层理构造以小型波状交错层理、上攀交错层理、槽状交错层理为特征，其垂向序列是下部砂质岩发育交错层理，上部泥质岩则发育水平纹层。

如果天然堤不被破坏，河床随沉积物迅速增厚而升高，最后反而高出旁侧的河漫滩，洪水期河水冲决天然堤，部分水流由决口流向河漫滩，砂、泥物质在决口处堆积成扇形沉积体，称为决口扇。决口扇沉积主要由细砂岩、粉砂岩组成，粒度比天然堤沉积物稍粗，具有小型交错层理、波状层理及水平层理，冲蚀与充填构造常见，岩体形态呈舌状，向河漫平原方向变薄、尖灭，剖面上呈透镜状。

(三)河漫沉积

河漫沉积位于天然堤外侧，地势低洼而平坦。洪水泛滥期间，水流漫溢天然堤，流速降低，使河流悬浮沉积物大量堆积。由于河漫沉积是洪水泛滥期间沉积物垂向沉积的结果，故又称为泛滥盆地沉积。

河漫沉积主要为粉砂岩和粘土岩，粒度是河流沉积中最细的，层理类型单调，主要为波状层理和水平层理，平面上位于堤岸沉积外侧，分布面积广泛。

河漫滩是河床外侧河谷底部较平坦的部分，以粉砂岩为主，亦有粘土岩的沉积；平面上距河床越远粒度越细，垂向上亦有向上变细的趋势；以波状层理和斜波状层理(洪水层理)为主，亦见水平层理，可见不对称波痕；河漫滩常因间歇出露水面而在泥岩中保留干裂和雨痕；化石稀少，一般仅见植物碎片。

河漫滩上长期积水的低洼地带就是河漫湖泊，以粘土岩沉积为主，并有粉砂岩出现，是河流相中最细的沉积类型；层理不发育，有时可见到薄的水平纹层；泥岩中泥裂、雨痕常见；干旱气候条件下，常形成钙质及铁质结核。在潮湿气候区的河漫湖泊中，生物繁茂，可形成丰富的有机质沉积，并可保存较完整的动植物化石。在气候干旱地区，蒸发量增大，河漫湖泊可发展成盐湖,形成盐类沉积。

河漫沼泽又称为岸后沼泽,它是在潮湿气候条件下,河漫滩上低洼积水地带植物生长繁茂并逐渐淤积而成,或是由潮湿气候区河漫湖泊发展而来。河漫沼泽沉积的突出特征是有泥炭沉积,其他特征与河漫湖泊相似。

(四)牛轭湖沉积

弯曲河流的截弯取直作用使被截掉的弯曲河道废弃,形成牛轭湖。牛轭湖沉积主要为粉砂岩及粘土岩,粉砂岩中具有交错层理,粘土岩中发育有水平层理,常含有淡水软体动物化石和植物残骸,岩体呈透镜状,延伸最大可达数十千米,厚可达数十米。

二、山口的沉积作用

山区河流流出山口后,由于地势平缓、水流分散,搬运物发生大量堆积,常形成规模不等的扇形堆积体,称冲积扇(Alluvial fan)。冲积扇的扇体巨大,可达数百至数千平方千米;扇面坡度平缓,水流网十分发育;沉积物包括河床沉积、河漫滩沉积、山口洪积等多种类型,它们呈横向渐变或相互交错重叠在一起。

三、河口的沉积作用

河流的入海口(或入湖口)因坡度减缓、水流扩散以及受海水(或湖水)的阻滞,流速迅速降低甚至停止,所以这里是河流沉积作用的最主要的场所。在这里沉积作用进行很快,河床淤高,分流很强烈,沉积物堆积成巨大的三角形,故称三角洲(Delta)。

三角洲的实际形态可以是扇形、鸟足形等,它们是长期发育的结果,而且不断向外伸展。尼罗河三角洲每年向海洋增长 4m;密西西比河三角洲每年增长 330～350m(图 10-20);我国长江三角洲每年增长 40m;黄河三角洲仅从 1855 年以来,面积就扩大了 5450km²,每年增长约 400m。三角洲的增长速度与该河的输沙量有关。

(一)入海三角洲沉积

入海三角洲沉积可分为三角洲平原沉积、三角洲前缘沉积和前三角洲沉积(图 10-21)。

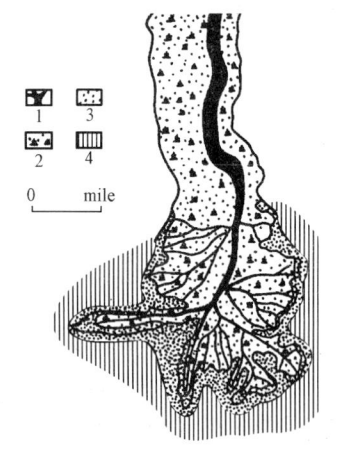

图 10-20 密西西比河鸟足状三角洲●

1—分支河道、堤、决口扇;2—三角洲平原(沼泽、湖泊、分支间湾);3—三角洲前缘(包括河口沙坝、席状砂);4—前三角洲

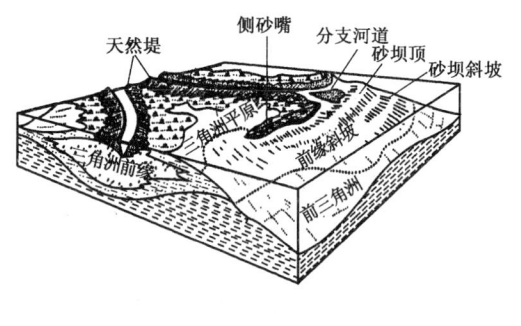

图 10-21 三角洲的立体模型

● 1mile = 1609.344m。

三角洲平原沉积是河流入海时发生分流而大量沉积形成的,包括河床、河漫滩、天然堤以及沼泽的沉积物等。

三角洲前缘沉积是河流送入海岸带水底的物质快速沉积的产物,实际上是一个海水下面的扇形沙体,由水下分流河道、河口沙坝、远沙坝、席状沙等组成;它们由内向外大体成半环状分布,粒度由砂至粉砂,其分选性及磨圆度均良好;随着三角洲的推进,沙坝也向前伸展;不同粒度砂层呈透镜体交错分布,但原始倾斜一般较小,波痕、斜层理发育,常含有海生动物化石。

前三角洲位于三角洲的外侧,沉积物主要由暗色粘土和粉砂质粘土组成,本质上已属于海洋沉积。

入海三角洲因受海面升降及地壳运动的影响,常呈阶段性的发育和伸展,老的三角洲上面或前方常叠加新的三角洲,或者由于河口改道在旁侧形成新三角洲。

(二)入湖三角洲沉积

在河流入湖的河口处,流速降低,水流携带的沉积物便在河口处堆积下来,形成平面上呈三角形或舌状、剖面上呈透镜状的沉积体,称入湖三角洲。

入湖三角洲沉积在平面上亦分为三部分,即三角洲平原、三角洲前缘及前三角洲,在纵剖面上由顶积层、前积层和底积层组成(图10-22)。顶积层实际上是三角洲平原及三角洲前缘的水下分流河道沉积,包括河床、河漫滩以及天然堤及河岸沼泽等的沉积物;前积层是河水带入的碎屑在前方堆卸而成,以砂质为主,具有较大的原始倾斜,实际上由河口沙坝、远沙坝、席状沙等组成;底积层是更细的物质在湖底散开后沉积而成的,具水平层理,相当于前三角洲沉积,从沉积物之间的关系看,它与前积层是相连接的,但是当新的前积层不断推进时,老的底积层被覆盖在下面。在湖水面变动的情况下,前积层常作为透镜体夹于另外两层之间。

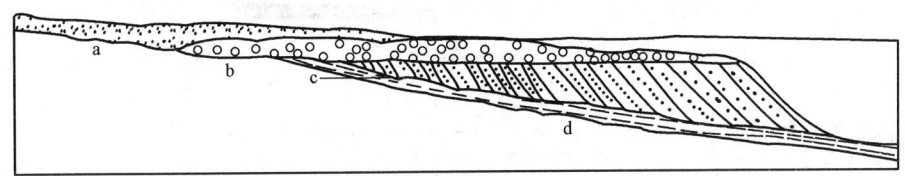

图10-22 三角洲的结构

a—水上顶积层;b—水下顶积层;c—前积层;d—底积层

四、河流的化学沉积作用

河流的化学沉积极为罕见,因为河水的盐度小于1‰,溶运物均随水流走,因此,在河流的中、下游不会发生任何元素的过饱和沉淀,但在高山区河流的源头地区则另当别论。我国四川省九寨沟、黄龙地区的河床中正进行着强烈的碳酸盐沉积作用,其产生碳酸盐沉积的原因可归纳如下:

(1)河流源头为海拔5000m以上的雪山,而且山体由石灰岩组成(石炭—二叠系);

(2)冰融水温度低具有较强的溶蚀能力;

(3)黄龙寺沟为一冰蚀谷,谷底开阔,沟中常年有水但水量不大,河床很宽而且很浅;

(4)水流由海拔5000m迅速下降至3000m,加之高原阳光充足,使水温逐渐升高,促使碳酸钙沉淀;

(5)山谷中植被发育,有丰富的植物残枝腐叶,当其在浅处搁浅则为碳酸钙沉积提供了骨架,故而形成天然梯池。

第七节　河流地质作用与构造运动的关系

一、下蚀作用与侧蚀作用的关系

下蚀与侧蚀有时或在某些河段上是同时进行的,但在某时或某些河段上是互相排斥的。

一般说来,当河床高度未达到侵蚀基准面以前,是以下蚀作用强烈为特征的,河床加深过程也伴随着河床的加宽,虽然加宽是有限的。这种情况下,下蚀作用的目标是将河床降低到侵蚀基准面的位置。显然,这是河流上游的基本特点。当河床高度在暂时性侵蚀基准面附近,则下蚀与侧蚀作用将同时或交错发生,因为暂时性侵蚀基准面位置也要随着主河道的变化而变化,在主河道的某一河段上,也可能由于下方有浅滩出现(如下蚀过程中遇到坚硬岩石或局部地壳上升)而达到暂时性侵蚀基准面,从而以侧蚀作用为主。显然,这是河流中游的基本特点。当河床高度达到侵蚀基准面时,河流的下蚀作用停止了,河水能量全部用来搬运和进行侧蚀作用,这时河流的曲流发育、河床摆动频繁,水流状况变得软弱无力。显然,这是河流下游的特征。

下蚀作用强烈时不易发生沉积作用,但侧蚀作用与沉积作用同步进行时则另当别论。各河段无论在下蚀、侧蚀、侵蚀、沉积以及与此关联的地形塑造特征等方面都存在着质的差别。

二、河谷阶地的发育及其意义

发育在谷坡上的阶梯状地形称河谷阶地(River terrace),简称阶地。阶地由阶面、阶坎以及两者之间的转折线——阶缘构成(图10-23)。

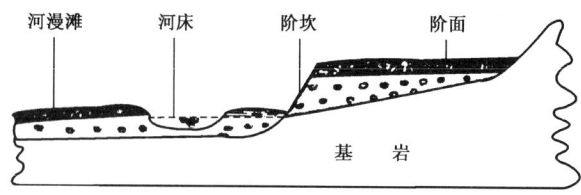

图10-23　阶地及其要素

每一个阶面都曾经是谷底或河漫滩,因此,阶地是下蚀作用加强,河床高度降低,原河漫滩相对抬高而成的。阶坎以及其高度(相对高度)就是下蚀作用及下蚀深度的象征。每一级阶地形成之后,在阶坎下方一侧又会发育新的河漫滩。

当河漫滩抬高后又有新一级阶地形成。在河谷谷坡上,有时可发育多级阶地,阶地位置越高,其年代越老。习惯上将离河漫滩最近的阶地称1级阶地,向上依此类推2级阶地、3级阶地(图10-24)。

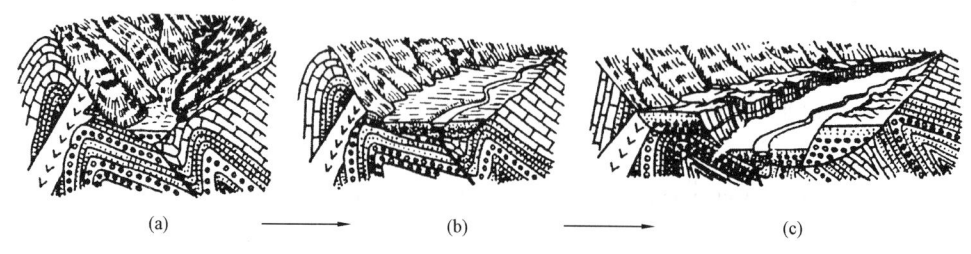

图10-24　河谷阶地形成过程示意图

阶地是地壳稳定时期的侧蚀(塑造河漫滩)与地壳上升时期的下蚀(刻切出阶坎)交替发生而成的,阶地数目可代表该地区阶段性下蚀能力加强的变化次数。河谷阶地是地区构造运动历程和性质的记录,阶地发育状况的研究对分析地质历史,以及地形的演化等具有极为重要的意义。

三、河流阶地的类型

阶地可分成堆积阶地、基座阶地、侵蚀阶地和埋藏阶地4种类型。

(一)堆积阶地

阶地陡坎上没有基岩的叫堆积阶地。根据阶地形成时河流下切深度不同,又可分为上叠阶地和内叠阶地两种。上叠阶地是形成阶地时河流下切深度较前一周期下切深度小,没有切穿冲积物,河谷底部仍保留有一定厚度的早期冲积物[图10-25(a)];内叠阶地是在形成阶地时的下切侵蚀深度正好达到前一周期的谷底[图10-25(b)]。

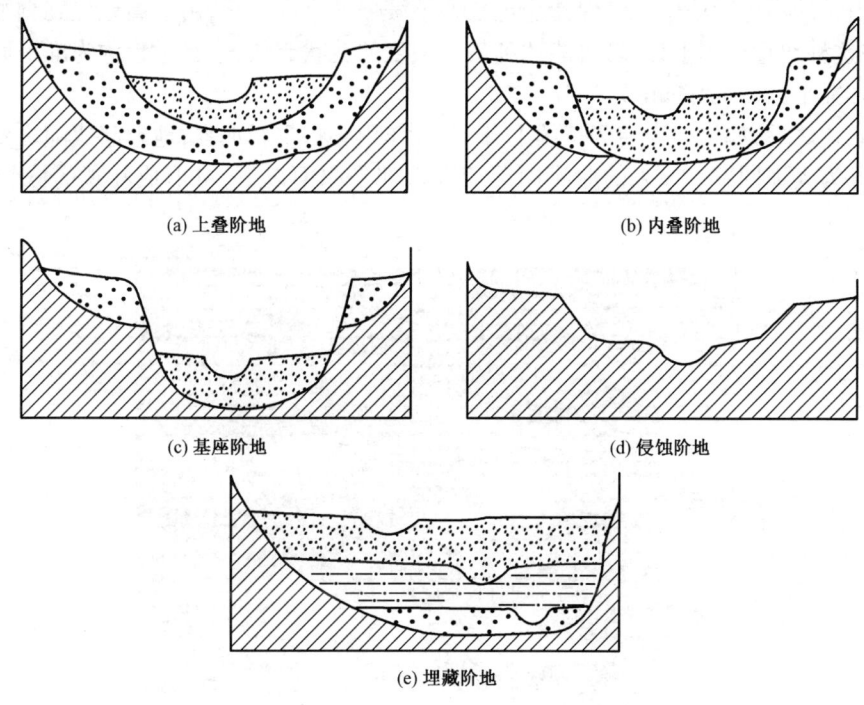

图10-25 阶地类型示意图

(二)基座阶地

阶面和陡坎上部是冲积物,陡坎下部是基岩的阶地叫基座阶地。基座阶地往往是由地壳抬升、河流下切侵蚀形成的,在形成过程中侵蚀切割的深度超过冲积物的厚度。如果基座阶地形成以后,由于气候或构造的原因,在新一轮的侵蚀堆积过程中,河谷中堆积较厚的冲积物超过阶地基座高度并把基座覆盖起来,称覆盖基座阶地[图10-25(c)]。

(三)侵蚀阶地

阶面上根本无冲积物或只有零散的冲积物叫侵蚀阶地。侵蚀阶地发育在构造抬升的山区河谷中,因为这里水流流速较大,侵蚀作用较强,河床中的沉积物很薄,有时甚至基岩裸露,阶面形成以后,阶面上沉积物很难保存[图10-25(d)]。

(四) 埋藏阶地

阶地地表持续阶段性下降时，老阶地总是被新阶地掩埋起来，称为埋藏阶地。埋藏阶地的形成是由于早期地壳上升或侵蚀基准面下降，形成多级阶地，而后地壳下降或侵蚀基准面上升，发生堆积，把早期形成的阶地全部埋没形成埋藏阶地[图10-25(e)]。

四、准平原化与大地回春

虽然真正的大山并不是河流的杰作，但水流的地质作用确实为塑造雄伟的山岳形态起了重要作用。

地形升高(指绝对高度)是受构造运动控制的，地形削低则是外力(河流及其他各种外力)剥蚀作用造成的。如果一个地区抬升速度大于削低速度，则这个地区将会越来越高，可形成像喜马拉雅山的珠穆朗玛峰一样的高峰。如果情况相反，则这个地区的地形高度就会越来越低，但由于下蚀有极限的限制，其降低不是无限的，最后会使地形的相对高差缩小。因此，当一个地区在相当长的历史阶段中地壳保持稳定或处于缓慢的沉降状态，由于高地受到剥蚀，低地接受沉积，在这种双重作用下，地形可能达到最小限度的波状起伏，这种过程称为准平原化，所产生的地形称准平原(Peneplains)。

准平原化之后，如果地壳转为持续上升，下蚀作用必将重新加强，地形起伏随之变为增大，这种过程称为大地回春。原来的曲流深深地嵌入准平原面以下，可形成壮观的深切曲流(图10-26)。

图10-26 深切曲流——美国犹他州San Juan峡谷
(据W. H. Emmons等,1955)

准平原化和大地回春乃是大地演化的两个趋势，在地质历史中，随着大陆板块的运动，它们始终交替地进行着。准平原并不能轻易地达到，在准平原化进程的任何阶段，都有可能因地壳转为上升而中断。

第十一章 地下水的地质作用

第一节 地下水的基本特征

一、地下水的概念

地下水(Ground water)是指以各种形式存在于地表之下岩石和松散堆积物孔隙中的水体。地下水有气态、固态和液态三种,但以液态为主。地下水分布广泛,它不仅发育在潮湿地区,在沙漠、极地和高山地区的地下也同样有地下水。地下水是地球水资源的重要组成部分,它不仅是河水、湖水的重要来源,而且是工农业用水和饮用水的重要来源。作为油田水,地下水在油气藏的开发中是重要的研究和利用对象。另外,在石灰岩地区,其所造成的岩洞、钟乳石及其所形成的地形景观,在旅游上甚具观光价值。

地下水由于大多被限制在透水层中流动,所以与自由流动的地表水有一定的差异。相对于地表水,地下水除受重力影响由高处向低处流,以及受压力影响由高压处向低压处流动外,在流动过程中其还受到透水层中岩石的阻碍,能量消耗在摩擦上,因此流速小,机械动能小。另外,同地表水相比,地下水的矿化度❶高、化学动力大。其原因一是地下空间的压力较大,使地下水易溶入一些气体;二是地下水的水温较高;再者,地下水与岩石接触面积大,有较多机会溶解元素。地下水正是由于其矿化度高,作为溶剂浓度大,成分复杂,有较强的溶解能力,所以化学动力强。

二、地下水的来源及存在状态

地下水的来源主要有下列几类:

(1)渗透水:是由大气降水、冰雪融水、地面流水(江、河、湖、海)等从地面渗入地下积聚而成,是地下水最主要、最普遍的来源;

(2)凝结水:是由空气中的水汽因降温在地面凝聚成水滴后渗入地下积聚而成;

(3)埋藏水(古水):被封闭保存下来湖水或海水伴随沉积物一起沉积而保存起来的古水,即地史中沉积物孔隙中的水;

(4)岩浆水(原生水):地下岩浆活动形成的水(结晶水、水汽),是由岩浆活动过程中冷却析离出来的水积聚而成的原生水。

地下水的存在状态有吸着水、薄膜水、毛细管水和重力水。当水量少时,地下水靠分子引力及静电引力吸附在碎屑颗粒或岩石的表面成为吸着水(Hydroscopic water),它不受重力影响,不被植物吸收;当吸着水厚度超过几百个水分子直径时,便形成薄膜状,称为薄膜水(Film water),它包围在吸着水的外层,可以从原处从薄处"移动",少部分可被植物吸收;吸着水和薄膜水因受静电引力作用,不能自由移动,当水量多并且将岩石孔隙填满时,如果孔隙很小,水受

---

❶ 矿化度是指地下水中各种元素的离子、分子和化合物的总含量。通常根据一定体积的水在105~110℃温度下蒸干后所得的残渣重量来判定地下水的矿化度,常用"mg/L"或"g/L"来表示,也可近似的用千分数(‰)来表示,另外也可用每升水中含盐的毫摩尔数来表示。

表面张力作用,可沿孔隙逆重力方向上升,保留在毛细管中形成毛细管水(Capillary water),毛细管水易被植物吸收;如果孔隙较大,水的重力大于表面张力和静电引力时,则水受重力的支配而发生垂直渗流,即为重力水(Gravity water),重力水受重力影响可自由流动,是地下水存在最主要的形式。

三、地下水的储存及运动特点

岩石中的孔隙是地下水储存的主要场所和运移通道。岩石中的孔隙(图11-1)依据成因分为孔洞、裂缝和溶隙(穴)三类,孔洞是指疏松未胶结好的岩石中颗粒之间的孔洞;裂缝系指岩石中的断层、节理、缝隙等;而溶隙(穴)则是可溶性岩石被溶蚀形成的洞穴。岩石中孔隙的数量、大小及连通情况对地下水的储存、流动特点起着重要影响。衡量孔隙数量的指标是孔隙度(Porosity),即孔隙总体积占岩石总体积的百分比。

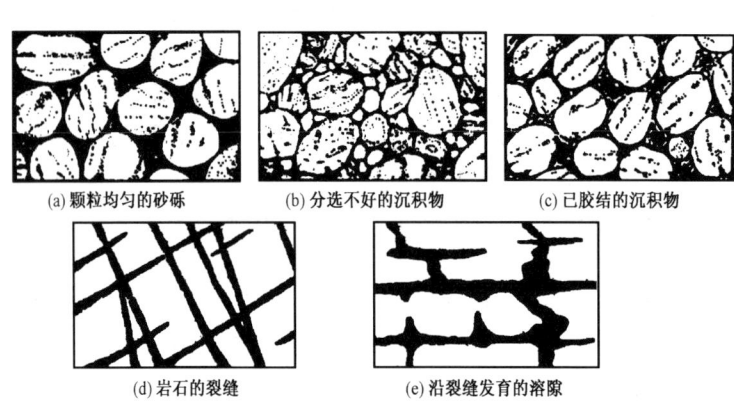

图11-1 岩石中孔隙的类型

岩石的孔隙度与岩石的结构有密切关系。通常,结构疏松的岩石孔隙度较大,胶结紧密的岩石孔隙度较小,岩石颗粒均匀的要比不均匀的孔隙度大;此外,近地表的岩石因所受压力小,并受风化作用影响深,通常孔隙度也较大;离地表越深,岩石的孔隙度越小。一般认为,深度大于16km时,因压力增大,孔隙将逐渐消失,常见岩石的孔隙度见表11-1。

表11-1 常见岩石的孔隙度(参考值)

岩石名称	孔隙度	岩石名称	孔隙度
砾石	27%	泥炭	80%
粗砂	40%	致密块状的岩浆岩,变质岩	71%
细砂	42%	石灰岩和大理岩	1%~8%
亚粘土	47%	砂岩	10%~15%
粘土	40%		

岩石能透过地下水的性能称为透水性(Permeability)。岩石的透水性除了与孔隙度有关外,还与孔隙的直径、连通情况有关。未固结岩石的透水性主要决定于碎屑颗粒的大小,如粘土层的颗粒很小(颗粒直径小于0.001mm)常是不透水的,而砾石层(颗粒直径大于2mm)则常具良好的透水性;已固结和结晶岩石的透水性,与岩石的结构及裂缝发育程度有关,结构疏松或裂缝发育的岩石易透水。根据岩石透水性的好坏可将岩石分为透水层和隔水层,当透水层含水时称含水层。地下水易于通过的岩石称透水层(Permeable bed)。能透过或保存地下水

并能在重力作用下释出相当数量水的岩层称为含水层(Aquifer)。若岩石的孔隙度小或裂缝不发育时,地下水就不易透过和储存,这种岩层称不透水层或隔水层(Impervious bed)。按照岩石的透水性可把岩石分为几个透水类型(表11-2)。

表11-2　岩石的透水类型(据王大纯,1980,稍有补充)

岩石的透水类型	主要的岩石种类	渗透系数(m/昼夜)
良透水的	卵石、砾石、砂层和具有大溶洞的岩层	大于10
透水的	砂层、砂岩、砾岩和裂缝发育的岩层	1~10
半透水的	粉砂岩、泥灰岩	1~0.10
劣透水的	亚砂岩和亚粘土	0.1~0.001
不透水的	粘土和无裂缝的岩石	小于0.001

重力是地下水运动的主要动力,而在温泉地区或地下深处,热力也起作用。通常情况下,水渗入地下后,在水量多时,会以重力水状态垂直下渗;当水量少时,则以毛细水、薄膜水或吸着水状态保存在岩石孔隙中,这种地带的水主要呈垂直方向的运动,故称为地下水的垂直运动带,由于孔隙中并未充满水,又称包气带(Aeration zone)。地下水在包气带是固、液、气三相并存的。地下水下渗时,因遇隔水层阻隔而汇聚起来,当水充满了孔隙时,则形成饱水带(Saturation zone)。在饱水带,岩石孔隙被水完全充满,地下水是固、液两相并存。饱水带的水具有自由水面。因受重力影响,饱水带的水常沿隔水层顶面作近水平方向的运动,故又称为地下水的水平运动带。饱水带与包气带的界面就是饱水带的自由水面,它随季节或气候变化而变化,当干旱季节,蒸发量大于补给量时,自由水面会下降,因而在饱水带和包气带间存在一个季节变动带(图11-2)。

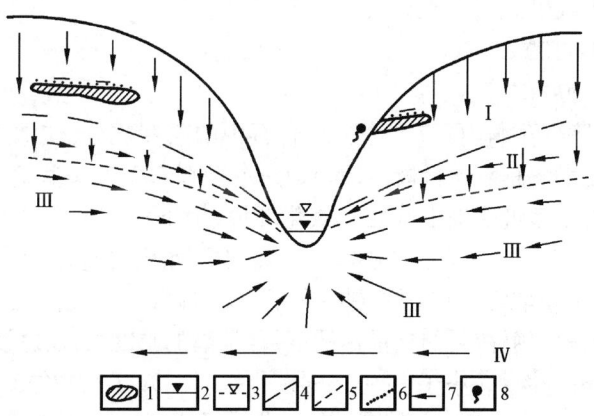

图11-2　地下水的垂直分带
Ⅰ—包气带;Ⅱ—季节变动带;Ⅲ—饱水带;Ⅳ—深循环带;
1—隔水层;2—平水位;3—洪水位;4—最高地下水位;
5—最低地下水位;6—上层滞水;7—水流方向;8—悬挂泉

饱和带水(饱水带)(Saturation zone):当地下水向下运动到一定深处,遇到不透水层阻隔时,就不能往下运动了,于是在不透水层之上,地下水便逐渐积成一层饱和带,这就是饱和带水。饱和带水中又分为潜水和承压水两种。

饱水带的地下水通常沿隔水层的顶面倾斜方向自高处向低处流动,流速与岩石的透水性及隔水层的倾斜度成正比,此外,地下温度对流速也有影响,温度高时,因水的粘度变小,其流速会加大。但地下水毕竟是在岩石孔隙中运动的,比地面流水所受的阻力要大得多,流速很慢,一般只有每天 0.5~2m,即使在透水性强的砂砾层中,地下水的渗流速度也很少超过每天 10m。因此,由远处补给的泉水,最大流量常滞后于雨季数月之久,因而可出现雨季流量小,旱季流量反而大的现象。

地下水的运动遵循达西定律。地下水运动既可以呈层流状态,也存在紊流状态,在相同的过水断面中呈紊流运动的速度要较层流快。对同一岩层来说,地下水的运动往往是层流和紊流并存,但不同部分会相互转化,一般当岩石较致密或裂缝宽度小于 5mm 时,地下水多呈渗流,水质点运动为层流;如果岩石中的裂缝宽于 5mm 或有大的洞穴时,水流呈洞流,水质点运动状态为紊流,且流速要大得多。如长江三峡的石灰岩地区,在有裂缝的地段,地下水的渗透系数为 0.5~1m/d(实际流速有时可达 18~285m/d);而在有溶洞发育的地段,渗透系数则大于 5m/d(实际流速有时达 834~1488m/d)。

地下水是流动的,属于地下径流。地下水的补给是一个含水层不断从外界获得水量的过程,补给的来源有大气降水、河流、湖泊以及人类活动。而含水层失去水量的过程称为地下水的排泄,排泄的途径有泉、蒸发以及人工开采。

四、地下水的温度及成分

地下水的温度受地温控制,变温带地下水水温有较小的季节性变化;常温带地下水水温与当地平均气温接近;增温带地下水随地温梯度的增加而增加,甚至成为热水。通常情况下,地下水的温度接近或低于当地年平均温度称为冷水,温度高于当地年平均气温称为地下热水,其中:

(1)低温热水:20~40℃;
(2)中温热水:40~60℃;
(3)高温热水:60~100℃;
(4)过热水:高于 100℃。

地下水在岩石裂缝或孔洞内运动,可溶解岩石中的某些成分,使地下水中含有多种矿物质。比起地表水,地下水溶解氧含量极小,而 CO_2 则溶解较多,一些地下水还含有 H_2S、CH_4 和氡。地下水中 O_2 含量多说明地下水处于氧化环境;地下水中出现 H_2S、CH_4 说明处于还原的地球化学环境;地下水所含 CO_2 主要来源于土壤,地下水中含 CO_2 越多,其溶解碳酸盐岩的能力便越强。地下水中分布最广的是钾、钠、镁、钙、氯、硫酸根和碳酸氢根 7 种离子。地下水中钙、镁、铁、锰、锶、铝等溶解盐类的含量称硬度,含量高的硬度大,反之硬度小。

地下水按矿化度分为淡水(小于 1g/L);弱矿化水(1~3g/L);中等矿化水(3~10g/L);强矿化水(10~50g/L);盐水(大于 50g/L)❶。低矿化度的水(淡水)常以重碳酸根(HCO_3^-)为主要成分,中等矿化程度的水常以硫酸根(SO_4^{2-})为主要成分,高矿化程度的水以氯离子(Cl^-)为主要成分。地下水化学成分的地区差异极大,一般,浅层地下水由于渗过地壳表层的大量降水多次冲刷土壤和岩石,所含盐类贫乏,矿化度低;干旱地区的浅层地下水,通过岩土的毛细管作用强烈蒸发,矿化度增高;埋藏较深的地下水,很少或完全不受气候条件的影响,而岩石的成分对地下水的成分有重要的意义。总的趋势是,地下水的矿化度随水的埋藏深度的增大而增

---

❶ 地下水还有如下分类:淡水(矿化度 <1g/L)、微咸水(1~3g/L)、咸水(3~10g/L)、盐水(10~50g/L)和卤水(矿化度 >50g/L)。

高,在地下水位相同情况下,矿化度越高,土壤积盐越重。

地下水随含矿物质的不同,其气味等物理性质也不同。含 NaCl 带咸味,含 $MgSO_4$ 有苦味,含 Fe 离子呈蓝绿色,而含 CO_2 则清凉可口,成为可供饮用的矿泉水。

五、地下水的基本类型

地下水依据含水介质的类型分为孔洞水、裂缝水和岩溶水;根据埋藏条件分为包气带(上层滞水)、饱水带(潜水和承压水),两者相交共划分 9 类地下水(表 11-3)。

表 11-3　地下水分类表

	孔洞水	裂缝水	岩溶水
包气带水	局部粘性土隔水层上季节性存在的过路重力水及悬留毛细水及重力水 (上层孔洞滞水)	裂缝水岩层浅部季节性存在的重力水及毛细水 (上层裂缝滞水)	裸露岩溶化层上部岩溶通道中季节性存在的重力水 (上层岩溶滞水)
潜水	各类松散沉积物浅部的水 (孔洞潜水)	裸露于地表的各类裂缝岩层中的水 (裂缝潜水)	裸露于地表的岩溶化岩层中的水 (岩溶潜水)
承压水 (层间水)	山间盆地及平原松散沉积物深部的水 (孔洞承压水)	组成构造盆地、向斜或单斜断块的被掩覆的各类裂缝岩层中的水 (裂缝承压水)	组成构造盆地、向斜或单斜断块的被掩覆的岩溶化岩层中的水 (岩溶承压水)

一般常根据地下水的运动状态、埋藏条件把地下水分为包气带水、潜水、承压(层间)水的三种基本类型。

(一)包气带水

在包气带中的地下水称包气带水,如土壤水。包气带水是固、液、气三相并存,常以吸着水、薄膜水、毛细水的形式存在,重力水较少。这种水与大气关系密切,由大气降水及大气中的水汽凝聚而成,易于蒸发和重新进入大气。包气带水受重力作用顺岩石的洞穴、孔洞、裂缝向下运动,但有时在包气带内,因透水层中夹有扁豆状的隔水层,当包气带水向下渗透时,地下水受其阻隔可局部饱和,形成"上层滞水"(Perched water)。上层滞水因受气候影响大,是不稳定的地下水源。

包气带是饱水带中地下水参与水循环的一个重要通道;重力水通过包气带获得降水、地表水的补给(补充),部分水又通过包气带将水分传输、蒸发,消耗出去。

(二)潜水

潜水(Phreatic water)是埋藏在地表以下第一个稳定隔水层以上,具有自由表面的重力水(图 11-3),一般埋藏在松散堆积物的孔隙中和裸露基岩上部的裂缝或溶隙中,也可以进入透水性良好的基岩内。隔水层顶面即潜水的下界,潜水的上界为自由表面,称为潜水面(Water table 或 Phreatic surface),也就是通常指的地下水面。潜水面随季节性变化而改变,其最高水位与最低水位间的部分是季节变动带。潜水面至地面的铅直距离为该处潜水的埋藏深度。由潜水面往下至第一个隔水层顶面间的松散堆积物(包括透水性良好的岩石在内)为含水层,其铅直距离为该处含水层的厚度。

潜水是受大气降水和地表水补给的,当潜水位较高时,它也可能补给地面流水。潜水面的起伏与地面起伏一致(图11-4),但起伏较小,还与雨水补给有关,潜水的动力使潜水面起伏变小。在地形起伏较大山地地区,潜水面的起伏也较大,在平原区潜水面则较平缓,这是因为山峦下的潜水虽受重力影响向低处流动,但流动缓慢,因而保持了较高的水位,在沟谷附近,因潜水补给,地表水流动较快,因而水位较低。

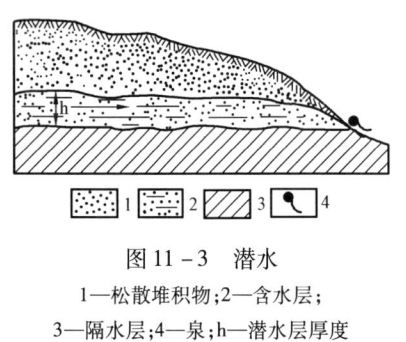

图11-3 潜水
1—松散堆积物;2—含水层;
3—隔水层;4—泉;h—潜水层厚度

图11-4 潜水面与地面的关系
图中虚线为潜水面

(三)承压水

承压水(Confined water)是埋藏在两个稳定隔水层之间的透水层内的重力水,故又称层间水(Interlayer water)。因受隔水顶板的阻隔,承压水的分布区常与补给区不一致,并往往大于补给区(图11-5)。因受隔水层所限,深部水体承受了上部水体的静压力,因而具有水头压力。层间水在地面低于水头的部位可循自然裂缝或通道,也可循人工开凿的井、孔喷出或喷出地表,称为自流水(Artesian water),形成自流井或喷泉。承压水的水质、水量比较稳定。

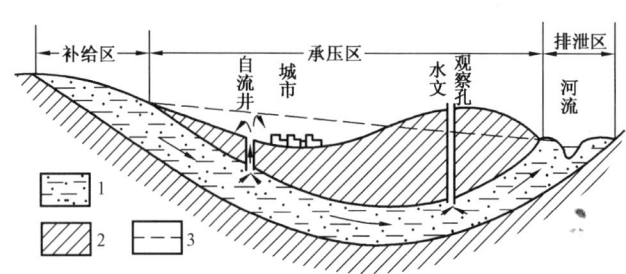

图11-5 承压水的补给与排泄
1—含水层;2—不透水层;3—承压水面

六、泉

地下水天然出露地表时,叫做泉(Spring),据温度泉可分冷泉和温泉(Thermal spring),根据水的运动特征又可分为上升泉和下降泉。上升泉是水流具有压力而向上运动的泉水,泉水为承压水,很多喷泉都是上升泉。济南被誉为我国的泉城,拥有72名泉,它们主要是由于承压水被火成岩体阻隔后沿裂缝涌出地表,著名的趵突泉即为上升泉。下降泉是水流不具有压力,仅受重力作用驱使而向下运动的泉水,泉水来源主要是潜水。下降泉主要出现在遭受剥蚀的山区,流水剥蚀作用使潜水面露出地表形成泉。

温泉是出露地表的地下热水,泉水水温高于当地年平均气温,有些温泉甚至出现沸腾。我国云南腾冲地区有2000多个温泉,泉水温度高达105~110℃。温泉对人体的某些疾病有特殊的疗效,许多温泉如北京的西山温泉、西安骊山的华清池温泉等都是很好的疗养胜地。温泉是地热异常的一种显示,它与岩浆活动和深处的地热有关,温泉常常出现在近代火山运动和深大断裂的附近,例如五大连池附近的温泉,就与1719年的火山活动有关。温泉是天然的能源,温泉地热开发利用目前受到世界各国的重视,我国西藏羊八井地热田,地下水温高,喷出的汽柱达数百米,现已用于发电及工农业生产。

矿泉是泉水中含有较多的矿物质,例如碱泉含$NaCO_3$,硫磺泉含H_2S,盐泉含$NaCl$,石灰泉含$CaCO_3$及$CaSO_4$。

第二节 地下水的剥蚀作用

地下水的剥蚀作用称潜蚀作用(Suffosion 或 Underground corrosion),通过化学和机械两种方式破坏岩石,其中以化学潜蚀作用(也称溶蚀作用)显著。

一、地下水的溶蚀作用及其产物

地下水中溶有一定数量的CO_2、Cl^-、SO_4^{2-}、HNO_3以及有机酸等,故较纯水具有更大的溶蚀能力。地下水的剥蚀作用集中地反映在碳酸盐类岩石发育地区,化学反应式为:

$$CaCO_3 + H_2O + CO_2 \rightleftharpoons Ca(HCO_3)_2$$

$$CaCO_3 + 2HNO_3 \rightleftharpoons Ca(NO_3)_2 + H_2O + CO_2$$

上述化学反应式能够在常温常压下进行,所以地下水的溶蚀作用随时随地可以发生。

(一)岩溶作用、作用过程和影响因素

地下水通过对岩石、矿物的溶解所产生的破坏作用称化学潜蚀作用,我国称为岩溶作用,国外称为喀斯特作用(Karstification)。这种作用使岩石孔隙、洞穴、裂缝扩大,大洞穴上部岩层因失去支撑而垮塌陷落,形成奇特的地质现象。岩溶作用形成的地形称岩溶地形(国外称喀斯特地形,Karst landform),这种作用及其产生的自然现象可统称为岩溶或喀斯特现象。

喀斯特(Karst)是指地下水(兼有部分地表水)对可溶性岩石进行以化学溶蚀为主、机械冲刷为辅的地质作用,以及由这些地质作用所产生的地貌。该词来源于前南斯拉夫亚得里亚沿海的喀斯特高原,那里碳酸盐岩非常发育,地下水的化学潜蚀作用形成了奇特地貌景观。19世纪末,南斯拉夫学者J·司威奇(Cvijic)把这种地貌景观命名为喀斯特。我国岩溶发育地区约占全国的13%,分布面积之广、类型之多,为世界各国所不及。300多年前,明代学者徐霞客(1586—1641),在《徐霞客游记》中对滇、黔、桂地区的岩溶作了较详细的研究和描述,他的研究较欧洲学者约早200余年。1966年,在我国第二次喀斯特会议上,决定将喀斯特一词改称为岩溶。

影响岩溶作用的主要因素有两个,即是否具有溶蚀作用的水和可溶性岩石。

1. 水的溶蚀力

水的化学溶蚀强度主要决定于水中游离CO_2的多少,水中CO_2的含量与温度成负相关,高温地区水中的CO_2理应较少,但实际上在湿热的气候条件下,由于大量有机质的分解,土体空气中的CO_2分压力较大,另外碳酸钙的溶解又会随温度的增高而加强,因此总的来看,在湿热条件下水的溶蚀力较大。水的溶蚀力还决定于水的流动性,几种浓度不同的饱和溶液相混合,会使饱和的溶液变为不饱和溶液,因此水在流动中会不断获得新的溶蚀力。此外,水的流动还会加强机械侵蚀作用。水的溶蚀强度与气候条件密切有关,在湿热地区,降雨量大,地下水充足,溶蚀作用强,如我国两广、云南、贵州等地普遍发育喀斯特地貌。在寒冷和干燥地区,地下水缺乏,溶蚀作用十分微弱,如我国西北、东北,虽然有石灰岩分布,但喀斯特发育缓慢。

2. 岩石的可溶性

岩石可被溶解的程度决定于岩石的成分、结构和构造。在自然界中,卤盐类岩石,如石盐、钾盐等溶解度最大;硫酸盐类如石膏、芒硝等溶解度次之;碳酸盐类岩石,如石灰岩、白云岩等溶解度虽不如前者,但其分布较广,因此溶蚀现象也最广泛。在碳酸盐岩中,溶解度依次为:石灰岩＞白云岩＞硅质灰岩＞泥质灰岩。在结晶质岩石中,晶粒越小、越均匀溶解度越大。岩石的可溶性还决定于岩石的透水性,孔洞和裂隙越多的岩石透水性越强,溶蚀作用也越明显,在厚度较大、构造裂缝又十分发育的碳酸盐岩地区,喀斯特作用常常有很好的表现。岩石的结构与可溶性密切相关,试验表明,结晶的岩石晶粒越小,溶解度越大;此外,不等粒结构石灰岩要比等粒结构石灰岩的相对溶解度大。

另外,构造运动对岩溶作用也有影响,构造运动弱的地区,有利于地下水长期作用,潜蚀强。

(二)岩溶地貌

从地面到潜水面之间,地下水主要是竖直方向的下渗或流动,喀斯特作用主要也是在垂直方向上进行(图11-6)。最初,由雨水或片流对碳酸盐类岩石进行差异溶蚀,可形成无数起伏不大的沟纹,称溶纹;进而起伏加大,形成深为数十厘米、甚至数十米的沟槽,称为溶沟(Karren);纵横交错的溶沟之间的突出部分,称为石芽(Stony sprout);大的石芽发育区,似剑峰蠹刺林立,称为石林(Stone forest);溶沟通常是循岩石的节理发育而成的,在适当部位可沿一定通道向地下渗流,可溶蚀成垂向发育的管洞系统,称落水洞(Sinkhole),落水洞可深达潜水面附近。落水洞的地面出口处因片流汇聚剥蚀,形成漏斗状,称溶斗(Funnel),又称为岩溶漏斗(Doline),溶斗的斗坡上满布溶沟和石芽。

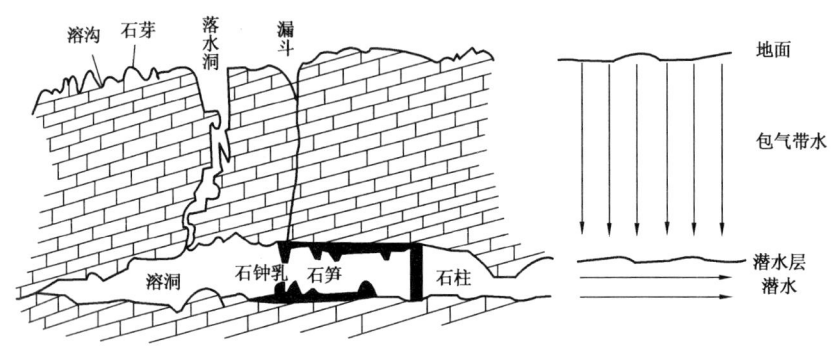

图 11-6 岩溶地貌示意图

大致沿水平方向渗流的潜水,同时也进行着水平方向的溶蚀作用。由于潜水流速以潜水面附近最大,溶蚀作用也最强,因此能在潜水面附近塑造出横向洞穴,称溶洞(Karst cave)。溶洞发育程度视潜水面在固定高度上停留的时间长短而定,潜水面高度保持稳定的时间受该地区地壳运动情况的控制。

随着落水洞和溶洞的扩大和发展(特别是地下的溶洞),将引起溶洞顶层规模不等的岩溶塌陷,陷落部分形成塌陷溶斗,当其继续扩大,底部被泥沙填平形成大型洼地时称溶蚀洼地(Uvala),洼地常呈串珠状连接构成大型溶蚀谷。洼地和谷地之间是残留下来的溶蚀残丘、残峰或残山,分别称为孤峰(Disoluted peak)、峰林(Hoodoo)或峰丛(Series of peak)。

一般而言,在地壳相对稳定的条件下,岩溶地貌形成呈现阶段性。早期,以地表形貌为主。地表水沿着岩层表面的裂缝向下流动,形成大量溶沟和石芽,以及少量落水洞和溶斗,地表水系切入可溶性岩石中,地下河道开始形成。

中期,以地下形貌为主,有完整的地下水系。溶斗和落水洞不断产生和扩大,地表密布着大小不同的喀斯特洼地、干谷,地表水流大都进入地下河道,形成完整的地下水系,地面只有主要河道保持水流。

晚期,地下形貌不断破坏,地下水系向地表水系转化。地下溶洞进一步扩大,地下河道及溶洞顶部不断坍塌,地面更为破碎,许多地下河道变成明流,形成溶蚀谷及天然桥,此外,还可发育喀斯特洼地以及峰林。

末期,地下水系全部转化为地表水系,喀斯特平原形成。长期的岩溶作用,地下水以水平为主,溶洞顶部大量坍塌,地下河道均转变为地表水系,地面高程降低,残留少数孤峰或残丘,形成喀斯特平原(图11-7)。

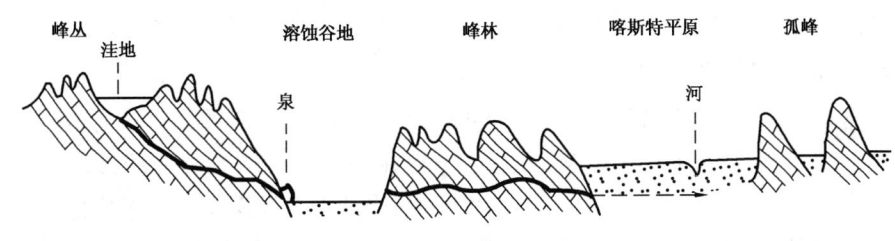

图11-7 岩溶地貌示意图

(三)岩溶的发育条件

严格说岩溶作用可以发生在任何有水的地区,只是强弱程度不同而已。有利于岩溶作用的进行主要条件有:

(1)丰富的地下水。流水,尤其是丰富的地下水是岩溶发育的前提。在湿热地区,降雨量大,地下水充足,有利于岩溶发育,如我国两广、云南、贵州等地普遍发育岩溶地貌。在干冷地区,地下水缺乏,如我国西北、东北,虽然有石灰岩分布,但岩溶发充缓慢。

(2)节理发育厚度大、质地纯的可溶性岩层(主要是石灰岩)。一些地质构造发育的地区,如断层带附近、褶皱的轴部,有大量的裂缝、多组节理,都为地下水提供了良好的通道,促进了岩溶的发育。同时,只有可溶性岩石,主要是灰岩地区才有岩溶发育,可溶性成分越纯溶蚀越强烈,如云南路南石林等景观。

(3)半封闭式大面积盆地等良好的排水条件,如广西乐业地区等。

(4)岩层产状较平缓。近于水平的岩层产状利于保水,有利于岩溶发育,如云南路南石林。

(5)阶段性地面抬升和较长时间的相对稳定,等等。

(四)古岩溶

古岩溶(Paleokarst)系非现代营力环境下形成的岩溶,多指新生代以前发育的岩溶。在古岩溶的岩溶面上可见有古风化壳,古风化壳上的残积物多为铝土质及铁质等。古岩溶的研究和识别无论在理论上还是在生产实践上都具有重要的意义。

(1)古岩溶面代表了地壳抬升的相对稳定阶段,可作为分析地壳运动性质的重要依据。

(2)有古岩溶存在,说明当时该区具有温暖潮湿的气候特征,而且是处于古陆被剥蚀的状态,有助于分析古地理和古气候。

(3)古岩溶储层为中国深层油气勘探提供了一个新的勘探领域。

近年来已发现石油和天然气可储存于古潜山周围和溶洞中,在鄂尔多斯、塔里木、四川等盆地的奥陶系、石炭系、二叠系—三叠系及震旦系等多套地层中均已发现不少典型的古岩溶油气田。其古岩溶储层特征主要为:① 垂向分带明显,地表残积岩溶带、垂直渗流—水平潜流岩溶带等发育齐全。② 储集空间主要由岩溶作用形成的半充填或未充填残余溶蚀孔洞缝组成;优质储层类型以裂缝—溶蚀孔洞型储层为主,为各大油气田高产稳产的最重要的主力产气层。③ 储层受古岩溶地貌和断层裂缝的控制明显,在古岩溶斜坡、古岩溶高地边缘及断层断裂发育区,是溶蚀孔洞型储层发育的有利地区。④ 埋藏有机溶蚀作用形成的次生孔隙为有效孔隙,其发育与烃类的形成、演化和运聚相匹配。⑤ 古风化壳岩溶作用和埋藏有机溶蚀作用的多期次叠加和改造是古岩溶储层及油气藏形成的最佳组合模式。

(4)有些金属矿床与溶洞有关,形成"岩溶型矿床",因而研究古岩溶具有一定的找矿意义。例如,我国华南特有的铝土矿矿床类型——桂西岩溶堆积型铝土矿床。

二、地下水的机械剥蚀作用

地下水流动缓慢、动能小,通常对岩石的冲刷破坏较小,机械潜蚀作用较弱,在非可溶性岩石中作渗透性流动时,基本上不产生机械剥蚀,主要在一些较大的裂缝或洞穴,如暗河水流集中,能够冲刷带走一些砂砾、粘土。在可溶性岩石中,当地下溶洞系统连通形成地下河流后,其机械剥蚀作用与河流相似,但由于运动于碳酸盐岩地区,水的含砂量很少,因而其机械剥蚀作用的意义也不大。但在黄土区,黄土未胶结成岩,较疏松,易于被冲蚀掉,地下水机械冲刷可把黄土淘空,引起地面陷塌,称之为"假岩溶"。

第三节　地下水的搬运作用和沉积作用

地下水的搬运和沉积作用也有机械和化学两种方式,但以化学搬运和沉积作用为主。

一、地下水的搬运作用

地下水的搬运作用是指地下水将其剥蚀产物沿垂直或水平运动方向进行搬运。由于流速缓慢,地下水的机械搬运力较小,一般只能携带粉砂、细砂前进,只有流动在较大洞穴中的地下河,才具有较大的机械动力,能搬运数量较多、粒径较大的砂和砾石,并在搬运过程中稍具分选作用和磨圆作用,这些特征类似于地表河流。机械搬运物来源,部分来自溶洞的塌落物,部分来自地表河流。

地下水主要进行化学搬运,包括真溶液及胶体溶液两种形式。化学搬运的溶质成分取决于地下水流经地区的岩石性质和风化状况,主要为重碳酸盐,次要为氯化物、硫酸盐和氢氧化物,如果地下水流经金属矿床时,也可将金属元素带入水中,如 Fe^{2+}、Cu^{2+}、Pb^{2+} 和 K^+ 等,并引起地下水化学性质的变化。地下水的搬运能力与水温、压力、运移速度、pH 值及 CO_2 含量有关,一般说来,温度高、压力大、流速快、CO_2 和酸类物质含量高时,其搬运能力强;反之,则较弱。

地下水的化学搬运物部分沉积于泉口,绝大部分通过河流进入湖泊或海洋,全世界河流每年运入海洋的 23.4 亿吨溶解物质中大部分来源于地下水。

二、地下水的沉积作用

地下水的沉积作用包括机械和化学沉积两类。地下水的机械沉积较少,只发生在地下有流动地下河的较大洞穴中,其作用与河流沉积相似。地下水的化学沉积是主要的,表现为溶解物质析出,其方式主要有过饱和沉淀与置换沉淀两种。

(一)过饱和沉积

1. 产生过饱和沉积的原因

(1)水分因挥发或蒸发,以及吸附或参与化学反应而散失,使其中所含的某些元素达到过饱和;

(2)由于压力的变化,引起不同元素溶解度的变化,达到过饱和而沉淀;

(3)温度变化对化学反应更为敏感,一般表现为温度升高,溶解度增高化学反应加快。

2. 过饱和沉积的形式

(1)裂缝沉积:沉淀物充填在围岩裂缝中,形成脉状物,最常见的有方解石脉、石英脉等;有时地下水特别是地下热水可能生成各种矿脉和其他岩脉;裂缝紧密时,铁、镁等物质呈树枝状,称之为假化石。

(2)粒间孔隙中的沉积:是地下水在岩石的颗粒之间沉淀下来的沉淀物,常形成松散沉积物中的胶结物,包括钙质和硅质两种。

(3)气孔沉积:岩浆岩的气孔是地下水沉积的重要场所,其结果是形成杏仁体,主要有方解石、硅质等,在较大的气孔中,可以生成玛瑙石。

(4)洞穴沉积(溶洞沉积):富含 $Ca(HCO_3)_2$ 的地下水,沿着孔隙渗入空旷的溶洞,由于温度、压力改变,CO_2 逸出,加之蒸发作用加强,就沉淀出 $CaCO_3$。石灰岩溶洞中通常都有大量的地下水沉积物,因其形态奇异具有极大的观赏价值,是一种珍贵的资源,有石钟乳(Stalactite)(从洞顶向下方生长)、石笋(Stalagmite)(从下向上生长)、石柱(Stalacto – stalagmite)(石笋和石钟乳相连接)、石幔(Curtain)(沿洞壁沉淀有如幕布垂挂)等。

(5)泉口沉积:地下水携带着被溶解的碳酸盐物质渗流到开阔的溶洞、泉口以及扩大了的节理时,由于温度、压力及蒸发条件骤然变化,导致地下水中的 CO_2 逸出,$Ca(HCO_3)_2$ 被分解成 $CaCO_3$ 而产生沉淀,沉积作用快速发生,堆积成泉华(Sinter);因压力降低 CO_2 逸出使 $CaCO_3$ 沉淀,形成疏松多孔的物质,称钙华(Travertine);因温度降低 SiO_2 沉淀,形成疏松多孔的物质,称硅华(Silica sinter)。

(二)置换沉积

置换沉积是指地下水中的矿物质与掩埋在沉积物中的生物体之间发生物质交换,生物体内物质溶蚀流失,其空间被地下水中的矿物质(SiO_2、$CaCO_3$)沉淀充填,物质成分改变了,但仍完全保留着生物内部原有的构造。最常见的是硅质替换植物机体,最后形成的硅化木,就是被 SiO_2 石化(交代、置换)的树干,其中有些植物纤维构造、树的年轮依然可见。

此外,溶洞由于和地下水作用关系密切,其堆积物也属于地下水的沉积作用。溶洞堆积物中有化学沉积物、重力堆积物、地下河湖堆积物、生物和人类文化堆积物。

第十二章　海洋地质作用

海洋是地表上巨大盆地中的水体,它既是陆地上水的主要供给者,也是地面流水和地下水最终汇聚的场所。海洋地质作用的主要动力是海浪,其方式包括海洋的剥蚀、搬运和沉积作用等,其中以海洋的沉积作用为主导作用。本章重点介绍海洋的沉积作用,简述海水的运动、海洋的剥蚀和搬运作用。

第一节　海洋概述

海洋地质作用是由海水的运动和海水的物理化学性质决定的。海水以其永无休止的运动以及通过各种化学作用、物理作用和生物作用对地表进行着改造。

一、海水的运动

海水的运动是海洋地质作用的最重要的动力。引起海水运动的因素很多,风、气压的改变、日月引力、地球自转、海底地震、海底火山爆发以及不同深度海水的温度、密度和盐度的差异及其在区域上的变化等都可以引起海水运动。海水运动的主要形式有波浪、潮汐、洋流和浊流。

（一）波浪

海水有规律的波状运动称为海浪,也称波浪,用波峰、波谷、波长、波高、波速和周期等描述波浪的形态与运动特点(图12-1)。波峰为波浪的高点,波谷为波浪的低点,相邻波峰或波谷的距离叫波长,波峰与波谷的高程差为波高,波速是单位时间内波形前进的距离,周期为波浪向前传播一个波长所需要的时间。

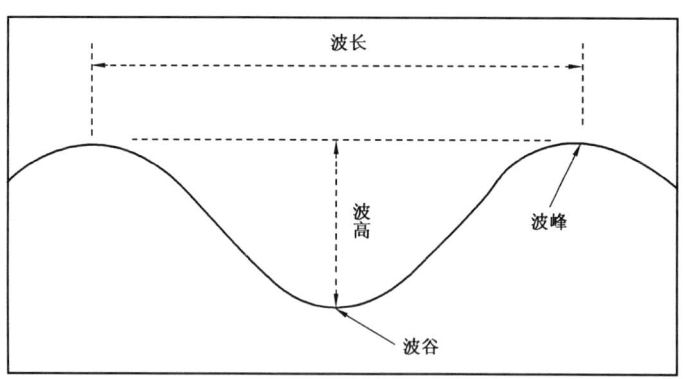

图12-1　波浪要素示意图

海洋中的波浪主要是由风引起的,当风触及平静的海面,由于摩擦力和压力不均产生切应力,导致海面出现周期性的波动形成海浪。风浪开始时是凌乱的,大波套着小波,形状也不规则,当其传播到广大区域,产生了自身的分选,逐渐经过归并与抵消之后才变成规则的波形。海浪的大小主要与风力大小有关,风大浪大,风小浪小,一般波高达2~5m,风暴引起的大浪波长可达数百米至千米,波高达 30～40m。海浪大小也与风的持续时间、海面的开阔程度有关,水面越开阔,波浪越大,4 级风在大洋中部可形成波高 3.1m、波长 102m 的大浪。海底大地震和火山爆发可引起非常大的巨浪——海啸。传到无风区的波浪称为涌浪,涌浪的波形平滑而且规则,巨大的涌浪波长可达 1000m,波高可超过 10m。

海浪传播的方向有二:一是向下传播;一是向岸传播。波浪在不同深度的海水中有着的不同的特点。

1. 波浪向下传播

海浪在深海中传播速度每小时达数十千米,但是,海水质点并没有发生显著的水平位移。波的传播只是海水质点在平衡位置上作有规律的往复圆周运动,当相邻水质点依次运动到波峰时,波峰则随之向前移动[图 12-2(a)];在风不断吹动下,波浪中的水质点每完成一个圆周运动之后波峰便前进一段距离,成为往复螺旋式的前进运动[图 12-2(b)]。由于水体中存在内摩擦力,波浪向下传播需要克服水中的内摩擦力,水质点的圆周运动半径随水深增加而减小,当达到一定深度后水质点即处于静止状态。水质点开始处于静止状态的临界面,称波基面。一般情况下,波基面深度为 1/2 波长,依此水域可以分为深水区(水深大于波基面深度)和浅水区(水深小于波基面深度)。

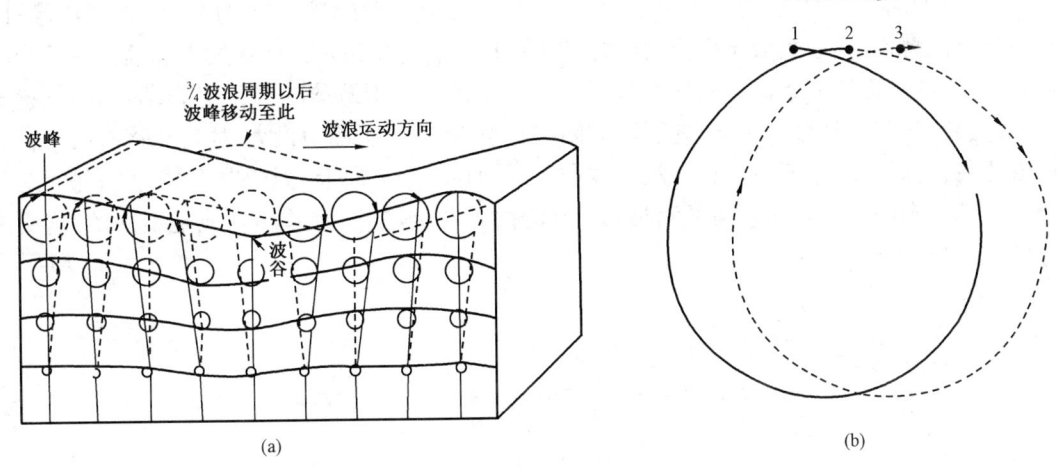

图 12-2 深海中波浪传播示意图(据徐成彦等,1988)

2. 波浪向岸传播

当波浪向海岸方向传播到达浅水区,水面波形的对称性会遭破坏,表层水质点运动轨迹变成椭圆形,从水面向下随着深度的增大椭圆扁率也逐渐增大,在水底则变成水平的往复运动(图 12-3)。随着海水深度的变浅,摩擦阻力增大,水质点运动的椭圆形扁率增大,表面水质点向岸移动速度大于底层水质点,结果导致波长缩短,波高加大及周期加快。当波峰水质点速度超过波速时,波峰破碎出现白色的浪花。波浪进入浅滩,波峰明显超前,涌上海滩拍打海岸形成拍岸浪。拍岸浪遇到海岸后,使海岸水面增高,可达数米,拍岸浪过后,海水在重力作用下,顺着海底斜坡形成底流流回海中。

(二)潮汐

全球性海水周期性涨落的现象称潮汐(Tide),由潮汐引起的海水的周期性的水平运动称为潮流(Tidal current)。

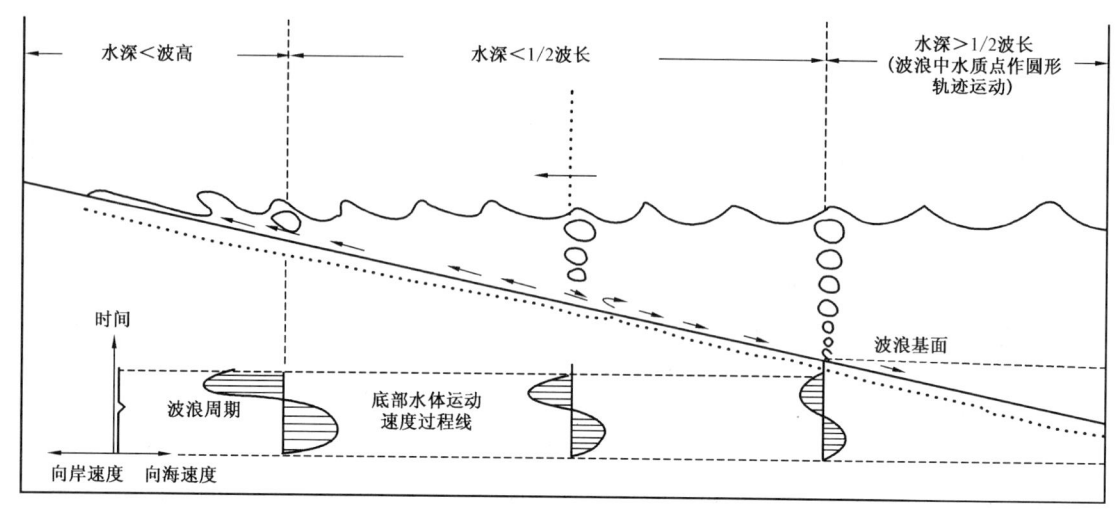

图 12-3 波浪向岸传播示意图

在月球绕地球旋转过程中,月地引力及月地系统旋转所产生的离心力两者之和形成引潮力。在地球的向月一面,引力大于离心力,合力指向月球,使海水涌向月球一面,发生涨潮;同时,在地球的背面,离心力大于引力,合力指向背月一面,也使海水面凸起发生涨潮。在两个涨潮方向之间的海面因海水流走而发生落潮(图 12-4)。由于地球的自转使涨、落潮的位置不停地改变着,每年的秋分与春分,地、月、太阳在一条直线上,引潮力最大,故每年将有两次特大潮;农历每月的初一、十五左右,地球、月球和太阳同在一个方向上,会产生两次大潮;每天有两次涨、落潮。高潮时海面高程与低潮时海面高程之差称为潮差,潮差在各地是不同的,这要视纬度和海岸地形而定。

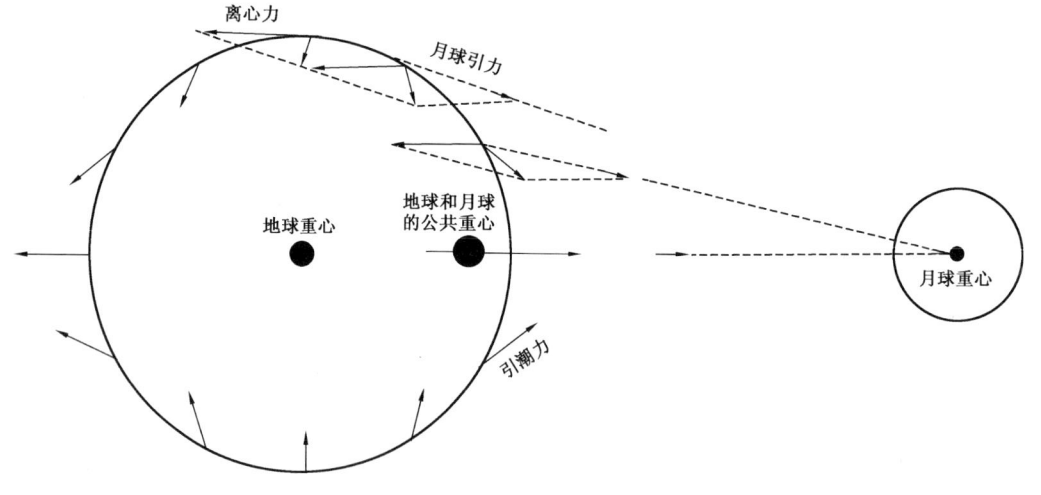

图 12-4 潮汐(据同济大学海洋地质教研室,1982)

由于高潮位置在地球表面上不断移动,迫使水团作水平方向的流动,形成潮流,潮流常与海浪、洋流叠加起着推波助澜的作用,但也可以起抵消作用使海水运动减弱。潮流涌入喇叭形的河口湾时,由于空间越来越窄,会使水层厚度加大,形成汹涌的潮浪冲进河口。

(三)洋流

海洋中沿固定方向流动的水体,称洋流或海流(Ocean current)。洋流可以看作是海洋里的一条河流,具有相对稳定的流道,宽度为数十到数百千米,涉及水深数百米,流速通常小于3.6km/h(图12-5)。洋流按其流动的部位可分为表层洋流和深部洋流。

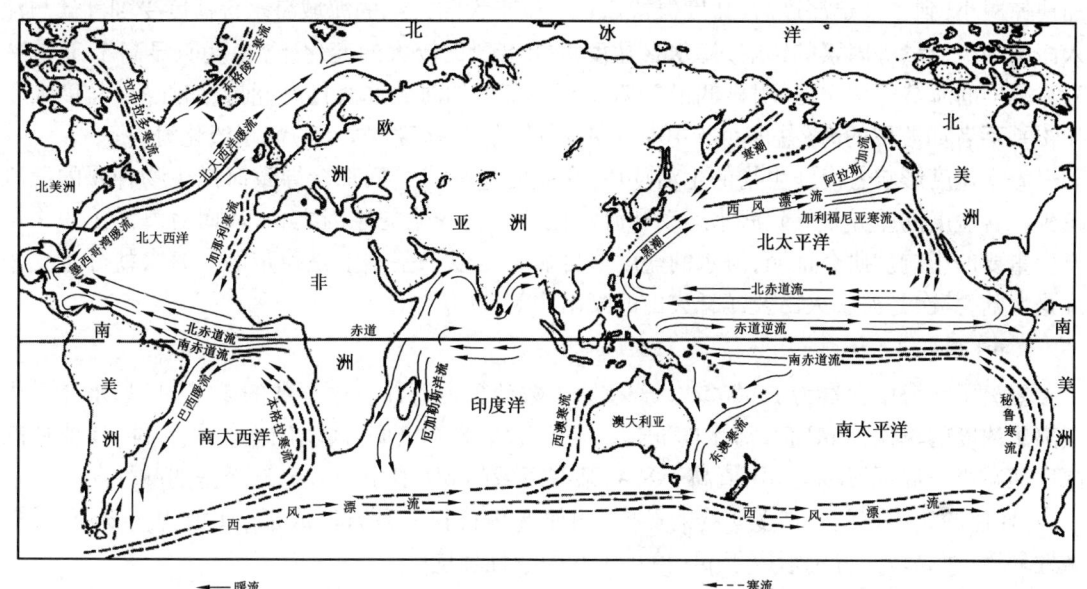

图12-5　表层洋流分布示意图(李叔达,1983)

表层洋流的生成主要与信风有关,也可能由海水密度差形成。表层洋流按水温分为暖流(Warm current)和寒流(Frigid current)两类。当洋流的水温比周围海水的温度高时称暖流,暖流一般由低纬度流向高纬度或只在低纬度流动;当洋流的水温比周围海水的温度低时称为寒流,寒流通常自高纬度流向低纬度。表层洋流的分布与全球性的信风带有密切的关系,从全球来看,在太平洋和大西洋的北部都有顺时针方向的巨型流环,在两个大洋的南部又分别具有逆时针方向的巨型流环;另外在北半球,由于受北美大陆西岸及北欧大陆西岸的阻挡分别形成两个小的逆时针流环;在南极周围海域中,由于没有大陆阻挡,在强劲的西风带作用下形成了一股强大的绕南极流环。当环流经过赤道附近,海水被加温后形成向两极流动的暖流,到达两极后,热量被吸收变成寒流沿表层或深层流向赤道。

深层洋流主要是由盐度和温度的差异导致密度不同而引起的。在高纬度地区表层海水的盐度和密度较大,在重力作用下表层海水下沉入洋底,形成深层洋流流向低纬度地区海域;在低纬度地区海域,深层海水上升,通过表层环流流向高纬度地区海域。

二、海水的化学性质和物理性质

地球上绝大部分的水保存于海洋之中,海水的化学性质与物理性质深刻影响着海水的运动、影响着海洋地质作用,而且对气候的变化以及海洋生物的生态与演化都有深刻的影响。

(一)海水的化学性质

海水中含有79种元素,测定表明,除H、O等气体外,离子浓度超过1mL/L的只有12种(Cl、Na、Mg、S、Ca、K、Br、C、Sr、B、Si、F),其他元素含量甚微。元素在海水中主要以离子、胶体和悬浮微粒三种形式存在。海水的化学性质主要包括盐度、pH值、Eh值、二氧化碳和碳酸系等方面的特征。

1. 盐度

海水中溶解的总矿物质的质量与海水总量之比称为盐度,以千分率表示。大洋海水中的盐度一般介于33‰~37‰之间,一般认为海水的标准含盐度为35‰。海水含盐度随深度的增加快速减小,到了一定深度后,盐度保持稳定。位于大陆边缘的海域海水含盐度受到气候与注入海中的径流量等因素的影响,海水含盐度可能出现比较大的变化,含盐度明显高于33‰~37‰范围的海域称咸化海,明显低于33‰~37‰范围的海域称淡化海,前者如红海(盐度大于40‰),后者如波罗的海(盐度小于10‰),我国的渤海(盐度约22‰)属于淡化海。

海水盐度影响着海洋生物的生活环境,含盐度过高或过低都会导致海洋生物种属的急剧减少。含盐度的差异是导致海水运动和海水化学环境变化的原因之一,从而对海洋沉积作用产生重要的影响。研究证明,海水的盐度值自显宙以来基本上是稳定的。海水盐分主要来源是大陆,其次是海底火山及洋脊火山的喷出物等。

2. pH 值

氢离子在海中含量为108000g/t,若按原子数计算占海洋总原子数的2/3。度量水介质中氢离子浓度的单位称pH值,海水的pH值介于7.5~8.4之间,属弱碱性。海水的pH值还随深度而减小。局部海域的pH值高于8.4,某些海域的pH值小于7.5,甚至呈弱酸性。

pH值的大小控制着许多矿物的形成,例如方解石和白云石形成于pH值为7.2~9的弱碱性环境,而高岭石等则形成于pH值小于6的酸性环境。

3. Eh 值

每一吨海水中含有氧857000g,和氢一样,氧也是以化合氧的形式存在的。在海水中还溶解有游离氧,游离氧含量控制着生物的生长和分布,在很大程度上也控制着海水的氧化还原性质。海水的氧化还原强度用Eh值表示,称氧化还原电位。

洋面上因与大气的交换作用而含氧较高,向下100~200m深度水区,由于生物呼吸及有机物氧化消耗氧使其含量降至最低值。在某些特殊静水区,因缺乏海水对流,海底形成无氧带,以致这里的底栖生物完全绝迹。

水介质按照Eh值的高低可以分为氧化、弱氧化、中性、弱还原、还原、强还原等环境,其相应的矿物形成顺序是氢氧化铁、海绿石、鳞绿泥石、鲕绿泥石、菱铁矿、白铁矿和黄铁矿等。

4. 二氧化碳和碳酸系

二氧化碳和碳酸系是地球上最重要的平衡系统之一,它在生物—大气—水之间进行着复杂的循环,与海水的化学性质、生物的生存和海洋沉积作用关系十分密切。海水中二氧化碳的含量受水温和压力的控制,温暖海水中二氧化碳含量较少,寒冷海水中二氧化碳含量较多;表层海水中二氧化碳含量较少,深层海水中二氧化碳含量较多。

碳酸系随温度、压力而转换其存在形式,它直接控制着碳酸盐矿物的沉淀和溶解,是地质作用十分敏感的因素之一。

(二)海水的物理性质

对海洋的地质作用影响较大的物理性质有温度、密度和压力等。

1. 海水的温度

太阳辐射是海水的主要热量来源,表层海水温度较高,深层海水温度较低。表层海水温度自赤道向两极逐渐降低,低纬度地区表层海水年平均温度高达20℃以上,最高可达30℃,高纬度地区海水年平均温度小于5℃。表层海水通过海水运动和水的热传导使深部水温增加,但传递深度有限,因而一定深度的海水温度较低而比较稳定,水温常在4~-1℃之间。正常海水的冰点温度为-1.91℃。

2. 海水的密度

海水的密度取决于海水的盐度和温度。0℃时正常盐度的海水密度为1.028g/cm³,海水盐度越大,密度越高;温度越高密度越低,一般来说,表层海水的密度小于深层海水的密度。不同海域海水密度存在着差异是引起海水运动的原因之一,比如赤道表层海水温度较高,密度较小,而高纬度地区表层海水温度较低,密度较大,导致表层海水由赤道流向高纬度地区。

3. 海水的压力

海水的压力是随水深的增加而加大的,深度每增加10m压力约增加10^5Pa,在1000m深处压力约为10^7Pa。

三、海洋生物

生命的发生和进化起源于海洋,生物由最原始状态发展到现代,几乎占领了所有海洋领域,也占领了大陆和空间领域,生物已成为海洋的重要组成部分之一。

海洋生物种类繁多,海洋动物有20多万种,海生植物约2.5万多种,依照生活方式,海洋生物可划分为三类:固着或在海底生活的底栖类生物,如珊瑚、海星等;游泳生物,如鱼类等;漂浮于海水上部,随波逐流的浮游生物,如某些藻类等。水深小于200m的浅海区,阳光充足、氧气充分、食物充足,生物极为繁盛。200m水深以下的水区属于无光带,植物不能生长,数千米的深水区底栖生物稀少,只有漂浮及游泳生物。

海洋生物是海洋有机质及其沉积物的主要来源,据统计,海洋浮游生物每年提供的有机质约占92.9%,底栖生物约占0.6%,大陆每年输入到海洋的有机质约占6.5%,而且集中分布于边缘海和内海。海洋生物对海水中沉积物的形成、有机质的堆积以及某些矿产的形成均有重要的意义。

四、海洋的环境分区

根据海水深度,并结合海底地形和生物群特征,可将海洋分为滨海、浅海、半深海及深海等4个环境分区(图12-6)。不同的海区,海水的动力、物理化学条件以及生物群分布等都各有不同的特点,致使其地质作用也有不同的特征。

(一)滨海

滨海(Littoral)是海陆过度的地带,其范围是位于平均高潮线(高潮海面与地形面的交线)与平均低潮线(低潮海面与地形面的交线)的水域。滨海随着潮汐的涨落时而被淹没,时而露出水面,其宽度主要取决于海岸的坡度,坡度越缓宽度越大,最宽可达数千米。滨海既受潮汐的影响,还受波浪作用的影响,还程度不同地受地面流水地质作用的影响。滨海区的海水温度有昼夜变化,盐度也随水流通畅的程度及气候条件而变化;海洋生物主要是能抵御风浪的底栖动物,它们多营钻孔穴居或生长有硬壳,海生植物则有藻类和红树林等。

从海洋地质作用的特点出发,人们习惯上将滨海的范围扩大,将风暴浪所及的上限到波浪作用所及的下界的区域叫海岸带(Coast zone)或滨岸带(图12-7)。在海浪作用为主的海岸,海岸带进一步划分为后滨、前滨和近滨,在以潮汐作用为主的海岸,海岸带可以划分为潮上带、潮间带和潮下带。后滨或潮上带,位于平均高潮线以上到风暴浪所及的上限之间,在特大高潮和遇风暴时可以被海水淹没。前滨或潮间带位于平均高潮线与平均低潮线之间的水域,就是前面所讲的滨海范围。近滨或潮下带位于平均低潮线以下到波浪作用所及的下界之间的水域,海底受到波浪的作用。

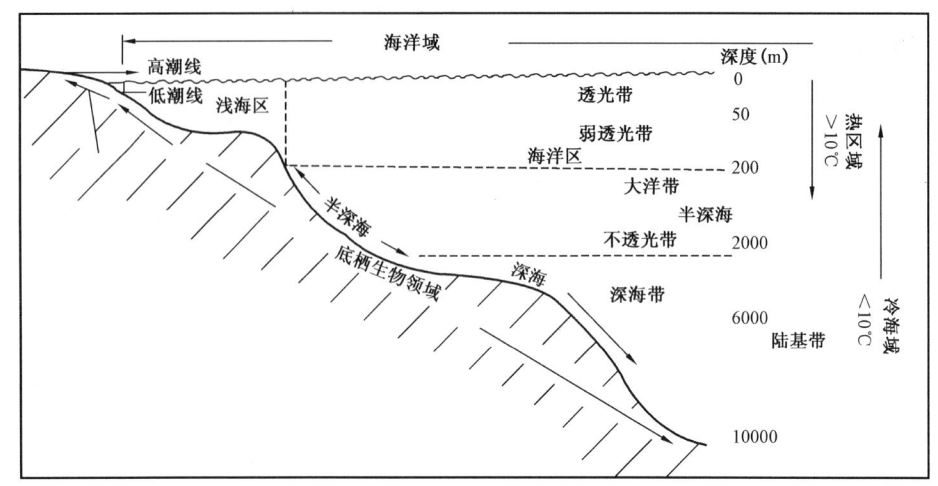

图 12-6　海洋分区示意图(徐成彦,1988)

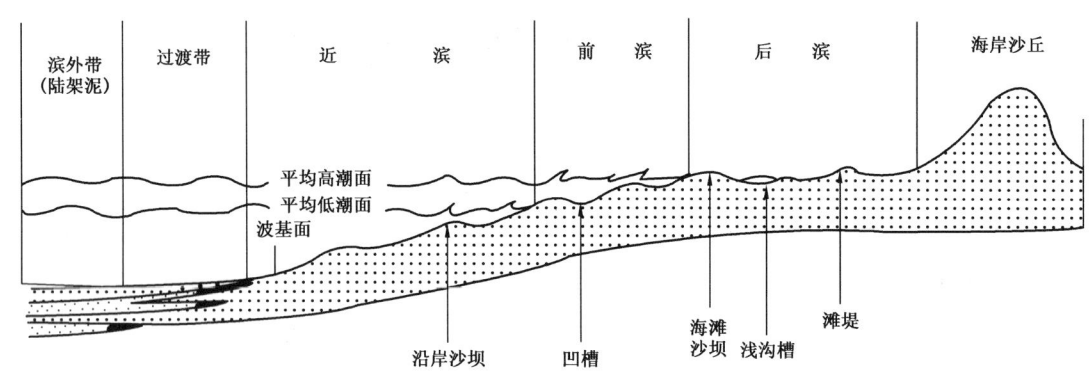

图 12-7　海岸带划分示意图(据霍华德)

(二)浅海

浅海(Neritic)是自平均低潮线以下至水深 130~200m 之间的海域。大致相当于大陆架之上的海域。浅海因海底地形平缓、海水不深,海水运动以波浪作用为主;浅海水温受季节的影响;多数浅海海水盐度正常,且变化不大;浅海海水的含氧充足,因离岸不远,海水中悬浮质多;浅海海洋生物丰富,多为底栖生物。浅海分近岸区和远岸区,近岸区水深在浪基面以上(水深小于 50m),阳光充足,易受波浪搅动,藻类繁茂;远岸区水深在浪基面以下(水深大于 50m),阳光稍弱,海生生物中藻类较少,以底栖动物为主,海底一般不受波浪作用的影响。

(三)半深海

半深海(Bathyal)位于 200~2000m 间的海域,相当于大陆坡之上的海域。半深海因水层厚无光线透入水底,水温较低,海水运动以洋流为主,波浪仅触及其表层,在海底峡谷区,浊流发育。半深海中生物贫乏,以浮游生物占优势。

(四)深海

水深大于 2000m 的广大海域称深海(Abyssal),在此海域内的海底地形有大陆基、海沟和大洋盆地等。深海带的海水运动以洋流为主,因离大陆较远,海水中悬浮物较少,其粒度也较细。深海已属无光带,这里海洋生物贫乏,以浮游生物为主,其中以有孔虫、硅藻、放射虫为主。

第二节 海洋的剥蚀作用

海洋的剥蚀作用(Marine erosion)是指由海浪、海水的溶解作用和海洋生物的活动等因素引起的海岸及海底岩石的破坏作用,简称为海蚀作用。海蚀作用的方式可分为机械、化学、生物三种形式。

海水的机械剥蚀作用是由海水运动引起的,其动力以波浪为主,发生于海岸带及海水运动所能影响到的海底部分,其中海岸带是发生海蚀作用的主要地带。冲蚀作用和磨蚀作用是海水的机械剥蚀作用的两种方式,冲蚀作用是指海水在运动过程中对岩石进行冲击并导致其发生破坏的过程,磨蚀作用则是指运动着的海水所携带的砂砾对岩石摩擦、碰撞而引起的破坏作用。若海水的动能大,则冲蚀作用增强,若海水携带的砂砾多,则磨蚀作用增强。海水的化学剥蚀作用又称溶蚀作用。海水因为含有较多的二氧化碳等溶剂,具有一定的溶蚀能力可对海岸及部分海底岩石进行溶蚀破坏。生物剥蚀作用是由海洋生物的生命活动引起的,生活在滨海区的生物多为营钻孔生活的生物,它们可以通过分泌某些溶剂来溶蚀岩石或用壳刺钻凿岩石,形成一些孔道和凹坑,破坏滨岸带的岩石。海洋的剥蚀作用以机械剥蚀的为主,它对海岸的改造起着决定性作用。

滨海及海岸带是海蚀作用最强烈的地带,海蚀作用的结果使海岸从陡岸向缓岸转化;使曲折的岬湾岸变为平直海岸;使以剥蚀作用为主的海岸向以堆积作用为主的海岸转化。海岸按岩性可分为基岩海岸、砾质海岸、砂质海岸、泥质海岸四类,其中后三类是由松散碎屑物组成的海岸,它们遭受海蚀作用的改造过程以及其所形成的剥蚀地形都具有一定差别。

一、基岩海岸的海蚀作用

由基岩组成的海岸一般地形比较陡峭,在岸壁基部与海平面的接触处,因受波浪的频频冲击可形成沿水平方向展布的凹穴,称海蚀槽(图12-8),也可形成洞穴,称海蚀穴。它们是在拍岸浪长期作用下形成的,在拍岸浪对海岸岩石冲击时,可将海水和空气强行挤入裂隙中,造成很大的压力,在冲击间隙海水退出时,又形成强大的负压,这样长期反复作用可导致岩石破碎,裂隙不断扩大,形成凹槽。波浪所携带的砂、石对岩石的磨蚀作用也是使岩石破坏的原因之一。在海湾转折处或岬角处,因波能集中,局部侵蚀能力加强,则易形成海蚀穴。海蚀穴常可深数米至数十米,洞内常发现有磨圆的砂砾;海蚀槽的深度可自数十厘米至数米。当海蚀槽不断向内扩大时,其上悬空的岩石因失去支撑而发生重力塌落,形成陡峭的崖壁,称海蚀崖。海蚀崖的基部将继续受浪击,形成新的海蚀槽,并发生新的重力塌落,如此反复进行,加上风化作用的联合破坏,会使崖壁节节后退,侵蚀海岸后退的平均速度为1cm/a,波罗的海海岸(因由冰碛物构成)的后退速度为1m/a,经常受暴风袭击的海岸可达2~5m/a。崖壁后退在崖前形成一个表面平坦,高度几乎接近海平面,微向海洋方向倾斜的平台,称为波切台,波切台在横剖面上呈微向上凸的曲线形,宽度自数米至数十米,甚至可达数百米。浪蚀作用和海蚀崖坍落的岩块、砂粒则由底流带至水下堆积,形成由堆积物构成的平台,称波筑台。在海蚀崖后退和波切台扩展的过程中,因岩性和裂隙发育程度的不同等因素,导致海蚀作用程度的差异,可形成海穹、海蚀柱等海蚀地形。如突出的海岬两侧同遭浪击,可同时发育海蚀洞、一旦洞穴彼此相通,即可形成一座海蚀天生桥,称海穹。当洞穴增大致使顶板塌落,则可形成孤立的海蚀柱。

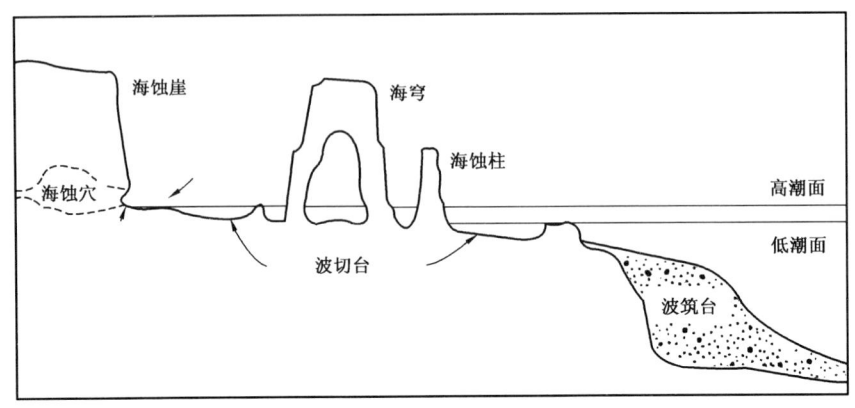

图 12-8　海蚀地貌示意图(据 K. W. Butxer,1976)

海蚀平台因海蚀作用而不断展宽,使波浪冲击崖基时要经过越来越长的距离,致使波能的消耗也越来越大。当平台宽度大到使波浪的全部动能消耗殆尽时,海蚀作用即趋于停止,此时基岩海岸的横剖面成上凸形曲线,线上各点的侵蚀强度趋于零,此剖面称为岩岸海蚀平衡剖面(图 12-9)。

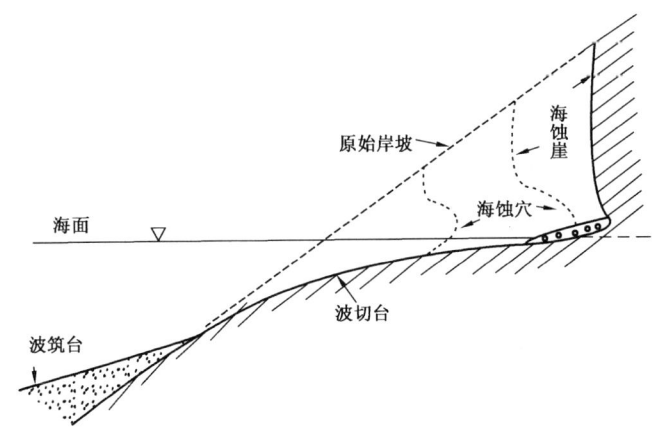

图 12-9　岩岸海蚀平衡剖面示意图(徐成彦,1988)

二、砂质海岸的改造

砂质海岸的改造是由波浪和潮流引起的,进浪可携带砂粒向海岸方向运动,海水退回时底流又把部分砂粒带回海中。

现以一理想的海滩剖面上的泥沙运动为例来说明砂质海岸的变化。假定组成海滩的砂粒粒度均匀,海滩坡度一致,波浪以稳定的能量沿垂直海岸的方向涌向海岸(图 12-10)。以剖面上某点为界,该点沉积物处于不移动状态,称中立点,在该点的下方(即向海一侧),海底沉积物是朝海洋方向移动的,在该点的上方(即向岸一侧),沉积物则向海岸方向移动。

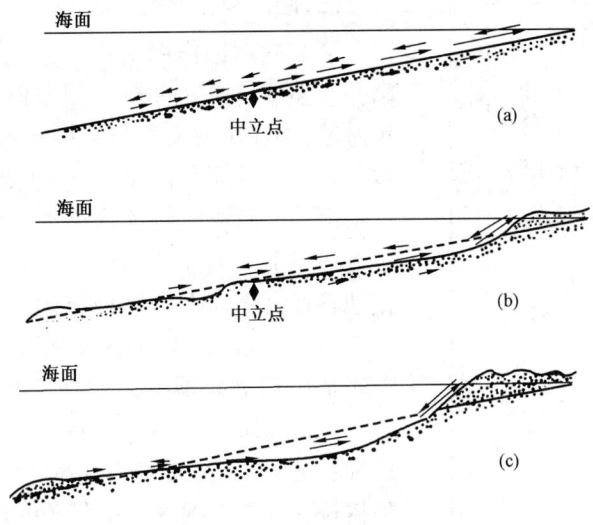

图 12-10 砂质海岸平衡剖面示意图(据曾科维奇,1962)
(a)、(b)砂质海岸原始状态;(c)砂质海岸平衡剖面;箭头示海水运动方向

海底沉积物受到的作用力有波浪力、重力和底流作用力等,海底沉积物的移动方向和距离取决于其所受到的作用力的合力及相对大小。在浅水区波浪的作用使海底的水质点作椭圆状或近似直线状往复运动,底面上砂粒也随之作向岸和向海的往复运动;波浪的冲击力使砂粒在每次往复运动中并不回到原地,而是稍微向波浪前进方向(即海岸方向)移动。同时,海底是一斜面,由于砂粒受重力沿海底产生一指向海洋的切向分力,加上底流作用力的影响,导致砂粒向海一侧移动。在中立点,波浪力与重力(或底流作用力)几乎相等,砂粒向岸和朝海的移动距离相等,纯运动等于零;中立点以上,因水较浅,波浪力较强,致使砂粒向岸一侧移动;中立点以下,因水较深,波浪力弱,且有底流的影响,导致砂粒朝海一侧移动。

在波浪的作用下,即使原来是均一的坡度也会发生变化。中立点以下由于砂粒不断向海一侧推移而形成侵蚀凹地,并把砂粒堆积到更深一点的波浪作用微弱的海底,使这段剖面变得平坦;中立点以上则因砂粒被带向海岸一侧,也出现侵蚀凹地,被推移的砂粒堆积在岸边高处,使这段剖面变陡;经过长期的波浪作用,海滩的剖面形态变为一条下凹形的曲线,剖面上各点的砂粒都只能作等量的往复运动,处于这种状态的海滩剖面称砂质海岸的平衡剖面(图 12-11)。砂质海岸的平衡剖面是一个理想的平衡剖面,由于各种因素(如气候、风力、潮差、波能等)的不断变化,现实中是达不到的,但它却能反映砂质海岸的演化趋势,对了解波浪、潮流对砂质海岸的改造过程有重要意义。

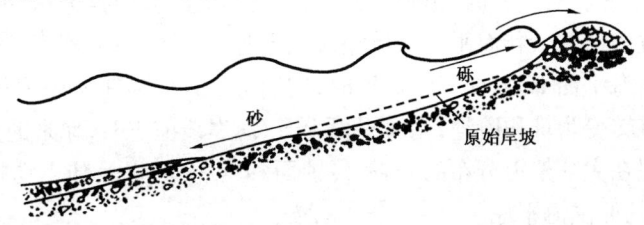

图 12-11 海岸带碎屑横向搬运示意图(徐成彦,1988)

三、潮流和洋流的剥蚀作用

潮流的剥蚀作用主要发生于大陆架上一些地形狭窄并有强潮流通过的地方,以及以潮汐作用为主的潮坪海岸,如我国海南岛与雷州半岛之间的琼州海峡,日本濑户内海的明石海峡,东南亚巽他群岛各岛屿之间的水道等。潮流的剥蚀作用可形成潮流侵蚀谷,侵蚀谷在形态上呈孤立的槽形,两端变浅,中间较深,潮流侵蚀谷在纵剖面上的这种起伏,反映了潮流经过海峡时流速由小增大、再减小的变化过程。潮流侵蚀谷的谷底常由粗砂砾或基岩组成。在潮汐作用为主的粉砂—泥质海岸上,往复流动的潮流可在浅滩上侵蚀形成细长的潮水沟,其大致与海岸相垂直,向陆一端往往呈树枝状分叉。潮水沟中落潮的流速可达 1.5m/s,因而具有较强的侵蚀力,沟底常分布有潮流侵蚀泥滩而形成的泥砾。

洋流的剥蚀作用主要分布在大洋底流分布区,深海海谷是大洋底流的主要剥蚀地形,在大洋盆地中分布着许多深海海谷。从大西洋的深层海流(底流)及深海海谷的分布图(图12-12)可以看出,两者的分布大致吻合,它们的延伸与大陆海岸线近于平行。在冰岛

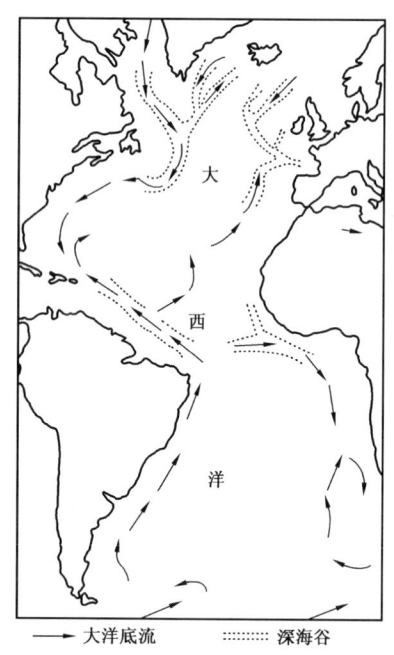

图 12-12　大西洋深层洋流与深海海谷分布示意图
(据谢帕德·列昂节夫等资料综合,1979)

以南的深海海谷中,通过海底摄影曾发现谷壁遭受剥蚀的痕迹。在大西洋近赤道附近的海洋中,大洋底流自西往东流动,横穿大洋中脊,这一段深海谷位置与"罗曼奇断裂带"的位置恰巧一致,无疑此谷具有构造成因,但又受大洋底流侵蚀的改造。

四、海平面的变动与海岸线变迁

海平面是衡量陆地地形的高程和海底地形深度的基准面,是陆地上河流的最终侵蚀基准面,也是影响海陆分布的基本因素。海平面的变动可分短期变化和长期变化两种。海平面的短期变化是由于波浪、潮汐、流、水温等因素而引起的。海平面的长期变化是由全球性因素引起的,主要有地壳的升降运动、地球上冰川的消长、海盆容积的变化、地球自转速度的变动等全球性因数。如第四纪更新世末期的玉木冰期全盛时,由于大陆冰盖面积扩大,大量液态水转变为固态冰,全世界海平面曾下降了 100~135m。

若海平面变动,不论是升高还是降低,都必然引起海岸线的变化,也会影响海蚀作用和沉积作用的进行。海平面相对上升时,出现海侵,海岸线向大陆方向推进;海平面下降时,出现海退,海岸线向海洋方向后退。在海平面保持相对稳定时,海岸线附近刻下了海蚀作用的痕迹或留下了沉积记录;当海平面下降,海岸线后退时,它们可上升成陆地,海蚀平台上升成为高出海面的海蚀阶地,海滩转变为堆积阶地;当海平面上升,海岸线前进时,原来的滨海区乃至海滨平原都会沉入海下,现在大陆架上分布的溺谷、侵蚀面和堆积面,以及陆生动物化石等都是因为海面上升而被淹没的原滨海平原。

海岸带的海洋地质作用也可以独自改造海岸线,使海岸线前行或后退。海蚀作用加强可使海岸线向大陆推进,沉积作用占优势时则发生海岸线向海洋后退。我国黄河自 1855 年北迁注

入渤海后,苏北废黄河口附近海岸从此便出现强烈冲刷,海岸线向陆每年前进100m左右;射阳河口以南的海岸以接受沉积为主,海岸线平均每年向海洋方向推进100m左右。最近百余年来,全球海平面是稳定的、并无明显升降,因此完全可以认为苏北海岸的变迁是海洋地质作用引起的。

第三节　海洋的搬运作用

依搬运物的性质,海洋的搬运作用可以分为机械搬运和化学搬运两种方式,前者指碎屑物的搬运,主要来自河流和地表径流向海洋的输入,海蚀作用也可以形成一定数量的碎屑物;后者指溶液物质的搬运,主要来自河流和地下水向海洋的输入,海水对海岸和海底岩石的溶蚀作用,以及其对部分海洋生物遗留的骨骼和硬壳的溶解也可形成相当数量的溶液物质。

波浪、潮流和洋流是海洋搬运作用的动力。在滨海及浅海的近岸部分,以波浪搬运为主,潮流搬运次之;在近海有狭窄海道的地区潮流的搬运作用明显增强;在半深海和深海则以洋流的搬运作用为主。河流和地表径流向海洋输入的粗粒碎屑物质,主要在波浪作用下在浅海(主要在海岸带)呈推运或跃运的方式被搬运,浊流及部分湍急的海流也可以将粗粒碎屑物质带往深海。而细粒碎屑物可呈悬浮状态被波浪、潮流和海流等带至外滨以外的海洋中。

一、海水的搬运作用方式

海水的机械搬运作用方式可分为悬运、跃运和推运三类。通常细粒的物质(如粘土、粉砂)以悬运方式搬运,粗粒的砂、砾则以推运方式沿海底搬运。搬运方式受碎屑物的颗粒大小及海水动能的影响,当海水的动能增大或水流流速增大时,部分原来以推运方式搬运的物质,也可转为以跃运甚至悬运方式搬运。但总的来说,海水运动速度较慢,故搬运力也较小。

海水的化学搬运作用按其搬运方式可分为真溶液搬运和胶体搬运两种类型。以真溶液状态搬运的主要是 Na、Mg、Ca、K、Cl、S 等元素的离子或化合物;以胶体状态搬运的,主要是 Al、Fe、Mn、P、Si 等元素的化合物。影响海水化学搬运能力的主要因素是海水的物理和化学性质(如温度、浓度、氧化还原电位和酸度等),并与海洋生物的作用有密切关系,而与海水运动强度关系不大。

二、海水的各种搬运作用

波浪搬运的主要场所是海岸带,在海岸带,波浪对碎屑物的搬运可分为横向搬运和纵向搬运两种形式。当波浪垂直作用于海岸时,碎屑物被推向海岸或移向较深海域,称为横向搬运,横向搬运可表现出良好的分选性,通常粗碎屑物被移向岸边,较细的碎屑物移向海里,更细的碎屑物以悬运方式被运往深水海域。波浪斜向冲击海岸产生的沿岸流会使碎屑物作平行海岸方向的运移,称纵向搬运(图12-13)。这种搬运作用受沿岸流和底流两种因素的影响,使碎屑物质呈"之"字形轨迹大致平行海岸移动,其搬运的速度和总的方向取决于进浪与底流的强度、海底坡度、波浪前进方向与海岸线的交角等因素。

潮流搬运主要发生于海峡、河口湾等水道狭窄的海域及泥滩上的潮水沟之中,因其流速快而具有明显的搬运能力,潮流将细粒物质运移,使这些地方的底质比周围地区显得更粗糙。

洋流是深海区的主要搬运营力,因其流速较小,通常以悬运及化学搬运为主要搬运方式,当大洋底流流速较大时,也可以搬运一些粉砂和砂质碎屑物。表层洋流可将陆源悬浮物和有机悬浮物运往深海。此外,随洋流漂移的冰山也可以把大陆冰川的冰碛物带至深水海域。

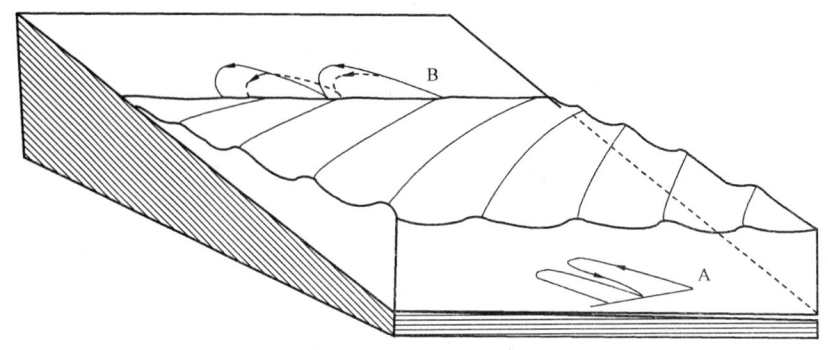

图 12-13　海岸带碎屑纵向搬运示意图(据李叔达,1983)
A—细碎屑物纵向搬运;B—粗碎屑物纵向搬运

第四节　海洋的沉积作用

海洋是地表上最主要的沉积场所,现今大陆上见到的沉积岩和沉积矿产大部分来自地质历史时期海洋中沉积的产物。海洋的沉积作用是受海水运动、海底地形、海洋生物以及海水的物理化学性质等因素的影响,在不同的海区沉积环境不同,沉积作用及沉积物也各有不同的特点。本节介绍海洋沉积物的来源,各海区的沉积作用的特点及产物,重点讲述滨海和浅海的沉积作用,简述半深海和深海的沉积作用。

一、海洋沉积物的来源

海洋沉积物主要来源于陆源物质,其次为海源物质,另外近海或海底火山喷出物也提供了部分沉积物,此外还有来自宇宙的坠落物等。

(1)陆源物质。据统计全世界每年进入海洋的陆源物质超过 2×10^{10} t,其中绝大部分是由河流输入的,其次为风的搬运物和海蚀作用的产物,其他方式输入的仅占少数,如黄河输入渤海的泥沙每年约为 16×10^8 t。干旱半干旱气候地区风卷起的尘土,可随风飘向海洋并落入海洋,据估计每年全世界落入海洋的风运物约 16×10^8 t。全球海岸线总长约 44×10^4 km,其中约有 25×10^4 km 为海蚀作用占优势的地段,总剥蚀量约等于河流输入量的 1%。

(2)海洋生物。海洋生物的遗体以及在海洋中形成的化学物质等统称海洋源物质。浅海的生物数量多,约占海洋生物总量的 80%,而深海区生物仅占总量的 1%,在大陆边缘海、暖流流经海域及寒、暖流汇合地段,因海水中营养物多,生物相当繁盛。由于生物具有区域分布的特点,因而海底生物遗体的堆积也有明显的地域差别。海水对海底基岩进行的风化、溶蚀作用产生的溶液物质,也是海洋沉积物的物源之一,如海底玄武岩经风化和溶蚀作用后可提供 SiO_2、Fe、Mg 等元素和化合物。

(3)火山和宇宙物质。喷至高空处的火山灰可飘扬几千千米而落入海洋,全世界一年约有 3×10^9 t 火山喷出物落入海洋;海底火山喷出物也提供了部分沉积物。来自宇宙的陨石与尘埃数量虽少,但在深海沉积物中也有发现。

二、滨海的沉积作用

滨海区海水动荡,波浪与潮汐交替作用,地面时而出露,时而被淹没。波浪和潮汐不仅可以侵蚀海岸岩石,同时还可搬运大量陆源碎屑物至海湾和较平的直海岸中沉积下来。滨海沉积以陆源碎屑物为主,沙砾因经反复的搬运与磨蚀,其分选性和磨圆度都比较好。生活在滨海的坚壳或钻孔生物,它们的贝壳常被浪击成碎片并混杂于碎屑物中沉积。通常只在特殊条件下滨海区才出现化学沉积。滨海碎屑沉积可形成海滩、沙嘴和沙堤、潮坪、潟湖等沉积地貌,其沉积特点也各不相同。

(一)海滩沉积

海滩(Beach)是由沉积物堆积而形成的平坦海滨地带。根据其碎屑颗粒大小可分为砾滩、沙滩和泥滩三类,其分布特点取决于碎屑物的来源和海水动能。

(1)砾滩(Pebble beach)为主要由砾石组成的海滩,它多分布于山区河流的河口区或陡峭的海岸附近,砾石多来自山区河流或海岸及其附近的岩石。经过海浪长期的反复搬运,砾石具有良好的磨圆度,其形状多呈扁圆形或球形,扁圆形砾石常具定向排列,其扁平面倾向海洋,长轴大致与海岸线平行(图12-14)。

(2)沙滩(Sand beach)为主要由沙粒组成的海滩,沙滩分布很广,广泛分布于平直海岸和海湾。沙粒的成分比较单一,以石英砂为主,分选性和磨圆度均较好。沙粒的成分有时与周围的岩性有密切关系,如夏威夷沿岸沙滩上的"黑砂"来自附近的玄武岩;我国南海某些沙滩上的白色钙质砂则来自生物碎屑。

图12-14 海滩中砾石的定向排列
(沈锡昌摄,1979)
舟山群岛普陀岛的砾石滩

(3)泥滩(Mud beach)是主要由粘土或粉砂组成的海滩,它多分布于以潮汐作用为主的平缓海岸或海湾。由河流或海流携带的粘土、粉砂被涨潮潮流带至地形平缓、波浪作用微弱的海岸地带,并在落潮前的间隙沉积。由于落潮时水流多汇聚于潮沟附近并流回海里,水流速度逐渐加快,造成泥滩上沉积物粒度具有自陆向海由细至粗的趋势(图12-15)。泥滩上常分布有泥裂、雨痕、足迹、流痕等沉积构造。

海水动能的差别是形成不同类型海滩的重要因素之一,如舟山群岛的普陀岛,其东岸朝向外海,因无屏障、风浪大,形成砾滩、沙滩,而其西岸则因风浪小、地势平坦,泥滩广布。

(二)沿岸堤、沙坝和沙嘴沉积

沿岸堤(Beach ridge)是分布于高潮线附近,由波浪引起的砂砾横向移动形成的大致平行于海岸的堤状地形。它通常是由粗大的碎屑物、海生贝壳碎片和重矿物等碎屑组成,常发育有双倾向的、缓倾斜的交错层理,按其主要组成物质成分可分为砂堤、砾石堤、贝壳堤等。当滨海沉积量增多,海岸线向海推进,沿岸堤逐渐远离高潮线成为古沿岸堤。古沿岸堤是确定古海岸线的标志,如天津至渤海湾的海滨平原上分布有四条与现代海岸线大致平行的贝壳堤,它反映了全新世以来天津附近海岸线变迁的轨迹。古沿岸堤经过海风的改造可形成海岸沙丘,河北昌黎海岸上分布有高十几米的海岸沙丘。

沙坝(Barrier)是离岸有一定的距离、平行于海岸、由砂质沉积物组成的垅岗地形,其顶部可露出海面或被海水淹没。被淹没的沙坝称水下沙坝。沙坝是当波浪向海岸推进,因与底流相遇或因波浪破碎波能减弱,导致所携带的砂粒堆积下来形成的(图12-16)。

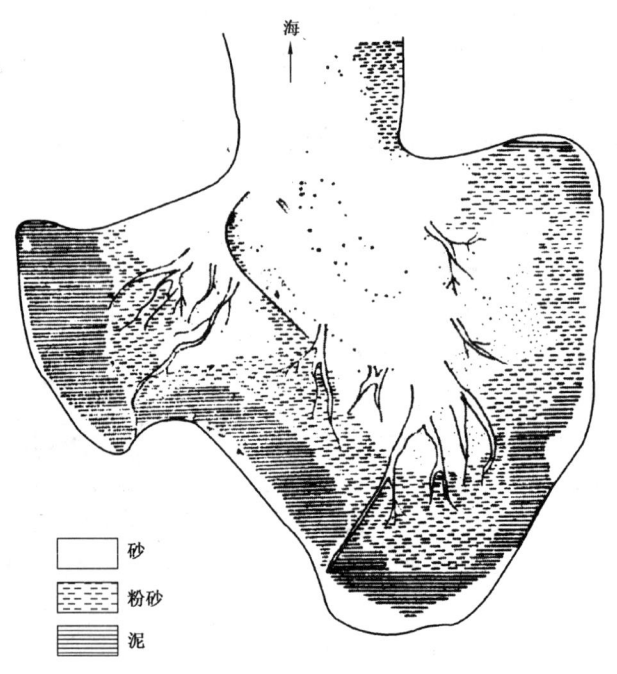

图 12-15 泥滩中沉积物粒度平面分布示意图(据 H. E. 赖内克等,1979)

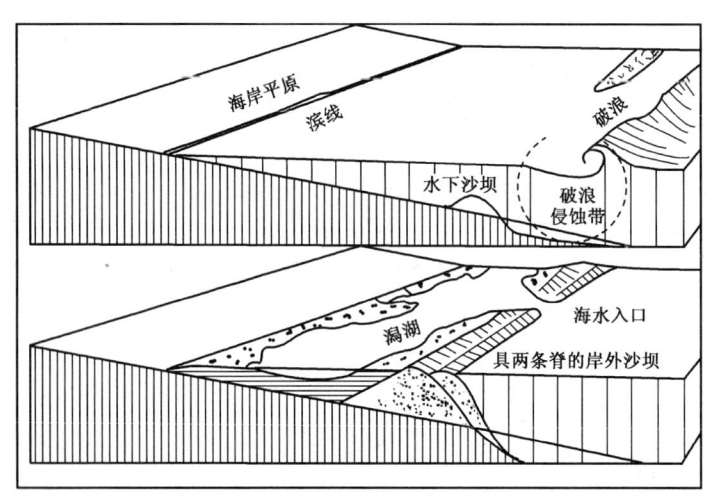

图 12-16 沙坝的发育(上)与潟湖的形成(下)示意图(据 W. M. Davis)

沙嘴(Spit)是其一端与陆地相连,另一端伸入海中的主要由砂质沉积物组成的垅岗地形,分布于海湾处。沙嘴是当沿岸流由海岸岬角部分进入海湾,因水域变宽,流速下降,使所携带的砂粒堆积下来而形成的,其尾端因波浪的折射而成弧形,我国台湾西海岸面向澎湖水道的毗邻地区,沙嘴较发育。当岸外有岛屿时,岛影区因波能变弱出现沙嘴沉积,沙嘴延伸可使岛屿与陆地相连,形成连岛沙洲(Tombolo)(图 12-17),如山东烟台附近芝罘岛的连岛沙洲长 7.5km。

(三)潮坪沉积

潮坪(Tidal flat)是发育在无强烈的波浪作用而以潮汐作用为主的平缓海岸地带,包括朝

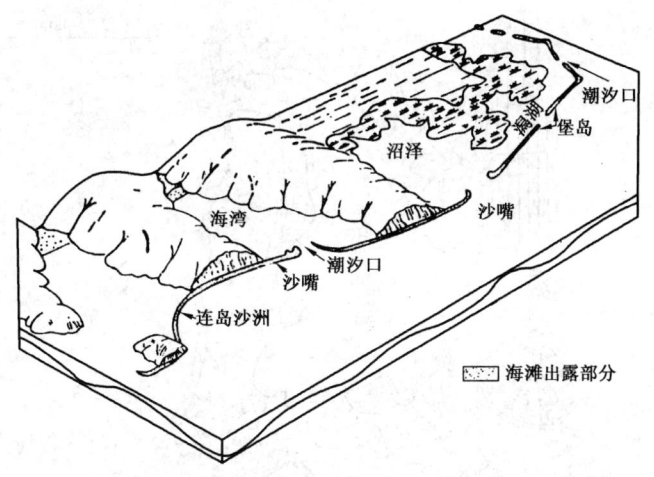

图 12-17 沙嘴、潟湖、堡岛和连岛沙洲（据 R. F. Flint 等,1977）

上带、潮间带和潮下带,其主体主要位于潮间带。潮坪沉积发生良好的机械沉积分异作用,潮流可把泥沙带至潮坪,退潮时则沿潮沟把较粗的碎屑带至海中,细粒碎屑则在潮坪上堆积下来。潮坪的沉积物以粘土、粉砂、细砂沉积为主,依次分布于潮上带、潮间带和潮下带,故又称潮上带为泥坪、潮间带为泥沙混合坪、潮下带为沙坪。由于潮汐的反复作用,在其沉积物中可形成双向斜层理、波痕、泥裂等沉积构造,潮坪上具有海生生物与陆生生物混杂的现象。若气候潮湿,潮坪可发展为海滨沼泽,并形成泥炭沉积;若气候干旱,因滩上积聚的海水蒸发,盐类结晶沉淀,形成盐沼地或称"萨布哈"(Sabkha),中东海湾地区的海滩上就发育有较多的"萨布哈"。在低纬度地区某些缺乏陆源物质、海水较清、气候温暖、生物繁茂的潮坪上,可以发生碳酸盐的沉积。

（四）潟湖沉积

潟湖(Lagoon)是一个与外海呈半隔绝的海域(图 12-17)。潟湖海水可通过某些水道(潮汐口)与外海交流,或在高潮时外海海水越过障壁岛灌入潟湖中。沙坝和沙嘴的长高与伸长,常常连接起来构成滨岸带的障壁,在其内则形成潟湖(图 12-18),潟湖的地质作用以沉积作用为主,不同的气候区潟湖的含盐度不同,其沉积有不同的特点。依据湖水含盐度,潟湖可以分为淡化潟湖和咸化潟湖两类。

(1)淡化潟湖发育于潮湿气候区,因地表径流大量注入潟湖,水面高于外海海面,仅在高潮时有少量海水入湖,淡水年注入量大于湖面年蒸发量致使海水逐渐淡化,在规模比较大的潟湖中可形成上层为淡水,下层为咸水的双水层结构。淡化潟湖的沉积以碎屑沉积为主,发育生物沉积,在缺乏对流的潟湖底,常可形成黄铁矿、菱铁矿、碳酸钙等化学沉积。

(2)咸化潟湖发育于干旱气候区,因淡水注入量较少及湖水过量的蒸发,湖水面常低于海面,因而导致海水周期性补给潟湖,因为淡水年注入量小于湖面年蒸发量致使海水逐渐咸化,咸水因相对密度大而下沉,使水体按相对密度分层,其上下对流相对减弱。咸化潟湖的沉积以化学沉积为主,其次为碎屑沉积,不发育生物沉积。咸化潟湖的化学沉积发育良好的化学沉积分异作用,即随着湖水的蒸发湖水含盐度由小变大,各种盐类物质依据溶解度由小到大先后发生沉淀的过程。常见盐类矿物先后沉淀的次序是方解石→白云石→石膏→芒硝→石盐→钾盐→光卤石,以上沉积顺序可简化为碳酸盐→硫酸盐→氯化物。

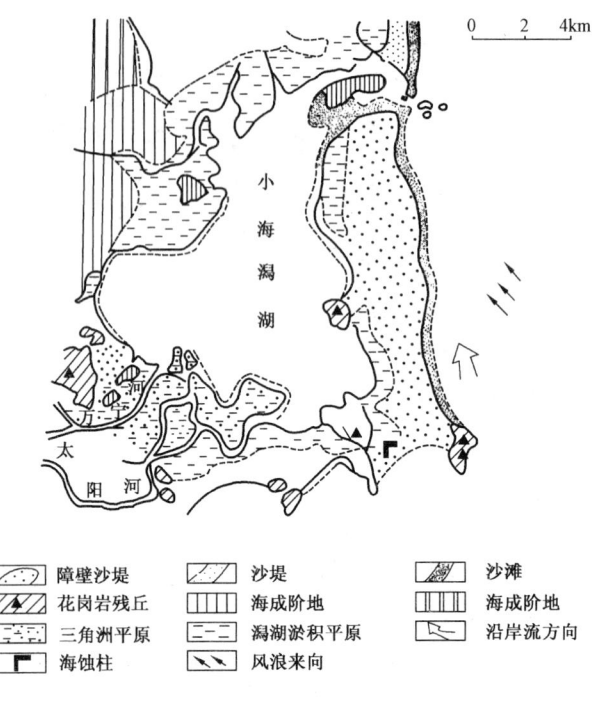

图 12-18　潟湖（据黄金森，1964）

三、浅海的沉积作用

浅海是海洋中最主要的沉积场所，由于海水较浅、海底起伏小、生物繁茂、离大陆近，陆源物质丰富，所以浅海的碎屑沉积、化学沉积和生物沉积都很发育。

（一）碎屑沉积作用

浅海碎屑沉积物主要来源于大陆，部分来自滨海；沉积物中砾石较少，以砂、粉砂和泥质为主；沉积动力主要是波浪，其次是潮流和洋流。

在以波浪作用为主的海域，河流携带入海的碎屑经过波浪的反复搬运后，随波能减弱的方向按颗粒大小依次沉积下来。在浅海水动力条件比较稳定的条件下，碎屑沉积发育很好的机械沉积分异作用，由近岸到远岸依次沉积下砾石、砂、粉砂和泥，并成带平行于海岸分布。近岸区沉积以砂为主，成分单一，分选、磨圆比较好，发育斜层理，含底栖生物；远岸区沉积以粉砂、泥为主，成分复杂，具有水平层理，含底栖生物和浮游生物。

如果地壳抬升或海面下降，或浅海沉积不断向海方向推进，均可导致海水退却，就会造成粗粒的沉积物直接覆盖在先前沉积的细粒沉积物上，从剖面上看，沉积物粒度呈向上变粗的海退层序（图12-19）。相反，如果地壳下沉或海面上升，导致海水向岸推进，就会造成细粒的沉积物直接覆盖在先前沉积的粗粒沉积物上，从剖面上看，沉积物粒度呈向上变细的海进层序。从一次海进开始到海退结束，叫一次沉积旋回。海退层序容易遭受破坏而不易保留下来。

在海峡及其他强潮流分布地段，因以潮流作用为主，沉积带的分布并不与海岸平行，而是与潮流的流向相垂直的。如在西北欧的圣乔治海峡中，因潮流较强，侵蚀近岸地区，在朝海峡开口方向往外依次沉积了砾石、砂和泥，沉积物粒度的递变方向与潮流方向一致，分异明显。

在研究现代大陆架沉积物的分布特点时，往往发现离岸较远的外陆架上广泛分布着以砂为主的粗粒碎屑物，内陆架上却覆盖着大片粉砂和淤泥，近岸又有较窄的粗粒碎屑物分布。大

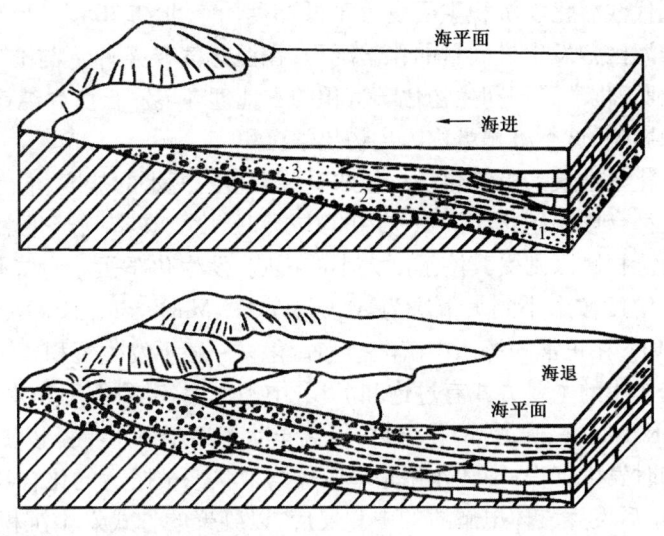

图 12-19　海进层序与海退层序示意图(据温献德,1998)

陆架沉积物的这种分布特点在东海大陆架上也有反映(图 12-20),显然,这种分布与近岸沉积粗粒沉积物、远岸细粒沉积物的规律有矛盾。现已查明,远岸的粗粒碎屑物是大陆架上存在的残留沉积。残留沉积(relict sediment)是指大陆架上那些与现代浅海环境不相适应的沉积,是该地在成为浅海以前形成的沉积物。据埃默里(Emery,1952)统计,残留沉积的分布面积占世界大陆架面积的70%。

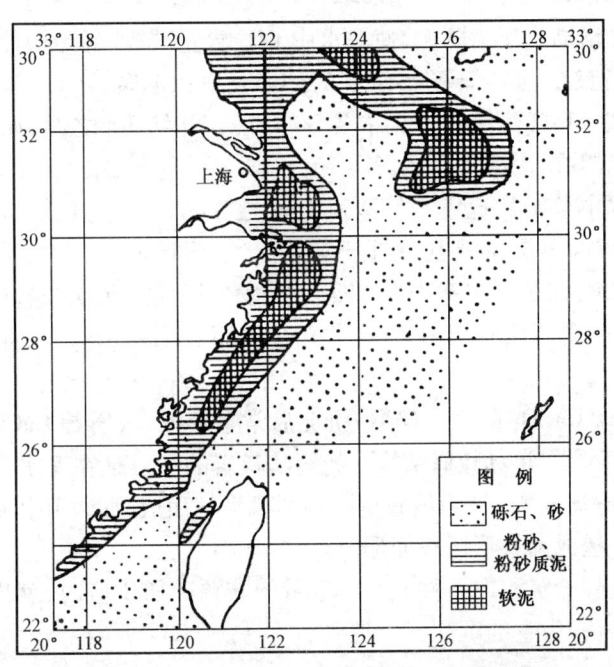

图 12-20　我国东海大陆架沉积物分布示意图(据秦蕴珊等,1978)

(二)化学沉积作用

浅海区是化学沉积和生物化学沉积的主要场所,在形成各类化学沉积物的同时还形成了各种沉积矿产。现代浅海化学沉积主要发育于低纬度(南、北纬30°之间)陆源碎屑来源少的海域。地史时期浅海区曾发生过大量的化学沉积,在湿热气候条件下与准平原化的大陆毗邻的浅海区,是最有利于化学沉积和生物化学沉积的古地理环境。自然界纯粹的化学沉积较少,多半有生物作用的影响,这类沉积可称为生物化学沉积。

海水的物理和化学性质是影响化学沉积的重要因素。海水的盐度、酸碱度、温度、压力、氧化还原电位的变化都会影响到化学沉积作用的方式和强度。在有利于化学沉积的条件下,各种可溶性化合物的沉积顺序则受其溶解度大小的影响,发生化学沉积分异作用。海水中主要可溶性化合物的溶解度按由小到大依序为 Al_2O_3、Fe_2O_3、MnO_2、SiO_2、P_2O_5、$CaCO_3$、$CaSO_4$、$MgSO_4$、$NaCl$、KCl、$MgCl_2$,在正常的海水中硫酸盐和氯化物一般不发生沉积。

海水化学沉积作用的主要方式有过饱和沉积、中和作用、吸附作用和浓缩作用。过饱和沉积是指化合物(如K、Na、Ca、Mg等的化合物)以离子状态溶于海水中并以真溶液状态被搬运,当溶液达到过饱和时发生沉积;中和作用是呈胶体溶液状态被搬运的化合物(如Al、Fe、Mn等的化合物)进入海水后发生胶体电解质的中和反应,以凝聚的方式发生沉积;吸附作用是海水中的微粒物质及有机物能吸附的某些金属元素,随微粒沉积而沉积;浓缩作用是某些生物在其生长过程中可以将海水中的某些元素浓集于躯体内,随生物的新陈代谢物或遗体的堆积而发生沉积。

浅海的化学沉积物主要有碳酸盐类、燧石及铝、铁、锰的氧化物和氢氧化物,以及胶磷石等。

1. 碳酸盐沉积

在浅海的化学沉积物中以碳酸盐类为最多,其主要成分是 $CaCO_3$ 和 $MgCO_3$。碳酸盐的化学沉积原因是因温度增高或压力降低,使海水中 CO_2 含量减少,导致海水中 $Ca(HCO_3)_2$ 过饱和,从而形成 $CaCO_3$ 沉淀。适合碳酸盐沉积的环境是海水温暖、水较浅、水质清洁、碎屑物质含量极少的浅海海域。现代浅海碳酸盐主要分布于南、北纬30°之间,如加勒比海、中东波斯湾、澳大利亚西海岸和我国南海等海域。

现代的热带海水中 $CaCO_3$ 已基本呈饱和状态,在正常海水(pH为8)中,当温度升高发生强烈的蒸发作用或海水由深部高压区上升至浅部低压区时,可使海水中的 CO_2 析出,$Ca(HCO_3)_2$ 转变为 $CaCO_3$ 形成细粒碎屑状(灰泥)而发生沉淀。在这个过程中生物起着重要的作用,细菌死亡后产生的 $NH_3 \cdot H_2O$ 和藻类光合作用放出的 CO_2,是促使 $CaCO_3$ 沉淀的重要原因。

碳酸盐类(包括含 $CaCO_3$ 的生物碎屑)沉淀后常呈灰泥、灰屑等 $CaCO_3$ 碎屑的形式,经搬运后再沉积,所以碳酸盐岩常具粒屑结构。如鲕状灰岩的鲕粒是在海水动荡的条件下,$CaCO_3$ 以一定的质点(生物碎屑或岩屑)为核心呈同心圆状生长而成,而竹叶状灰岩的砾屑是由未固结的灰泥被浪冲碎并搓成扁长形团块而形成。

当浅海既具备碳酸盐沉积的条件又有一定量的陆源碎屑供应时,就出现近岸以碎屑沉积为主,远岸以碳酸盐沉积为主的沉积分异现象。

2. 硅质沉积

海水中的 SiO_2 除来自大陆(呈胶体状态搬运的)以外,海底火山喷发、生物的生命活动等都会造成 SiO_2 的局部富集而沉积下来。当海水中的 SiO_2 达到足够的浓度时,常以胶体凝聚的方式沉淀,较低的水温、偏碱性的环境最利于 SiO_2 的沉积。SiO_2 的胶凝体形成非晶质矿物蛋白石($SiO_2 \cdot nH_2O$),并进而形成燧石(Silex)。

3. 铝、铁、锰沉积

海水中的 Al、Fe、Mn 等主要来自大陆,大陆上湿热气候区化学风化作用彻底时,Al、Fe、Mn 可以胶体状态随地表径流迁入毗邻的海洋中,通常在近岸地带以胶体凝聚方式沉积,或受碎屑吸附包裹于其表面沉积。近岸地区因海水动荡,易形成鲕粒状结构,鲕粒加大可形成豆状或肾状结构。Al_2O_3 主要沉积于浅海近岸地带,但在滨海、潟湖环境中亦可形成,海成铝土矿由铝的氢氧化物组成,其中 Al_2O_3 的含量达到50%;浅海中的铁质沉积物主要由赤铁矿(Fe_2O_3)和褐铁矿($Fe_2O_3 \cdot nH_2O$)组成;锰质沉积物主要以氢氧化锰(水锰矿、硬锰矿)的形式出现。据研究,在浅海近岸带沉积中铝、铁、锰沉积存在一定的分异作用,一般铝质沉积位置离岸更近,铁、锰质则离岸远些,但这种沉积分异现象并非截然的,它们在沉积范围上常有一定的交替或重叠。

4. 磷质沉积

磷主要以 HPO_4^{2-} 形式存在于海水中,部分则以碎屑状悬浮于海水中,表层海水中磷的含量较低,难以沉积。磷的富集与生物作用有关,富含磷质的生物死亡后,尸体下沉至深部,磷质析出使某些海域的深层海水富含磷质,富含磷质的低温海水随上升流自大陆坡上升至浅海后,因压力减小、温度升高和 CO_2 含量降低,导致过饱和,促使磷以 $Ca_3(PO_4)_2$ 的形式沉淀,形成胶磷石。胶磷石常与其沉积物共同组成磷灰岩,当磷达到一定含量,并具一定规模时便形成磷矿床。我国南方某些地区的寒武系底部的含磷沉积层,即可形成大型磷矿床,如湖北荆襄磷矿、云南昆阳磷矿。

5. 海绿石沉积

海绿石是海洋中的自生矿物,是海水沉积物的标志矿物。海绿石是一种绿色粘土矿物,是由海水中硅、铝、铁的胶体吸附钾离子而成,我国东海大陆架外缘常在沉积物中发现海绿石,大陆坡上也有分布。海绿石含钾量可达2%~9%,量多时可作钾肥开采。

(三)生物沉积作用

生物除通过产生气体、分泌有机质等影响沉积作用外,其遗体本身也可构成沉积物。浅海区生物繁盛,因而生物沉积数量多,沉积物中有机质的含量也较高,是深海的 2.5 倍。浅海生物沉积主要有生物礁的堆积、生物碎屑的堆积等。

1. 生物礁

生物礁(Organic reef)是指在海底原地繁殖、营群体生活的生物(如珊瑚、海藻、苔藓虫、层孔虫等造礁生物)的骨骼、外壳的堆积物,以及这些生物通过造礁作用,促使水中某些矿物质沉积物的堆积。造礁生物往往是以固着增生的方式,与其他沉积物在海底形成呈隆起状的堆积体。生物礁中以珊瑚礁(Coral reef)最常见,珊瑚礁形成的礁灰岩空隙可达30%,是储藏石油和天然气的良好场所。世界上已知有12个大油田的储油岩石是礁灰岩,近年还发现古珊瑚礁是形成层状多金属矿床和锰、铝等矿的有利场所。

珊瑚是一种海生腔肠动物,它固着在海底基岩上营群体生活。珊瑚骨骼是由软体分泌的碳酸钙形成的。现代珊瑚主要分布在南北纬30°之间的热带浅海,这与珊瑚动物生存所需的条件有关。最适合珊瑚生活的条件是水温25℃左右、水深小于50m、氧和阳光充足、水质清洁、不含泥沙、含盐度正常的海域,过淡或过咸的海水都对珊瑚发育不利,甚至会引起其死亡。海水混浊也会抑制珊瑚的繁殖,如海南岛沿海普遍有珊瑚繁殖,但在万泉河口因有混浊的淡水注入,因而河口附近的海域没有珊瑚繁殖。

珊瑚礁通常由礁核、礁前、礁坪三部分组成(图12-21)。礁核是礁体的生长带,是珊瑚成长发育的地点,位于潮下浅水处;礁前位于礁体朝海一侧,由礁体被风浪冲击破碎形成的碎屑构成;礁坪是礁体靠岸一侧地势较平坦的地带,通常堆积有分选较好的生物碎屑。

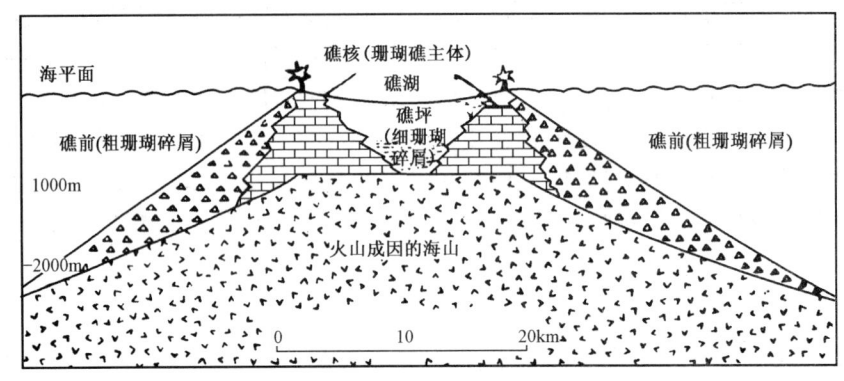

图12-21　珊瑚礁剖面构造示意图(徐成彦,1988)

按照珊瑚礁与海岸的关系,珊瑚礁可分为岸礁、堡礁和环礁(图12-22)三类。

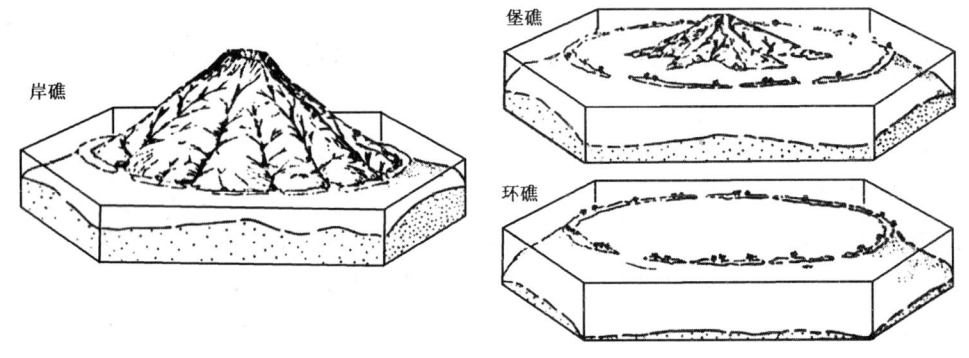

图12-22　珊瑚礁平面分类示意图(据 D. Sayner,1977)

(1)岸礁。岸礁(Fringing reef)沿海岸边呈带状分布,多发育于陡峭海岸附近,与海岸之间有一较窄的水道分隔。现代最长的岸礁分布于红海沿岸,长约2700km,向海一侧向水下延伸达40m。

(2)堡礁。堡礁(Barrier reef)离岸较远,平行海岸分布,与海岸间有一较宽的水道与之相隔,有时则有潟湖分布于堡礁与海岸之间,多发育于平缓的海岸。现代最大的堡礁是澳大利亚东北岸的大堡礁,长达2000km,向岸外延伸达50~145km。古代已知最大的堡礁是美国新墨西哥州与得克萨斯州之间的二叠纪盆地中的"船长礁",其厚度达360m以上,长可达644km,其埋藏地下部分已找到油气藏。

(3)环礁。环礁(Atoll reef)围绕海底较大隆起的边缘生长,连接成环状,中央部位多凹下成潟湖,多出现于外滨广海中,现代在太平洋、印度洋及我国南海中均有发育。墨西哥已发现白垩纪的大型环礁。

1842年,查理·达尔文首次对环礁的成因作了解释,他指出:珊瑚礁的生长是沿着新的火山岛的边缘海滨,最初形成岸礁;随着火山岛逐渐下沉,珊瑚礁沿着其外缘向上生长,其向上生长的速度与火山岛下沉的速度相当,火山岛的面积随着下沉而逐渐减小,岸礁变成了堡礁;最后岛屿完全沉没到海面一下,而向上生长的礁石就构成了环礁,被侵蚀的礁石碎屑物质充填于由环礁围绕的地区,形成一个水浅的潟湖。

2. 生物碎屑沉积

生物硬体可直接构成沉积物,生物硬体的成分主要是钙质,其次为硅质和磷质,其经海水搬运沉积时可与其他沉积物混杂或集中堆积。如由大量底栖生物的贝壳与灰泥混杂沉积,可形成介壳石灰岩;生物贝壳或骨骼的碎片可与碎屑沉积物或其他化学沉积物混杂形成生物碎屑岩。生物软体容易分解,通常形成有机质分散在其他沉积物中,只有在沉积速度较快而且数量大的情况下,因被迅速掩埋才可大量保存下来,再经过各种复杂的反应就可以生成石油与天然气。

四、半深海的沉积作用

半深海是水深 200~2000m 的海域,海底地形为大陆坡。大陆坡并非是一个平坦的斜坡,其地形崎岖,常发育有海底峡谷。波浪已不能影响半深海海底,洋流和底流是其主要的地质营力。在水深 400~500m 的水域,阳光能及的地带生存有大型软体动物,更深处则以放射虫、有孔虫、海百合为主。沉积物主要来自于由洋流和底流从浅海搬运来的陆源泥和粉砂,海洋生物也提供了部分沉积物,此外浊流等可将浅海的粗碎屑物及部分碳酸盐运进本区,局部有冰川碎屑和火山碎屑的沉积等。

1. 软泥

软泥(Ooze)是半深海分布最广的沉积物,它可分为蓝色软泥、红色软泥和绿色软泥三类。

(1) 蓝色软泥。这种沉积物广泛分布于大陆坡,呈蓝黑、深蓝或浅蓝色,有硫化氢味,成分以粘土和粉砂为主,生物成因的碳酸盐约占 10%,常见黄铁矿。蓝色软泥具有特有的颜色、气味和矿物,通常形成于弱海流或无海流的呈还原环境的半深海海域。

(2) 红色软泥。红色软泥分布局限于热带、亚热带的海岸以外,如南美亚马逊河口外、中非一些大河口外、我国长江口外等均有分布,是由大陆上红色的细粒风化产物被搬入半深海沉积而成。

(3) 绿色软泥。绿色软泥主要形成和分布在大陆架和大陆坡的接壤地带,其特征是含有较多的海绿石矿物,致使软泥呈绿色。绿色软泥中除海绿石外,还有少量石英、云母和碳酸盐矿物。

2. 其他沉积物

珊瑚碎屑沉积广泛分布于低纬度区的大陆坡上部,由珊瑚砂和珊瑚泥组成,珊瑚碎屑多来自大陆架边缘的堡礁。火山碎屑堆积多发育在火山作用强烈地区附近的海域。冰碛物主要分布于高纬度海区由冰山带入半深海中沉积。浊积物发育于海底峡谷,因该地段地形陡峻,沉积物受重力流的影响,常发生滑坍作用,形成具有各种扭曲、揉皱的沙层和泥层交互的堆积层,有时含有一些形态不规整的大小石块,因而常被称为滑坍浊积物。

五、深海的沉积作用

深海是指水深大于 2000m 的海域,海底地形包括大陆基、海沟、大洋盆地以及洋脊等,深海水域辽阔,是海洋的主体部分。深海海水运动一般不强烈,以缓慢流动的洋流为主,不仅机械作用微弱,化学作用也很缓慢。深海沉积以浮游生物遗体的堆积为主,而陆源物质稀少。深海的沉积速度缓慢,平均为每千年 0.1~10cm。深海沉积物分深海陆源沉积物、深海生物源沉积物和深海粘土(褐色粘土)三大类,近年在大洋盆地上还发现有大量的锰结核和多金属软泥的沉积。

(一)深海陆源沉积物

深海陆源沉积物包括浊积物、冰川沉积物和风运物等。

(1)浊积物。浊积物是指浊流的沉积物,其特征在本章下一节作介绍。大量浊积物以深海扇的形式堆积在大陆基上,并可以延伸到深海平原之中。

(2)冰川沉积物。高纬度地区的海上冰川和漂浮于海面的冰山一旦融化,冰运物就会沉积于海底。冰川沉积物多环绕两极分布,以南极附近的分布面积最大。冰川沉积物的特征与大陆上的冰碛物基本相同,但混杂有海洋生物(如硅藻等)的遗体,堆积量则随离大陆距离增大而减小,而混杂的海洋生物的遗体数量却相对增多。

(3)风运物。风运物以粉砂和尘土为主,其成分主要为石英、长石。风运物的分布与气候带有关,一般量小、多混杂于其他类型的沉积物中。

另外,深海沉积的碎屑物中尚有宇宙来源的物质,如陨石等,但数量极少。

(二)深海生物源沉积物

深海生物源沉积物以生物软泥为主,软泥中生物组分的含量超过50%,或某生物群组分超过30%。能形成大量堆积的生物有硅藻、放射虫、有孔虫、翼足虫和颗石藻等。生物软泥按化学成分可分为硅质软泥和钙质软泥两类。

1. 硅质软泥

硅质软泥(Siliceous ooze)主要由硅藻和放射虫构成,它们都是硅质浮游生物,在其遗体下沉过程中,大部分溶于海水,只有少量到达深海底。

(1)硅藻软泥(Diatom ooze)在湿时呈淡黄色、干时呈白色,疏松,孔隙大,相对密度小;主要分布在高纬度海洋冰川沉积物的外围,占硅质软泥分布面积的四分之三。

(2)放射虫软泥(Radiolarian ooze)由暗灰色放射虫残骸与棕色粘土混合而成,堆积于氧化环境,主要分布在太平洋赤道附近碳酸钙沉积物少的海底。

2. 钙质软泥

钙质软泥(Calcareous ooze)的主要化学成分是碳酸钙,平均含量达65%。深海沉积的碳酸盐有75%分布在钙质软泥里,其余分散在硅质软泥和深海粘土中,少量以浊积物形式存在。钙质软泥主要分布在热带、亚热带海域水深小于5000m的海底,由有孔虫、翼足类和颗石藻等含钙质的生物遗体构成其主要成分。

(1)有孔虫软泥(Globigerina ooze)。有孔虫以浮游生活为主,底栖生活的极少。有孔虫软泥也称抱球虫软泥,主要由有孔虫壳体组成,其壳体由方解石组成,呈乳白色,分布广,约占洋底面积的三分之一。

(2)翼足类软泥(Pteropod ooze)在深海中的数量低于有孔虫软泥,壳体由文石组成,分布面积小,呈斑状散布在有孔虫软泥分布区,多见于水深小于3000m处的海底。

(3)颗石软泥又称白垩软泥。颗石或名球石,是颗石藻上的鳞屑,当颗石含量占软泥总量的30%以上时,成为颗石软泥。

(三)深海粘土

深海粘土即褐色粘土,曾称红色大洋粘土或红粘土(Red clay)。褐色粘土质纯、粒细,粘土组分占80%以上,有机质含量很少,其中夹有大量的锰结核。褐色粘土分布面之广仅次于有孔虫软泥;主要分布于远离大陆的水深4500m以下的大洋底,在各类沉积物中其分布深度最大;世界三大洋中,太平洋分布最多,分布面积占太平洋底面积的49%。

深海粘土的成因尚无定论,有人据其分布在深度最大的海底推测,它是由钙质软泥下沉过程中碳酸钙成分被溶掉后留下的不溶组分形成的。另一种意见是根据深海粘土中的铁、锰、钴、铜、铅等金属元素含量高于其他深海沉积物,并从中找到了火山灰、陨石碎片等,认为它应该是宇宙成因或火山成因。

(四)锰结核

锰结核(Manganese nodule)又称锰团块、锰铁瘤、锰矿球等,由多种矿物组成,常见矿物有水针铁矿、钠水锰矿和钡镁锰矿等(图12-23),其主要成分为 MnO_2 和 Fe_2O_3,分别占 31.7%、和 24.3%(质量分数)。锰结核中含 30 多种元素,以 Mn、Fe 的含量最多,结核中 Mn、Ni、Co、Cu 的含量均已达到可供工业利用的品位(表12-1),而且储量可观,总储量约为 3×10^{12} t。据估计,仅太平洋底锰结核中 Mn 的金属储量为 4×10^{11} t,Ni 为 164×10^8 t,Co 为 58×10^8 t,Cu 为 88×10^8,Mn 的储量为陆上的 200 倍,Cu 则为 40 倍,所以锰结核的经济意义很高。锰结核的另一特点是它还在不断形成,因而有"永远资源"之称。

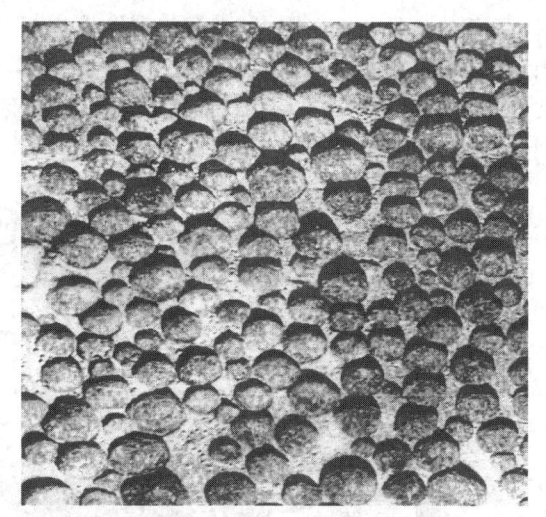

图 12-23 海底锰结核(李叔达,1983)

表 12-1 锰结核中几种金属的平均含量(据 Cronan,1977)

元素	Mn	Ni	Co	Cu
平均含量(%)	16.17	0.488	0.298	0.256

锰结核一般由核、杂质和含锰矿物三部分构成,含锰矿物形成纹层以同心圆形式包在核外。锰结核的外形多为球状、团块状,结核大小不一,一般为 0.5~25cm,平均直径 8cm,个别大于 1m(重达 850kg);颜色主要为黑褐色,含锰多时呈暗黑色,含铁多时呈棕红或红褐色。

锰结核主要分布于水深 4000~6000m 的深海底,以太平洋深海底为最多,绝大多数散布在深海粘土和放射虫软泥中。

(五)多金属软泥

多金属软泥是一种富含多种金属(Fe、Mn、Al、Zn、Ag、Au 等)的未固结泥质沉积物,它分布在深海底较浅处(2000~3000m),如红海、东太平洋海隆海域等。多金属软泥中各种金属主要以硫化物的形式存在,其金属含量很高,已达工业开采的品位,其水深比锰结核的深度浅,是未来有前景的矿产。

多金属软泥是一种多成因矿产,其形成理论众说纷纭,但通常认为是沿海底断裂(中央裂谷)或海底火山口上升的热液与海水或海底沉积物发生化学反应,生成多金属硫化物或氧化物。多金属软泥的研究不仅有潜在的经济意义,而且为研究大陆上古代层状多金属硫化物矿床的成因提供了新的依据。

第五节 浊流及其地质作用

浊流(Turbidity current)是指清澈水体中沿底部运动的一股被泥沙搅和的水团,其相对密度一般在1.5~2.0以上。浊流多出现于海洋,在一些大型湖泊也可见到,一般认为浊流发源于大陆架或大河的河口前缘。上述地区堆积了厚度大的松散沉积物,它们可能在强风暴或地震、海底滑坡等因素作用下,与海水混合形成相对密度大于海水的一股水团,经汇聚,在重力作用下,沿海底斜坡运动形成浊流。浊流沿大陆坡而下,开始流速较慢,之后逐渐加快,流到大陆基后流速减慢,最后消失于清澈的海水之中。浊流的流速每秒可达20~30m,因而具有较强的剥蚀、搬运和沉积能力(图12-24)。

图12-24 浊流地质作用示意图(据里丁,1985)

浊流的发现是海洋地质学的重要发现之一。1929年美国纽芬兰大浅滩发生的著名的深海电缆折断事件,就是浊流作用的典型实例。由于当地发生了7.5级地震,震中附近的电缆在震后立刻折断,位于震中上方大陆架上的电缆则未受损伤,而其下方大陆坡、大陆裙和深海平原上的电缆在震后按离震中的距离依次折断,最后折断的一条电缆距震中为480km,位于水深5230m的深海平原上。当时人们无法解释这一现象,后来用浊流说才比较满意地给予了解释。

一、浊流的侵蚀和搬运作用

浊流一旦形成,就具有很强的侵蚀能力。浊流的厚度一般在20~200m之间,因其流速和密度很大,可对其流经的大陆坡坡面发生强烈的侵蚀作用,形成崎岖的海底峡谷,峡谷谷壁陡峭,深度常达千米以上,尤其是当海底基岩中断裂发育时,更有利于浊流的侵蚀和海底峡谷的形成。

由于海底峡谷纵剖面坡度大,浊流的流速快、密度大,因而具有很强的搬运能力。根据荷兰海洋地质学家奎年等人计算,当相对密度为2、厚度为4m的浊流在坡度为3°的海底流动时,就能搬运30t的巨大石块。浊流中大量泥沙呈悬浮状态被搬运,通常细粒物质悬浮在浊流上部,粗粒碎屑物在下部。浊流下部的粗粒碎屑物前进速度快些,但搬运距离较近;上部的细粒物质前进速度慢,搬得较远。浊流的搬运距离可以达上千千米。

二、浊流的沉积作用

当浊流流出海底峡谷谷口进入平缓、开阔的大陆裙时,其流速骤减,浊流搬运物便随之发生沉积。浊流沉积物简称浊积物(Turbidite),由典型的陆源碎屑组成,以岩屑和石英为主,含少量长石、云母和海绿石等,常含浅海生物群的遗体,但缺少远洋生物群的遗体;碎屑粒度以砂级为主,次为粉砂级,也有泥和砾石;碎屑的磨圆和分选中等至较好。

一次浊流沉积物的厚度大约0.8m,分布面积可达千余平方千米,剖面上由浊流沉积的浅水陆源碎屑与深海沉积的页岩构成韵律。韵律是沉积物质按粒度和密度从大到小的顺序先后分层沉积成岩层的规律。在一个韵律中,粒度向上变细,沉积构造也随之发生变化(图12-25)。多次浊流沉积形成的扇形地貌称浊积扇,又称深海扇,深海扇大小不一,扇面坡度一般小于2‰,扇顶水深平均约2000m,扇缘水深可达5000m。印度洋的孟加拉深海扇和阿拉伯深海扇是世界上已知的大型深海扇,前者在海底延伸逾2000km,面积约$2 \times 10^6 km^2$,体积达$5 \times 10^6 km^3$。浊积物经成岩作用形成的岩石叫浊积岩,浊积岩可以成为良好的生油层和储油层,世界上一些大油田的储油层即为古近纪和新近纪的浊积层。

辽阔的海洋,蕴藏着丰富的矿产资源。目前世界所需的溴,大部分是从海水中提取的,所需的镁和镁化合物的相当部分也来自海水。海底还蕴藏有丰富的石油、天然气、煤、盐类矿产以及砂矿、锰结核、多金属软泥等矿产。在全世界已探明的石油储量中,近四分之一是在海底,石油产量中约五分之一采自海上油田。大陆边缘的海盆是目前海洋油气勘探和开发的主要地区,近年来我国相继进行了海上勘探,并已取得显著效果,证明我国的渤海、东海、南海是世界上重要的油气远景区之一。

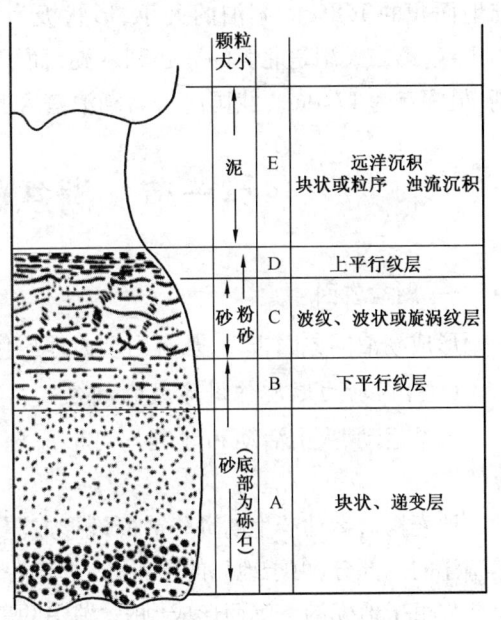

图12-25 浊积岩剖面示意图
(据鲍玛,1962,略有修改)

第十三章　湖泊与沼泽的地质作用

湖泊(Lake)为陆地上的积水洼地,它包括湖盆(Lake basin)和水体两部分。湖泊占世界陆地面积的1.8%。湖泊的大小、形状极为悬殊,世界最大湖泊是西亚的里海,面积为$43 \times 10^4 km^2$,第二大湖是北美的苏必利尔湖,面积为$8 \times 10^4 km^2$;世界最深的湖是前苏联的贝加尔湖,最深点为1740m。我国的著名湖泊有青海湖、鄱阳湖、纳木湖、洞庭湖、太湖、滇池等。

第一节　湖盆的成因和湖水状况

一、湖盆成因

形成湖泊的原因很多,既有内动力地质作用原因,又有外动力地质作用原因。

(一)内动力地质作用形成的湖盆

构造运动、火山活动和地震均可形成湖盆。地球上的许多大湖盆主要是内动力作用形成的。

地壳构造运动产生的坳陷或断裂形成洼地,积水成湖称为构造湖(Tectonic lake)。里海原是海洋的一部分,由于地壳的上升,一部分海域转变成陆地使其与海隔绝形成内陆湖;我国的太湖是由于地壳的下沉而形成坳陷,湖中的岛屿是原来的山峰。构造运动产生断裂可使局部地区下陷,形成洼地积水成湖,如贝加尔湖、滇池等,其湖盆多狭长而深,湖岸线为直线或折线。

火山喷发作用过程中,喷出的熔岩流可阻截河流而形成熔岩堰塞湖(Lava-dam lake),如黑龙江的五大连池和镜泊湖就是由于熔岩流将河流堵截而成的。火山口也是一种湖盆,可积水成湖形成火口湖(Crater lake),如我国长白山主峰白头山的天池。

地震引起的岩块崩塌堵塞河床或塌陷成洼地积水成湖,也可以形成湖盆。

(二)外动力地质作用形成的湖盆

所有外动力地质作用过程中都可以形成湖盆,但所形成的湖盆一般较小、较浅,在湖盆的周围常可见到造成此湖盆的外动力所形成的地形和堆积物。

河流的地质作用可形成河成湖。由于河流在蛇曲地段的截弯取直可形成牛轭湖;河水泛滥后,在冲积平原的洼地中常可积水成湖;由于河流改道在旧河道的洼地也可积水成湖。

冰川的地质作用可形成冰成湖。冰川的剥蚀和由冰碛物阻塞而形成的洼地,当冰川融退后可积水成湖。

此外,风的剥蚀作用可形成风蚀湖盆,地下水的溶蚀作用可形成岩溶湖盆,海水的沉积作用可在海湾地带形成潟湖和海成湖。

自然界湖盆的成因往往不是单一的,常常是几种地质作用的综合因素,如北美的五大湖盆,原是由构造运动形成的构造湖盆,以后又经过冰川作用的改造。

二、湖泊的分类

湖泊可按湖水的含盐量、沉积物特点、自然地理位置、成因等进行分类。

(1)干旱气候区的湖泊多数没有出口,为不泄水湖(Undrainage lake);潮湿气候区的湖泊一般都有出口,为泄水湖(Drainage lake);有些湖泊的湖水时有时无,称间歇湖。

(2)根据湖水的含盐量,湖泊分为淡水湖(Fresh-water lake)(含盐量小于0.3‰)、半咸水湖(Brackish-water lake)(含盐量为0.3‰~25‰)、咸水湖(Saltwater lake)(含盐量大于25‰)和盐湖(含盐量大于250‰)。

① 咸水湖。咸水湖又称矿湖或矿化湖,其湖水中的矿物质主要为氯化物。在内陆干旱及半干旱地区,如沙漠和草原地区,降雨量少、蒸发强烈,湖水中盐分的浓度很大,可形成盐湖,盐类往往结晶成矿。

② 半咸水湖。半咸水湖又称为微咸水湖,其湖水中的化学成分主要为硫酸盐及氯化物等,主要分布于干旱或半干旱地区。

③ 淡水湖。淡水湖的湖水中,矿物成分大多数为碳酸氢钙,淡水湖主要分布于气候潮湿及比较潮湿的地区。

(3)按照沉积物的特征可将湖泊分为碎屑沉积湖泊和化学沉积湖泊,前者以陆源碎屑沉积为主,后者以化学盐类沉积为主,两者之间亦常有许多过渡类型。就其分布而论,前者比后者更为广泛。

(4)按照湖泊所处的地理位置可将湖泊分为近海湖泊和内陆湖泊,按地貌可分为高原湖和平原湖。

(5)按照湖泊成因可将湖泊分为构造湖(断陷湖、坳陷湖)、河成湖(如鄱阳湖、洞庭湖)、火山湖(如长白山的天池)、岩熔湖和冰川湖等。

三、湖泊的水动力作用

湖泊的水动力作用与海洋有些近似,主要表现为波浪和岸流作用,但湖泊缺乏潮汐作用,这是与海洋的重要区别之一。

湖泊中的水体虽然处于比较宁静的状态,但还是在不停地运动。湖水的运动方式主要有波浪和湖流。波浪主要是由风的作用引起的,波浪的大小与风力的强弱、湖泊的大小及水深等有关,它的运动情况和海水的波浪相似,但规模较小。湖浪所引起的水体波动的振幅随水体深度的增加而减小,当达到湖浪1/2波长的水深时,水体质点的运动几乎等于零,故通常把相当于湖浪1/2波长的水深界面称为"波浪基准面",简称为"浪基面"或"浪底"。浪基面以下湖水不受湖浪的干扰,成为静水环境。一般说来,湖泊面积比海洋小,湖浪的规模也小于海洋,浪基面的深度也就小得多,常常不超过20m。风成波浪是湖泊动力的一个主要因素,浪基面深浅主要受控于波强和风的吹程,在大面积浅湖中,湖浪运动会影响整个湖底。

湖水呈定向前进运动叫湖流,它是由风的吹动、进湖和出湖的河流引起的,常出现在河口附近,湖流的范围和速度均很小。当湖浪的推进方向与湖岸斜交时,也可形成沿岸流。湖水的运动是比较缓慢而微弱的,因此产生的动能也较小。

另外,湖水由于上、下层水的温度不同可产生上下对流运动。深水湖泊在不同深度湖水的密度不同,可出现垂向分层现象,一种为盐度分层(盐度分层十分明显),另一种是温度分层。因为淡水的密度以4℃时最大,地处温带和亚热带的深水湖泊,表层水温随季节波动于4℃上下,在夏季,由于表层湖水温度高于4℃,密度小,不发生上下水层的对流;在冬季,表层水温降至4℃左右,密度较大,发生湖水的上下对流。

第二节 湖泊的地质作用

一、湖水的剥蚀和搬运作用

湖水的机械动力对湖岸的剥蚀及对物质的搬运与海水基本相似。湖滨基岩在波浪剥蚀之下,同样可以形成湖蚀凹槽、湖蚀崖以及波切台和波筑台等。

湖水的搬运力很小,进入湖泊的砾、砂大部停滞在湖岸附近,只有较细的粘土才能随湖流向湖心运移。

二、湖泊的沉积作用

湖泊中的水体处于相对静止状态,沉积作用是其最重要的特征。湖泊沉积作用的过程也就是湖泊发育和消亡的过程。湖泊的沉积作用有机械、化学和生物三种沉积方式,在不同的气候区,湖泊的流泻和蒸发状况以及湖水的成分不同,故其沉积方式和沉积特征也就不一样。

(一)潮湿气候区湖泊的沉积作用

在潮湿气候区,由于水量充足,生物繁盛,风化作用进行得比较彻底,地面流水、地下水的作用比较发育,除可将钾、钠、镁、钙等易溶盐类带入湖中外,还可带入铁、铝、锰等难溶的化合物,但由于蒸发量小,且多为泄水湖,故含盐量低,常形成淡水湖。潮湿气候区湖泊的沉积作用既有机械的,也有化学的和生物的,但往往以机械碎屑沉积和生物沉积较为显著。

1. 机械沉积作用

机械沉积物主要来源于河流等地面流水携带的大量泥砂,此外还有湖岸带剥蚀下来的碎屑物质。湖水的机械沉积作用具有明显的分选性,即随着湖水运动速度的变化碎屑物可按颗粒粗细、密度大小而先后沉积下来。一般情况,粗粒碎屑物质沉积于湖岸附近,形成平行湖岸的浅滩,叫湖滩,沉积物具有明显的层理,沉积物表面有波浪和泥裂现象;细小的、呈悬浮搬运的物质,沉积于湖水较平静的湖心,形成湖泥;由河流携带来的泥砂,入湖后由于流速骤减,大部分物质可沉积下来,形成三角洲。由于沉积物的增多,三角洲不断地伸展扩大,可延伸到湖心,使湖泊逐渐淤浅,形成湖积—三角洲平原,使湖泊消失(图13-1)。

所以,湖泊从浅水区到深水区,沉积物机械分异非常明显(图13-2)。从滨岸至湖心,沉积物由粗到细形成同心环带状分布,河流入口一端,由于形成河口三角洲,粗碎屑堆积物向湖心方向作舌状延伸。

2. 化学沉积作用

潮湿气候区化学风化和生物风化盛行,矿物分解彻底,易溶的盐类(K、Na、Ca等)和难溶的元素(Fe、Mn、Al、Si等)呈真溶液或胶体状态进入湖中。其中,易溶盐类难在湖水中达到饱和,随泄水进入海洋中;难溶元素的离子或胶体在湖水中易于沉淀,成为湖水化学沉积的主要成分。

在适当的条件下,这些离子或胶体可形成低价盐类化合物沉积,并可形成菱铁矿和黄铁矿及褐铁矿等矿床,主要形成方式有细菌作用、硫化氢作用、氧化作用等。

(1)细菌作用。湖泊中生长着许多菌类生物,它们对这种地区的化学沉积有重要的意义,如铁细菌能分解出重碳酸铁中的 CO_2,可形成菱铁矿:

$$Fe(HCO_3)_2 \longrightarrow FeCO_3 \downarrow + H_2O + CO_2 \uparrow$$

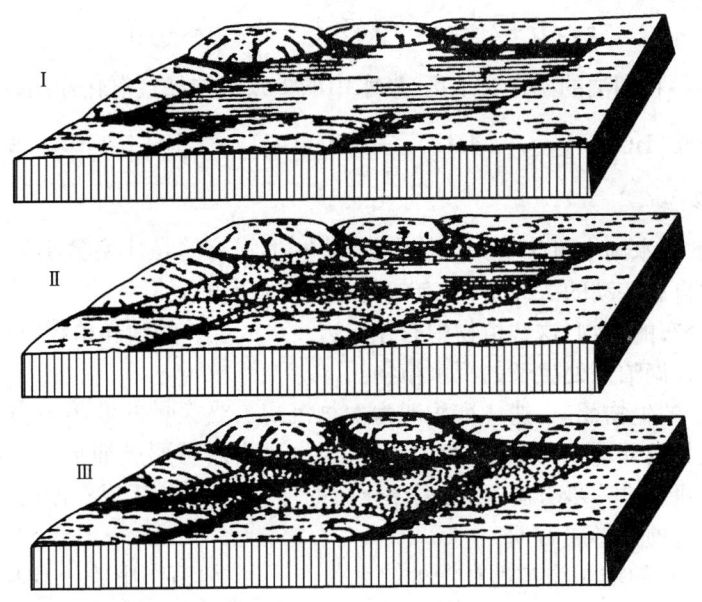

图13-1 潮湿气候区湖泊发展成湖积—三角洲平原过程示意图(据 C. R. Longwel 等,1956)
Ⅰ—湖泊盛期;Ⅱ—半淤塞期;Ⅲ—全淤塞期

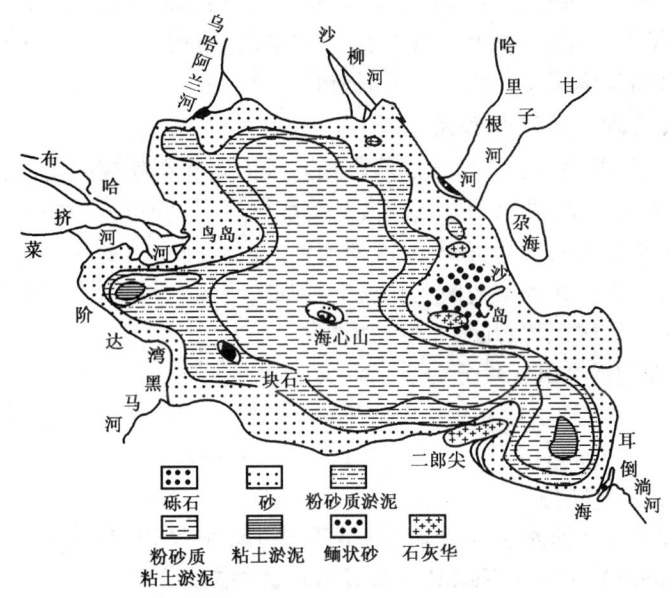

图13-2 青海湖底各种类型沉积物分布图
(据中国科学院兰州地质研究所《青海湖综合考察报告》,1979)

当湖水中含有重碳酸钙 $Ca(HCO_3)_2$ 时,因为生物吸收了 CO_2,在适当的温度、压力条件下,可使碳酸钙饱和而沉淀下来。

(2)硫化氢作用。湖泊的湖心地区或沼泽中,由于生物遗体被埋藏而腐烂,可分解出 H_2S。H_2S 与重碳酸铁或硫酸亚铁作用,可形成黄铁矿:

$$Fe(HCO_3)_2 + 2H_2S \longrightarrow FeS_2 \downarrow + 3H_2O + CO_2 \uparrow + CO \uparrow$$

或:

$$FeSO_4 + 2H_2S \longrightarrow FeS_2\downarrow + 2H_2O + SO_2\uparrow$$

(3)氧化作用。在湖泊的湖岸带地区,湖水中的重碳酸铁经过氧化作用,可形成褐铁矿:

$$4Fe(HCO_3)_2 + O_2 + 4H_2O \longrightarrow 4Fe(OH)_3 \cdot 2H_2O\downarrow + 8CO_2\uparrow$$

3. 生物沉积作用

潮湿气候区的淡水湖中可生长大量的生物,这些生物有的是体型微小随水漂移的浮游生物,有的是在水中自由游动的游泳生物,有的是生活在湖底的底栖生物。淡水湖中还有随湖水深浅而成环带状分布的植物,这些植物中有在岸边浅水区生长的沼泽植物,有在较深地带生长的浮水植物,以及在湖泊深处生长的沉水植物。

生长在湖泊中的生物死后,遗体堆积即为生物沉积。当大量的低等生物死亡后和湖泥沉积在一起时,在缺氧的环境中,经过细菌的分解,腐泥成岩后可形成油页岩。在深处厚层的腐泥,经细菌作用有机质进一步分解,随着温度压力的加大,可形成组成石油的碳氢化合物,它保存在岩石的空隙中,便可形成石油。

湖泊中大量植物的堆积物被埋在深处缺氧条件下,经细菌作用放出 CO_2 和 CH_4 等气体,使碳的成分相对增多,形成富有碳氢化合物、质地疏松而呈棕褐或黑色的物质,叫泥炭。在温带较冷地区的湖泊中,如生存有大量的硅藻时,其死亡后可沉积而成硅藻土。

由于生物的不断生长和死亡,并伴随着碎屑或化学沉积,湖泊逐渐淤浅,湖中的各带植物也不断依次向湖心发展,使湖盆面积逐渐缩小、湖底填高,植物遗体和湖泥的不断沉积,形成大量的泥炭,可逐渐将湖盆填满而转变为长满植物的沼泽。

(二)干旱气候区湖泊的沉积作用

分布于干旱地区的湖泊多为不泄水的咸水湖。因为湖水不断被蒸发,盐分不断积累,淡水湖可逐渐咸化而变为咸水湖,湖水中含盐溶液的浓度可达到过饱并发生沉淀。由于干旱,植物生长稀少,故湖泊中无显著的生物沉积,又因周围地面流入湖中的水量少而不能带来大量的碎屑物,只是风和洪流可将一些碎屑物搬运到湖中,因此,干旱气候区湖泊的沉积是以化学沉积的蒸发岩为主,其次为机械沉积,几乎无生物沉积。

干旱区湖泊蒸发的盐类沉积可分为 3 个阶段:

(1)碳酸盐沉淀阶段:湖水盐度从 0.4%~12% 有一个较大的跨度,先后析出的矿物是方解石($CaCO_3$) → 白云石[$CaMg(CO_3)_2$] → 天然碱[$Na_3H(CO_3)_2 \cdot H_2O$] → 苏打($Na_2CO_3 \cdot 10H_2O$)。故又称碱湖或苏打湖。

(2)硫酸盐沉淀阶段:湖水进一步蒸发,盐度达 13%~25%,析出矿物有石膏($CaSO_4 \cdot 2H_2O$) → 硬石膏($CaSO_4$) → 芒硝($Na_2SO_4 \cdot 10H_2O$),这种湖称苦湖。

(3)氯化物沉淀阶段:湖水盐度达 26% 以上,这时石盐(NaCl)开始析出;盐度达 33% 时开始有钾盐(KCl)析出;盐度达 35% 以上时,开始有光卤石($KCl \cdot MgCl_2 \cdot 6H_2O$)和镁盐(水氯镁石,$MgCl_2 \cdot 6H_2O$)沉淀出来。这种湖称盐湖,湖水称卤水。

第三节 湖泊与沼泽的生物沉积作用

沼泽(Marsh 或 Swamp)是陆地表面常年湿润,嗜湿性植物繁殖,并有泥炭堆积的地方。沼泽与湖泊关系密切,从发展上看,沼泽可以是湖泊的前身或终结;从空间上看,沼泽常分布在湖泊的边缘;在潮湿气候的低洼地区,湖泊和沼泽相伴存在。

湖沼的重要特征是植物的滋生与繁茂,一般而言,在离岸较远的深水中,生长着藻类及浮游生物;在离岸较近的浅水地带,生长着睡莲等各种水草,动物也很丰富;在湖岸极浅水地带生长有大量芦苇;在高出水面的湿润区有灌木及树木生长。概括起来,这些植物可分为两个植物带,即湖内的低等植物带与湖滨的高等植物带。

低等植物构造简单,主要由脂肪及蛋白质组成。这些生物的遗体在细菌作用下腐烂分解,并与同时沉积的泥质混合形成腐泥,再由腐泥演化成腐泥煤,这种沉积物经压实后形成页理状的油页岩。

高等植物构造复杂,内有木质素、纤维素、树脂、角质层、果壳、孢子花粉等组分。植物死亡后,在死水环境中腐烂,经细菌分解、埋藏等过程,转变成腐殖质(Humus)和腐殖酸,然后形成泥炭。在活水沼泽中,植物的木质素、纤维素经腐烂分解随水流失,只能剩下稳定的角质层,果实、孢子花粉等部分,最后转变为"残植煤"。

在湖泊的演化过程中,腐泥煤和泥炭在空间上呈环带分布,但因地壳运动可能出现湖水深浅的变化或湖泊、沼泽的交替,这种情况可造成腐泥煤(油页岩)与泥炭(后来转变为各级煤炭)的互层。

泥炭被埋藏之后,在上覆岩层的压力或其他地质因素(构造运动、岩浆活动等)的作用下,继续发生一系列变化(由沉积作用阶段进入成岩作用阶段),主要表现为密度增高、水分减少和含碳量的增加,其变化顺序为泥炭(含碳58%)→褐煤(Lignite,含碳60%~70%)→烟煤(Bituminous coal,含碳70%~90%)→无烟煤(Anthracite,含碳90%~95%),再进一步演化就可形成天然焦和石墨(Graphite)。这种由泥炭转变成煤的作用过程,称为成煤作用。由泥炭转变成褐煤、烟煤、无烟煤的过程中,碳含量是逐渐增高的,而挥发分则逐渐减小。

第十四章　冰川的地质作用

冰川(Glacier)是陆地上终年缓慢流动着的巨大冰体,是地表重要的淡水资源,它广泛分布于两极(高纬度地区)和高山的终年积雪区❶。积雪层在较长时间的压力等因素作用下,经过一系列的物理变化,可形成具可塑性的冰川冰(Glacial ice)。冰川冰在其自身的压力和重力作用下,沿斜坡或一定的谷道缓慢流动,就形成了冰川。现代冰川覆盖着陆地面积的约11%,达 $16.3 \times 10^6 km^2$,南极洲大陆和北极附近的格陵兰几乎全部被冰川覆盖。全球冰川❷的总体积约为 $29 \times 10^6 km^3$,禁锢了85%以上的陆地淡水。

冰川是改造地球表面形态的巨大力量。冰川运动对地表形态的塑造作用,称为冰川作用,包括冰川的剥蚀作用、搬运作用和堆积作用。

第一节　冰川的形成、类型和运动

一、冰川的形成与类型

世界上的冰川都是形成于雪原(终年积雪区)地带。在极地和高山地区,气候严寒,降雪量大于消融量,逐年积累形成终年积雪区。终年积雪区的下界称为雪线(Snow line),雪线以上,积累量大于消融量,形成冰雪的积聚;雪线以下,积累量小于消融量,所以没有雪的覆盖;雪线附近降雪量与消融量基本相等。

影响雪线高度的因素有:(1)气温与雪线海拔高度成正比,赤道区气温最高,所以雪线的海拔高度最大;(2)降雪量与雪线高度成反比,雪线高度最大值的地带是南北纬20°~30°的干燥区;(3)雪线高度与地形的关系是,陡坡雪线高度比缓坡雪线高度大,向阳坡雪线高度比背阳坡雪线高度大。

(一)冰川的形成

在雪线以上的地区,如果地形合适,雪就不断积聚起来,最终形成冰川。由雪变成冰川冰须经历两个过程:新雪变成雪粒,雪粒再变成冰川冰。初降的新雪为六角形的冰片,雪层疏松,密度仅 $0.085 g/mL$。如果温度降低到零下,随着雪层的加厚,下部的雪层受压缩,排出部分空气,同时,在压力和阳光照射下,部分雪升华或融化,水汽迁移到另一部分雪粒上重结晶,雪粒增大变圆,形成粒雪(Firn)。粒雪是一种白色冰晶,相对密度 $0.2 \sim 0.4$,粒雪继续被压实,孔隙进一步减少,彼此结合成冰川冰。冰川冰是浅蓝色的,是致密透明冰层,在缓慢持久的压力下,具有可塑性,通常在低洼处积雪达到 $40m$ 厚时,底部雪层经压实,雪粒合并,相对密度达 0.9 时即转变为冰川冰。冰川冰依靠自身重量及可塑性,在上层压力和重力推动下,从高的地方流

---

❶ 地球上到达一定高度的高山地区和一定纬度的高纬地区,气温经常在0℃以下,水分的降落和保存多处于固体状态。降雪不能在一年之内全部融化或升华掉,便长年累月地积聚起来,形成终年积雪区,又称作雪原。

❷ 我国是世界上中低纬度地区冰川数量最多、规模最大的国家,冰川面积仅次于加拿大、俄罗斯和美国,位居世界第4位。据1999年施雅风院士主编的《中国冰川编目》最新的统计资料,我国总共有46298条冰川,主要分布在西部地区的云贵高原和青藏高原,总面积为 $59406 km^2$,冰储量 $55897.6 \times 10^8 m^3$。

向低的地方,或从冰层厚处向薄处缓慢流动形成冰川。

气候寒冷是冰川形成的必要条件,同时要有丰富降雪和适合冰雪堆积的场所,才能完成上述"雪花→粒雪→粒状冰→冰川冰"的形成过程。

(二)冰川的类型

冰川按其形态特征、地理分布的规模可以分为大陆冰川和山岳冰川。

1. 大陆冰川

大陆冰川(Continental glacier)是分布在高纬度和极地地区的冰川,又称冰盾或冰盖(Ice sheet)。其特点是雪线位置低,分布面积大,常呈面状分布,不受地形控制,运动相对较快,冰层厚(达千米以上)中厚边薄,并由中间向四周流动。例如,格陵兰冰盖,面积 $174 \times 10^4 km^2$,占该岛面积的80%,中心部位冰层厚达3411m(图14-1),边缘仅45m;南极冰盖,面积 $1300 \times 10^4 km^2$,占到南极洲总面积的93%,最厚处4267m,平均厚度为1700m。现代大陆冰川的覆盖面积在 $1400 \times 10^4 km^2$ 以上,占现代冰川覆盖面积的97%。在第四纪大冰期时,大陆冰川覆盖的面积要比现代大得多,估计可达 $(4714 \times 10^4) km^2 \sim (5200 \times 10^4) km^2$,当时欧洲和北美的大部,以及贝加尔湖以北的亚洲北部地区,都处于冰盖之下。

大陆冰川不受下伏地形的影响,几乎一切高低起伏都被淹没在冰层之下。

大陆冰川的冰层厚,覆盖区地形相对较平缓,冰川运动主要靠冰层自身压力,以挤压流的方式,由冰层较厚处向四周呈舌状流动,因而不受地形限制,

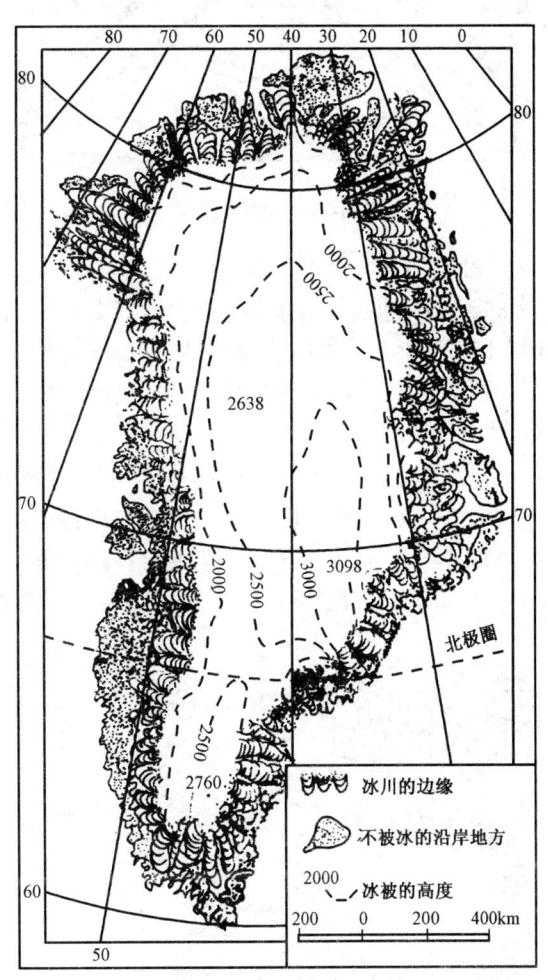

图14-1 格陵兰岛大陆冰川的范围和冰层厚度(据F. A. Wade)

可以逆坡而上,覆盖在起伏不平的地面上。若冰舌推进至大陆边缘时,连同所挟带的岩石碎屑塌落海中便形成冰山(Iceberg),冰山可随海流漂移至远处。1927年曾在南极克拉连斯岛附近发现高40.5m,面积达 $2.6 \times 10^4 km^2$ 里的冰山,是迄今已知的最大冰山。

2. 山岳冰川

山岳冰川(Mountain glacier)是分布于高山地带的冰川,又称阿尔卑斯式冰川、山地冰川或高山冰川,其特点是雪线位置高,规模小,运动慢,冰层薄,受地形控制,呈线状分布。山岳冰川又进一步分为冰斗冰川、悬冰川、山谷冰川(单式和复式)、平顶冰川(高原冰川)、山麓冰川,等等。这几种类型的冰川可以相互转换,如果气候变冷,山岳冰川逐渐扩展,则发展方向为:冰斗

冰川→山谷冰川→平顶冰川→山麓冰川；如果气候变暖，则向相反的方向发展。

（1）冰斗冰川。

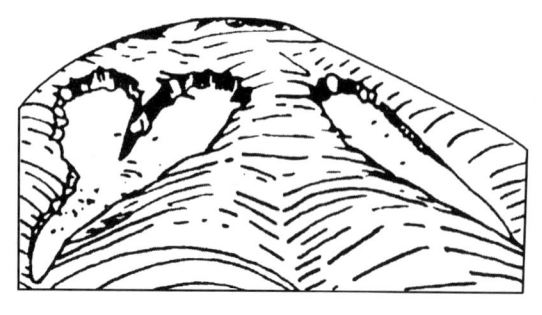

图 14-2　冰斗冰川

冰斗冰川（Cirque glacier）是发育于雪线以上，停积在围椅状洼地中的冰体，是靠近雪线的凹地、冰坎。冰斗冰川没有明显的舌状形态（图 14-2），一般规模较小，面积约为 1~10km²。冰斗的后壁常较陡，易发生雪崩，因而可经常补给冰雪，其出口处常有一槛（冰坎）阻止冰体外溢。冰斗冰川常是山谷冰川的补给区。

（2）悬冰川。

悬冰川（Hanging glacier）是由于山坡上的积雪，在适宜条件下形成悬贴于山坡上的冰体。雪线以上常有较多的悬冰川分布，但规模一般较小（常不足 1km²），其冰层厚度也较薄，易随气温变暖而消失。它是冰川发育的雏形，当冰量增大时也可以发展成为山谷冰川。

（3）山谷冰川。

山谷冰川（Valley glacier）是冰斗冰川扩大、溢出，顺着山谷流动而成的冰川（图 14-3），它是一种线状冰流，又称谷地冰川。山谷冰川常有明显的补给区和消融区，长可达几千米至数十千米，冰层厚度可达百米以上。几条山谷冰川可汇合为较大的树枝状冰川系称复式山谷冰川（Composite glacier）（图 14-4）。复式山谷冰川是具有多个粒雪盆的山谷冰川。

图 14-3　山谷冰川

图 14-4　复式山谷冰川

（4）平顶冰川（高原冰川）。

平顶冰川（Flat-topped glacier）是在平坦的山脊或高纬度地区的高原上发育的冰川，属于山谷冰川向大陆冰川的过渡类型。平顶冰川有的像白色的冰雪帽子盖在山顶上，规模较小的又称冰帽，其特点是没有表碛，没有露出冰面的角峰崖，冰川上层是粒雪，下层是冰川冰，一般厚度不大，数量也极少。平顶冰川在我国天山、祁连山、喜马拉雅山和青藏高原北部均有分布，祁连山脉特贴拉山的果青古尔班冰川,面积达 55km²,是我国目前已知的最大平顶冰川。

(5)山麓冰川。

山麓冰川(Piedmont glacier)是许多山谷冰川汇合成更广阔的冰川,可以是冰量大的冰流经山谷至山麓后继续向外漫流的冰体,也可以是几条山谷冰川在山麓处汇合后构成的宽广的冰原。山麓冰川的冰层较厚,属于山岳冰川与大陆冰川的过渡类型。

现代山岳冰川的覆盖面积虽然不足 $100 \times 10^4 km^2$,但它的地质作用结果却相当可观。我国的现代冰川均属山岳冰川,主要分布于青藏高原,其次是天山,覆盖面积约为 $5.94 \times 10^4 km^2$。我国最长的冰川是天山山脉腾格里山的木扎特冰川,长达 66km,是世界八大山谷冰川之一。世界最长的冰川是毗邻我国的喀喇昆仑山南坡,发育于巴基斯坦境内的厦呈冰川,长达 75km。

另外,近年来许多学者按冰川所处的气候条件,把冰川分为海洋性冰川(Oceanic glacier,又称暖冰川)及大陆性冰川(Continental glacier,又称冷冰川)两大类❶。

二、冰川的运动

冰川的运动❷呈固体流流动,受重力和压力的影响,冰川的运动上部为脆性变形,下部为塑性变形。冰体在压力下呈塑性,冰川底部的冰层在上覆冰层的压力下可产生塑性流动,塑性的大小与压力成正比。山岳冰川主要靠重力向下坡方向流动;大陆冰川则主要靠压力往外流,自中心冰层厚处向四周冰层薄处流动。

冰川的流动速度十分缓慢,日平均不过几厘米,多的也不过数米,以致肉眼难以发觉。格陵兰的一些冰川,运动速度居世界之首,但每年也不过运动千余米而已,其他地区的冰川,像比较著名的某些阿尔卑斯山的冰川,年流速不过 $80 \sim 150m$。山谷冰川平均每年运动仅数米至数百米,南极冰川平均每年运动约 10m。冰川的流速与降雪量、坡度和温度等条件有关。冰川运动速度随季节变化,夏快冬慢,如天山和祁连山的冰川,夏季运动速度一般要比冬季快 50%(均指冰舌而言)。另外,冰床坡度大、冰的厚度大,冰川的运动速度就快。

在剖面上,冰川的不同深度具有不同的流速。冰川底部冰层因地面摩擦阻力、密度较大和不受温度变化的影响等,其流速比表层慢得多。山谷冰川两侧的流速比中间部位缓慢,各部位之间因流速差而产生一定应力,在这种应力作用下产生不同方向的冰裂隙和冰褶皱。

三、冰川的前进和后退

冰川以雪线为界划分为冰川积累区(温带高山者称粒雪盆)和冰川消融区(温带高山者称冰舌)两类。积累区和消融区的累积量与消融量之间的平衡,控制着冰川的前进和退缩。如

---

❶ 海洋性冰川是海洋性气候条件影响下发育的冰川,它的主要标志是冰川恒温层的温度接近零度或压力融点。这类冰川的冰温较高,故又称为"温性"冰川。由于气候湿润、降雪量大与气温较高而雪线较低,海洋性冰川的收入多支出也多,冰川进退的幅度也较大,活动性强,冰舌常能延伸至雪线以下较远处到海拔较低的森林带中,加上雪线附近温度稍高,温度变化和消融量相对较大,在冰融水的影响下,冰川运动速度相对较快,年流速可达 $100 \sim 300m$,冰川的地质作用较强烈。欧洲的阿尔卑斯、我国的西藏东南部与横断山系的冰川,基本上都属于这种类型。大陆性冰川与之相反,它是大陆性气候条件影响下发育的冰川,其主要标志是冰川恒温层的温度处于负温状态。这类冰川的冰温低,故又称为"冷性"冰川。由于气候干燥、降雪量少与负温较低而雪线又较高,大陆性冰川的收入少支出也少,活动性弱,冰层相对较薄,冰舌一般较短,雪线附近温度较低,消融量相对较少,冰川流动速度较慢,冰川地质作用相对不十分显著,冰川地质地貌作用较弱。我国西部和中亚的多数现代冰川属此类。

❷ 1827 年,有个地质工作者在阿尔卑斯山的老鹰冰川上修筑了一座石砌小屋,13 年后,发现这座小屋向下游移动了 1428 米。推动小屋移动的"魔力"是由于小屋的地基下面的冰川向下运动所致。

果积累大于消融蒸发,冰川冰量增加,扩展延长;如果积累小于消融蒸发,冰川冰量减少,冰川退缩;如果积累与消融蒸发相当,则冰川物质平衡。冰前(冰川前端)有时可延伸到雪线以下较远的地方,当冰体推进到雪线以下,其表层开始逐渐消融,冰层减薄直至消失。冰川终年流动着,但是冰前并非一定向前推进,这是冰川最主要的特征之一。

在同一位置,随着温度降低,供冰量大于消融量时,冰前前进,称冰进;相反,随着温度升高,供冰量小于消融量时,则冰前后退,称冰退。如果供冰量与消融量长时间内保持平衡,冰前可固定在同一位置上。在地质历史上曾经发生周期性的寒冷时期(冰进时期),产生过全球性的大冰进,称为冰期。两个冰期之间的大冰退期间,为温暖时期(冰退时期),称为间冰期。

冰川越是接近前端,消融现象逐渐加剧,冰裂隙被扩大,冰融水在冰层下部融出洞穴,形成冰下河。在冰川表面经常散布着山坡上滚落的大小石块,由于石块吸收太阳辐射,升温快,可使冰层局部融化,而使其深陷于冰层之中。大石块传热慢,对其下面的冰层起遮阴作用,当外围冰层融化后形成凸出冰面、上顶石块的冰蘑菇,冰蘑菇上的石块掉落后,便形成冰芽和冰塔。

四、冰川的消退

由于全球气候逐渐变暖以及人为的原因,世界各地冰川的面积和体积都有明显的减少,有些甚至消失,这种现象称为冰川的消退。

冰川的消退在低纬度和中纬度的地方尤为显著。非洲肯尼亚山的冰川失去了92%;欧洲的阿尔卑斯山脉在过去一个世纪已失去了一半的冰川;在喜马拉雅山,一条最大的冰川从1935年以来已缩短了300多米。科学家预计,在未来35年间,喜马拉雅山的冰川面积将缩小1/5。占世界冰储量91%的南极冰盖,1998年以来占其总面积1/7的冰体已经消失。2005年底,美国地理协会报告称,南极三个最大的冰川在10年内变薄而减少了45m厚度。

冰川萎缩的速度也相当惊人。在秘鲁利马地区,近年来冰川正以每年30m的速度消融,而在1990年以前,消融速度每年只有3m。科学家预计,到2050年,全球大约1/4以上的冰川将消失,到2100年可能达到50%。那时,可能只有在阿拉斯加、巴塔哥尼亚高原、喜马拉雅山和中亚山地还会有一些较大的冰川分布区。

冰川的消退必将带来海平面上升❶、全球气候明显改变、生态环境遭到破坏等严重的地质与环境问题。

第二节　冰川的剥蚀作用

冰川有很强的侵蚀力,大部分为机械侵蚀作用。冰川在流动过程中,以自身的动力及挟带的砂石对冰床岩石的破坏作用称为冰川剥蚀作用(Glacial erosion),简称冰蚀作用。

一、冰蚀作用的方式

冰蚀作用的方式主要有挖掘作用和磨蚀作用两种。

(一)挖掘作用

挖掘作用(Gouging)又称拔蚀作用(Plucking),是指冰川在运动过程中,将冰床基岩破碎

---

❶ 科学家认为,在过去的一个世纪里,冰盖和山地冰川的融化是导致全球海平面上升10~25cm的原因之一。如今,冰川融化导致海平面上升的数值正在不断增加着,如果南极冰盖发生崩解,会引起全球海平面上升近6m,如果南北极两大冰盖全部融化,其结果会使海平面上升近70m。

并拔起带走的作用(图14-5)。其机理是压力和冰劈的共同作用：一方面是冰川的压力，如冰层厚100m时，其压力达90t/m³，可以压碎岩石；另一方面是渗入到岩石裂隙之中的冰融水冻结膨胀，促使岩石崩裂，崩裂的岩块被冻结在冰川底部或边侧随冰体移动。

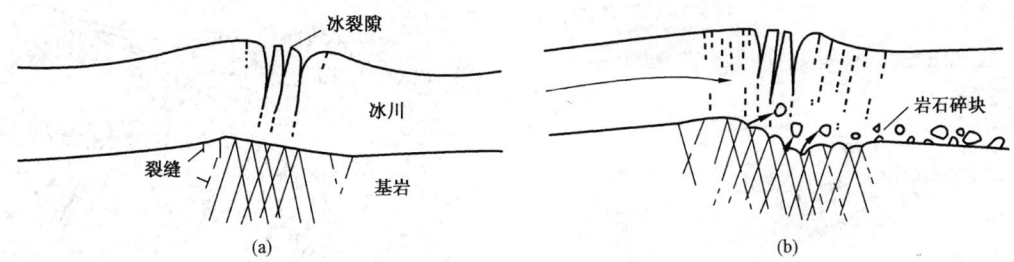

图14-5 冰川的拔蚀作用
(a)冰川在前进中遇到冰床基岩的突起，突起外有裂缝；(b)冰川将冰川处的基岩压碎崛起，崛起的岩块冻结在冰川底部或边部被带走，并借以进一步腐蚀基岩表面

(二)磨蚀作用

磨蚀作用(Abrasion)也称为锉磨作用，冰川挖掘出来的岩石被冻结在冰川底部或侧部，像锉刀一样研磨和刮削冰床的底部及两侧的基岩，其本身同时也被磨损，这种作用称冰川的磨蚀作用。

冻结于冰层中的石块，部分是在挖掘冰床时得来的，更多的则是冰川两侧由冰劈作用崩解并坠入冰流中的岩块。磨蚀作用的强度取决于冰川所携带的岩石碎屑数量、冰层的厚度以及冰川的流速，磨蚀的结果是使冰床受到破坏，并形成细粒的碎屑物(粉砂、粘土等)。冰块的刮锉可以在冰床的基岩面上形成断续的磨光面——冰溜面(Glacial pavement)，冰溜面上常见有擦痕(Striation)(图14-6)和刻槽(Groove)。擦痕一般深几毫米至几厘米，长数米，一端粗，另一端细，粗的一端指向上游，它的延伸方向反映了冰川的流动方向。作为磨蚀工具的石块，也可被磨出一或两个磨光面，冰川砾石整体上呈熨斗状，磨光面上有擦痕和刻槽，故称条痕石(Striated pebble)。

(三)影响冰川剥蚀作用的因素

通常情况下，挖掘作用和磨蚀作用是同时进行的，但是以挖掘作用的破坏力最大。

冰川剥蚀力的强弱同下列因素有关：
(1)冰层的厚度和重量：厚重者侵蚀力强；
(2)冰层移动的速度：速度大者侵蚀力强；
(3)携带石块的数量：携带石块数量越多越重者，侵蚀力越强；
(4)地面岩石之粗糙程度：粗糙地面较易受冰川之侵蚀；
(5)底岩的性质：底岩松软者较易受侵蚀；
(6)岩层之倾斜方向与冰川移动方向一致者，易遭侵蚀。

二、冰蚀作用的产物

在冰川的刨蚀作用下，可形成冰蚀谷、冰斗、角峰、羊背石等地形地貌。

(一)冰蚀谷

经冰川作用的刨蚀、改造而形成的谷地称冰蚀谷(Glacial valley)。由于拔蚀作用和锉磨作用的联合效应，冰川谷受到强烈的挖掘与刨蚀，使谷地不断加深和扩宽，而且切去突出的山嘴使之成为平直开阔的"U"形谷,也称为槽谷(Trough)。支冰川与主冰川的冰层厚度不等,有时相差较大,当冰川退走后,支谷高悬主谷壁上,称悬谷(Hanging valley)(图14-7)。

图14-6 冰川擦痕

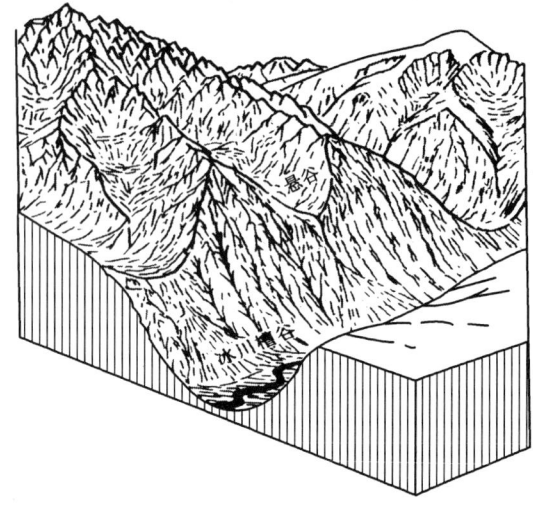
图14-7 悬谷(据 A. Holmes,1978)

冰蚀谷的纵剖面常呈阶梯状,这是由组成冰床岩石的抗蚀力所决定的,坚硬的岩石常突起呈冰坎,易蚀岩石因易被深掘而成洼地。冰川后退,洼地可以积聚冰融水而成冰蚀湖或称冰湖(Ice lake)。谷底和谷壁经长期磨蚀后,可形成十分光滑的冰溜面,面上常有钉子形的冰川擦痕。

(二)冰斗

冰斗为山谷冰川重要冰蚀地貌之一,形成于雪线附近。在平缓的山地或低洼处积雪最多,由于积雪的反复冻融,造成岩石的崩解,在重力和融雪水的共同作用下,雪窝后壁和侧壁不断后退,将岩石侵蚀成半碗状或马蹄形的洼地,形成藤椅状的冰斗(Cirque)。冰斗的三面是陡峭岩壁,向下坡有一口,若冰川消退后,洼地积水成湖,即冰斗湖。

(三)角峰

若冰斗因为挖蚀和冻裂的侵蚀作用而不断的扩大,冰斗壁后退,相邻冰斗间的山脊逐渐被削薄而形成尖锐的锯凿状山脊,称为刃脊或鳍脊。几个方向冰斗同时进行溯源侵蚀,后壁可围成锥形的孤峰,形状很尖,称角峰(Horn)。在刃脊之间的底下鞍部处,则为冰垭。

应该特别指出的是,冰斗主要形成于雪线附近,因而古冰斗是当时雪线位置的标志,角峰的生成也在雪线上部不远处。然而,当地处强烈上升运动的山区,冰斗和角峰也随之升至高处,相反,若在低处发现冰斗,表明是地壳下降的结果。

(四)羊背石

在广阔的冰床上由于岩石软硬不同,受冰川剥蚀作用的程度也有差异,可形成起伏不平的地面,其中由基岩组成的小丘常成群分布,远望如匍匐的羊群,故称为羊背石(图14-8)。羊背石平面为椭圆形,长轴方向与冰川流动方向一致,向冰川上游方向的一面由于冰川的磨蚀作用,坡面较平,坡度较缓,并有许多擦痕;而在另一侧,受冰川的挖蚀作用,坡面坎坷不平,坡度也较陡。羊背石的形成,是由于岩层是软硬相间排列的,当侵蚀、风化作用并行时,软的岩层会被侵蚀得较多、较深;而硬的岩石抵抗侵蚀、风化的能力较强,则形成隆起的椭圆地形,一面受磨蚀、一面受挖蚀。

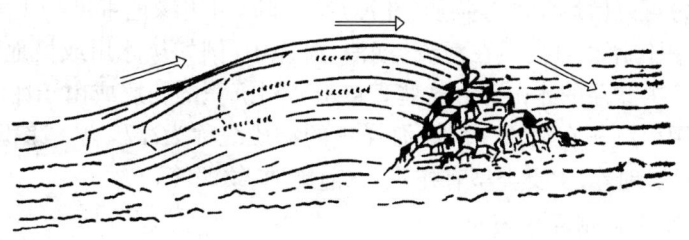

图 14-8 羊背石

第三节 冰川的搬运和沉积作用

一、冰川的搬运作用

冰川将刨蚀的产物以及坠落冰面的风化物一并冻结于冰体之中,像传送带一样将它们带到冰川的前端,称为冰川的搬运作用。冰川的搬运作用是纯机械性的,对搬运物以携带(冰层内部)、载浮(冰面上)及推移(冰川前端)等形式进行。

与其他地质营力相比,冰川具有特殊的搬运方式和惊人的搬运能力。

冰川是一种固体流,冰川的搬运物都是碎屑物,在冰川中呈固着状态。除因冰体不同部分运动速度有所差异,某些粗大碎屑物相互之间可以局部发生摩擦,以及位于冰川底部和边部的碎屑物可以和冰床基岩发生摩擦以外,绝大多数搬运物在冰体内不能自由转动和位移,不能相互作用,因而在搬运过程中难以受到改造。冰川中大小不等的碎屑一律同步移动,不产生分选作用,这是冰川搬运和流水搬运的重要区别。在搬运的过程中冰运物还会发生剧烈的研磨作用和压碎作用。

作为固体介质的冰川,尽管其流速很慢,但其搬运能力很强,可以将直径达数十米的巨大石块搬运很长的距离。大陆冰川以冰山的形式伸入高纬度地带的海洋中,将大量粗大的碎屑物带入海洋中沉积,能造成异常的海底沉积物分布。这是冰川搬运和流水搬运的又一重要区别。

冰川搬运来的异地石块,其岩石种类和性质与附近的岩石完全无关,这些石块非常大,通常为直径在 1m 以上,称为冰漂砾(Erratic boulder)。

二、冰川的沉积作用

冰运物在搬运过程中,由于冰体的融化而堆积下来,称为冰川的沉积作用。

(一)冰川沉积特点

冰川的沉积作用在冰前,以及接近冰川前端的两侧和底部最发育,只要有冰川的存在,就会有不间断的冰川堆积发生。被冰川搬运的物质和由冰川地质作用堆积下来的物质统称为冰碛(Moraine)。据估计,大约欧洲面积的36%、北美洲面积的23%和世界地表面的8%覆盖着冰碛。冰碛的特点是以机械碎屑物为主,无分选、无层理、大小混杂,大至直径几米的石块(巨大的漂砾),小到粘土物质;碎屑颗粒具棱角(电子显微镜下可见冰碛石英棱角尖锐,常有贝壳状断口),有的砾石表面有磨光面或冰擦痕,有的表面有压坑等。显然,冰前长期稳定时间和节节后退时期都将有大量冰碛物的形成。

冰融水(冰水)可以搬运泥沙等物质,在冰层下和冰川边缘地带堆积下来,称为冰水沉积物。另外,冰川沉积作用也可发生在河流、湖泊、海洋中,例如从冰川或极地冰盖临海(湖)一端破裂落入海(湖)中漂浮的冰山等。这些直接由冰川沉积的物质或由于冰水作用的沉积物,以及因为冰川作用而沉积在河流、湖泊、海洋中的物质统称为冰积物。冰积物有一定的分选性、成层性,并有斜层理等,主要类型有蛇丘、冰前扇地、纹泥等。

(二)冰碛物及其特征和冰碛地形

1. 冰碛物

当冰川消融后,被冰川弃留沉积的物质称为冰碛物(Glacial till)。冰运物按其在冰体中所处的部位,可分为不同类型:位于冰川表面者称为表碛(Surface moraine);陷入冰体内部者称为内碛(Internal moraine);位于底部者称为底碛(Bottom moraine);分布在冰川两侧者称为侧碛(Lateral moraine)。两条冰川汇合后,相邻的两条侧碛在汇合点以下并合成一条,成为位于冰川中间的中碛(Medial moraine)。

2. 冰碛物特征

与其他沉积物相比,冰碛物的特征可归纳如下:

(1)纯为碎屑沉积,不会出现化学物夹层;
(2)碎屑粗细混杂,缺乏分选性;
(3)岩块和砾石组合杂乱无章,无定向排列,不具明显的层理构造;
(4)碎屑呈天然棱角状或次棱角状,没有磨圆效应,岩屑表现可见冰擦痕或磨光面;
(5)冰碛物以粗大粒级为主,粒间伴有细粒的泥质物;
(6)冰碛物中化石稀少,但常保存有寒冷型孢子花粉;
(7)常堆积成一些特殊的地形,如终碛垄等。

3. 冰碛地形

冰碛物可组成各种冰碛地形,常见的有终碛垄、侧碛垄和鼓丘等。

冰前稳定时期,冰川中处在任何部位的冰运物都堆积在冰前外缘,称终碛(Terminal moraine)。终碛在冰前形成外凸的弧形垄岗,故称终碛垄或终碛堤。在山谷冰川中,冰前因季节气温变化而有一定范围的伸缩,终碛垄实际上类似一个具有一定宽度的堤坝,由于冰运物在冰川内分布不均,终碛垄表面起伏不平,加之后期冰水侵蚀可变成不连续的丘状堆积体。

当气温回升,冰川缓慢退缩时,其搬运物留在冰床上,形成底碛、侧碛及中碛。底碛常呈丘状又称底碛丘陵,侧碛和中碛常呈纵向的垄岗状故又称侧碛垄和中碛垄。大陆冰川退走后,冰床可见有冰碛物堆积成的高数米至数十米,长数百至千余米不等的底碛丘,其长轴平行于冰川流向,称鼓丘(Drumlin)。鼓丘是分布在终碛垄内缘,由冰碛物构成的椭圆形丘陵,长轴与冰川流动方向一致,平面上呈蛋形,前后二坡不对称,迎冰面陡、背冰面缓。

当冰川发生阶段性退缩时,可形成多级终碛垄。终碛垄后可积水形成湖泊,因而在冰川谷中常形成串珠状湖泊,这是冰川作用的特有地貌。

另外,在冰川末端的冰融水具有一定的侵蚀搬运能力,能将冰川的冰碛物再经冰融水搬运堆积在冰川前面的山谷或平原中,形成冰水沉积。在冰川边缘由冰水堆积物组成的各种地貌,称冰水堆积地貌。

蛇形丘(Esker)是一种狭长曲折的地形,由砾石、粗砂构成,有一定分选性和交错层理,呈蛇形弯曲,两壁陡直,丘顶狭窄,其延伸的方向大致与冰川的流向一致,主要分布在大陆冰川区。蛇形丘的成因主要为：一是在冰川消融时，冰融水沿冰川裂隙渗入冰川下，在冰川底部流动，形成冰下隧道，待冰完全融化后，隧道中的砂砾沉积而形成蛇形丘；二是在夏季，冰融水增多，冰积物在冰川末端形成冰水三角洲，等到下一个夏季，冰川再次后退，再形成一个冰水三角洲，如此反复不断，一个个冰水三角洲连起来，便形成串珠状的蛇形丘了。

冰砾阜阶地是冰川两侧的冰水沉积在冰川消失后形成的阶地。冰融水形成的冰水湖泊沉积有明显的季节变化，夏季冰融水增多，携带大量物质进入湖泊，一些砂和粉砂粒级的颗粒很快沉积下来，颜色较淡；秋冬季节，融水减少，一些长期悬浮湖水中的细粒粘土才开始沉积，颜色较深。这样，一年内在湖泊内就沉积了粗细两层沉积物，叫季候泥，或称纹泥。根据纹泥层的层数，可追溯冰川消退的年代。

若是在大陆冰川的末端，这类的沉积物可绵延数千米，在终碛垅的外围堆积成扇形地，就叫冰水扇。数个冰水扇相连，就形成广大的冰水沉积平原（Sandur，复数为 sandar），又名外冲平原。在这些地形上，沉积物呈缓坡倾向下游，颗粒度亦向下游变小。

第十五章　风的地质作用

风也是一种外地质动力,特别是在干旱、半干旱气候区,风的地质作用尤为显著。在植被稀少、松散沉积物大量裸露的湿润地区,如海滨、河道等地,风的地质作用也较明显。

干旱区最明显的特点是气候干燥,年降水量小(一般小于250mm),因此地表植被稀少,多数地方寸草不长,物理风化作用强烈,在这种地区风就成为主要的外动力。风的地质作用也可分为剥蚀作用、搬运作用和沉积作用。

第一节　风的剥蚀与搬运作用

一、风蚀作用的概念、方式与特点

风的剥蚀作用简称风蚀。风蚀作用(Aeolian erosion)是指风以其自身的力量和所携带的砂石进行冲击和摩擦,致使地表岩石遭受破坏的作用。按作用方式风蚀作用可分为吹蚀(吹扬)作用和磨蚀作用。

(一)吹蚀作用

风将地面上的碎屑及粉尘吹走的地质作用,称吹蚀作用(Deflation)。因为空气流动和水体流动一样,在达到一定速度及速度发生某种改变的情况下,都会发生紊流及涡流并产生上举力,从而引起吹蚀。吹蚀作用的强弱程度主要取决于风力的大小、松散颗粒的大小、地面的植被情况,在风速大、地面干燥、植被稀少及松散物覆盖区吹蚀作用尤其强烈,所以吹蚀作用主要见于沙漠及海滩等地。

(二)磨蚀作用

随风运移的风沙流对地面岩石的撞击与磨损作用,称磨蚀作用(Abrasion)。风力扬起的碎屑物冲击和摩擦地表,风速大,则扬起的碎屑物多且颗粒大,磨蚀能力强,如地面岩石松软,则易遭受磨蚀。卵石或砾石可以被磨蚀成多个磨光面,而且边棱清晰鲜明,这种石块称为风棱石,其成因是嵌在泥质物中的卵石,由于泥质物被剥蚀而裸露,其上部先受磨蚀形成光滑面,后来卵石滚动,另一部分又受磨蚀并形成另一光滑面,类似作用多次进行的结果。此外,风棱石的成因也可以是风向变化,卵石从多个方向受到磨蚀的结果。

最容易被风吹走的颗粒直径为0.1mm左右,直径小于或大于0.1mm的碎屑启动风速急剧增加。极为细小的粉尘因粒间粘结力以及地面光滑而使其启动风速增大。

磨蚀是风依靠其吹扬起的坚硬矿物(大多为石英)对基岩表面的撞击和摩擦作用,使基岩受到破坏。磨蚀作用的强度显然与风沙流中的含砂量、砂粒的大小及风速有关,也与磨蚀对象的岩性、结构和构造有关。

二、风蚀作用的产物

由风的吹蚀而形成的凹地称为风蚀洼地或风蚀凹地,这种凹地常是半干旱草原区的一大特色。在风力强劲的地区,因砂和粘土多数被刮走,只剩下砾石,在条件适宜时,便形成以砾石为主的砾漠——戈壁(Gobi)。

在某些沙漠和干枯的老河床上,风将小于某一粒级的碎屑全部吹走,剩下平整的卵石地面,称沙漠铺面石,铺面石层可保护下层免受进一步吹蚀。由毛细管蒸发的水分带上一些化学成分(如Ca质、Si质等)在表层沉淀,可使砾石胶结,形成天然的砾石石板。铁锰质成分可在砾石表现生成深色的薄膜,称沙漠漆。

磨蚀作用可琢磨出形状奇特的风棱石(图15-1),在沙漠地区或戈壁滩上常见,其有一个或几个磨光面,磨光面之间有明显的棱脊。风棱石有单棱、三棱和多棱,多棱的发育情况由风向变化和砾石翻转情况而定。

处在风蚀作用强烈地区的石壁或突出的基岩上,经长期的磨蚀作用可形成风蚀窝石(或称风蚀壁龛)(图15-2)、风蚀穴、风蚀柱和石蘑菇(图15-3)等。在产状近于水平的年轻地层(主要为古近系和新近系)出露区,岩石胶结比较差,由地面暂时流水侵蚀出许多冲沟,在干燥时期,风蚀作用可将它们扩大加深成风蚀谷(图15-4)。风蚀作用可将地面深切形成一定范围的洼地,这样的洼地贮水则可形成风蚀湖(Wind erosion lake)(图15-5),也可形成水草丛生的绿洲(Oasis),在这样的地区风蚀作用会大大削弱。

图15-1 风棱石(据柳成志,2009,摄于新疆艾丁湖)

图15-2 吐鲁番盆地西北石质低山基岩的风蚀窝石(据《中国沙漠治理图片集》)

图15-3 风蚀石蘑菇

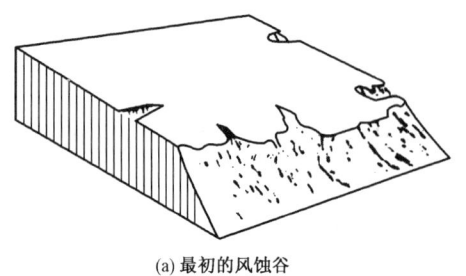
(a) 最初的风蚀谷

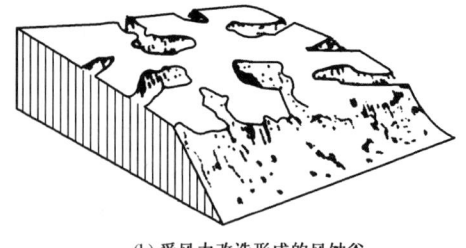
(b) 受风力改造形成的风蚀谷

图 15-4 风蚀谷

图 15-5 风蚀湖甘肃酒泉月牙湖

三、风的搬运作用

(一) 风的搬运方式

风的搬运方式有悬移、跃移及推移(蠕移、推动与滚动)三种(图 15-6)。

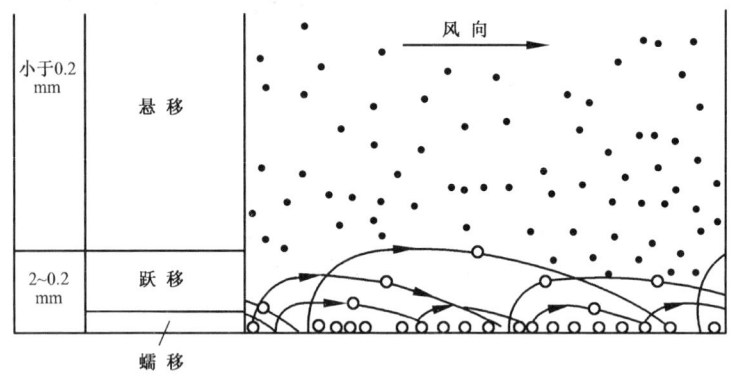

图 15-6 风搬运作用的三种基本形式(据北京大学等,1978)

(1) 悬移为粒径小于 0.2mm 的细砂、微尘悬浮在空中随风向前漂移的形式。悬移的物质,特别是具棱角状、片状和质轻的细粒,在空中往往不受阻挡而不易降落,可做长距离的搬运,例如,粒径 0.01~0.03mm 的砂粒,可被搬运到 2000km 以外的远方。

(2) 跃移是一种较为复杂的运动,砂粒在气流中以跳跃方式前进,简称跃移。跃移物往往是粒径 0.2~0.5mm 的砂。风力跃移的机理与水流不同，水的密度比空气大 800 倍，粘滞性强，故水力的抬举作用对砂、砾的跳跃前进有重要意义。在粘滞性强的空气中，粗砂级颗粒的跳跃通常是由飞跃的颗粒降落时碰撞地面而产生的弹力所引起，其初始能量则来源于其他砂粒的碰撞，这是风力搬运所特有的现象。当风速达到某一临界速度时，砂粒开始以滚动或滑动方式移动，移动的砂粒互相撞击，两个碰撞颗粒或其中之一在冲击力与弹力的作用下跃入空中，并在重力作用下以与地面成 10°~16°交角的平缓轨道下落。如果地面岩石坚硬，则砂粒撞击地面后会弹回空中，继续向前移动；如果地面是松散的砂，则降落下来的砂粒就撞击地面的砂粒使之跃起，并以抛物线形式向前移动。通过这种形式，一个个跳跃着的砂粒带动着地表的沉积物向前移动。

(3) 推移是指粒径大的砂粒或砾石沿地面发生滚动、滑动。推移主要是由于跃移砂粒飞落地面时碰撞较大的砂粒或砾石使之向前移动。颗粒向前推移前进时，每次移动仅几毫米，密度小、近球形的颗粒可推移得远些，向前推移的速度很缓慢。在劲风以上的风流中，接近地面的一定高度上都可看到一层相应厚度的砂跃带。

在沙漠地区正常风力条件下，三种搬运方式中以跃移为主（约占 70%~80%），其次为推移（小于 20%），再次为悬移（小于 10%）。

(二) 风的搬运力与搬运量

尽管风速可以大于水流流速，但由于气体密度小于液体，所以与流水相比，在相同流速时，风的搬运力只有流水的 1/30。风能搬运的对象主要是中砂级以下的碎屑，但是风的搬运总量绝不能低估，由风引起的尘暴、沙暴及沙流都十分危险，在其发生时，飞沙走石、尘烟滚滚、遮天蔽日，吞没土地和建筑设施，给人类带来灾害。

风的搬运量（输砂量）在过砂面积一定时与风速的立方成正比，因而搬运量随风速增加而迅速增大，加之风为面状搬运，其总搬运量极为可观。

(三) 良好的磨圆性和分选性

风运物在被搬运途中，不断地和地面发生摩擦和碰撞，而且风运物彼此之间也不断地发生摩擦和碰撞，因而使风运物发生磨圆作用，随着颗粒的磨圆，它们必然地被磨细和磨光。同时，由于空气的相对密度比水小 800 多倍（15℃时空气密度为 $0.0012g/cm^3$；水为 $1g/cm^3$），一颗石英的质量比同体积的水大 2.65 倍，相当于同体积空气质量的 2000 多倍，因此要移动同一个石英颗粒，据计算风速需比水速高 29 倍。当风速为水速的 29 倍时，风作用于碎屑的动能为水的 800 余倍，而且空气的粘度远比水低，不像颗粒在水中，其表面有水薄膜起缓冲作用，因此，碎屑在空气中有更大的机会被磨损。据实验证实，砂在空气中搬运的质量损失比在水中快 100~1000 倍，这充分说明风对碎屑具有高得多的磨圆能力。

任何流体在受力获得初速度后，如果外界不再加力，其动能基本消耗在克服各种摩擦和阻力上，流动会越来越慢，最终会停止。空气密度低、粘滞性小的特性，使惯性作用增强，碎屑在空气中移动自由，弹跳、滚动等十分频繁，高速跳跃的砂粒可冲击推动直径大 6 倍或质量大 200 倍的砂粒移动。所以推移颗粒的直径比跳跃颗粒的直径大得多，而搬运距离却小得多，这正是风的分选作用良好的重要原因。悬移颗粒粒度又比跳跃颗粒小得多，它们被风带到更远的地方，在风的吹扬作用下，使它们从砂中干脆利落地分选出来。

由于风成砂的运动特点，使其球度很高，而且颗粒表面常呈毛玻璃状。

第二节　风的沉积作用

当风速减弱,紊流的上举速度低于沙粒的沉速时,沙粒和尘土便堆积下来,形成风积物(Eolian deposit)(包括风成砂和黄土),这就是风的沉积作用。在风盛行区,由中心向外有岩漠、砾漠、沙漠和黄土塬呈环带状分布,其中岩漠和砾漠主要是风的剥蚀区,沙漠和黄土塬为风的沉积区。干旱地区的低凹部分积水成湖,湖水干涸后表面为满布干裂纹的泥质层,称泥漠。

悬浮于气流中的颗粒,因风停止或风速减弱,沉速大于紊流的上升分速时就会降落堆积,称沉降堆积。这是黄土形成的重要方式。

颗粒的沉速与其重量有关,粒径越大的颗粒,沉速越快,在风速逐渐减弱的情况下,碎屑按粒度能够很好地完成分选作用。风沙流遇到障碍物阻拦,风因分散或越过障碍时在其后方产生涡流造成风运物的部分堆积,称遇阻堆积。

一、沙丘与沙漠

(一)新月形沙丘

风沙流底层的跃移和推移颗粒在遇到障碍物时可能部分地停积下来,逐步积累形成沙堆。沙堆的大小不等,它最后会埋没障碍物。沙堆不能移动,一旦形成后自己也成为一个障碍物。沙堆出现改变了地面的气流状况,风越过沙堆在其背后出现涡流,形成新的堆积场所。新形成的沙堆可以向前移动,称沙丘(Dune)。在持续定向风的作用下,沙粒爬上迎风缓坡,到达峰脊处泻流而下形成一个滑落面(滑落面的坡角约为35°),风把迎风坡的沙粒不断吹送到坡峰,然后沿滑落面滑落,因而造成沙丘缓慢向前移动。由于风速的变化,在滑落面上由粒度不同的颗粒堆积形成单向斜层理,斜层理的最大倾角通常比河成斜层理大得多。由于风向的变化也可形成交错层理。

移动沙丘中最常见的是新月形沙丘(Barchan dune)(图15-7),它是沙源不太丰富及风力和沙粒直径大小相互协调的产物(图15-8)。多个新月形沙丘顺风向前移动时,其翼部相互衔接形成延伸方向与盛行风向垂直的新月形沙丘链(Barchan chain)(图15-9)。

图15-7　新月形沙丘

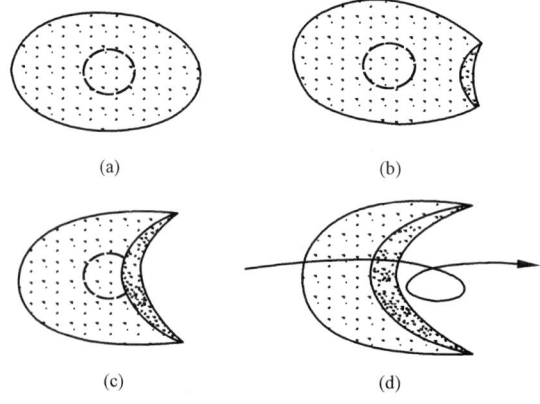

图15-8　新月形沙丘的形成过程(据巴格诺尔德,1941)
箭头为风的侵蚀方向

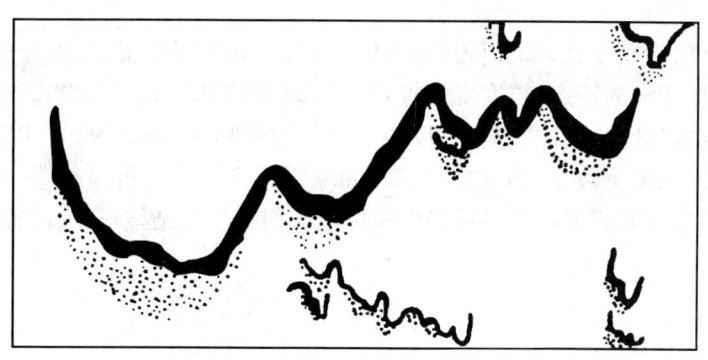

图 15-9 新月形沙丘链

通常情况下,由于沙丘的不断扩大及合并,沙层覆盖了整个地面,便形成了如茫茫沙海的沙漠。沙漠表面常发育有美丽的不对称沙波纹,也可发育成很大的沙丘或沙垅。

(二) 纵向沙丘

沙丘延伸的方向与主风向一致的垅状沙丘,称纵向沙丘。纵向沙丘主要是由单向风和龙卷风的相互作用而形成的,在沙漠地区,地面气温常可剧增到 70~80℃,从而引起空气对流产生龙卷风。龙卷风在单向风的吹压下形成大致呈水平方向沿地面流动的螺旋气流,这样,风将低处沙粒吹动,并随着旋转上升的气流带到沙堆的顶部堆积,从而形成与风向大致平行的沙垅。沙垅横向的两坡近于对称,垅与垅之间为一狭长的洼地,相距为几百米到几千米,垅高几十米,垅的延长可达几千米。

(三) 横向沙丘

沙丘外貌形态好似几个新月形沙丘接在一起而延展方向与风向垂直或斜交的沙岗,称为横向沙丘。横向沙丘也有缓的迎风坡和陡的背风坡,规模不大,高度一般为几米至几十米,它是在沙源丰富、风速不很大而风向基本固定的地区,在风的长期作用下形成的,在沙漠边缘的山麓和海滨地区常可看见横向沙丘。横向沙丘的形态不稳定,在离沙源远的地方可逐渐过渡为许多孤立的新月形沙丘。

二、黄土

黄土(Loess)是一种土状堆积物,并非土壤作用的产物,它主要是由风的堆积作用形成的。黄土是世界上分布最广、最具连续性的大陆沉积物。

从全球地理位置来看,黄土主要分布在中纬干燥的大陆性气候环境内,并且暂时性流水地质作用比较强烈的地区,覆盖面积约 $1000 \times 10^4 km^2$,常分布在沙漠地区的外围,与季风活动有直接关系。

我国是世界上黄土分布面积最广、厚度最大的国家,分布面积有 $63 \times 10^4 km^2$,厚 100~200m,主要分布在秦岭大别山以北、阳山以南的广大地区。陕、甘、宁、晋、冀、鲁、豫、皖都有黄土沉积,尤其是黄土高原,厚度可达 250 米。黄河水之所以混浊,就是因为其流经的黄土高原使河水中挟带大量泥土。我国的黄土主要是由于西北风(季风)将西伯利亚、蒙古及新疆内陆干旱地区的粉砂、尘土带入并堆积下来形成的,总的趋势是西北厚、粗,东南薄、细。

我国的黄土是近 400 万年以来(新近纪)堆积的,目前仍在继续以大约每年 1mm 的速度堆积。

黄土不具层理构造,但垂直裂隙十分发育,因而既易垮塌又峭壁林立,形成一些独特的黄土地形。

黄土胶结不好,疏松多孔,其孔隙度达44%～55%;其磨圆度很差,但分选性良好,并有由中心向外粒度逐渐变细的特点,粒度变化主要在0.05～0.005mm。

黄土中含矿物成分50余种,相对密度小于2.9的矿物占90%～96%,以石英、长石为主;相对密度大于2.9的矿物较少,占4%～10%,如绿帘石、磁铁矿、角闪石等。黄土中还有粘土矿物和钙质,钙质经淋滤后下渗并在适当部位形成貌似姜块的结核形状,故称姜结石。

第十六章 负荷地质作用

位于地表的各种土层、松散堆积物以及岩体(块)等物质由于自身的重量,并在各种外因触发下产生的垂直下落或沿斜坡下移所引起的地质作用过程称为负荷地质作用或者块体运动(Mass movement 或 Mass erossion)。

负荷地质作用是一种固体或半固体的物质运动,负荷物本身既是地质作用的动力,又是作用对象。当一块巨石由高处快速下落时,它一面碰撞和破坏山坡基岩,同时也撞碎自己,统一完成破坏、运移和堆积过程,最终在新的位置上达到新的平衡。

第一节 负荷地质作用的原理和类型

一、负荷地质作用的原理

产生负荷地质作用的动力来源主要有内因、外因两个方面。

(一)负荷地质作用的内因

负荷地质作用的内因主要是物体本身的重力,地面上任何物体受自身重力影响都有沿坡向下移动的趋势。

物体如果置于一个水平面上,则对该平面施加的压力大小等于重力。对被压的面来说,此力(F)称为负荷(Duty)(图 16-1)。如果物体置于一个斜面上,则 F 可分解为垂直斜面的正压力(N)及与斜面平行的下滑力(Q),同时产生物体与斜面之间的摩擦力(f)。当 $Q>f$ 时,物体将沿着斜面向下滑动。

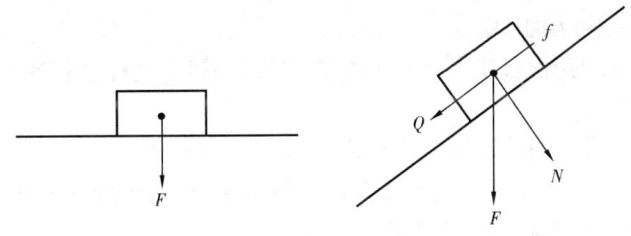

图 16-1 物体在水平面及斜面上的受力情况

物体在负荷作用下所发生的运动和变形,一方面与物体内部的应力状态有关,另一方面又与物体的抗变强度有关。物体的重量即为其基本动力来源,只要物体处于斜面上,总是存在着向下运动的趋势。

(二)负荷地质作用的外因

负荷地质作用的外因主要是外界的各种触发力。负荷地质作用的外界触发因素极为广泛,降雨引起的水分加入、冰雪的覆盖等增加了运动体的重量,同时也减小了摩擦;而风吹、雷击闪电、洪流与浊流、地震等突然的推动,以及掏蚀作用使得块体下部失去支撑等,都可以使本来平衡的物体在这些外界因素触发下发生运动。

负荷地质作用在地形、气候、岩石性质和地质构造等因素影响下,其发育和作用过程更为复杂。

二、负荷地质作用的类型

根据物质的组成、坡度的陡缓、运动速度的快慢等特点,可将负荷地质作用划分为如下几个类型:

(1)崩落作用:这是岩块发生快速、突然坠落的一种现象,运动块体开始并不是沿着固定斜面滑落,而是先短暂地离开其连结的基岩向下坠落,然后再沿着山坡滚落下去。

(2)潜移作用:这是岩块在重力作用下沿着一定潜移带发生长期缓慢运动的一种现象,它没有明显的滑动面。

(3)滑动作用:这是岩块沿着一个或几个切变滑动面先较缓慢然后快速运动的一种现象。

(4)流动作用:这是泥沙、石块与水分混合(液化)形成粘稠体并流动的一种运动现象。

第二节 崩落作用

崩落作用指的是陡坡上的岩块与基岩的脱离、崩落、沿山坡滚滑并在坡脚堆积的整个作用过程,也称为崩塌作用(Dilapidation)。

崩落作用在高山地区最易发生,在河岸、海崖等局部地形陡峻地区也常常发生崩落。一般认为,地形坡度大于45°时极易发生崩落作用。

一、崩落作用发生的因素

(一)斜坡的坡度

造成崩落作用要求斜坡外形高而且陡峻,其坡度往往达55°~75°;山坡的表面构造对发生崩塌也有很大的意义,如果山坡表面凹凸不平,则沿突出部分可能发生崩塌。

(二)岩石的性质和节理程度

岩石性质不同,其强度、风化程度、抗风化和抗冲刷的能力及其渗水程度都是不同的,如果陡峻山坡是由软硬岩层互层组成,由于软岩层易于风化,硬岩层会失去支持而引起崩塌。

一般形成陡峻山坡的岩石,多为坚硬而性脆的岩石,属于这种岩石的有厚层灰岩、砂岩、砾岩及喷出岩。

在大多数情况下,岩石的节理程度是决定山坡稳定性的主要因素之一。虽然岩石本身可能是坚固的,风化轻微,但其节理的发育亦会使山坡不稳定,当节理顺山坡发育时,特别是发育在山坡表面的突出部分时最有利于发生崩塌。

(三)地质构造

岩层产状对山坡稳定性也有重要的意义。如果岩层倾斜方向和山坡倾向相反,则其稳定程度较岩层顺山坡倾斜的大。岩层顺山坡倾斜,其稳定程度还取决于倾角大小和破碎程度。

一切构造作用,正断层、逆断层、逆掩断层,特别是在地震强烈地带对山坡的稳定程度有着不良影响,而其影响的大小又决定于构造破坏的性质、大小、形状和位置。

(四)气候

高寒气候区及干燥气候区,由于物理风化作用强烈,崩落作用十分发育,但在潮湿气候区,由于河流及海浪的掏蚀,同样为崩落作用提供了有利条件。

(五)其他因素

雷电闪击、风暴、地震以及生物等的促进或触发作用,也可使岩块失去平衡而发生崩落。

二、崩落作用的发生及分类

位于陡坡、岩坎上的岩体或岩块,往往具有比较明显的或者隐伏的节理或者裂隙,这些岩体或岩块长期暴露在地表遭受风化作用,长期风化作用的结果,使得岩体或岩块里的裂隙逐渐扩大,与基岩的结合力越来越弱,一旦有外界因素触发(如人工加载、降雨、地震等),则很容易发生崩落,滚落到坡脚堆积下来。例如,位于斜坡体上近陡坡边缘的岩体或者岩块,由于山体的侧向压力在临空面集中,在外界因素触发时,可向临空面产生崩击,发生山崩(图16-2)。

根据崩落物的运动特点可分为三种崩落形式:

(1)撒落。撒落主要发生在岩石裂隙发育的陡崖上,指沿着裂隙碎裂的大小岩块,由于裂隙发育,物理风化使基岩崩解成岩屑,岩屑在重力作用下向坡下坠落或滚动的现象(图16-3)。

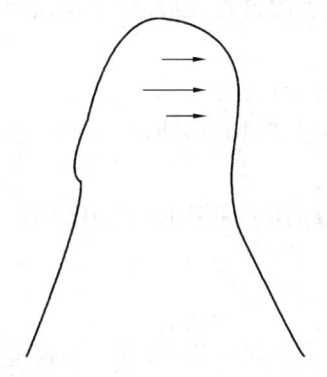

图16-2 陡坡岩块崩落示意图

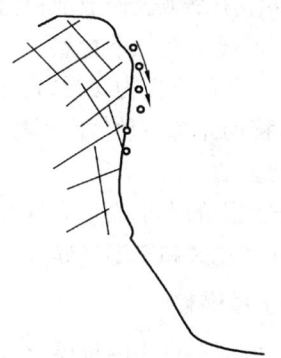

图16-3 岩块撒落示意图

滚石向坡下运动,有跳跃式和滚动式两种形式。通常滚石开始运动时速度慢,以滚动为主,很快由于加速度的影响,速度加快,就变成了跳跃式运动。滚石在运动中一面撞击破坏斜坡上的基岩,同时也不断粉碎自身,随着山坡变缓,以及滚石与滚石、滚石与基岩之间的碰撞、摩擦,使滚石动能逐渐减小,最终堆积在山脚下,完成了撒落的全部过程。

(2)翻落。翻落指的是大块岩体脱离基岩后,若下部支撑没被破坏,则岩体向外侧呈弧形翻落。翻落运动最明显的特点是有暂短的悬空并呈自由落体运动(图16-4)。

(3)坠落。坠落主要是指陡崖底部由于河水、海浪或人工掏蚀作用后,陡岸上的岩块失去支撑,使边界裂隙扩大,这时若有水渗入便会导致岩块连结力降低而掉落下来。坠落的岩块先是沿卸荷裂隙向下滑动,然后脱离岩体,快速坠落。

崩落作用也常在岩溶地区发生。在大片石灰岩分布地区,随着地下溶洞的扩展,上部岩石失去支撑而发生崩落,堆积在溶洞内形成岩溶角砾岩,有时地面整体陷入,可使新地层嵌入老地层中。

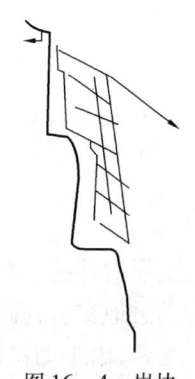

图16-4 岩块翻落示意图

崩落作用还广泛地发育于海岸、河谷谷坡及山区,特别是在高山区。在崩落作用与其他外力联合作用下,地表可塑造出雄伟峻峭的断崖绝壁,形成令人惊叹的自然奇观。

三、崩积物

崩积物在平缓的坡麓地带随着动能的丧失而堆积下来,通常形成锥形体,称为倒石锥(Talus)。

倒石锥的大小不一,视崩积物的数量而定,其表面坡度与地形条件及岩屑的休止角度有关,一般为30°~35°,由于大的石块惯性大,滚动较远,多集中于倒石锥的下部,向上逐渐变细。在多次大小不同的崩落交替下,倒石锥的剖面中常可粗略地见到粗细相间的互层,但总体看来,倒石锥是一种无磨圆、分选极差的砾块堆积物。倒石锥是暂时性的堆积物,很快会被地面流水或海浪搬走,地史中崩落现象很普遍,但倒石锥很少保留下来。

第三节　潜移作用

潜移作用是地表松散堆积物或岩层长期缓慢向坡下移动的过程,也称蠕动作用(Creep)。潜移作用明显具有如下特点:

(1)运动速度极为缓慢,每年几毫米至数十厘米,很难直接观察到。

(2)移动体与不动体间不存在明显的滑动面,两者间的形变量和移动量是渐变过渡的,属于粘滞性运动。

潜移作用的发生除重力、物性等内在因素外,地下水也起到了润滑剂的作用,因而主要发育于温湿气候区和寒湿气候区。

一、土层潜移

山坡坡面上堆积的土层,在重力作用下,会发生长期缓慢的向下移动,其运动速度十分缓慢,以致短时间内无法察觉。但时间长了,斜坡上的各种物体就会发生变形,诸如电线杆和篱笆的歪斜、土墙倾倒、树干弯曲成"马刀树"或"醉汉林"(图16-5)。

图16-5　土层潜移及其后果示意图

土层潜移的外部原因主要是温度及湿度的变化。在寒冷地区,土层的潜移主要是由于冰冻和消融地交替;温湿地区,干湿交替使粘土矿物的体积膨胀与收缩也可引起潜移。

另外,由于动物掘穴、风吹、冰雪覆盖或降雨后水分的饱和、片流的洗刷及新来物质充填在土层表面的低凹部分而增加负荷等因素,均可促进土层的向下潜移作用。

土层潜移作用可以导致塑性较好的倾斜岩层上端(露头处)挠曲,这种褶皱形似膝盖,故称为膝形褶皱。岩层的这一部分因长期拖曳,裂隙增加,最后破碎变成坡积物或土层的一部分。

二、岩层潜移和岩溶潜陷

潜移作用不仅发生于地表，也可以发育于地下不深的地方。特别是那些地表具有脆性透水岩石，而其下为粘土质岩层的地区，经过长期移动之后，地表的脆性岩块沿着裂隙慢慢分离，东倒西歪地陷入下面的软弱岩层中。

泥砂质岩层在成岩初期由于其他因素干扰，极易产生水下或层间的滑移，形成复杂的变形层理构造。

在碳酸盐类岩层与砂泥质岩层互层地区，由于下部碳酸盐岩石中的岩溶作用持续发育，几乎同时伴随着上部岩层的潜陷作用，最后在下层起伏不平的岩溶表面上，完全吻合地发育着上层岩层的弯曲，甚至形成短轴背斜和向斜，称为岩溶潜陷褶皱。薄层砂岩虽经潜陷作用而发生弯曲，但岩层是连续的。

第四节 滑 动 作 用

陆地上或水下斜坡上的岩体或松散堆积物，在重力及地下水活动的影响下，沿着一个或几个滑动面以一个或几个整体向下滑移的过程称为滑动作用或滑坡（Landslide）作用，又称地滑作用。

滑动作用具有如下特点：

(1) 滑动的岩土体具有整体性。

(2) 斜坡上岩土体的移动方式是滑动，不是倾倒或滚动，因而滑坡体的下缘常为滑动面或滑动带的位置。

(3) 规模大的滑坡一般是缓慢下滑，其位移速度多在突变加速阶段才显著。有些滑坡滑动速度一开始就很快，这种滑坡经常在滑坡体的表层发生翻滚现象，因而称这种滑坡为崩塌性滑坡。

滑动作用通常以潜移作用为先导，当滑动体先缓慢而后快速向下滑动时，如遇陡峻的山坡就会转变为崩落作用。

一、滑坡的基本形态

一个发育完全的滑坡是由滑坡体、滑动面、滑坡壁、滑坡台阶、滑坡鼓丘和滑坡裂缝等要素组成的（图16-6），前四种是任何一个滑坡必须具备的部分，后面几种则视发育程度而定。

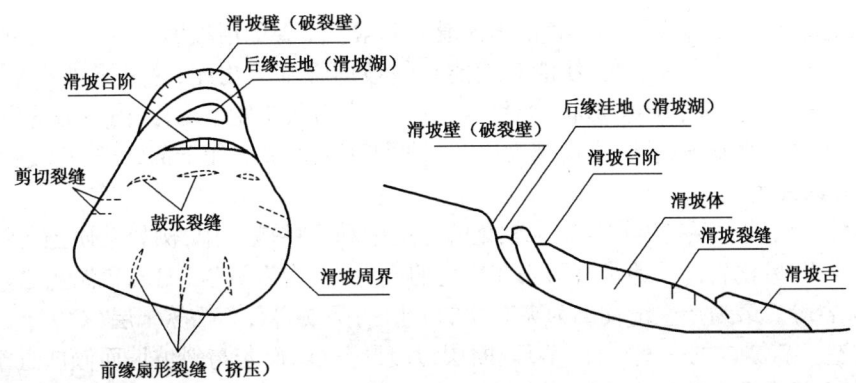

图16-6 滑坡要素示意图

（1）滑坡体是指斜坡内沿滑动面向下滑动的那部分岩土体。这部分岩土体虽然经受了扰动,但大体上仍保持有原来的层位和结构构造的特点。滑坡体和周围不动岩土体的分界线叫滑坡周界。滑坡体的体积差别极大,由数立方米至几亿立方米。

（2）滑动面、滑动带和滑坡床。滑坡体沿其滑动的面称滑动面。滑动面以上,被揉皱了厚数厘米至数米的结构扰动带,称滑动带。有些滑坡的滑动面(带)可能不止一个,在最后滑动面以下稳定的岩土体称为滑坡床。

滑动面有一个或数个,滑动面的形状随着斜坡岩土的成分和结构的不同而各异,主要为向上的曲面,少数为斜面,倾角也不相同,在均质粘性土和软岩中,滑动面近于圆弧形。滑坡体如沿着岩层层面或构造面滑动时,滑动面多呈直线形或折线形,多数滑坡的滑动面由直线和圆弧复合而成,其后部经常呈弧形,前部呈近似水平的直线。

滑动面大多位于粘土夹层或其他软弱岩层内,如页岩、泥岩、千枚岩、片岩、风化岩等。由于滑动时的摩擦,滑动面常常是光滑的,有时有清楚的擦痕;同时,在滑动面附近的岩土体遭受风化破坏也较厉害。滑动面附近的岩土体通常是潮湿的,甚至达到饱和状态,许多滑坡的滑动面常常有地下水活动,在滑动面的出口附近常有泉水出露。

（3）滑坡壁。滑坡体滑落后,滑坡后部和斜坡未动部分之间形成的一个陡度较大的陡壁称滑坡壁或滑坡后壁。滑坡壁实际上是滑动面在上部的露头。滑坡壁的左右呈弧形向前延伸,其形态呈"圈椅"状,称为滑坡圈谷。

（4）滑坡台阶。滑坡体滑落后,形成阶梯状的地面称滑坡台阶。滑坡台阶的台面往往向着滑坡壁倾斜。滑坡台阶前缘比较陡的破裂壁称为滑坡台坎。有两个以上滑动面的滑坡或经过多次滑动的滑坡,经常形成几个滑坡台阶。

（5）积水洼地和滑坡湖。滑坡后缘的下陷带或地表后倾时,易于形成积水洼地,有些巨型的滑坡,当后壁为含水层时,有大量地下水排出,则可能形成半月形的滑坡湖,如陕西省境内的卧龙寺滑坡形成滑坡湖,水深达10多米。

（6）滑坡鼓丘。滑坡体在向前滑动的时候,如果受到阻碍,就会形成隆起的小丘,称为滑坡鼓丘。滑坡体为土层时可发育滑坡鼓丘,脆性岩石常过渡为崩落,从而形成倒石锥。

（7）滑坡舌。滑坡体的前部如舌状向前伸出的部分称为滑坡舌。

（8）滑坡裂缝。在滑坡运动时,由于滑坡体各部分的移动速度不均匀,在滑坡体内及表面所产生的裂缝称为滑坡裂缝。

二、滑坡形成的因素

凡是引起斜坡岩土体失稳的因素都称为滑坡因素。主要的滑坡因素有如下几项:

(1)斜坡外形。斜坡的存在,使滑动面能在斜坡前缘临空出露,这是滑坡产生的先决条件。同时,斜坡不同高度、坡度、形状等要素可使斜坡内力状态发生变化,内应力的变化可导致斜坡稳定或失稳。当斜坡越陡、高度越大以及当斜坡中上部突起而下部凹进,且坡脚无抗滑地形时,滑坡容易发生。

(2)岩性。滑坡主要发生在易亲水软化的土层中和一些软岩中,例如粘质土、黄土和黄土类土、山坡堆积、风化岩以及遇水易膨胀和软化的土层,软岩有页岩、泥岩和泥灰岩、千枚岩以及风化凝灰岩等。最易产生滑动的为夹有软弱岩层的坚硬岩石和松软土层。

(3)构造。斜坡内的一些层面、节理、断层、片理等软弱面若与斜坡坡面倾向近于一致,则此斜坡的岩土体容易失稳成为滑坡。这时,这些软弱面组合成为滑动面。

(4)水。水的作用可使岩土软化、强度降低,还可使岩土体加速风化。水的浸润能降低滑动摩擦力,若为地表水作用还可以使坡脚侵蚀冲刷,使得斜坡前缘临空,失去支撑;地下水位上升可使岩土体软化、增大水力坡度等。不少滑坡有"大雨大滑、小雨小滑、无雨不滑"的特点，实际调查表明，雨季产生的滑坡占滑坡总数的90%以上，说明水对滑坡作用的重要性，是导致滑动的主要外因。

(5)地震。地震首先将斜坡岩土体结构破坏，可使粉砂层液化，从而降低岩土体抗剪强度；同时地震波在岩土体内传递，使岩土体承受地震惯性力，增加滑坡体的下滑力，促进滑坡的发生。

特别是在山区，地震诱发滑坡是极为普遍的。一般认为，震级在5~6级以上的地震常引起滑坡发生，例如2008年5月12日我国四川省汶川8级特大地震的发生，诱发了震区大范围的山体滑坡，造成了严重的次生灾害。

(6)人为因素。

① 在兴建土建工程时，由于切坡不当，斜坡的支撑被破坏，或者在斜坡上方任意堆填岩土、兴建工程、增加荷载，会破坏原来斜坡的稳定条件。

② 人为破坏表层覆盖物，引起地表水下渗作用的增强，或破坏自然排水系统，或排水设备布置不当，泄水断面大小不合理而引起排水不畅，漫溢乱流，使坡体水量增加。

③ 引水灌溉或排水管道漏水将会使水渗入斜坡内，促使滑动因素增加。

三、滑坡的类型

为了认识和治理滑坡，需要对滑坡进行分类。但由于自然界的地质条件和作用因素复杂，各种分类的目的和要求又不尽相同，因而可从不同角度进行滑坡分类。

(一)按滑坡体的主要物质组成和滑坡与地质构造关系分类

(1)覆盖层滑坡。本类滑坡有粘性土滑坡、黄土滑坡、碎石滑坡、风化壳滑坡。

(2)基岩滑坡。基岩指覆盖层之下的不同时代形成的各种岩石，基岩滑坡中以各种软弱岩石中的滑坡为多，坚硬岩石中的滑坡多沿各种软弱构造面滑动。按本类滑坡与地质结构的关系可分为均质滑坡[图16-7(a)]、顺层滑坡[图16-7(b)、图16-7(c)]、切层滑坡[图16-7(d)]。顺层滑坡又可分为沿层面滑动或沿基岩面滑动的滑坡。

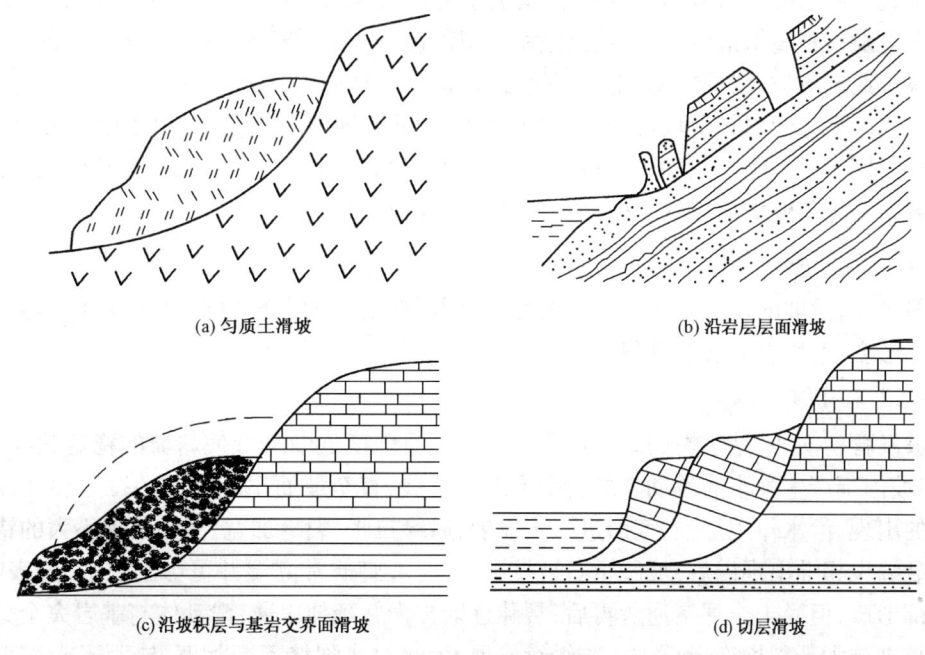

(a) 匀质土滑坡　　(b) 沿岩层层面滑坡

(c) 沿坡积层与基岩交界面滑坡　　(d) 切层滑坡

图16-7　滑坡与地质结构关系示意图

(3)特殊滑坡。本类滑坡有融冻滑坡、陷落滑坡等。

(二)按滑坡体的厚度划分类

根据滑坡体的厚度可以将滑坡分为浅层滑坡、中层滑坡、厚层滑坡和巨厚层滑坡,具体分类见表16－1。

表16－1　滑坡分类表(按滑坡体厚度划分)

分类名称	浅层滑坡	中层滑坡	厚层滑坡	巨厚层滑坡
主滑段滑体厚度	小于6m	6～20m	20～40m	大于40m

(三)按滑坡的规模大小分类

按照滑坡的规模大小分类,可以将滑坡分为小型滑坡、中型滑坡、大型滑坡和巨型滑坡,具体分类见表16－2。

表16－2　滑坡分类表(按滑坡规模划分)

分类名称	小型滑坡	中型滑坡	大型滑坡	巨型滑坡
滑坡体积(m^3)	小于$4×10^4$	$(4～30)×10^4$	$(30～100)×10^4$	大于$100×10^4$

(四)按滑坡形成的年代分类

按滑坡形成的年代来划分,可以把滑坡分为新滑坡和古滑坡。

新滑坡就是近期产生的或近期仍有滑动变形的滑坡;古滑坡就是已稳定多年的古老滑坡,包括中新世、上新世、更新世以前形成的掩埋式古滑坡。

(五)按力学条件分类

按滑坡运动的力学条件划分,滑坡可分为牵引式滑坡和推动式滑坡。

牵引式滑坡指的是滑坡源(始滑点)发生于滑坡前缘,即前缘土体首先产生滑坡变形,而后逐渐向上发展到整个滑坡,如开挖路堑所造成的滑坡,大多属于牵引式滑坡。一般牵引式滑坡大多属于浅层滑坡,滑层较薄,地表裂缝多,由前缘逐渐向上发展。

推动式滑坡与牵引式滑坡相反,始滑点发生于滑坡的中上部,大多由于中上部超载引起(如弃土堆载等),一般滑动面较深,体积巨大,整体性较好,地表裂缝较少,如长江三峡地区的新滩滑坡系后缘陡壁坍塌所致,是一典型的推动式滑坡。

四、滑坡的发育过程

一般来说,滑坡的发生是一个长期的变化过程,在滑坡的发育过程中,滑动作用可以大致分为潜移形变、滑移破坏及渐趋稳定三个阶段。

(一)潜移形变阶段

滑坡发育初期,常是缓慢的蠕动过程。由于土石强度逐渐降低使斜坡的稳定状况受到破坏,在斜坡内部产生微小的滑动。之后变形继续发展,直至坡面出现断续的拉张裂缝,随着拉张裂缝的出现,渗水作用加强,变形进一步发展,后缘拉张,裂缝加宽,开始出现不大的错距,两侧剪切裂缝也相继出现以后,坡脚土石被挤出,这时坡脚非常潮湿并可渗出浊水,这表明滑动面已大部形成,但尚未全部贯通。再后,裂隙逐渐扩大并延伸串通,滑动体与基岩完全分离,滑动规模越来越大。斜坡变形再进一步继续发展,后缘拉张裂缝不断加宽,错距不断增大,两侧羽毛状剪切裂缝贯通并撕开,斜坡前缘的岩土挤紧并鼓出,出现较多的鼓胀裂缝,滑坡出口附近渗水混浊,这时滑动面已全部形成,接着便开始整体地向下滑动。

从斜坡的稳定状况受到破坏、坡面出现裂缝,到斜坡开始整体滑动之前的这段时间称为滑坡的潜移形变阶段。潜移形变阶段所经历的时间有长有短,长的可达数年之久,短的仅数月或几天的时间。一般说来,滑动的规模越大,蠕动变形阶段持续的时间越长。斜坡在整体滑动之前出现的各种现象叫做滑坡的前兆现象,尽早发现和观测滑坡的各种前兆现象,对于滑坡的预测和预防都是很重要的。

(二)滑移破坏阶段

滑坡体继续向下滑落时,滑坡后壁的出露面积越来越大;滑坡体内部由于新的滑动面形成而进一步分裂;地面出现一个或数个阶梯状滑坡阶梯。滑坡阶面通常后倾,滑坡体上的树木东倒西歪,形成"醉汉林";滑坡体上的建筑物(如房屋、水管、渠道等)严重变形以致倒塌毁坏。滑坡向前端下移的土、石方在坡下常呈舌形分布,形成滑坡舌,有时前缘受阻,柔性物质被挤压成丘状,形成滑坡鼓丘。坡脚常渗出大股浑浊泉水,这表明滑动作用正达高潮。

由地震引起的滑坡具有突发性,可以没有上述阶段划分或划分不完全,常常是滑动体的快速下滑,灾害性极大。

(三)渐趋稳定阶段

滑坡体在滑动过程中具有动能,所以滑坡体能越过平衡位置,滑到更远的地方,滑动停止后,除形成特殊的滑坡地形外,在岩性、构造和水文地质条件等方面都相继发生了一些变化。例如,地层的整体性已被破坏,岩石变得松散破碎,透水性增强、含水量增高;经过滑动,岩石的倾角或者变缓或者变陡,断层、节理的方位也发生了有规律的变化;地层的层序也受到破坏,局部的老地层会覆盖在第四纪地层之上,等等。

在自重的作用下,滑坡体上松散的岩土逐渐压密,地表的各种裂缝逐渐被充填,滑动带附近岩土的强度由于压密固结又重新增加,这时整个滑坡的稳定性也大为提高。经过若干时期后,滑坡体上东倒西歪的"醉汉林"又重新垂直向上生长,但其下部已不能伸直,因而树干呈弯曲状,有时称它为"马刀树",这是滑坡趋于稳定的一种现象。当滑坡体上的台地已变平缓,滑坡后壁变缓并生长草木,没有崩塌发生;滑坡体中岩土压密,地表没有明显裂缝,滑坡前缘无水渗出或清晰可见的泉水时,就表示滑坡已基本趋于稳定。

滑坡趋于稳定之后,如果滑坡产生的主要因素已经消除,滑坡将不再滑动,而转入长期稳定。若产生滑坡的主要因素并未完全消除,且又不断积累,当积累到一定程度之后,稳定的滑坡便又会重新滑动。

五、水底滑动作用

滑动作用在水底(湖底或海底)同样经常发生,各种水底滑动迹象可以保存于地层剖面之中,成为分析当时的沉积环境及构造运动的某些特点的重要资料。

水底滑动物质主要是沉积不久并为水分充分饱和的松软泥、砂、砾、岩块等,因其内摩擦力很小,只要很小的推动力及很小的地形坡度就能形成滑动。滑动的原因主要是重力,但通常需要由地震、火山、海底(或湖底)断裂或浊流的触发而产生。

水底滑动作用可以在表层发生,也可在未固结的沉积层中发生,形成各种奇特的变形层理构造保存在地层之中,其特征是上、下岩层层理完整,变形层夹于中间,有时还伴有小型的断层产生。当急剧下滑时,岩石会遭到强烈的揉皱,甚至会破碎成角砾,称"滑碎同生角砾",并被后来的沉积物所掩盖。变形层常发育在某个层位上,因而可成为地层对比的标志。

岩层成岩过程中,下层受负荷力影响处于高压潜流状态,当上层相对脆性岩层由于某种原因(地震、表层滑动等)产生裂隙时,便可挤入其中,充填成为碎屑岩墙(Clastic dyke)。

滑动作用常以潜移为先导,崩落为高峰(特别在地形陡峻地区),海底表层滑落会酿成浊流,而底层滑动在慢速时又具有潜移性质。可见,上述诸种作用关系密切,有时难以确定其界线。

第五节 流动作用

流动作用是指大量积聚的泥沙、岩屑、石块等,由于水分的充分浸润饱和,在重力作用下,沿着斜坡(更主要是沿着谷地)呈块体的流动过程。流动物以泥土为主的叫泥流(Solifluction flow),以石块为主的叫石流(Rock storm)(或石河),但最典型的流动作用是石、土和水的混合流动,称为泥石流(Debriso flow)。

一、泥石流的特征

泥石流具有突然爆发的特点,一旦泥石流爆发,顷刻间,大量泥、砂、砾、岩块和水的混合物形成的"洪流"像一条"巨龙",迅猛地沿山坡及沟谷泻下,泥浆飞溅,其中滚动着几十吨重的巨大石块,发出的轰鸣声震撼山谷。泥石流的前锋可掀起十余米高的"石浪",俗称"龙头",可摧毁前面的一切障碍。

泥石流中,泥、砂、石块和水充分搅和,结为一体,类似调和好的粘稠水泥,固体物质含量可高达40%~80%,容重每立方米1.5~2.24t。流动时,水和固体同步运动即块体运动。

二、泥石流的形成条件

形成泥石流的基本条件首先是固体物质的大量供给和聚集,另外要有适当的地形、地质、气候及其他自然因素的促进。

(一)地形、地貌条件

泥石流通常发生在地形复杂的山区,在地形上具备山高沟深,地形陡峻,沟床纵度降大,流域形状便于水流汇集。在地貌上,一条典型的泥石流地貌从上游到下游一般可分为三部分:

(1)上游叫形成区,形成区的地形多为三面环山,一面出口的瓢状或漏斗状,地形比较开阔,周围山高坡陡、山体破碎、植被生长不良,这样的地形有利于水和碎屑物质的集中;

(2)中游叫流通区,多为一个深切的狭窄沟谷,沟床发育陡坎及瀑布,谷床纵坡降大,坡度很陡,使泥石流能迅猛直泻,断面呈现"V"形或"U"形;

(3)下游叫堆积区,多位于山口平缓开阔地带,泥沙、石块在这里堆积成为扇状、垄岗状等乱石锥。

(二)松散堆积物来源

在上述形成区的高山深谷内,冰冻风化和其他物理风化作用十分强烈,经常发生巨大的雪崩和岩崩。大量的岩块崩落在凹地之内,伴随着冰雪的冻结或泥土的粘结,使岩屑越聚越多,有时达几十米厚。

地形陡峭地区往往也是新构造运动上升强烈地区,这里有纵横交错的断裂,使强烈的物理风化作用更易进行,这种地区常有地震或暴雨,易使堆积物稳定性破坏,因此,既有大量岩屑,又有触发因素,为突然性的泥石流爆发创造了条件。

（三）水源条件

水既是泥石流的重要组成部分，又是泥石流的激发条件和搬运介质（动力来源）。泥石流的水源有暴雨、冰雪融水和水库（池）溃决水体等形式。当堆积物内被水充分饱和后，减小了内摩擦力和粘结度，增加了滑动能力；另外，由于降雨过后，山区水流常以洪流形式强烈冲蚀、掏挖沟床及岸坡，造成滑坡、崩落等，乘势诱发泥石流。我国泥石流的水源主要是暴雨、长时间的连续降雨等。

综合上述，形成泥石流的三个条件可归纳如下：

（1）有大量固体物质（泥、砂、砾、岩块）的聚集；

（2）有一个储存固体物质的"形成区"地形，并有陡峻的流通沟谷；

（3）有丰富的降水，补充大量水源，在暴雨、雪崩及地震等因素的触发作用下，即可形成泥石流。

由于泥石流具有暴发突然、来势凶猛、迅速之特点，并兼有崩塌、滑坡和洪水破坏的双重作用，其危害程度比单一的崩塌、滑坡和洪水的危害更为广泛和严重。

三、泥石流的类型

为了认识和治理泥石流，需要对泥石流进行分类。但由于自然界的地质条件和作用因素复杂，各种分类的目的和要求又不尽相同，因而可从不同角度进行泥石流分类。

（一）按泥石流成因分类

根据泥石流形成的主要原因，可以将泥石流划分为冰川型泥石流和降雨型泥石流两大成因类型，另外，还有一类共生型泥石流。

（1）冰川型泥石流是指分布在高山冰川积雪盘踞的山区，其形成、发展与冰川发育过程密切相关的一类泥石流。它们是在冰川的前进与后退、冰雪的积累与消融，以及与此相伴生的冰崩、雪崩、冰碛湖溃决等动力作用下所产生的，又可分为冰雪消融型、冰雪消融及降雨混合型、冰崩—雪崩型及冰湖溃决型等亚类。

（2）降雨型泥石流是指在非冰川地区，以降雨为水体来源，以不同的松散堆积物为固体物质补给来源的一类泥石流。根据降雨方式的不同，降雨型泥石流又分为暴雨型、台风雨型和降雨型三个亚类。

（3）共生型泥石流是一种特殊的成因类型，根据共生作用的方式，它们包括了滑坡型泥石流、山崩型泥石流、湖岸溃决型泥石流、地震型泥石流和火山型泥石流等亚类。由于人类不合理的经济活动——工程活动而形成的泥石流，称为"人类泥石流"，也是一种特殊的共生型泥石流。

（二）按泥石流流体的物质组成分类

根据泥石流流体的物质组成，可以把泥石流分为泥石流、泥流和水石流等三种类型。

（1）泥石流是由浆体和石块共同组成的特殊流体，固体成分从粒径小于 0.005mm 的粘土粉砂到几米至二十几米的大漂砾，范围之大是其他类型的夹沙水流所无法比拟的。这类泥石流在我国山区的分布范围比较广泛，对山区的经济建设和国防建设危害十分严重。

（2）泥流是指发育在我国黄土高原地区，以细粒泥石流为主要固体成分的泥质流。泥流中粘粒含量大于石质山区的泥石流，粘粒质量比可达 15% 以上。泥流含少量碎石、岩屑，粘度大，呈稠泥状，结构比泥石流更为明显。我国黄河中游地区干流和支流中的泥沙，大多来自这些泥流沟。

（3）水石流是指发育在大理岩、白云岩、石灰岩、砾岩或部分花岗岩山区，由水和粗砂、砾石、大漂砾组成的特殊流体，粘粒含量小于泥石流和泥流。水石流的性质和形成类似山洪。

（三）按泥石流流体性质分类

根据泥石流流体的性质，可以把泥石流分为粘性泥石流和稀性泥石流两种类型。

（1）粘性泥石流(Viscous debris flow)是指泥石流流体呈层流状态，固体物质丰富，固体和液体物质作整体运动的粘稠浆体。粘性泥石流流动路程长，地形又陡，泥、砂、砾、岩块及水在流动过程中互相冲撞、推挤和搅拌，承浮和托悬力大，能使比重大于浆体的巨大石块或漂砾呈悬移状，有时滚动，沉积物分选性差，渗水性弱，洪水后不易干涸。

（2）稀性泥石流(Diluted debris flow)是流体指呈紊流状态，固体物质较少，水量充足，固液两相作不等速运动的泥石流。稀性泥石流浆体混浊，阵发性不明显，与含沙水流性质近似，沉积后呈垄岗状或扇状，洪水后即可干涸通行，沉积物呈松散状，有分选性。

（四）其他分类

除此之外，按水源类型可以将泥石流划分为降雨型、冰川型、溃坝型；按地形形态可以划分为沟谷型、坡面型；按泥石流沟的发育阶段可以划分为发展期泥石流、旺盛期泥石流、衰退期泥石流、停歇期泥石流；按泥石流的固体物质来源可以划分为滑坡泥石流、崩塌泥石流、沟床侵蚀泥石流、坡面侵蚀泥石流，等等。

四、泥石流的地质作用

（一）剥蚀与搬运

粘性泥石流中，水不是搬运介质，而是流动体的组成部分。泥沙和水构成一相体，水和泥沙、石块凝聚成一个粘稠的整体，并以相同的速度作整体运动，因此粘性泥石流具有令人难以置信的承托能力。这种粘流在运动过程中，往往有阵流现象，阵流的前缘高而陡，由极为粘稠的半固态物质组成，称为"龙头"。当"龙头"到达沟谷的弯道时，由于惯性的巨大动力直冲凹岸，发生明显的外侧超高和爬高现象，夺路外泄。大量石块淤塞凹岸，主流线向凸岸一侧转移，发生凹岸堆积和凸岸冲蚀现象。

在稀性泥石流中，泥沙和水尚未构成一相体，水与固体物质呈分散状态，流动时没有"龙头"。这就导致稀性泥石流以散体方式搬运松散碎屑物质，石块在稀泥浆中滚动和跳跃，情况与粘流显然不同，运载能力也小得多。在弯道流动时，主要发生凹岸冲蚀、凸岸堆积作用，与洪流近似。

（二）泥石流的堆积物

粘性泥石流停积后，粘稠的流动体并不分散，仍然基本保持流动时的形状，两侧呈较陡的斜坡，前缘呈陡坎，大石块主要停积在堆积体的前缘或两侧。在剖面中，大石块常呈透镜状集结，层次不明显，分选性差。石块在流动中互相撞击和摩擦，常在表面留有擦痕及击痕，使表面毛糙。在堆积物中还杂有"泥包砾"（砾石被粘土包裹的现象）或泥球。总观这些堆积物的外表形态，常呈舌状、垄岗状和孤岛状，或由于"龙头"的阵阵退缩形成阶坎状。

稀性泥石流在山口停积时，水分很快分散流失，石块呈扇状堆积，类似洪积扇，但在主要石块堆积后，常被后来的流水将堆积的扇体切成一条条深沟，使堆积区崎岖不平，成为光秃而单调的"石海"。

第十七章 岩石圈板块构造

第一节 概 述

地球表面的海陆面貌和格局究竟是如何形成的？在地球演化历史的进程中地壳或岩石圈以何种方式和规律进行演化、发展？地壳或岩石圈之间的相互作用会产生何种结果？自从地球科学萌生的那天起，科学家和哲学家就对这些问题进行着不停地思索和探讨。随着科学的不断发展，人们对这些问题的认识也不断加深。

如果仔细观察世界地图，我们就会发现大西洋两岸的轮廓竟如此的相似，特别是巴西东端的直角突出部分，与非洲西岸呈直角凹进的几内亚湾非常吻合。人们还发现远隔重洋的大西洋两岸，许多生物之间存在着亲缘关系，除了现代生物之外，在地层中保存了相类似的古生物化石。而且在遥隔两岸的大陆对应位置上，同时代的地质构造可以相互衔接。这些现象的存在并不是偶然巧合，而是大约在两亿年前，地球上现有的大陆——欧亚大陆、美洲、非洲、南极洲和澳大利亚曾是彼此相连的，它们构成一个统一的超级大陆即联合古大陆。当时大西洋尚未出现，北美东岸紧挨在非洲撒哈拉大沙漠的西缘；我国西藏的南缘却是一片汪洋大海；印度次大陆远在相距万里以外的大洋彼岸，它与南极洲紧紧相连。之后，这块超级大陆开始四分五裂，美洲相对于欧洲和非洲向西漂移，而印度次大陆脱离南极洲向北漂移。

在 20 世纪初期，地质学家们就已知道地球上的大陆是处于不断活动的状态，并且已有大陆漂移的思想萌芽，但是第一次全面、系统地论述大陆漂移假说的是德国气象学家和地球物理学家魏格纳(Alfred Wegener 1880—1930)。魏格纳最初于 1912 年发表大陆漂移观点，至 1915 年进一步著成《海陆的起源》一书，系统地论述了大陆漂移(Continental drift)的思想。尽管他拥有大量的地质证据，但当时由于缺乏对大陆漂移的动力和机制的科学论证，因而受到传统的海陆固定论者的强烈反对，不久大陆漂移说就渐渐地衰落下来。到了 20 世纪 50 年代，由于古地磁学的兴起和海洋地质学的发展，尤其是深海钻探获得海底沉积物以及对地震、海底断裂、火山等的研究，发现海底在不断扩张，整个岩石圈是由若干个漂移着的板块组成的。这一发现使偃旗息鼓多年的活动论——大陆漂移学说得到了复兴，从而导致了地球科学的大变革，形成了新的全球构造说——板块构造学说(Plate tectonics theory)的新理论。

第二节 大陆漂移说

一、早期大陆漂移学说

茫茫大陆，就像硕大无比的巨轮，竟然可以一漂千里，它经历过长期的漂移，而且至今仍在不停地漂移着。大陆漂移的概念今天已广为人们接受，但这一概念从提出到接受并不是一帆风顺的，而是经历了提出、衰落到重新兴起的过程。

当第一张精确的世界地图绘制成功不久，首先是地理学家注意到有些大陆，特别是非洲和南美洲大陆正好可以拼合起来，从而开始树立了大陆漂移的思想，但是这种大陆漂移的地壳活动概念,一直没有人认真地考虑过。大陆漂移的概念首先是由一位美国地质学家佛朗克.B.泰勒(Frank.B.Taylor)在1908年提出的,而最完善解释这个概念的是德国的一位年轻气象学家魏格纳。魏格纳的大陆漂移学说,不仅建立在大陆形状的相似方面,并且还有古气候、古冰川、古生物以及横跨大陆两侧地质构造的对照等许多方面的证据。

魏格纳认为,在3亿年前的古生代后期,地球上所有的大陆和岛屿是连在一起的,构成一个庞大的联合古陆,称为泛大陆(Pangea),周围的海洋称为泛大洋(Panthalassa),泛大陆一直持续到三叠纪晚期。从侏罗纪开始,这个泛大陆逐渐分裂、漂移,一直漂移到现在的位置(图17-1)。大西洋、印度洋、北冰洋是在大陆漂移过程中出现的,太平洋是泛大洋的残余。

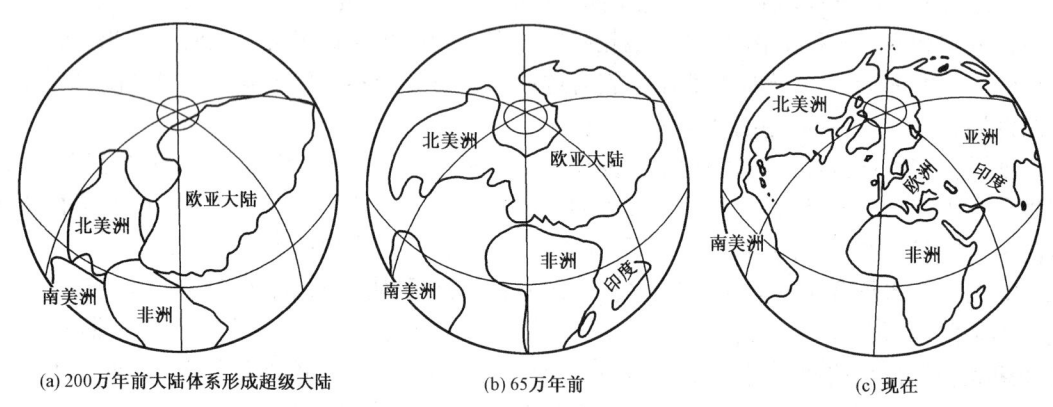

(a) 200万年前大陆体系形成超级大陆　　(b) 65万年前　　(c) 现在

图17-1　大陆漂移(据怀利,1974)

大陆漂移说认为:较轻的花岗岩质大陆是在较重的玄武岩质海底上漂移的,并列举了许多事实来证明这种漂移。如大洋两岸特别是大西洋两岸的轮廓,凹凸相合,只要把南北美洲大陆向东移动,就可以和欧非大陆拼在一起,几乎严丝合缝。漂移说还认为:大陆漂移有两个明显的方向性,一是从两极向赤道的离极运动,是由地球自转所产生的离心力引起的,东西向的阿尔卑斯山脉、喜马拉雅山脉等,就是大陆壳受到从两极向赤道的挤压的结果;一是从东向西的运动,是日月对地球的引力所产生的潮汐(摩擦力)作用引起的,美洲西岸的经向山脉如科迪勒拉山脉和安第斯山脉,就是美洲大陆向西漂移受到硅镁层阻挡,被挤压褶皱形成的,亚洲大陆东缘的岛弧群、小岛,是陆地向西漂移时留下来的残块。

早期的大陆漂移学说提出后,引起了强烈的争论。当时确有一些人热烈赞同魏格纳的主张,并从不同角度进一步论证大陆漂移说,但是另一派属于传统的固定论者,他们认为海陆相对位置在地球历史时期中是固定的,地壳运动主要是垂直升降运动。他们承认海、陆面积有扩大和收缩,但反对海、陆位置可以相对移动。

由于历史条件的限制,当年魏格纳对于地壳内部结构的认识是粗浅的,因此,他不可能对大陆漂移的机制作出准确的解释。另外,当时还缺乏海洋地质的资料,致使大陆漂移的假说对很多大陆的地质事件不能作完满的解释,所以20世纪30年代以后大陆漂移学说就逐渐衰落了。到了50年代,由于古地磁、海洋物探及海洋地质等学科的研究成果,使大陆漂移的证据越来越多,于是大陆漂移学说重又复兴。

二、大陆漂移的证据

从大陆内部研究获得的有关大陆漂移的证据,大多数是魏格纳时代已经提出过的,但以后又有了补充和修正。古地磁及海洋方面的证据将在下一节讨论。

(一)大陆边缘形状的相似性

前面已提到,大西洋两岸的轮廓有惊人的相似性,早期的大陆漂移假说也正是从这一点得到启发,并以此作为主要论据之一的。

魏格纳提出的大陆漂移学说中,大陆边界的拼合是以海岸线为标准的,但陆壳与洋壳存在着原则性的区别,陆壳边界并不是以海岸线为界,而应以大陆坡的坡脚附近为基准,如寻找合适的大陆拼合边界,尚需进行大量的地球物理勘测工作。目前,一般采取对大陆坡某一深度的等深线进行拼合。E. C. 布拉德及其合作者用数学方法来考察大西洋周围大陆边界的拼合位置,他们发现,用位于大陆坡陡峻部分约915m的等深线来拼合效果最好。他们使用计算机方法拼合了南美洲和非洲(图17-2),按照布拉德的拼合图案,其误差一般不超过1°,总的均方差为30~90km,只有加勒比海有较大的空缺;另外,尼日尔河口附近重叠误差达270km,这显然是近期尼日尔河口三角洲沉积引起的结果。

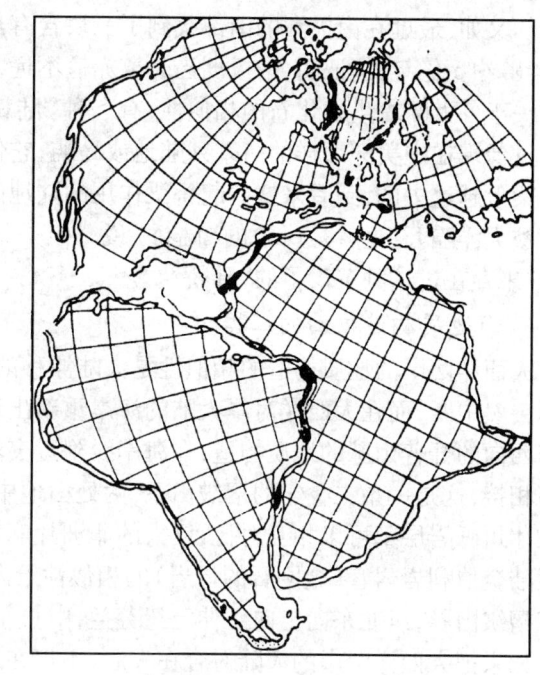

图17-2　大陆边界的拼合(据E. C. 布拉德等,1965)
黑色地区表示大陆架的重复

除了大西洋两岸以外,还有人用同样的方法研究了南极、澳大利亚、印度、阿拉伯等大陆外形的拼合情况。

(二)古生物学证据

生物学关于物种起源的单祖论观点认为,相同的生物种是不可能在相隔遥远的两个地区分别独立形成的,它们必定起源于某一地区,然后直接或者通过第三地区传播到另一地区。目前在远隔大西洋的两岸发现许多相同类型的生物,表明它们之间曾通过某种途经发生过传播和交换。比如,有一种园庭蜗牛既发现于德国和英国等地,也分布于大西洋对岸的北美洲,在北美洲,这种园庭蜗牛主要生活在邻近大西洋的一些地方。蜗牛素以步履缓慢著称,它每秒只能爬行1.5mm,即每小时5.4m,相当于人步行速度的千分之一,它是不可能跨过大西洋,从一岸迁移到另一岸的。

除了现代生物的分布外,更能说明问题的是保存在地层中的古生物化石。在大西洋两岸找到的某些化石极为相似,如果不考虑这两个大陆曾经相连在一起,是很难解释的。

蕨类植物舌羊齿化石在南美洲、南部非洲、澳大利亚、印度以及南极洲(距离南极480km的区域)的晚古生代地层中都已找到。这种植物的成熟种子直径为几毫米,根本不可能被风吹过大西洋,因此,相同时代的舌羊齿在南半球各大陆地层中出现,被认为是大陆漂移的有力证据。

晚古生代和中生代早期爬行类动物的分布为大陆漂移提供了同样有力的论据,因为几种爬行类动物化石在现在的南部大陆都找到了。例如属于似哺乳动物爬行类的水龙兽属的化石(这是属于2亿多年前的动物),这种生物无疑是陆栖的,它们的化石大量地发现于南美洲、南部非洲和亚洲地区,而 1969 年,一个美国考察队在南极洲距南极 650km 的地方的相同时代的地层中找到了这种生物的化石,也就是说,在南半球的各大洲都找到了这个种类的成员。很清楚,这种爬行动物是不可能游泳越过大西洋和印度洋的,只能认为这些大陆以往必定有过某种联系。又如,最近在南极洲的南部找到了三块含有热带海洋中才有的 20 种动物残骸的化石标本,年龄约 6 亿年,这证明,南极洲当时离赤道不远,是以后经历了漂移才到达现今的位置。

关于各大陆古生物化石的相似性,有一种"陆桥"说的设想,该设想认为:当时,在大洋中存在过像现在中美洲那样的一系列陆地或岛屿,它们当时是联系大洋两岸的桥梁,生物是从这些桥梁上越过去的,到后来这些起桥梁作用的陆地因为地壳运动而沉没消失了,两边的大陆才完全被大洋隔开,这就是所谓的"陆桥"说。但是根据大洋洋底的调查以及地球物理资料表明,并未存在过这种沉没了的"陆桥"。

(三)地质构造方面的证据

大西洋两岸的地质构造的相似性是大陆漂移的有力证据。有许多地质构造在非洲大陆的海岸突然中断,而在大西洋对岸大陆的海岸重新出现(图 17-3)。例如,位于非洲最南端好望角东西向的开普山脉的地质构造,在海岸线附近突然中断,但却可与南美的布宜诺斯艾利斯的低山相接,这是一条二叠纪的褶皱山系,两处山地中的泥盆纪海相砂岩层、含有化石的页岩层以及冰川砾岩层都可以相互对比;巨大的非洲片麻岩高原和巴西的片麻岩高原遥相对应,而两个大陆金伯利岩岩管(金刚石的母岩)的相似性给人极为深刻的印象;横亘美国东部的阿帕拉契亚褶皱山脉,以北东向走向延伸至纽芬兰,中止于大西洋岸,但又重新出现于爱尔兰和不列颠。如果把大西洋两岸的大陆对合在一起,不仅在地形轮廓上,而且在岩石类型和地质构造上也可以对合起来,这种对合就好像把撕碎了的报纸再拼合起来一样(图 17-4),不仅其参差不齐的边缘可以对合起来,而且它的每行字迹也可以联结起来形成一整张报纸。在这个比喻中,两个大陆的地质构造和岩石类型就相当于每一行印刷的文字。

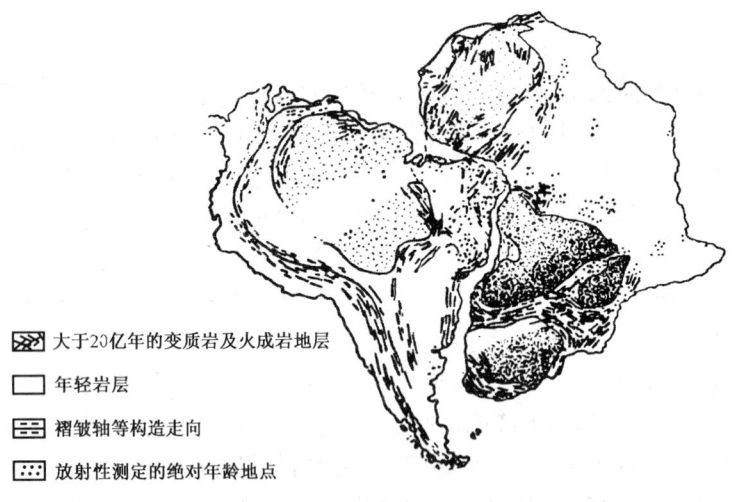

图 17-3　南美洲和非洲岩石和构造的拼合(据汉布林,1980)

(四)古气候证据

冰川作用是古气候的最有利证据。在古生代晚期(约 3 亿年前),南半球各大陆的大部分地区都普遍发生过冰川作用,这次冰川作用所遗留下来的堆积物及冰川痕迹是极易辨认的。冰川底下的基岩上,由于冰川移动所留下的擦痕与沟槽,表明了冰川流动的方向(图17-5),

这些确凿的冰川遗迹,广泛地分布于现在的南美洲、非洲、澳大利亚南部和印度半岛(以后在南极洲也有发现),这些地方除了南极洲现在仍为冰川覆盖之外,其他地方目前都处在热带和温带。另一方面,北半球各大陆并没有见到这个时期的冰川遗迹,而植物化石表明这些地区当时却是热带气候。这些事实都很难用固定的大陆和气候的纬度分带加以解释。

有人解释这些冰川是属于山岳冰川,因山岳冰川发育于高山地区,可以散布于远离两极的地方。但这些冰川分布面积之广,冰水沉积物厚度之大,绝不是山岳冰川所能形成的,这样唯一合理的解释,只能是大陆漂移说了。

图17-4 大陆的拼合好像撕碎的报纸,外形和文字都可以拼合(据汉布林,1980)

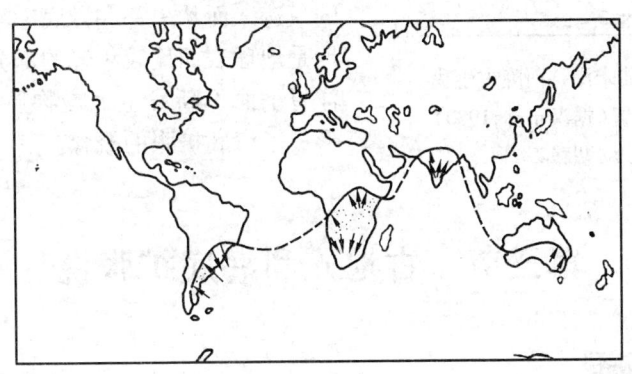

图17-5 晚古生代南半球的冰川堆积物(据汉布林,1980)
箭头方向为冰川移动的方向

按照魏格纳的主张,2亿年前各个大陆曾经组合在一起(图17-6)。当时各大陆大致以南非为中心靠拢在一起,根据冰川遗迹,南美、印度和澳大利亚的古冰川散布于大陆的近海岸地区,冰川运动是从岸外指向内陆的,反映古冰川不是源于本地区。当时冰川的中心位于南非,所以南美、印度和澳大利亚的冰川运动方向,自然就表现为由岸外向着内陆了,而欧亚、北美的许多地区在当时远离两极,所以那里没有冰川的痕迹。这样来解释古生代晚期的冰川是较合理的。冰川作用的分布特点是大陆漂移的有力证据,许多南半球的地质学家是拥护这一说法的,因为他们亲眼看到了证据。

除古冰川遗迹外,蒸发盐、珊瑚礁、红层等作为古气候标志,也可用来推断它们形成时产生的古纬度。魏格纳等曾将石炭纪蒸发盐、煤等的分布标在联合古大陆上,其中岩盐、石膏、沙漠砂岩均集中在干燥的亚热带,与它们所要求的古气候条件完全相符,从而为联合古陆的存在提供了佐证。

到了20世纪50年代,地球物理学家P. M. S. 布莱克特(Blackett)和S. K. 朗肯(Runcorn)对古地磁研究所取得的成果表明,地磁极相对于各大陆来说已经改变了原先的位置。因为已

图 17-6 大陆未漂移前晚古生代冰川分布的位置(据汉布林,1980)
箭头方向为冰川移动方向

有证据说明,地球磁轴方向仍然与地球自转轴相一致,所以,就可以利用大陆的相对运动来解释有关资料了,这样,大陆漂移的学说获得新的证据。在第二次世界大战期间以及20世纪50年代以后,由于军事和寻找资源等目的,对海洋进行了许多考察工作,获得了大量有关海洋地质及地球物理的资料,使人类第一次了解到海底的基本情况。科学家用新的精密仪器,能够记录海底的连续剖面,测量深部洋底岩石的各种地球物理性质。海洋地质学者和地球物理学者 B. C. 希曾(Heejen)和 M. 尤因(Ewing)等在洋底进行的勘测结果说明,大西洋洋中脊平行于大西洋的大陆边界,它几乎把欧洲、非洲与美洲之间的洋底分成了二等分。洋中脊的中间为一条裂谷性质的中央山谷,可能代表联合古陆破裂和分离所产生的痕迹。而从另一些洋底勘察资料来看,海洋盆地是地球表面比较年轻的部分,而且在断陷了的洋脊下面不断发生地幔物质的上涌。这些观点形成了海底扩张的概念。

第三节 古地磁和海底扩张说

一、古地磁和极游移

在第一章中我们已介绍了地球的磁性、岩石的磁化、磁异常和古地磁的概念。近年来,古地磁的资料不仅成为大陆漂移的最有力的证据,而且是海底扩张和板块构造学说的重要基础。

(一)岩石的磁化

地层中所有的岩石都具有磁性,它是在岩石形成时所获得的,并可能在后来有所变更。溢出地面的熔岩大约在900℃时可以完全凝固,岩浆岩是由不同组分的各种矿物组成的,在它们中间有磁铁矿,这是一种铁的氧化物,这种矿物能够发生磁化。然而在高温下,由于组成磁铁矿的原子活动性大,振动量大,这些原子的走向是杂乱的,在这样的情况下,矿物就不能被地球磁场所磁化。温度进一步降低,可利用的热能较少,原子振动量减小,矿物内部的原子开始按照磁力线的方向互相平行地排列起来,一旦它们排列好了,当温度继续下降时,原子要通过振动而摆脱这种定向方式就变得困难了。当温度降到大约500~450℃时,原子按磁力线方向的排列就固定了,这样岩石就获得了极性与当时地球磁场一致的磁性,这种磁性称为化石磁性或天然剩余磁性。

岩石内的原子排列被固定后,它所获得的磁化是永久性的,并具有稳定性。如果再要使原子团发生振动,离开它们定向的位置,使岩石丧失磁性则需要加热到一定的温度(一般这个温度叫居里温度,约400~700℃,岩石获得磁性的过程可用图17-7来表示。

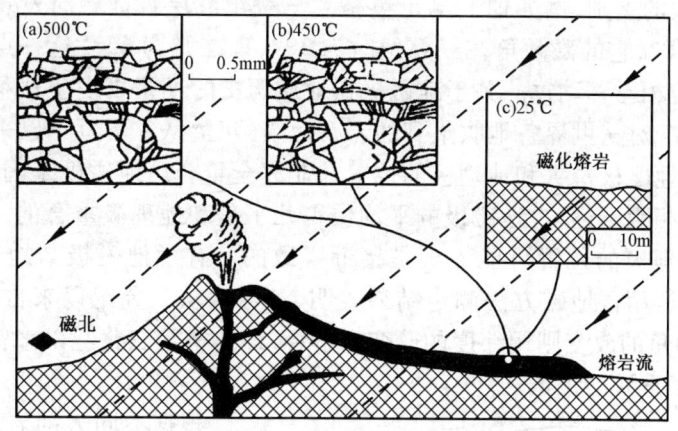

图 17-7　岩浆岩形成过程中获得磁化示意图(据怀利,1974)
(a)熔岩凝固后,仍保持炽热状态,矿物未发生磁化;
(b)岩石冷却至450℃,矿物按地球磁场方向磁化;(c)岩石总体发生磁化

沉积岩的磁化,是矿物或碎屑在沉积过程中形成的。经过一系列的外力作用后,从陆地搬运到海中的各种碎屑物质,其中有许多铁磁性物质在历史上某一较早阶段中已发生过磁化,当这些颗粒降落到沉积物表面时,它们就按照当时的地球磁场方向定向排列,经固结压实成为沉积岩时,地球的磁场方向就被记录下来了(图 17-8)。

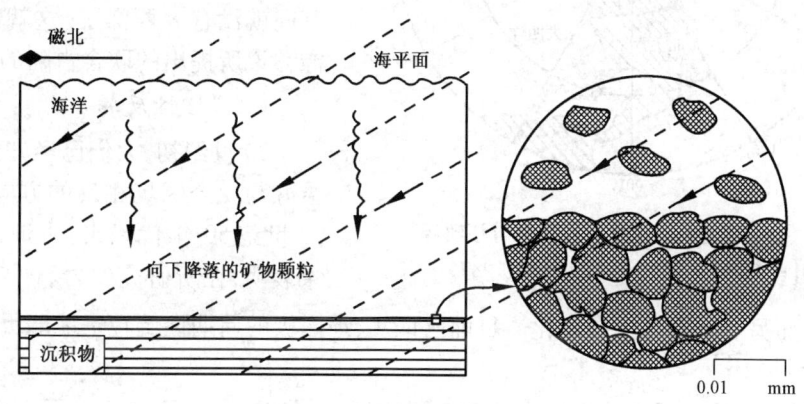

图 17-8　沉积岩形成过程中获得磁化示意图(据怀利,1974)

由于岩石的化石磁性具有较大的稳定性,如果通过适当的方法把岩石在形成以后获得的一些磁性消除掉,就可以把岩石的化石磁性测定出来。只要岩石中保存的磁化作用不被后来的事件所改变,岩石中的磁化方向就都保持着岩石形成时间和地点的地球磁力线的方向。第一章已谈到,每个地点磁力线的方向是与磁子午线平行的,并指向南北磁极,而磁倾角的等值线是相当有规律的,等倾角几乎与纬度线平行。倾角从赤道的0°增加到北(南)极的90°,如果化石磁性被后来形成的磁场干扰了,则可以通过适当的方法把岩石形成以后获得的一些磁性排除掉,就可测定原先的化石磁性,这种化石磁性可以指示岩石生成时期古地磁场的方向,并求算出当时的古地磁纬度以及古地磁极的位置。

古地磁研究在20世纪50年代时曾盛极一时。英国著名物理学家 P. M. S. 布莱克特和地球物理学家 S. K. 朗肯领导的研究小组,测定了大批的岩石化石磁性,求出某一时代岩石标本所在地的古纬度以及相应的主古地磁极的位置。他们发现,测得的古纬度往往与目前所处的纬度有很大的差别,例如他们测定英格兰三叠纪红层古地磁时发现,地磁场方向离现代地理北极约30°,它的磁倾角在三叠纪时为30°,现在则为65°,这一点证明,古磁极与英格兰之间彼此曾相对移动过。关于地磁极在地质历史时期是否发生过移动问题,学者们作了多方面的研究,对从世界各地收集到的岩石标本(年龄从2千万年以来)进行化石磁性测定结果表明,古地磁极位置和地理极的位置并非完全重合。地磁极是围绕地理极作周期性移动的,但两者相距不远,古地磁极的平均位置几乎是和地理极重合的。因此,可以这样认为,地磁极和地理极的位置可能一直是接近一致的。有了地磁极与地理极相一致的前提,地球物理学家运用古地磁方法测定结果表明,英格兰从三叠纪以来古地磁场方向曾旋转了30°。而磁倾角的改变则用纬度的改变来解释,即英格兰三叠纪以来曾向北迁移,这就为大陆漂移提供了重要的证据。

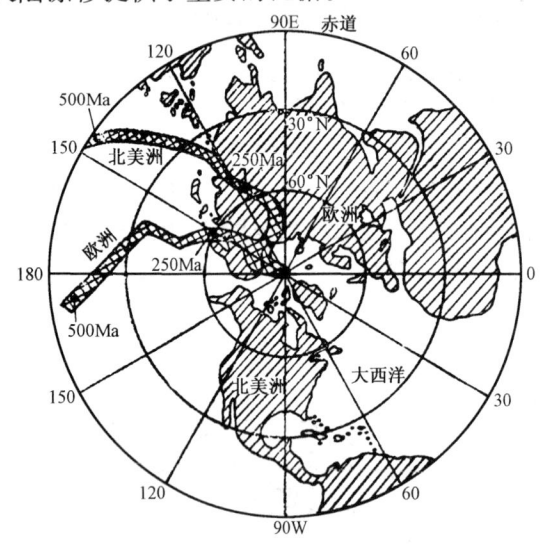

图17-9 北美大陆和欧洲大陆极游移轨迹
(引自 F. Press 和 R. Siever Earlh,1987)

根据不同大陆岩石的化石磁性测定,得出各不相同的古地磁极的迁移轨迹,图17-9是古地磁学者测出的欧洲和美洲大陆古地磁极的游移轨迹。图中可见,北美洲的极移曲线位于欧洲极移曲线之西,如果把美洲大陆向东转动经度60°,它们的极移曲线就近于重合,这时北美大陆几乎与欧洲大陆相拼合,其间就没有大西洋了,这就恢复了大陆漂移说所提出的联合古陆的情况。

(二)极性反转

20世纪初,人们已经知道某些岩石恰好与现今磁场相反的方向发生磁化。20世纪50年代以来,古地磁的研究成果表明,在所研究的岩石中有将近一半是正向磁化,而另一半则是反向磁化。目前已证实,地磁极的周期性倒转是地球历史的一个基本特征。

近来对世界各地大量玄武岩标本的磁性研究证明,在近7000万~8000万年之中,地球的磁场发生过多次反转。在过去的450万年中至少发生过9次反转,目前的"正常"极性大约开始于70万年以前。较大的极性变换间距(大约相隔100万年)叫极性期,一般以对地磁学研究有贡献的学者来命名,如布容正向期,松山反向期等;较短的持续间距叫极性事件,事件则以最早采集过地磁岩石标本的地名命名。极性期和极性事件在地球广大面积的许多地区都曾发生过,磁性反转的顺序也被编成资料并测定过其绝对年龄,这样对近400万年的磁性反转已经建立了可靠的年表(图17-10),而且推算出7600万年以来至少有171次反转。

古地磁研究的成果,尤其是海底磁异常条带的发现建立了海底扩张的理论。

二、海底扩张说及其基本思想

20世纪60年代以后,科学家们开始热衷于海洋盆地、海洋物探以及洋底岩石学的研究,发现并证实了大洋中脊和海沟是地球上许多重大地质事件的发源地。例如,利用回声测深等高精度的水深测量方法研究海底地形,并绘制出精确的海底地形图;用重力、地震、地磁及地热

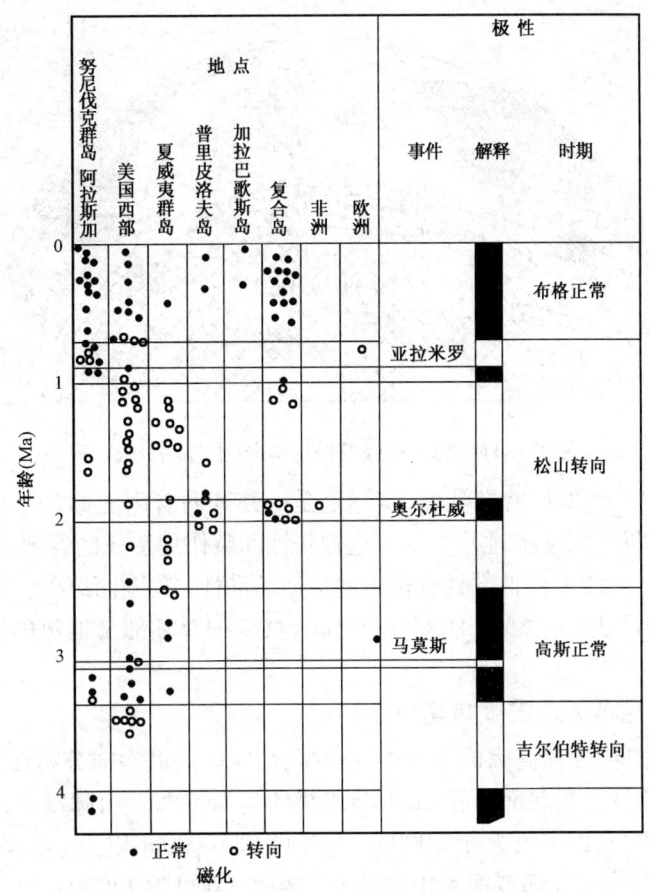

图 17-10　不同大陆上熔岩磁化的年龄和方向及相应的极性时期和事件（据奥普戴克等,1967）

等地球物理勘探方法研究海底的地质构造特征,等等。到 60 代初,海底调查已获得了大量的新成果与新资料,为海底扩张说的建立准备了条件。

在 60 年代初期,H. H. 赫斯(Hess)和 R. S. 迪茨(Deitz)首先提出了海底扩张(Sea floor spreading)的假说,认为一些洋底山脉标志着对流体的上升地点,地幔物质从大洋中脊或大陆裂谷上涌,向两旁溢流并推开旧有的洋底物质,对流物质不断上涌逐渐向两侧对称地扩张,形成新的洋底。大陆地壳与洋底是粘合在一起的,并随着洋底的扩张一起运动,当运行到海沟处,便向下俯冲,插入地幔,重新被熔融,成为一个巨大的循环运动(图 17-11)。

海底磁异常条带和大洋沉积物特征,海底大规模的转换断层等都有力地证实了海底扩张的理论,以下分述。

三、海底扩张说的依据

在海底扩张说提出后的短短几年时间里,新的研究成果纷纷涌现,进一步证实了海底扩张说。其中最有意义的是全球大洋中脊、海沟及贝尼奥夫地震带、海底磁异常条带和洋底新沉积物的发现,以及转换断层的发现,它们被称为验证海底扩张说的五大论据。

（一）全球大洋中脊及中央裂谷系的发现

20 世纪 50 年代晚期发现了纵贯世界大洋洋底的大洋中脊和裂谷体系。大洋中脊在各大洋中互相连接,延伸总长约 64000km,总面积超过陆地面积的一半,它是世界上最长、最大的山系,无疑也是地球上最重要的构造单元之一。在洋中脊轴部常发育有平行洋脊的巨大的中央

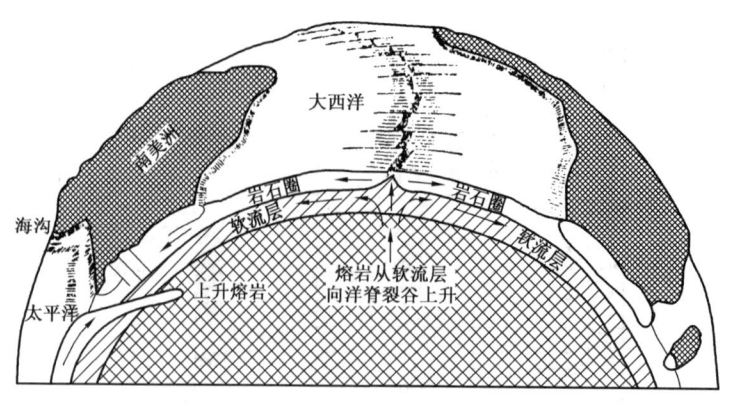

图 17-11　海底扩张及板块构造(据怀利,1974)

裂谷,谷深可达 1000~2000m,谷壁陡峭,实际上是一系列向谷内陡倾的张性断裂。裂谷宽数十至百余千米,窄的谷底宽度不过几千米。这种张性断裂作用造成的谷地,显示洋中脊附近存在巨大的张力作用。大洋中脊轴部具有很强的构造活动性,常发生浅源地震及火山活动,并且有高的地热流异常,可达 $(3\sim5)\times41.686MW/m^2$,反映中脊轴部是地热的排泄口和深部岩浆物质上涌的地方。

(二)海沟及贝尼奥夫地震带的发现

在辽阔的大洋中,中部被高大的大洋中脊占据,而深陷的海沟却分布在大洋的边缘。海沟主要见于太平洋及印度洋东北部边缘,沿大陆边缘的岛弧或海岸山脉线状延伸。海沟的横剖面多呈 V 字形,沟底深度一般大于 6000m,深者可达 10000m 以上(如马里亚纳海沟深达 11033m),若计海沟沟底与岛弧或海岸山脉的相对高差,则可达 13000m 以上。所以海沟附近是地球上高差最为悬殊的巨型地形单元,其中一定包含着极其重要的地质含义。地球物理调查表明,海沟的重力值相当低,出现负重力异常,这说明海沟下方的物质密度轻,是不是也存在类似于高山之下的地壳"山根"插到地幔之中?但据地壳重力均衡原理,密度低的物质必将上浮形成高的地势,这与海沟的地势相矛盾。所以,可以推测,在海沟处必定有一种向下拉的作用力存在,这种力破坏了该处的重力均衡,使轻的地壳物质强制下陷。此外,海沟的地热流比正常洋盆显著低,说明海沟下面的物质比较冷。海沟附近是最强烈的构造活动带,例如,沿太平洋边缘的海沟及其附近,形成著名的环太平洋火山带与地震带。在环太平洋地震带中,地震震源深度变化是很有规律的:在海沟附近都是浅源地震,离海沟较远出现中源地震,在更远的大陆内部则出现深源地震,最深达 720km,震源排列成为一个由海沟向大陆方向倾斜的带,其倾角一般 45°左右(图 17-12)。海沟附近的这种震源排列形式是 50 年代美国学者贝尼奥夫发现的,故称为贝尼奥夫地震带。这种现象说明,沿着大陆边缘的海沟,存在着倾向大陆的、正在活动的巨大断裂带。

(三)海底磁异常带的发现

海洋地球物理探测表明,大洋磁异常的显著特点,是正负磁异常沿大洋中脊两侧呈条带状的相间排列(图 17-13)。单个磁异常条带宽约数千米到数十千米,纵向上延伸数百千米以上而不受地形影响,在遇到洋底断裂带时被整体错开。对于这种磁异常条带的成因,曾一度使人们困惑不解,有人认为这是洋底岩石磁性强弱不同所引起的,但这种观点不能解释磁条带分布的规律性,也与当时所获得的海底地质资料不吻合。

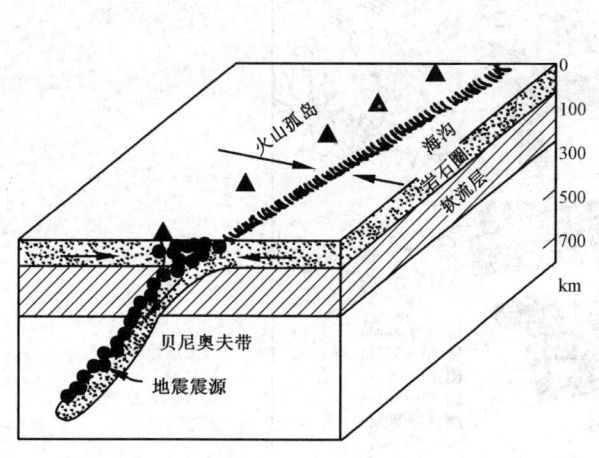

图 17-12 贝泥奥夫带(据怀利,1974)

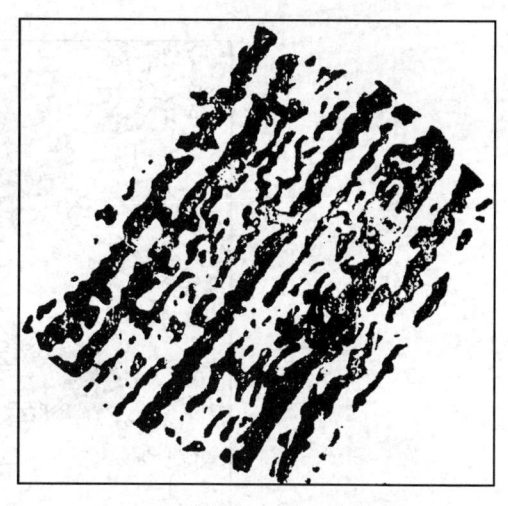

图 17-13 冰岛南面跨越洋中脊的磁性反转图(据汉布林,1980)

1963 年英国剑桥大学的 F. 瓦因(Fred Vine)和 D. H. 马修斯(Matthews)对磁异常条带作了新的解释,他们认为,海底磁异常条带不是由磁化强弱不均引起的,而是在地磁场转向的背景下,海底不断新生、不断扩张所造成的。海底地幔物质向上涌,主要为玄武岩浆沿洋中脊形成一个新的地壳条带,当它冷凝至居里点温度以下时,便沿当时磁场方向被磁化,且随着地幔物质不断涌出,早先形成的地壳条带便从中脊被推开,海底进行了扩张,新的洋壳占据了它原来的位置。如果这时地球磁场发生转向,产生于洋中脊的新地壳便具有相反方向的地磁极性,这样就形成了与先前形成的海底磁化方向相反的一条磁异常条带。照此方式,演化和全球范围内相继发生的磁性反转,便在海洋底部地壳中打上了地磁条带的烙印(图 17-14)。海底磁异常条带实际上记录了洋底演变和地球磁场的演变历史,是海底扩张的有力证据。

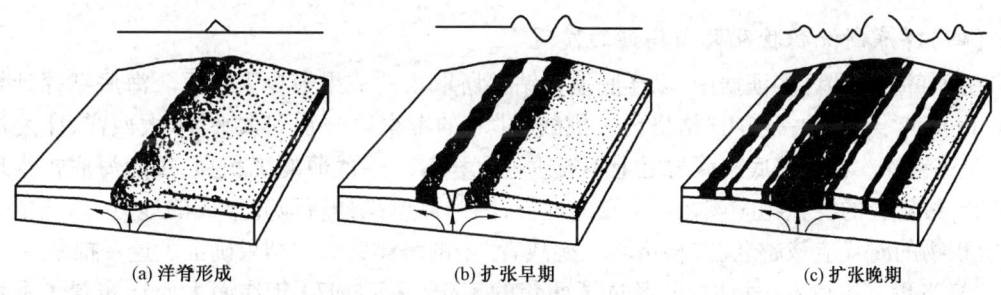

(a) 洋脊形成　　　　(b) 扩张早期　　　　(c) 扩张晚期

图 17-14 海底磁异常条带形成示意图(据汉布林,1980)
黑色代表正向磁化;白色代表反向磁化

近年来做了许多洋底磁性调查工作,异常图式已经测制出来。图 17-15 为大西洋底岩石磁性图,反映了一个重要的地质资料,可以根据年龄资料测定异常所代表的时间间隔和海底扩张的速度。

因为每一个磁异常条带的年龄都可以与地磁场极向年表相对比或运用外推法加以确定,所以,磁异常条带实际上成了海底的年轮。在某种程度上也相当于标志洋底年代的洋底地质图,它记录了洋底扩张的历史和大陆漂移的踪迹。

根据磁异常条带的年龄并测出它离开洋脊轴的距离,就可以算出那里海底扩张的速度,在太平洋,单侧扩张速度约每年 3~6cm,在大西洋和印度洋,大多数为每年 1~2cm。

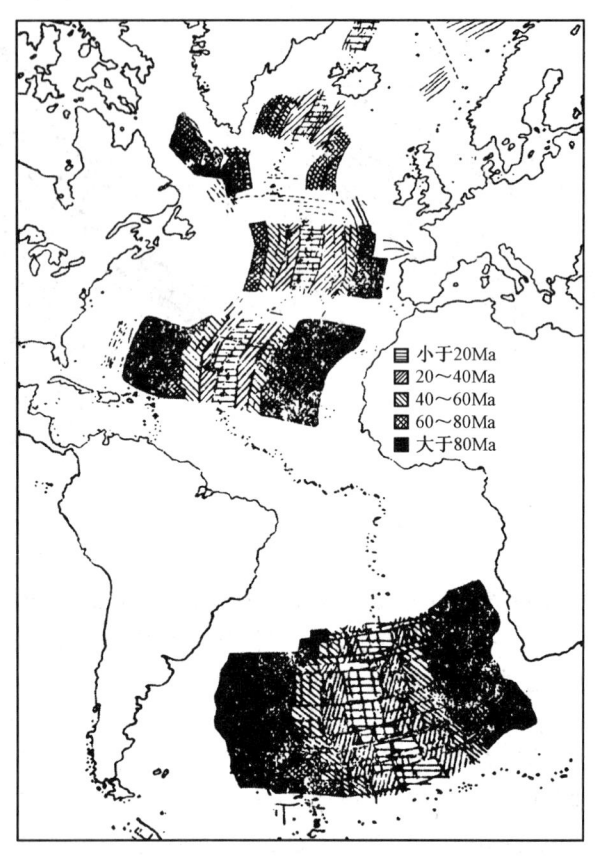

图 17-15　大西洋底岩石的磁性条带及其年龄简图（据汉布林，1980）
黑色小点为大西洋中洋脊峰部的地震震源

（四）洋底新沉积物及火山岛链的发现

在海底扩张的许多证据中，以洋底地壳钻探所取得的成果最令人信服。海底钻探计划开始于1968年，美国的一艘叫"格洛玛·挑战者"号的考察船分别到太平洋、大西洋、印度洋进行了深海钻探。在大洋底玄武岩之上不连续地沉积着一层薄薄的沉积物，按照海底扩张理论的推断，最年轻的沉积物应该在洋中脊的地方，因为那里是最新地壳形成的地方，离开中脊越远，沉积物的时代应该越老。"格洛玛·挑战者"号的海洋钻探的结果确证了这一推断。

"格洛玛·挑战者"号钻探船经过了两年的工作，又于1970年在南大西洋布置了垂直于大西洋中脊的钻探点剖面线，并尽量选在磁异常条带最为清晰的地方（图17-16）。钻探的结果令人信服地看到，覆盖在玄武岩基底上的最老沉积物的年龄，与磁异常条带预测得出的年龄几乎一致，洋底地壳的年龄以大洋中脊为对称轴，向远离洋中脊的两边有规律地增加。根据这个数字计算，这里的洋底曾以2cm/a的扩张速度扩张。在洋底各地钻孔采得的沉积层以及下部基底的玄武岩，测得它们的年龄都小于160Ma（相当于侏罗纪），而相比之下，大陆的最老岩石可达3800Ma。洋底最老的岩石都位于大洋的两侧，例如在太平洋，年龄最老（侏罗纪）的洋底位于西太平洋日本海沟和马利亚纳洋沟以东的地方；在印度洋，最老的洋底则见于它的东北部。另外，深海钻探工作还发现，洋底沉积层的厚度自中脊轴部向两侧逐渐增大，一般由零增加到1.3km左右。

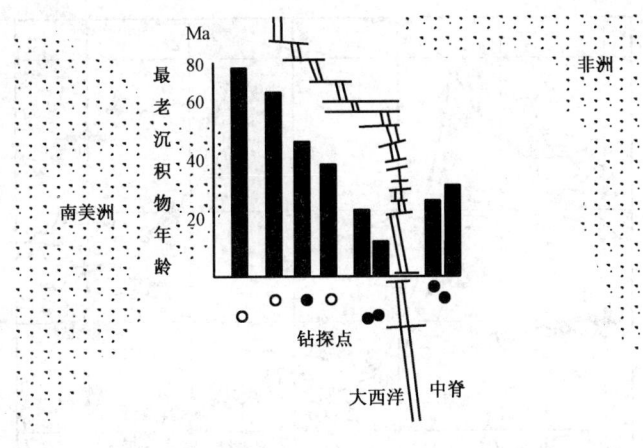

图 17-16 "格洛玛·挑战者"号在大西洋钻探得到的海底
沉积物年龄的成果图(据金性春,1980)

冰岛是大西洋中脊的一个巨大的露头,为研究海底扩张的机制提供了一个良好的场所。在冰岛的地质工作表明,这个岛屿正在被其下地壳的海底扩张所拉开,最老的岩层位于此岛的东西两端,越向内部,岩石的年龄越新,而近代的火山喷发则完全限于其中心部分(图17-17),这些事实与洋底的情况是完全相符的。

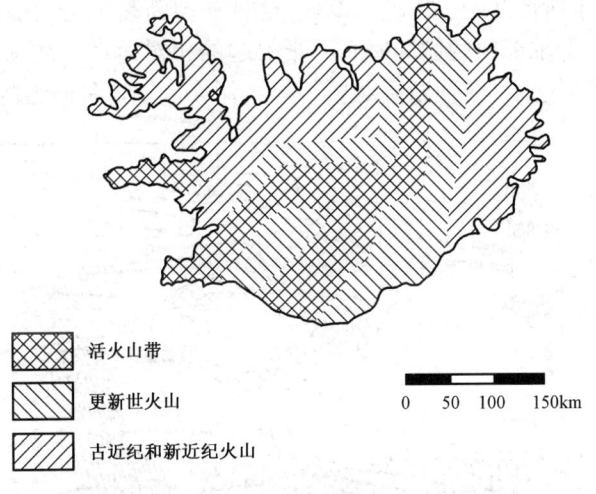

图 17-17 冰岛地质图(据汉布林,1980)

另外一个很有意义的事实就是大洋底部分布的火山岛链的年龄也证明了海底的扩张运动。例如,在太平洋中部大致平行排列着三条火山岛链:天皇海岭—夏威夷海岭,莱恩群岛—土阿莫土群岛,吉尔伯特群岛—土布艾群岛(图17-18),它们都位于东太平洋海隆的西侧。根据"格洛玛·挑战者"号在天皇岭钻探取得的熔岩样品进行磁性测定,发现天皇海岭形成时的古纬度大致相当于现今夏威夷群岛的纬度,其熔岩的成分也与夏威夷群岛的完全一致。各海山的年龄从夏威夷群岛向西北方向变老,中途岛为24Ma,在天皇海岭的东南端,海山的年龄约为40Ma,靠近西北端的明治海山则达70Ma。以上例子说明了从东太平洋海隆溢出的熔岩有自东南向西北扩张的趋势。

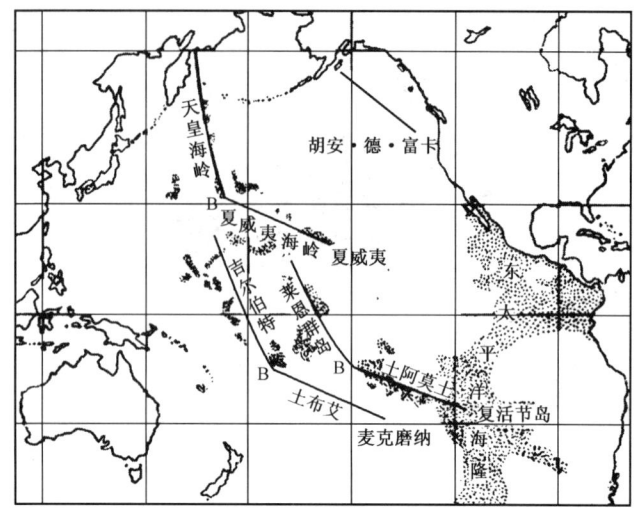

图 17-18 中太平洋火山岛链分布图(据金性春,1980)

（五）转换断层的发现

海底扩张理论的另一个重要见证是洋底的大规模转换断层(Transform fault)的发现。20世纪50年代以来,海底调查的结果发现,洋中脊以及两侧的磁性条带并不是连续分布的,而是被一系列的巨大断裂带所错开的(图17-19)。这种横向断裂带与一般所称的平移断层是不一样的,而是由于自中脊轴部向两侧的海底扩张引起的相对运动。加拿大地质地球物理学家J. T. 威尔逊在1965年创立了"转换断层"这一术语,用来表示这种新型的断层。

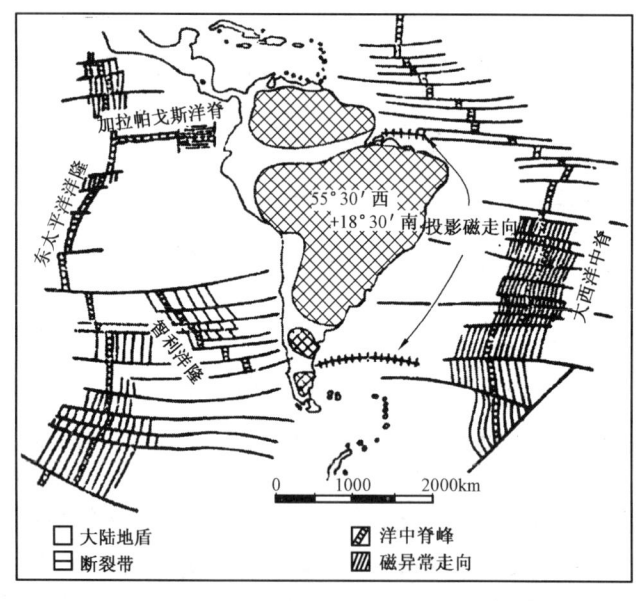

图 17-19 南美洲东部洋脊和转换断层(据梅斯霍夫等,1972)

转换断层与平移断层错动方向是不一样的,平移断层的错动是沿整条断裂带发生的,所以在整个断裂带上都可能发生地震;图17-20所示的转换断层,其相互错动仅发生在这两段中脊之间的BB'段上,其错动方向恰好和平移断层把中脊错开的方向相反。转换断层带的地震也正好发生在 BB′段上,而在 BB′段以外由于没有相对错动,所以一般无地震发生。另外从图上也可以看出,平移断层面两侧的两段中脊,越离越远;而转换断层面两侧的两段中脊距离并不大。

转换断层是岩石圈板块的交接边界,一般发育在洋底,但也可以在大陆上出现,如美国圣安德列斯断层就是在大陆上的转换断层,在其南部错断了东太平洋海隆,北部切割了胡安·德·富卡洋脊(图 17-21)。

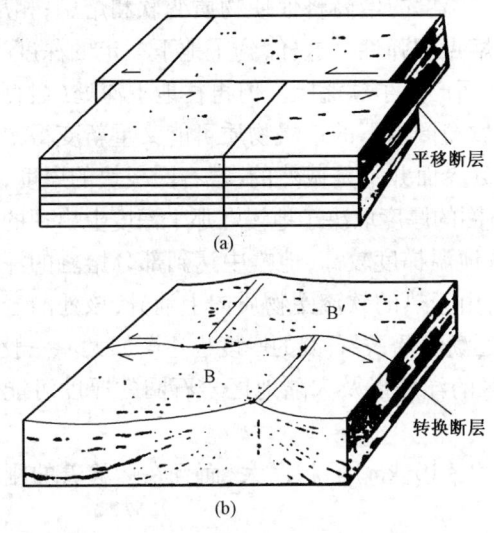 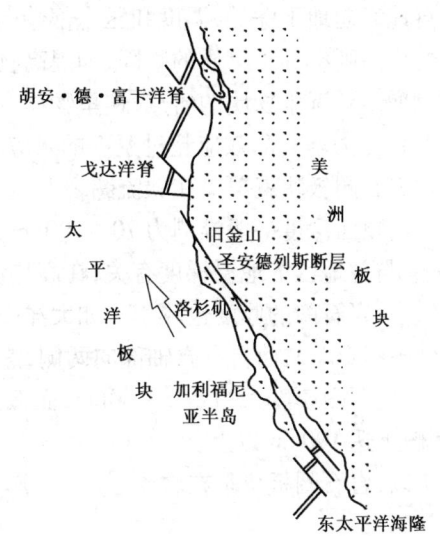

图 17-20　平移断层和转换断层对比图　　　图 17-21　美国西部圣安德列斯断层
　　　　　　(据金性春,1984)　　　　　　　　　　　　　(据汉布林,1980)

调查表明,地震活动几乎都集中在被错开的洋脊之间的断层段上,而其余部分一般没有地震发生,而且对来自洋底断裂带上的地震的分析证明,断层错动的方向与转换断层所要求的方向完全相符,这就证实了转换断层是确实存在的。转换断层是由洋中脊的海底扩张引起的,转换断层的错动方向也就是海底扩张的方向,所以转换断层的发现和验证,为海底扩张说提供了又一有力的依据。

第四节　岩石圈板块构造学说

一、板块构造的概念

20 世纪 60 年代以来,大陆漂移的概念已被普遍承认,但是所谓"大陆"的概念并不是地理上的陆地。板块这一概念从威尔逊的转换断层及布拉德的大陆拼接中引申出来的,人们设想大陆漂移和海底扩张可能是若干刚硬的板块相互运动着,而海底扩张实际上意味着一对板块自中脊轴向两侧拉开,学者们经多方面的验证终于把大陆漂移和海底扩张的概念发展成为板块构造(Plate tectonics)学说。板块构造学说的基本思想是:固体地球上层在垂向上可划分为物理性质显著不同的两个圈层,即上部的刚性岩石圈和下垫的塑性软流圈;刚性的岩石圈在侧向上可划分为若干大小不一的板块,它们漂浮在塑性较强的软流圈上作大规模的运动;板块内部是相对稳定的,板块的边缘则由于相邻板块的相互作用而成为构造活动性强烈的地带;板块之间的相互作用从根本上控制着各种地质作用的过程,同时也决定了全球岩石圈运动和演化的基本格局。

岩石圈板块是刚性的块体,如果板块的一部分发生运动,则整个板块作为一个整体也发生运动。运动的板块必须是刚性的,下面有一个可塑性的面,这样才能相互滑动,而且有些板块运动得快,有些则慢。过去支持大陆漂移的学者还不知道有低速层的存在,所以对大陆漂移的机制无法合理的解释,低速层的发现使板块运动有了推断的依据。低速层是根据对1960年5月22日智利大地震后地球物理性质变化的研究结果证实的。

自地表向地下深处,温度和压力都趋向增高。温度的增高将促使物质变软和熔融;相反,压力的增高则有助于物质的凝固,即提高物质的熔点和弹性。这样,到了地下一定的深度,温度可以增高到近于物质的熔点,这里物质变软,从而产生了软流圈。但再往地下深处(数百千米以下),压力增高的效应超过温度的效应,所以软流圈以下的地幔物质可能又重新变得十分刚硬。岩石圈板块就覆盖在软流圈之上,它们的分界面并不是截然的,岩石圈板块的厚度,即软流圈的顶面深度一般推测为70~100km。岩石圈的厚度取决于地幔在那个深度上出现的局部熔融,与各地区的地温梯度有关,在高热流地区地温梯度较高,地幔中达到部分熔融的深度就比较小,岩石圈的厚度也较小。如大洋中脊外,由于热的软流圈物质向上涌升,该处的岩石圈厚度不到10km,而自中脊轴部向两侧,热流值逐渐降低,岩石圈的厚度也逐渐加大。一般认为,大洋岩石圈厚度大约是5~60km,而低热流区的洋底以及大陆地区岩石圈的厚度可能更大,一般可达100km以上。

所以,岩石圈板块是在软流层之上(厚度自70~100km)面积巨大,而且在运移着的刚性地块。

二、板块的边界类型及其划分

板块边界的存在是划分板块的依据。板块的边界常常以具有强烈的构造活动性(包括岩浆活动、地震、变质作用及构造变形等)为标志。随着海底扩张说的提出和验证,有关洋脊扩张、海沟俯冲和转换断层的概念越来越明确,这实际上已经揭示出了板块的边界类型。

(一)板块边界的类型

各板块的边界常与某种性质的构造活动带相邻。根据相邻板块运动的状况以及生长带消减的特征可将板块分界分为三种类型。

(1)分离型板块边界(Divergent plate boundary)或称增生型边缘,即两个板块沿边界相背运动,地幔的熔融物质不断沿边界涌出向两侧形成新的洋底,所以也是板块生长的边界。大洋中脊和大陆裂谷系统就属于这种类型的边界(图17-22和图17-23)。

(2)汇聚型板块边界(Convergent plate boundary)或称消减型(碰撞型)板块边缘,这种类型的边界为两侧板块相向运动,表现为两个板块对冲并发生碰撞。这种碰撞的关系可以发生在两个洋壳,两个陆壳,或者是一个洋壳一个陆壳之间。板块在汇聚边界发生俯冲或碰撞,使得板块破坏或消亡,所以又称为俯冲带或消减带(Subduction zone)。海沟岛弧、年轻的山脉带常常是这种类型的边界。

此外,大陆板块的碰撞带与海沟有明显区别,应划分为另一种单独类型的古板块边界,叫做地缝合线(Geosuture)。地缝合线的典型例子是我国的喜马拉雅山脉以北雅鲁藏布江一带,是印度板块与欧亚板块的一个碰撞带。

(3)平错型板块边界(Transforming slide plate boundry),在板块之间表现为相互滑动,转换断层就是这类的边界,沿此边界,岩石圈板块既不增长也不破坏。

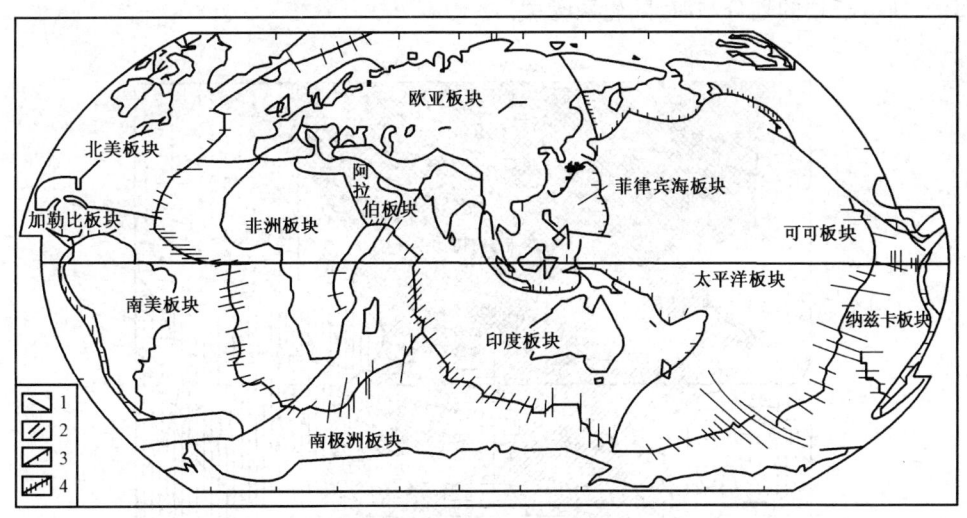

图 17-22　全球十二个主要板块的分布（据金性春，1984）
1—中脊轴线；2—转换断层；3—俯冲边界；4—碰撞边界

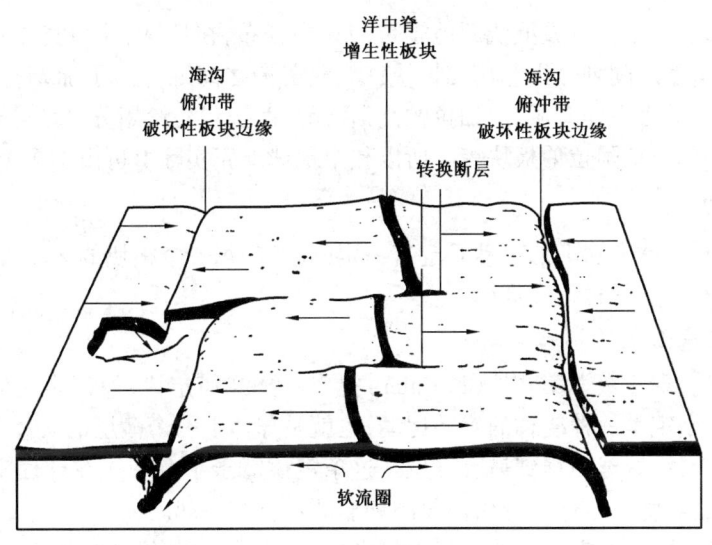

图 17-23　板块边界的类型（据汉布林，1980）
图中箭头表示地幔对流方向

（二）全球板块的划分

上述三种板块边界与世界活动地震带和火山带是十分相符的，因此，板块的划分基本上可以由地震带勾画出来（图 17-24）。全球可以分出七个主要岩石圈板块及若干个小板块，岩石圈的扩张中心，以洋中脊作为标志，由北冰洋往南通过大西洋中部进入印度洋和太平洋。北美洲板块和南美洲板块除包括南北美洲大陆外，还加上西大西洋，它正向西移动，沿美洲西海岸与东太平洋相遇。太平洋板块全由大洋壳构成，从洋中脊向太平洋盆地西部的深海沟系移动。印度板块包括澳洲、印度洋东北部和印度，它向北移动，使印度和亚洲相撞，形成喜马拉雅山脉。非洲板块包括非洲大陆加上大西洋东南部及印度洋西部，正向东和向北移动。南极洲板块，包括地球南端的海陆。欧亚板块面积最大，正向东移动。这七个板块，几乎包括了全部陆地和海洋，所以板块的划分与海、陆轮廓无关。

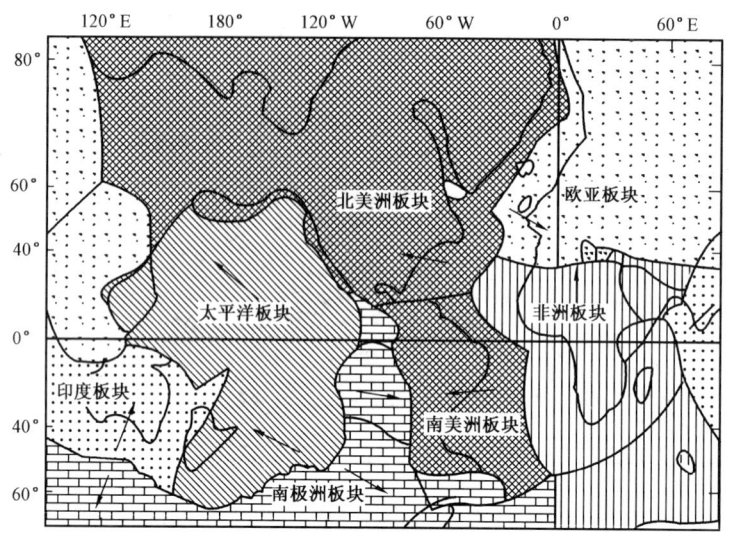

图 17-24 主要岩石圈板块划分图（据怀利,1980）

除七大板块以外，根据世界上浅源地震带的集中分布，在琉球、菲律宾岛弧—海沟系和马利亚纳岛弧—海沟系之间划分出菲律宾板块；南、北美洲之间划分出了加勒比板块；东太平洋海隆与南美洲之间的太平洋海域，由加拉帕戈斯海岭、西智利海岭划分出可可板块和纳兹卡板块，在印度板块中划出了阿拉伯板块等。所以整个地球外壳实际上可由十多个板块所组成。

三、板块运动

刚体的板块在地球表面上的运动必定有一定的轨迹，每一个板块的运动方向、速率以及其成长和消亡也应有一定的过程和规律。

（一）板块在球面上的相对运动

两百多年以前，瑞士数学家欧拉（L. Euler）提出一条几何定律，他认为任何一种刚体沿着球体表面的运动，必定是一种绕轴的旋转运动，也就是球体上一个薄层的块体可以通过围绕某根过球心的轴旋转，沿着球面移到另一方位。这条定律对于了解板块在球面上的运动有着重要的意义。布拉德等曾运用这一定律把美洲和非洲拼合在一起。

根据欧拉定律，刚硬的板块沿地球表面滑动，也必定是一种绕轴的旋转运动（图17-25）。板块绕旋转轴运动并向两侧扩张，所以旋转轴又叫旋转扩张轴，它与地球自转轴不完全一致，而是与其斜交。板块旋转扩张轴与地球表面相交的一点叫板块旋转极或扩张极，每对板块都有自己的旋转极。一个板块的旋转角速度相同，但各段的线速度并不相同，在旋转极附近线速度最小，而在旋转赤道上线速度最大，即板块在旋转赤道上移动速度最大。

每对板块运动的方向（图17-26中的箭头）是以旋转极为圆心的平行小圆即纬线方向，转换断层往往就代表了这个方向的运动。垂直小圆作垂线并通过板块旋转极所作的大圆，就是经线方向，它往往是大洋中脊的方向。

科学家们在不同板块地区作检验都证实了板块的绕轴运动。例如，美国科学家摩根（1968）考虑到转换断层代表了板块运动的方向，也就是以板块旋转极为圆心的同心圆弧，他就在地图上沿赤道大西洋的一系列转换断层作垂线，这些垂线应该是通过旋转轴的地球上的大圆。作出的结果是，这些垂线都相交于北纬58°、西经36°~37°附近（位于格陵兰的南端），这一交点也就是大西洋中央裂谷两侧的美洲板块和非洲板块的旋转极。由此可见,这些转换断层确实是以此交点为圆心的同心圆弧,它并不是直线运动,而是随地球表面呈弧形滑动。

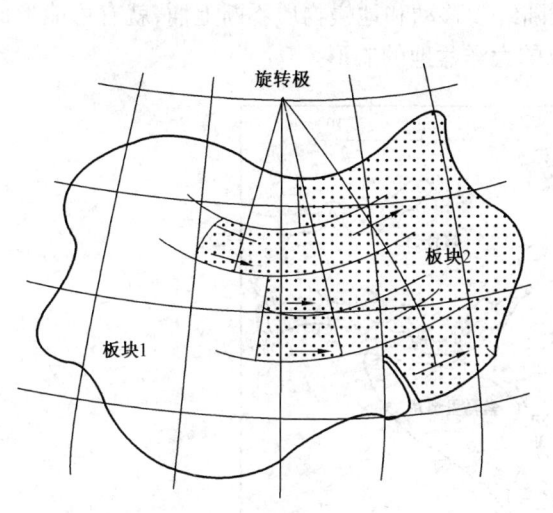

图 17-25 板块在球面上的旋转运动
（据金性春,1984）

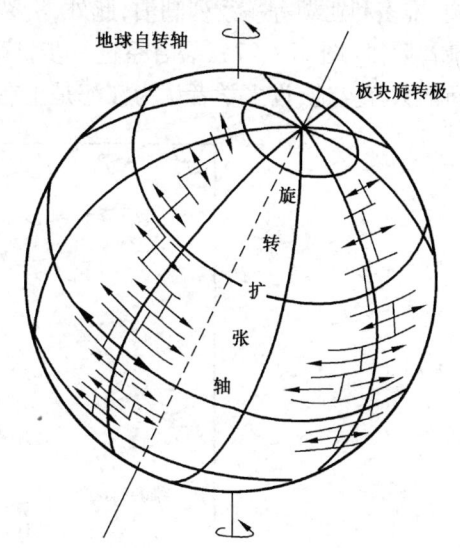

图 17-26 两个板块绕轴旋转运动
（据金性春,1984）

有人通过已知年代的磁异常条带离中脊轴的距离计算出板块的扩张速度,结果证实了扩张速度和扩张弧度随远离旋转极而增大,至赤道处为最大值。这一点也证明了板块运动是一种理想的旋转运动。

（二）板块的运动模式

板块构造的基本观点认为岩石圈随着软流圈的流动而移动,在地幔物质上升的地方,岩石圈拱起成洋中脊,板块在地幔对流的带动下,两侧板块产生了相背的扩张运动。板块运移至海沟处向下俯冲形成压剪性的汇集运动,移动着的板块就互相碰撞,通过下降的对流体在深海沟中进入软流圈而消亡。在板块移动、分裂、碰撞以及下降到地幔的过程中,会引起地震、火山作用和造山运动。板块运动的动力状况见图 17-11。

1. 板块的扩张运动

大洋中脊地带是制造新板块的发源地,它引起地球科学家的极大兴趣。在 1972—1974 年期间,美国和法国派了考察人员乘坐三艘特制的深海潜水器,对亚速尔群岛西南的大西洋中脊裂谷区进行了详细考察。考察人员发现,裂谷深达 2800m,其底部有许多极深的张性裂隙,在裂谷轴部的裂隙宽度较小,向两侧裂隙宽度增大,在裂谷的底部发育了一系列平行于裂谷延伸的正断层;这里有各种奇形怪状的裸露熔岩,顺裂谷散布着盾形和锥形的火山丘。通过实验室分析,裂谷底部有的岩石样品的年龄还不到 10000 年。

板块扩散运动的速度可由磁异常条带推算出来,太平洋洋中脊位于北纬 30°左右,其扩张速度最大为 18.3cm/a,由此向南或向北其速度可降低为 4.1cm/a。大西洋洋中脊的扩张速度在南纬 30°附近处为 4.1cm/a,向北减少到 1.8cm/a。印度洋洋中脊在南纬 45°处扩散速度为 7.3cm/a,向北则减少到 2cm/a。

板块的扩张作用除发生在大洋中脊以外,在大陆的裂谷带也同样存在。海底扩张和大陆漂移的结果把坚硬的岩石圈拉开,向旁侧运移,这种地幔上升流如果发生在大陆,则将引起大陆的破裂,形成大陆的裂谷系。例如东非的裂谷系就是一例,在该地区张力使地壳破裂,形成长近2900km、宽40~60km的裂谷,裂谷发育初期所形成的巨大槽地已贮水形成了坦喀尼喀湖、维多利亚湖等一系列湖泊,此外,沿裂谷带还见有众多的火山。东非裂谷系是大陆破裂的最初阶段(图17-27),裂谷系进一步扩张,大陆继续移动和地幔物质不断上涌,就有可能形成新的大洋盆地,许多学者认为江海是正在形成的大洋盆地的雏形。

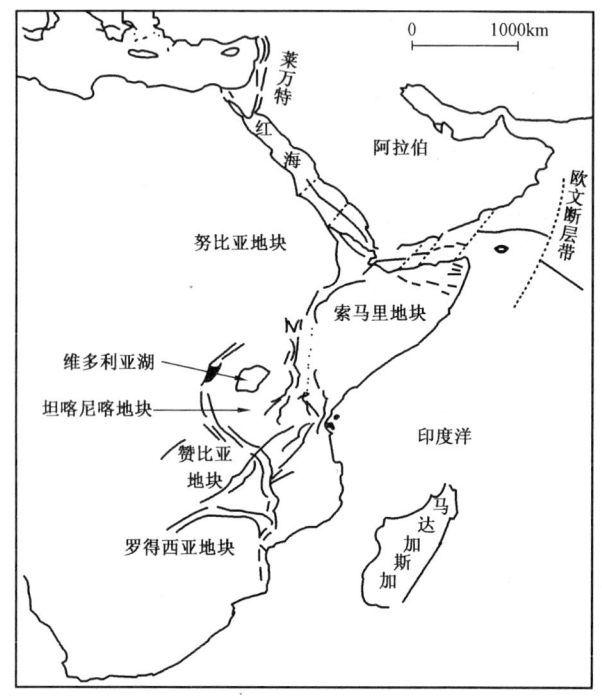

图17-27　东非裂谷系(据斯宾塞,1981)

目前的大西洋就是美洲板块和非洲板块分裂后经过充分发育的大洋盆地。

2. 板块的汇聚(俯冲)运动

板块运动过程中与另一板块相碰可发生汇聚或俯冲运动。按照板块汇聚的情况可将其分为三种形式。

(1)岛弧—海沟型:由于海底扩张,新生洋壳推动旧洋壳运行至海沟处并潜入地幔,产生规模巨大的俯冲运动。这种类型主要分布在太平洋板块的西部边缘,如日本弧沟系、千岛弧沟系及汤加弧沟系等。

(2)山弧—海沟型:大陆板块的边缘直接与海沟相邻接,洋壳在海沟俯冲引起大陆边缘巨大山系的形成,如南美的安第斯山脉。

(3)山脉—地缝合线型:两个大陆板块对冲,发生碰撞作用,如印度板块和欧亚板块相碰撞,产生喜马拉雅山脉和雅鲁藏布江地缝合线。

洋中脊扩张运动所形成的新板块,理应使地球体积增加,但据测量,地球的体积并没有增大,因此可推断,在全球范围内板块的新生和消亡的总量是相等的,只有这样才能保持地球体积不变。板块的消亡是通过俯冲运动进入消减带而潜没于地幔,因此,俯冲运动的速度可以进行理论上的计算,例如日本海沟为7.5~8.6cm/a,阿留申海沟为5.6~7.0cm,智利海沟为6.1cm/a。板块俯冲运动的能量很大,地壳上很多地质作用与它有关。

3. 板块的平错运动

两个板块的边界既不分离也不碰撞,而是作相互滑动,称板块的平错运动。在这种情况下两个板块既不增长也不破坏,转换断层就是这种类型的运动。

美国西部加利福尼亚的圣安德列斯断层就是一条有名的通过大陆的转换断层(图17-22)。经大地测量了解到,两个板块(东盘为北美板块,西盘为太平洋板块)都向西北方向运移,但西盘比东盘运动得快些,西盘相对于东盘移动的总断距达 480km。有人推断,洛杉矶现在在太平洋板块上,按照现在这样的平移速度,在几百万年后将要成为阿拉斯加的一个市镇。

(三) 板块运动与大洋盆地的演化

从板块运动的观点来看,洋壳盆地并非永恒存在,一般都经历了开裂、扩张、收缩和闭合的发展过程。板块学说认为,大陆板块和大洋盆地在地质历史时期并非一成不变和永恒存在的。大陆板块的分离导致大洋盆地的形成;大洋盆地的萎缩、封闭导致大陆板块的聚合;大陆板块之间的碰撞导致造山带的形成。加拿大地质学家威尔逊根据现代大陆和大洋的实例,归纳了大陆板块离合和大洋盆地演化的发展旋回模式,即威尔逊旋回。

1. 大洋胚胎期——陆内裂谷阶段

地幔热点使地幔物质熔化上升,使大陆地壳上隆、断裂、变薄,形成线形断陷盆地,即大陆裂谷,并伴有喷出的基性火山岩,如东非大裂谷。

2. 大洋幼年期——陆间裂谷(微型大洋)阶段

大陆裂谷进一步拉张、拓宽,地壳进一步变薄,裂谷中央陆壳消失,洋壳出现,大陆裂谷变为大洋裂谷,海水侵入,形成微型大洋,如现代的红海—亚丁湾,通常伴有碱性玄武岩和流纹质岩石,缺乏中性安山质类岩石。

3. 大洋成年期——被动大陆边缘阶段

微型大洋海底不断扩张,形成广阔的大洋盆地,洋底是拉斑玄武岩和超基性岩,其上覆有远洋泥。大洋中央有大洋海岭及大洋裂谷,大洋玄武岩不断形成,海底不断扩张,大洋不断变宽。在大洋边缘,没有消减带,洋壳与陆壳连接在一起,大陆壳随海底扩张而不断向后漂移。大陆边缘有厚度很大的陆源碎屑沉积、浊流沉积。该阶段又称为大西洋型大洋阶段。

4. 大洋衰退期——主动大陆边缘阶段

该阶段又称为太平洋型大洋阶段。大西洋型大洋进一步发展,在大洋边缘形成俯冲带,太平洋型大洋形成。大洋板块的俯冲消减,形成海沟、岛弧或褶皱山系,大量安山质火山岩喷发、中酸性岩体侵入,双变质带、混杂岩是这一活动构造带的特征;在这一构造带上岩石变形、褶皱、推覆构造和逆断层非常发育;海沟和弧后盆地中接受巨厚碎屑沉积和浊流沉积,含大量火山物质。

5. 大洋残余期——有限洋盆阶段

在该阶段大陆对接,大洋关闭,但仍有部分海盆残余,接受浅海—深海相的各种沉积物,也可能有蒸发岩,有安山质火山岩和深成花岗岩类形成,如现代地中海。残余海两侧的大陆边缘形成高大山系。

6. 大洋遗痕期——拼合造山阶段

在该阶段大陆完全对接,洋盆彻底关闭。由于大陆的挤压上升形成高大山系,如喜马拉雅山、冈底斯山、念青唐古拉山,山间盆地中接受粗碎屑磨拉石沉积,有大断裂带、蛇绿岩套、混杂岩、中酸性岩浆岩、双变质带等。

威尔逊旋回客观地反映了大陆板块离合和大洋盆地演化的历史，每个旋回的大致时限为 $(1.5 \sim 2) \times 10^2 \mathrm{Ma}$。一次大陆板块的分合和大洋盆地离闭过程都伴有板块内部及板块边缘规律性的沉积、生物和构造事件，并在大陆板块之间形成规模宏大的造山带。与此相对应，稳定的板块内部也出现大规模的地壳升降和海平面升降的旋回性变化。需要强调说明的是，地质历史时期的板块离合和洋盆演化情况多变，尤其是地质历史中微板块发育，微板块之间、微板块—板块之间的分裂、闭合和碰撞过程更加复杂，因此威尔逊旋回并非每一个造山带都能发育完整，在实际应用时切忌简单套用。

四、板块构造与地质作用的关系

(一)板块构造与内动力地质作用的关系

1. 板块构造与地震作用的关系

世界上很多较大的地震几乎都与块板的汇聚作用有关。例如1755年里斯本大地震的震源位于直布罗陀海峡附近，这里正是欧亚板块和非洲板块之间的汇聚边界，由于这两大板块的对冲导致地震的发生。据统计全球地震能量大约95%是从板块边界释放出来的，而绝大部分又集中在板块的汇聚边界。根据地震震源在海沟—岛弧系统中的位置表明，震源最浅的地震发生在海沟附近，而较深的地震则发生在一个以45°倾角伸向岛弧或大陆之下的狭窄地带——贝尼奥夫地震带上(图17-13)。在该带呈现出从海沟向大陆方向震源的深度逐渐加大的趋势，这是因为板块从海沟上部开始俯冲时，板块的表层弯曲处于伸张状态，以形成正断层为主，所以在海沟附近主要发生浅震；当板块再向下俯冲时(大约10km以下)就发生逆掩剪切运动，主要产生逆冲或逆掩断层，板块间产生强的摩擦、挤压，因而积累了大量能量，当它突然释放时便形成深源地震。所以震中的分布从海沟到大陆，则由浅震到深震作有规律的分布。汇聚型板块边界的地震作用主要表现为环太平洋地震带、阿尔卑斯(地中海)—喜马拉雅—印度尼西亚地震带，前者集中了全球约80%的浅源地震、90%的中源地震以及几乎全部深源地震，后者集中释放了约占全球22%的地震能量。发生在大洋中脊和转换断层上的地震一般都是浅源地震，其地震能量都比较小。

按照地震作用与板块边界之间关系，可将全球划分为以下3个地震带。

(1)环太平洋地震带。这是一条地震活动最强的地震带，全球约80%的浅源地震、90%的中源地震以及几乎全部深源地震都发生在这个地震带内，所释放的地震总能量约占全球地震释放能量的76%。该带地震活动的特点是：地震带宽度大，地震频次高，地震震级大(达8.9级)，浅源、中源、深源地震由海沟向大陆一侧有规律分布，构成贝尼奥夫地震带。很显然，环太平洋地震带的分布与环太平洋板块俯冲带相一致，贝尼奥夫带与向下俯冲的板块相一致。过去，人们虽然相信浅源地震是由岩石破裂(或断层)所引起的，但对于中、深源地震的成因一直没能解决，因为按一般情况理解，在几百千米的地下深处，岩石已具很强的塑性，不可能发生脆性破裂并引起地震，但板块构造对这一问题作了成功的解释，并得到震源机制资料的验证。当冷的刚性岩石圈大洋板块沿海沟向下俯冲时，由于其下插速度较大，深部物质来不及对它马上加热、同化，因此这种刚性的下插板块常常可以到达很深的地方仍保持较强的弹性或脆性，这样，在俯冲产生的机械力的作用下，俯冲板块内部发生断裂和变形，便可以产生中、深源地震。

(2)阿尔卑斯(地中海)—喜马拉雅—印度尼西亚地震带。该带为世界上第二大地震带，地震释放总能量约占全球的22%。该带地震活动的特点是：地震带宽度很大，震中很分散，地震频次较高,基本上是浅源地震,深源地震很少,中源地震分布在局部地段。很明显,这个带的分布与欧亚板块与非洲板块和印度板块的碰撞边界(印度尼西亚处为俯冲边界)相一致。板块碰撞造成了比较宽的岩石强烈变形带,因而形成了较强、较宽的地震活动带。由于局部地段具有俯冲性质或保存有俯冲板块的残片以及碰撞后大陆板块之间的陆内俯冲等原因,使这个带存在一些震源较深的地震。

(3)大洋中脊及大陆裂谷地震带。该带主要沿大洋中脊的中央裂谷附近及转换断层分布,在大陆上则是沿狭长的裂谷系分布,延伸长达60000km,但地震带宽度窄,全部为浅源地震,地震活动频次及震级均不及上述两地震带。该带的地震活动主要与分离型板块边界及一些转换断层有关。

2. 板块构造与岩浆作用的关系

板块边界是世界上火山分布集中的部位。大洋中脊是熔融的地幔物质不断上涌的地方,例如1963年在冰岛南面,正是大西洋中脊通过的海面上升起了一座火山岛叫苏尔特塞岛,为冰岛共和国增加了一块新的领土。因为冰岛位于大西洋中脊上,它有100多座火山,其中有27座活火山,洋中脊海底火山的活动虽然看不见,但是露出水面的火山岛还是很多的。

在汇聚型板块的边界上,火山活动尤为强烈。例如在印度板块自爪哇海沟向北俯冲的地方,1815年坦博腊火山喷发,以及1883年克拉克托火山喷发都是世界闻名的。整个太平洋周缘,大部分是板块俯冲的场所,可以说环太平洋带是全球主要的俯冲边界,全世界大多数的岩浆活动和火山活动都发生在这里。

由于俯冲带向一侧俯冲,并插入到大陆边缘或岛弧的底下,在浅处温度较低,直至俯冲到一定距离和深度(一般认为到达150~200km),那里已处于高温高压的物理状态,又由于俯冲过程中不断摩擦加热,导致大洋壳板块及大陆壳板块底部发生局部熔融并产生了岩浆源,大量的岩浆、水分和气体挥发物质,在俯冲带的强大侧压力作用下,向大陆边缘及岛弧带外侧上升。如果俯冲带的倾角为45°,岩浆垂直上升喷出地表,那么所形成的火山就应当位于海沟陆侧150km远的地方(图17-28)。

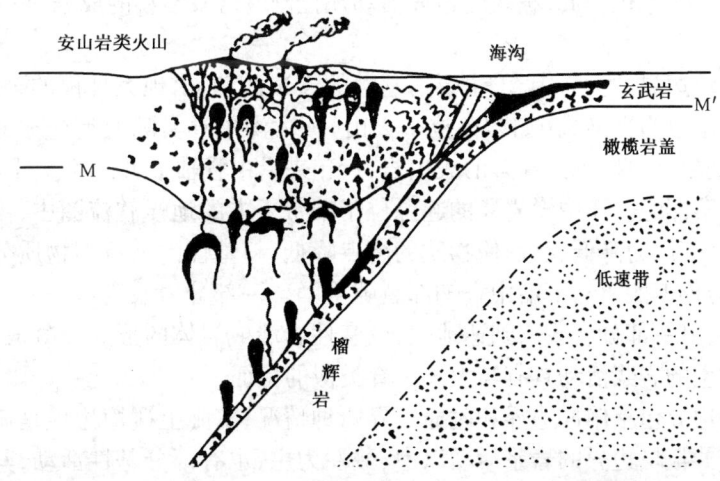

图17-28 板块俯冲带与岩浆作用的关系(据斯宾塞,1981)
MM'—地幔

俯冲带所喷出的火山岩中大部分是安山岩,因而沿太平洋周缘的安山岩分布可以划出一条称为安山岩线(Andesite line)的带。火山岩成分的分布有一定的规律性,一般随着趋向大陆一侧,喷出的火山岩碱性物质含量(特别是钾的含量)逐渐增高。

在这里值得提出来的一个问题是,夏威夷群岛居于太平洋板块内部,这里既不是大洋中脊,也不是俯冲带,为什么会有一系列火山喷发呢?对于这个问题的解释,板块学者提出了热点的假说。他们认为,在这种火山出现的地下有一种柱状的深部地幔物质上升流,根据重力测量以及地震波检验,证实了地幔柱的存在,这种地幔柱具有相当高的热流值,它冲破岩石圈的地方就形成了热点,这种热点相对于地球自转轴的位置来说大体是固定的。

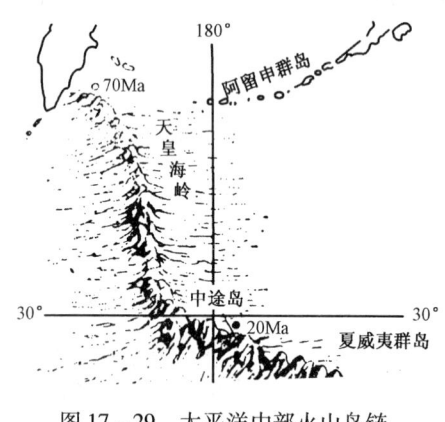

图17-29 太平洋中部火山岛链
(据斯宾塞,1981)

热熔岩上升到地表就形成了火山,先形成的火山随板块运动移开热点,在后面的热点又形成新火山,沿着板块运移的方向,就形成一系列的火山链。所以火山链实际上标出了与板块漂移有关的热点的轨迹。由于太平洋板块向西北方向移动通过这个热点,于是就形成了中途岛到夏威夷岛的现代基拉韦厄火山的一连串火山岛(图17-29)。

按照火山作用与板块边界之间关系,可将全球划分为以下3个火山带:

(1)环太平洋火山带,集中分布于太平洋西缘和北缘的岛弧及东缘的沿岸山脉,占世界活火山的3/5,火山活动频繁而强烈,素有"火环"之称;

(2)阿尔卑斯(地中海)—喜马拉雅—印度尼西亚火山带:此带横贯欧亚大陆南部,向西延入大西洋中脊,东南端与环太平洋火山带相接,有活火山百余座,占世界活火山的1/5;

(3)大洋中脊及大陆裂谷火山带:主要包括太平洋、印度洋、大西洋洋中脊及红海、东非裂谷带等。

对比上述3个火山带与板块边界的分布就不难得出结论,岩浆活动的空间分布主要集中在板块的边界附近。不仅如此,板块的边界活动还控制着岩浆活动的成分、来源及成因机制等特征。

在分离型板块边界的大洋中脊,主要为基性的岩浆活动,出现大规模的裂隙式火山喷溢,熔岩溢出的方式主要为平静式(如冰岛拉基火山)。大洋中脊实际上是全球最大的火山活动带,沿着脊轴部到处都可以见到新鲜的火山岩,近年来沿中脊轴带采得的大量火山岩的同位素年龄一般不超出第四纪。洋中脊岩浆的起源位于轴带下方的地幔软流圈中,由于中脊轴部的拉张作用,导致其下压力降低,从而使物质的熔点降低,超基性的软流圈物质分熔出基性的玄武质岩浆,在压力梯度的驱动下沿中脊轴部裂隙上涌。一部分岩浆溢出海底,形成枕状熔岩,构成洋壳第二层;另一部分岩浆未到达地表,以基性岩墙或岩体的形式冷凝成洋壳的第三层。在大陆裂谷系发生的岩浆活动具有与大洋中脊类似的特征。

汇聚型板块边界包括俯冲边界和碰撞边界两种情况,实际上碰撞边界是俯冲边界进一步发展的结果。俯冲板块边界的岩浆活动以中、酸性为主,也有部分基性活动,其中以中性活动为典型代表,这里的岩浆活动均发育于海沟轴部靠大陆或岛弧一侧。环太平洋火山带正是这种俯冲边界附近的火山活动,其火山活动以中、酸性特别是中性安山岩类为主,多为中心式喷发,且因岩浆粘度较大、富含挥发分,常表现出强烈爆发性质。俯冲地区岩浆的起源一般较深,大多为幔源和壳幔混源,且与板块的俯冲活动紧密相关。当大洋板块向大陆板块之下俯冲到一定深度(一般大于80km)之下时,由于地热增温、板块俯冲的摩擦增温及压力的增高,使原来洋壳中的含水矿物(如蛇纹石、角闪石及沉积物等)发生大量的脱水,这种热液水降低了岩石熔点的温度,使得原来的洋壳发生部分熔融,分异出富硅、铝和碱(K、Na、Ca)的岩浆,这种岩浆由于质轻、体积膨胀和富含挥发分而上升,其在向上的运移过程中,还会进一步同化围岩,最终到达地壳上部形成以中性为主的岩浆活动。当大洋板块俯冲完毕、大陆与大陆发生碰撞时(即碰撞边界),岩浆活动的特征又发生了明显变化。这时期主要为酸性的岩浆活动,岩浆来源主要是地壳本身的局部重熔,其成因大多是由于强烈的碰撞与聚敛作用,使岩石强烈变形、岩块(或岩片)大量冲断推覆,在机械剪切热、地热及流体等因素的联合作用下地壳发生局部重熔而形成。

3. 板块构造与变质作用的关系

板块的俯冲作用引起的另一个重要后果便是变质作用。在俯冲带上明显地可以表现为两种地质环境,一种是在海沟附近(图17-30),由于岩石圈板块向下俯冲的速率和能量都较大,加上板块俯冲的压力和上覆岩层的重力,所以压力较高,而此处热流量并不高,因而形成高压低温的环境,所以在海沟近陆侧出现蓝闪石为代表的高压低温变质矿物。在这带还常常见到洋壳被挤碎的蛇绿岩碎块。

另一种变质条件是在火山岛弧带,为低压高温环境。当板块向下俯冲至一定距离,温度升高,板块局部熔融产生岩浆,上升至地表压力降低,因此产生了与岩浆运动相伴生的高温低压变质作用。代表性矿物为红柱石、夕线石及沸石等。

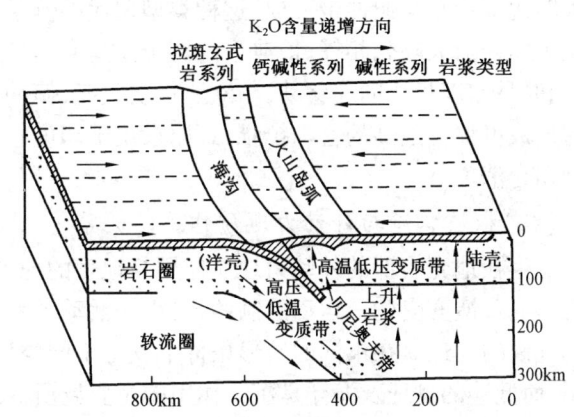

图17-30 板块俯冲作用引起的双变质带
(据斯宾塞,1981)

这两种地质环境形成两套变质岩带,它们成对出现,所以称为双变质带。如果板块俯冲速度很慢,或者受后来地热事件的改造,可能就不会形成或不保存高压相系的矿物。

板块活动与变质作用类型之间有着紧密的联系。在分离型板块边界的洋脊轴部附近,由于岩浆不断上涌形成新的洋壳,因而具有较高的地热梯度及热液作用,使先形成的洋壳岩石发生中—低级变质作用,并随海底扩张分布于整个洋底,都成秋穗称之为"洋底变质作用"。在平错型板块边界,则主要为动力变质作用,例如圣安德烈斯转换断层就发育一条宽达几千米的动力变质岩带。接触变质作用常常与板块活动引起的岩浆作用伴随,但变质作用中最主要的还是区域变质作用,这种变质作用与汇聚型板块边界的活动关系密切。

4. 板块构造与造山运动的关系

现今地球上年轻的活动山脉都分布在板块的汇聚边界上,例如喜马拉雅—阿尔卑斯造山带,美洲西部边缘的造山带以及现代岛弧或其邻近地区的活动带等。两个板块在俯冲带上碰撞,使大陆壳受到不断挤压,海沟陆侧的沉积物产生褶皱、断裂,形成了褶皱山脉(图17-31)。所以板块论的观点认为,山脉主要是由于水平挤压上升造成的。

板块撞碰所引起的造山作用有三种类型。一是洋壳板块与洋壳板块相撞,在那里引起了

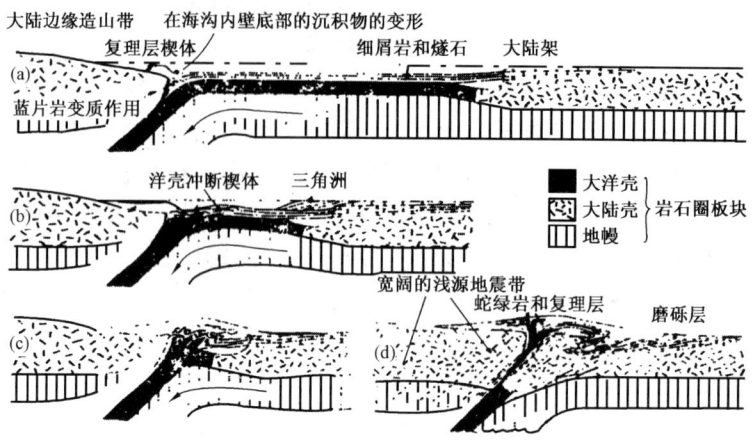

图 17-31 板块碰撞与造山作用(据斯宾塞,1981)
(a)早期;(b)中期;(c)晚期;(d)末期

海底造山运动;二是大陆壳与洋壳俯冲或仰冲,例如海沟—岛弧山系或者山脉—海沟类型山脉沿大陆边缘和海沟俯冲带形成,这种类型现代的例子就是安第斯山脉和北美的科迪勒拉山脉;三是大陆壳与大陆壳相撞,最典型的例子就是喜马拉雅山。喜马拉雅山在 2500 万年前开始形成,当时是印度板块向北移动,与欧亚板块相撞,俯冲插入亚洲板块之下,使欧亚板块边缘褶皱隆起形成世界上最高的喜马拉雅山,原来位于印度板块和欧亚板块之间的洋壳板块即特提斯海则闭合消失。

(二)板块构造与外动力地质作用的关系

发生在地壳表部的外动力地质作用与地表的地形及气候条件直接相关,但是,地表地形轮廓的形成及演变受构造运动的制约,与板块活动关系密切,而且板块活动也能引起地表自然条件和气候的变迁。在不同的地形条件下发育不同类型的表层作用,大陆及山地风化、剥蚀作用强烈,而低洼的盆地及海洋是沉积作用的主要场所。地表最主要的剥蚀源地是高大的褶皱山系,而这些山系的形成一般与汇聚型板块边缘的俯冲、碰撞有关。地表最重要的沉积盆地是大陆裂谷系盆地和海洋,它们的形成也是板块活动演化的结果。

板块运动在引起地形巨变的同时,还会引起自然条件和气候的变化,导致外动力地质作用的营力类型及特点发生变化。例如,在汇聚边缘形成的高大山系,当其从雪线以下升至雪线以上时,就会出现冰川环境,于是便会从原来的以风化、流水等地质作用为主转变为以冰川地质作用为主,如我国的喜马拉雅地区在第四纪就发生过多次冰川活动。不仅如此,地形巨变还影响到其周围地区的外力地质作用,如一些学者认为,新生代后期喜马拉雅山和青藏高原的升起,阻挡了印度洋向北吹的潮湿空气,是使中亚广大地区成为荒漠的重要原因。此外,板块的整体水平运动可以引起大陆古地理纬度的变化,从而使气候环境发生变迁,导致外动力地质作用的特点发生变化,例如原来在极地以冰川地质作用为主的大陆,如果漂移到低纬度地区,将会变为以风化、流水等地质作用为主。

(三)板块构造与成矿作用的关系

自板块构造学说问世以来,矿床的成因问题与板块活动联系起来成为崭新的板块成矿理论。板块的扩散边界、俯冲带以及热点处都是金属矿成矿的有利场所,而大陆边缘地带乃是沉积矿产的有利聚集地带。

大洋中脊是热地幔物质上涌的地方,这里热流值相当高,使海水受热,洋底的玄武岩与热海水之间发生了活跃的元素交换,这样,温度高达数百度的海水便从洋底玄武岩中获取了丰富的铁、铜、锰等元素。当这些富含金属元素而处于还原环境的热海水被重新驱回海底时,遇到含氧的冷海水,铁和锰这些金属元素就会被氧化,成为固体微粒沉落于海底。例如红海是一个新生的海洋,在红海的底部沉积物中,铁、锌、铜、铅、银、金等金属元素的含量就很高。

铬铁矿、铂、镍等则是沿大洋中脊直接上涌的地幔物质,在大洋中脊顶部形成的富含金属的沉积物,随着海底扩张而不断地向两侧推移,因此,在较老的洋底以及俯冲带中也能找到它们。

从大洋中脊涌出来的金属物质,大部分呈分散状态,当大洋板块进入俯冲带时,就被熔融并与岩浆一起上升和带到岛弧或大陆边缘地带。这些金属矿通过岩浆作用在板块的边界上富集,所以这个地带可以找到铜、铁、钼、铅、锌、银、锡、钨等矿产。由于俯冲带的岩浆活动呈有规律的侧向变化,所以金属矿的分布同样出现规则的变化,这种规则性被称为板块构造的成矿模式。在太平洋的周围是板块俯冲最显著的地方,因此,形成了一个环太平洋矿带,金属矿的带状分布也是确定古板块的一个标志。

五、板块运动的驱动力

板块运动的驱动力问题,目前还是一个尚未解决的问题,普遍认为地幔对流作用是板块运动的动力。上地幔软流圈中物质具有塑性、可以流动,而岩石圈板块是刚体,它好像放在传动带上的物体一样,在软流圈上与它一起运动。

一般认为对流运动主要是在软流圈中进行,而引起对流运动的动力主要是热能以及重力对流等,上地幔下部物质因温度升高,体积发生膨胀而上升。摩根根据卫星资料测出全球若干重力高的地方,这些地点恰好是火山和板块生长之处,也就是地幔深处圆柱状的上升流所在地,因此,他提出地幔柱的概念。上升热流使洋底隆起,一部分涌入洋脊形成了洋壳,而大部分呈水平方向流动,并带动上面的岩石圈板块运移。软流圈物质在水平流动过程中逐步变冷,密度加大,到一定地区形成下降流,带动板块产生俯冲消亡作用(图17-32)。

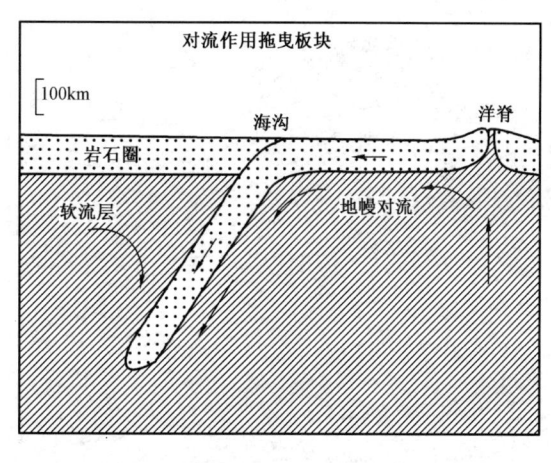

图17-32 地幔对流作用拖拽板块运移图
(据斯宾塞,1981)

引起地幔物质温度升高的原因,目前认为是集中在地幔上部的放射性元素的蜕变所释放出来的热能,另一种观点认为是重力的分异作用结果。地幔中炽热的易熔分异体向上涌升,铁、镍等重物质下沉向地心集中,由重力能转化为热能又使轻的物质上升,因而发生地幔对流。也有人认为两者兼而有之。

上田诚也、哈伯等人强调重力的作用,认为板块从洋脊到海沟的运动,主要是由板块前缘的不断冷却、加重、下沉和顺坡下滑所引起的,他们还通过计算说明这种下沉拖拉力比洋脊的推挤力大得多,足以引起板块产生具有现今速率的运动。

板块驱动力问题尚未能圆满解决,此外,板块活动是否在任何地质时期都存在？目前,最有说服力的证据,如海洋地球物理资料,只能肯定二叠纪以后有板块运动,至于更早期岩石圈的演化规律如何？怎样来确定古板块和古缝合线,这些都是有待研究的问题。

第十八章 槽台学说简介

地槽—地台说是传统的大地构造学说。1859 年,美国的霍尔在对阿巴拉契亚山地的研究中得出结论认为,山脉是在地壳的巨大坳陷中形成的。1873 年,丹纳把这种坳陷地带叫做地向斜(地槽)。1885 年,休斯又首先提出地台概念,他认为地台是地壳上稳定的地区。1900 年,法国的 E. 奥格在他的《地槽和大陆块》一书中,才把地壳划分为地槽和地台两种基本构造单元。地槽—地台学说产生后,从 19 世纪末到现在,一直占据统治地位。

在产生大地构造动力来源的看法上又有两种观点:一是认为以地壳的垂直运动(升降运动、振荡运动)为主;一是认为以地壳的水平运动为主。其中以垂直运动的观点占主要地位。

槽台论认为,地球表面分布高峻的山脉或岛弧的地区,都曾是地壳的活动地带——地槽,这里地壳升降运动的幅度和速度都较大,沉积物达到很大的厚度,构造变动和岩浆活动强烈,变质作用显著。地台也称陆台,代表地壳上比较稳定的地块,其轮廓呈浑圆状,在现代地形上一般表现为丘陵起伏的波状平原、低山绵延的大片高原或微倾的大陆架浅海地区。除幅度不大的整体升降运动外,地台的构造运动、岩浆活动、变质作用等都不如地槽强烈。

第一节 地槽和地台的概念

一、地槽的概念及特征

历史大地构造学说认为,地台和地槽是构成地壳的两大构造单元,地槽是相对活动的构造单元,而地台是相对稳定的构造单元。

地槽(Geosyncline)是大陆边缘或大陆之间的槽状强烈活动带。地槽在早期强烈下降,以基性火山活动为主,形成巨厚的下部陆源建造的基性、超基性岩建造;后期强烈上升,以中酸性火山活动为主,形成巨厚的复理石建造、磨拉石建造和中酸性火山岩建造。在地槽活动全过程中都伴有岩浆活动、断裂和变质作用,最后上升成褶皱山系。

地槽区具有以下特征:

(1)巨厚的沉积建造:泛指在地壳发展的某一构造阶段中,于一定的大地构造环境中以及一定的气候条件下所形成的沉积岩的共生组合。在地槽区整个构造旋回的每一特定阶段,必然形成与其沉积环境相适应的沉积建造,其特点如下:

① 沉积厚度很大,可达一两万米,但无论是在纵向和横向上,岩性和厚度有很大变化;

② 常表现为由陆相到海相,又由海相到陆相的一套完整的沉积系列。

(2)强烈的构造变动:地槽区的构造运动非常强烈,褶皱常表现为挤压十分紧密的线形褶皱,褶曲轴沿地槽走向延伸可达数百甚至上千千米,背斜向斜连续,同等发育;从横剖面看,常形成规模很大的复背斜和复向斜,在次一级或更次一级褶皱中,横卧、倒转以及等斜褶皱特别发育。

地槽区的断层常有很大的规模,断层线可延伸数十到数百千米,大多数为平行地槽走向的纵断层;逆掩断层和叠瓦式构造发育,有时形成较大规模的辗掩构造;垂直褶曲轴也常发育正断层和平推断层;在地槽区发展末期,高山隆起,而前缘坳陷又强烈下降,其间常常产生平行褶曲轴向的巨大正断层。

（3）频繁的岩浆活动：在地槽发育的全过程中，常伴随着强烈而频繁的、有规律的岩浆活动。地槽旋回开始，经常有以中、基性为主的海底火山喷发活动，形成一套复杂的火山岩系；接着由喷发活动转为中、酸性小型侵入和层间侵入活动；地槽回返阶段，岩层强烈褶皱，岩浆往往乘机大规模侵入，形成以酸性花岗岩为主的岩基；同时，岩浆顺着围岩裂隙贯入形成酸性或超酸性的岩墙、岩脉、岩盘等；旋回结束，地槽隆起形成褶皱带，由于断裂发育，地下岩浆沿断裂喷出地表，再度转为强烈的火山喷发活动。在整个岩浆活动过程中，岩性有由基性向酸性发展的明显趋势。这种与一定构造阶段相伴随的一系列有规律的岩浆活动的总和，称为岩浆旋回。

（4）显著的区域变质作用：地槽区是地壳上构造运动和岩浆活动最强烈的地带，剧烈的构造运动会引起动力变质作用；大规模的岩浆活动会引起接触变质作用；地槽区强烈的坳陷会引起广泛的区域变质作用。故地槽区所形成的褶皱带，常常是显著的区域变质带。区域变质是地槽发展过程中各种因素综合作用的结果。

（5）丰富多样的矿产资源：由于地槽区发育的长期性、复杂性和环境多变性，决定了在这一地带矿床成因类型和矿产种类的多样性。在地槽区的不同发展阶段，可以形成沉积矿床、可燃有机岩矿床、岩浆矿床、接触交代矿床及区域变质矿床等；在矿产种类方面可以形成各种金属矿产、能源矿产和非金属矿产。因此，地槽区常常是各种矿产资源聚集的宝库。

二、地台的概念及特征

地台（Platform）是地壳上巨大的构造稳定区，具有双层结构，即下部前古生代变质基底（Basement）和上覆古生代开始的未变质沉积盖层（Cover），其间为明显的区域性角度不整合面所分割（图18-1）。基底在古生代以前固结的是"老地台"，就是通常所说的地台；基底在古生代以后固结的是"新地台"，就是通常所说的褶皱带。因此地台的定义应该是：古生代以前固结（由活动转入稳定）的，具有基底和盖层二元结构的大片稳定区。

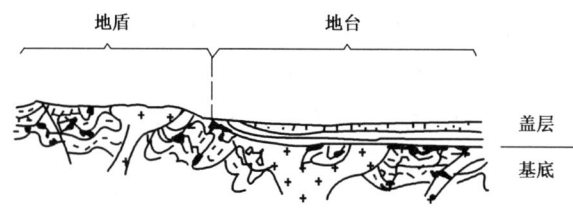

图18-1 地台的双层结构示意图

地台区是地壳上面积广大的相对稳定的地区，它的轮廓一般呈方圆形，现代地形一般是丘陵、平原、高原或平坦广阔的浅海区。地台区最明显的特征就是具有双层结构——基底和盖层。基底是由古老的结晶变质岩系，并经强烈褶皱变形和岩浆侵入的地层组成。盖层不整合于基底之上，由一套厚度不大，构造变动轻微，岩浆活动很微弱的未变质的沉积岩层组成。

地台区具有以下特征：

（1）厚度较小的沉积建造。与地台区的升降运动相对应，其沉积建造具有如下特点：

① 沉积厚度（即盖层厚度）较小，一般只有几十到几百米，有时可达一两千米，但有例外；

② 沉积范围较广，岩性、岩相比较稳定，横向变化不太显著。

（2）不太强烈的构造变动。在典型的地台区，褶皱变动比较和缓，多发育平缓开阔、不甚连续的褶皱构造，如短背斜、短向斜、穹隆、构造盆地等，断裂构造一般以正断层为主，还常常形成阶状断层、地堑、地垒等构造。由于地台一般属于刚性地块,断裂构造比较发育。

(3) 微弱的岩浆活动。在典型的地台区盖层中,火成岩比较少见,或以小型侵入和裂隙喷发为主,如形成岩株、岩盘、岩床、岩墙之类,以及大规模的玄武岩喷发活动。

这里所说的岩浆活动是指在地台盖层沉积过程中或形成以后的岩浆活动,不包括基底中的岩浆活动,因为那是在形成地台以前的地槽阶段的产物。

(4) 不太显著的变质作用。由于地台区构造运动和岩浆活动都比较微弱,升降幅度也比较小,所以盖层的变质现象不太显著或不普遍,很少有区域变质现象。

(5) 丰富的沉积矿产。地台区环境稳定,有彻底的风化、剥蚀条件和广阔平静的沉积环境,因此沉积矿产比较丰富,常形成沉积铁矿、锰矿、铝土、粘土、煤、油页岩、石油、盐、石膏等矿产,特别是在地台上常形成穹隆、短背斜等构造,为石油的聚集提供了很好的条件。在典型的地台区,因岩浆活动微弱,少有各种内生矿床,但在地台基底(前寒武系各种变质岩)部分,经常蕴藏着地台形成以前所形成的各种矿产,如全球 60%~70% 的铁矿,以及金、铜、镍、铀等金属矿产。

第二节 地槽旋回与造山运动

一、地槽内部单元划分

地槽两侧的稳定地块称为前陆(Foreland),地槽内部又可区分出次一级的地向斜(凹陷带)和地背斜(隆起带)。接近前陆的地槽外带不含大量火山岩,称为冒地槽(Miogeosyncline);远离前陆的地槽内带含大量火山岩,称为优地槽(Eugeosyncline)(图 18-2)。

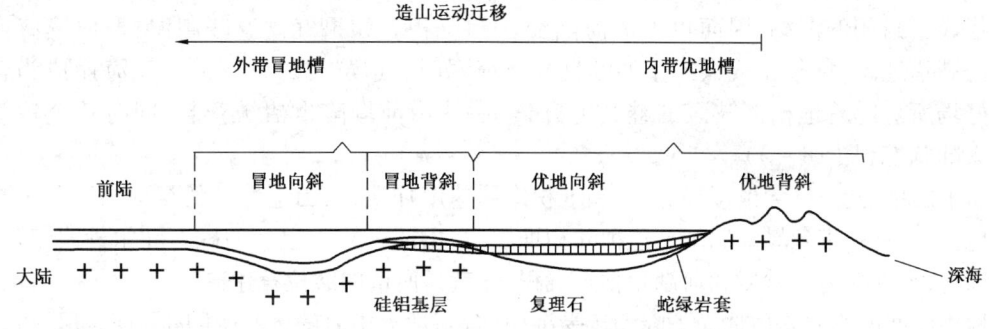

图 18-2 优地槽、冒地槽和前陆的主要特征(据 J. Aulouin,1961)

地槽的概念也是不断发展的。地槽的概念是美国地质学家 T. 霍尔(Hall,1859)和 J. D. 丹纳(Danna,1873)最早提出来的,认为地槽位于大陆边缘。后来,欧洲地质学家研究阿尔卑斯—地中海大地构造时,认为地槽位于大陆之间,因此地槽上升形成的褶皱带或在地台边缘,或在地台之间。根据现代板块构造理论分析,现代大洋(壳)和大陆边缘就是地槽,大部分是优地槽;只在没有俯冲活动的大陆边缘是冒地槽,如大西洋东西边缘就是冒地槽。

二、地槽旋回与造山运动

槽台学说将地槽的发展过程分解为地壳下降和接受沉积(含基性火山岩喷发)为主的早期阶段,以及回返褶皱、酸性岩浆侵入和山脉升起的晚期阶段。由于在上述过程中无论在沉积作用、岩浆活动、构造变动和成矿作用等方面,都存在一定规律性的巨型旋回现象,所以,把一个地槽发展的全过程称为地槽旋回。地槽旋回一般分为下降和上升两个阶段。

(一) 下降阶段

地槽发展初期总的进程是逐渐下降,但在内部有着明显的差异,有的地区相对隆起称为地背斜,相邻地区下降称为地向斜。当地槽下降时,海水侵入地向斜并逐渐扩大到地背斜。地槽下降阶段初期,陆地面积大,地形复杂,往往形成下部陆源碎屑建造——主要由长石砂岩、复矿砂岩或硬砂岩组成。随着海水的扩大,陆地面积缩小,沉积物逐渐变强而形成下部泥质岩建造,在地背斜附近颗粒显著变粗,厚度变薄,本阶段常形成铁、锰、磷等沉积矿产。在此阶段之后为地槽强烈下降阶段,这时往往出现巨大的断裂变动,引起大规模海底火山喷发作用。本阶段的突出特征是形成火山岩建造,与其共生的有铁、锰、碧石等矿产。最后在地槽下降阶段后期,差异升降作用已趋缓慢,火山作用减弱,碎屑物质来源减少;地向斜中沉积速度逐渐小于凹陷速度,海水也逐渐加深,形成较深海的灰岩或粘土岩沉积,即泥灰岩建造;地背斜地区处于缓慢上升,形成礁灰岩建造。

总之,地槽发展的第一阶段地壳运动以下降为主,但也有局部褶皱作用。开始下降阶段为下部陆源建造,强烈下降阶段为海底火山岩建造,后期下降作用减弱,有泥灰岩建造和礁灰岩建造。

(二) 上升阶段

地槽经过下降阶段以后,转为以上升为主的阶段。地槽上升,从原来隆起地区即地背斜开始,逐渐向地向斜推进,形成边缘坳陷,其相邻上升地带差异升降剧烈,高差显著,碎屑物增加,故形成上部陆源建造。地壳升降过程中,振荡频繁,沉积物具韵律性,形成上部复理石建造。当地槽主体褶皱上升后,形成了褶皱带(即褶皱山系),这时山系前就出现山前坳陷,在山系中出现山间坳陷(或山间盆地)。在这些坳陷地带,开始可能有海水存在,往后逐渐形成半封闭的潟湖,因而可形成海陆交互相沉积。如果气候温暖潮湿,形成滨海或平原上的湖沼地带,往往是成煤或生油的良好环境;如果气候干燥,常形成咸化海而成为含盐的良好场所。随着地槽褶皱区的继续上升,最后使山前坳陷也褶皱升起,同时整个地槽进入了大陆状态(图 18-3)。

由于山系的上升,导致侵蚀、搬运和堆积作用速度加快,从山上冲下的粗碎屑不仅分布在坳陷地区,而且被带到坳陷周围。这种陆相堆积,在山前一般由粗大的砾石和粗砂岩组成,离山麓渐远,逐渐变为细砂岩和河湖相粘土沉积,这就是所谓的磨拉石建造。

地槽旋回的实质是由地壳下降和接受沉积(含基性火山岩喷发)为主的早期阶段,以及回返褶皱、酸性岩浆侵入和山脉升起的晚期阶段所构成,第二个阶段实际上也是造山运动的过程。

第三节 地台和地盾

根据地台之上是否有沉积盖层,可以将地台划分为两种类型,具有稳定沉积盖层的称为狭义的地台;缺失沉积盖层、变质基底直接出露地表的部分称为地盾(Shield),它是地台区长期隆起的剥蚀区,其褶皱基底的变质岩系常常大面积出露于地表,海相沉积盖层很少或完全缺失,在地史埋藏中常以古陆面貌出现。晚期有显著的断裂活动,形成不同规模的内陆断陷盆地,褶皱开阔,断裂发育,有一定的岩浆活动。地盾形状不规则,长条形的称地轴,分布在地台

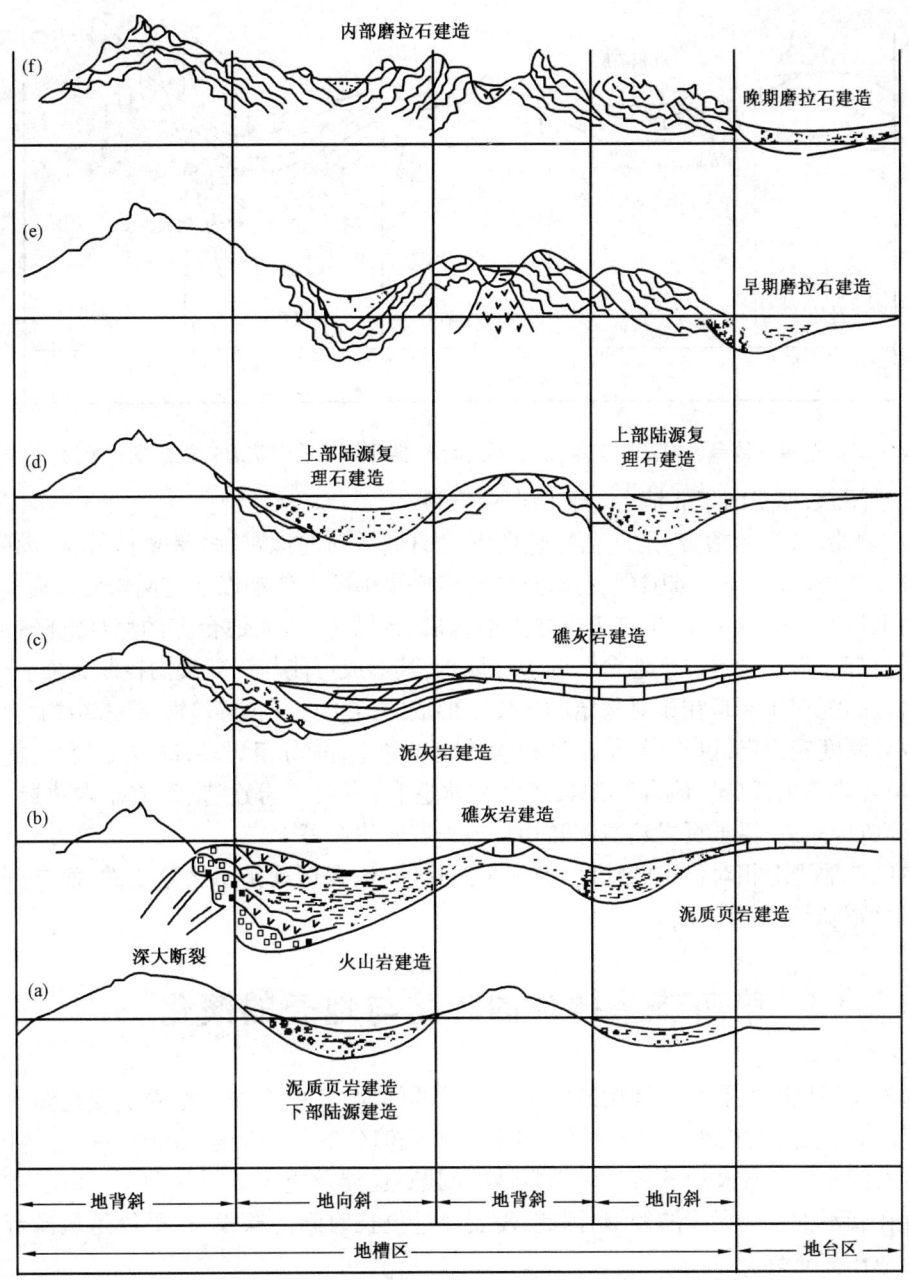

图 18-3　地槽发展阶段及沉积建造关系示意图(据 E. B. 桑采尔,1966)

边缘。

根据地台区盖层发育的不同特点又可把地台区划分为如下单位(图 18-4):

(1)台向斜:是地台区长期趋向下降的次一级构造单元,面积广阔,直径由数百至上千千米,上面覆有沉积盖层,具二层结构。沉积盖层产状平缓,坳陷中心沉积较厚,而趋向边缘则逐渐变薄,并有较老岩层出露,如我国四川台向斜、陕北鄂尔多斯台向斜等。

(2)台背斜:是地台区与台向斜相对应的长期趋向隆起的次一级构造单元,面积相当广阔,沉积盖层由边缘向中心逐渐变薄,中心部分有较老岩层出露,甚至有基底出露,沉积建造中

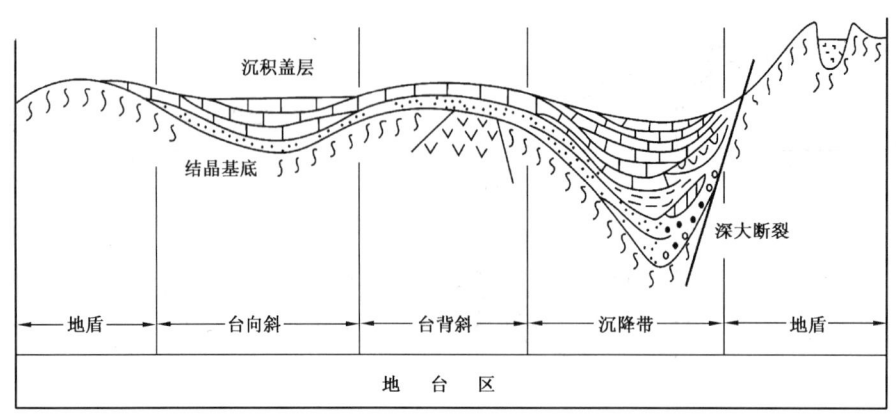

图 18-4　地台区内部构造单元划分示意图（据北京地质学院地史教研室,1962）

常有缺失或间断,如我国华北地台上有山西台背斜。

(3)沉降带:又称台褶带,是地台区长期下沉的最活动的地带,多呈狭长带状,坳陷较深,地层发育完全,构造变动比较强烈,有时还伴有海底火山喷发活动以及花岗岩侵入活动。这是中国地台上特有的构造单元,也有人称之为准地槽、台槽等,华北地台上的燕辽沉降带是一个典型例子。沉降带一般常位于地台区的边缘地带,其形成可能与深断裂的控制有关。

地台区的沉积建造是在相对稳定的条件下形成的,它的特点是:岩性单一,结构均一,分布广,相变小,厚度较稳定;以砂岩、粘土岩和碳酸盐岩为主,浅海相居多,缺少复理石、磨拉石等建造,火山岩建造也很少。地台区的典型沉积建造有:古典砂岩建造、碳酸盐岩建造、含煤建造、红色碎屑岩建造、铝土页岩建造和陆相火山碎屑岩建造等。

地台区是地壳上相对稳定的地区,但不是僵化的,地壳运动是不会停止的,而是继续向前发展,且这种发展是不可逆的。

第四节　槽台的转化与地壳的演化

地壳演化和地球发展是大地构造学中最复杂的问题,其中有关地壳演变是渐变还是激变(即突变)的问题,大陆增生和大洋化的问题,地壳演化的原因问题,地壳演化趋势的问题,地球起源的问题等。涉及地球科学中根本性的问题,也涉及重大的哲学问题。由于在地质科学中还存在着不少未被揭露的领域,因此,需要经过更长时间的探索,这里仅是从槽台关系的角度简要地作些介绍。

一些大地构造学家注意到了这种情况:世界上各个大陆往往存在着一个或几个稳定的地台,它们组成各大陆的核心,地台的周围又分布着不同时期的褶皱带,而且由内向外褶皱带的褶皱期越来越新。在这个事实的启示下,许多学者相信地台是通过这样的过程发展的:一个旋回开始,沿着大陆克拉通(地台)的边缘发育了地槽,通过造山运动,地槽的各种建造被焊接到大陆克拉通的边缘,使得克拉通得以增长;下一个旋回开始,在新克拉通的外围又发育了新的地槽坳陷,以后又通过造山运动褶皱带并合到大陆克拉通的外缘。因此,大多数槽台论者相信地壳演化的总趋势是地台不断增生、不断扩大的过程,这就是地台扩大说的基本思想。假说认为:随着地壳的演化,地台的范围由于褶皱带的焊接而增大,地台的数量则由于相邻地台的归并而减少;活动的地槽因褶皱而被稳定的地台所代替,其范围不断缩小,地台一旦形成后就形成稳定的地区,一般不会再回复到地槽,虽然有些地区可能因地台的破裂而出现活动带,但这是局部的现象。西伯利亚地台向南的增生和北美地台向两侧的扩大,被有些前苏联学者看作是这一假说的最好实例。

另一些学者注意到,在许多地槽里,地槽沉积层之下还存在着前寒武纪的变质岩系,它们与地台的基底岩系并无本质的差别,因此设想在地槽发展以前,地槽与地台曾经是统一的基底,全球出现过克拉通化的阶段,只是由于后期断陷作用,一部分沦为地槽活动带,一部分保持稳定的构造,成为地台。这种观点概括越来就是泛地台假说。

还有一些学者注意到地台的基底部是经过褶皱、变质的岩系,具有地槽的特点,因此设想在地台出现之前,全球范围内主要是地槽环境,地台是在此基础上逐步形成的,现在的大洋只不过是还没有转化的残余部分。这种观点简而言之就是泛地槽假说。

不论是泛地台说还是泛地槽说,都是建立在前寒武纪研究基础之上的。如前所述,近十多年来前寒武纪地质研究的进展已经表明,地壳的发展是多阶段的,前寒武纪地块内部的构造也是不均一的,因此,泛地台和泛地槽的均一论是难以说明前寒武纪地壳演化的。

关于大陆增长或地台扩大的假说,有些学者也作了验证,把岩石学资料和同位素年龄资料标示在北美大陆不同时代的基底岩系分布图上,又标出各时代构造线的大体方向。图中显示了较老的构造走向被较年轻的构造走向截切,在许多横断裂带内还可以看到残余的、比较老的岩层,这就表明地台并不是单纯扩大的,大陆一方面在不断通过发育边缘地槽带而增生,另一方面也有改造的作用,即老的陆壳被破碎而成为年轻褶皱带的成分。

多数地质学家认为,地壳演化一方面表现在地槽经造山运动而褶皱封闭,形成克拉通或地台,另一方面克拉通或地台也可转化为地槽。地台往往由于大规模的裂陷作用,在其边缘或内部出现了活动型的沉积组合,如巨厚的复理石或类复理石建造,或者产生大量的海底火山喷发,从而形成新的地槽活动带,这种地槽,称为新生式地槽或再生地槽。这种地槽往往截切了地台的基底构造,在其内部还可以找到地台的基底岩系和前地槽期的地台型沉积。越来越多的资料证明,新生式地槽在我国地质构造中占有相当重要的地位,天山地槽、右江地槽、巴颜喀拉地槽的全部或一部分是其代表,它们的出现与地台的破裂有关。在大地构造发展中,克拉通、地台的扩展期和破裂期,陆壳的聚合作用和分裂作用是交替出现的,这在地壳演化中具有普遍意义。在中国,新生式地槽主要产生在中元古代早期、早加里东期、早印之期和早喜马拉雅期。

第十九章 地壳的演变

第一节 地球圈层结构的形成

一、地球的起源

关于地球的起源问题,已有相当长的探讨历史了。在古代,人们就曾探讨了包括地球在内的天地万物的形成问题,随着科学技术的发展,人们对太阳系起源这一基本理论问题的认识才逐步深化。从1775年康德根据牛顿的万有引力定律提出星云说以来,关于太阳系的起源的学说已有40多种,归纳起来,主要有以下三种:

(1)灾变说。这种假说认为,行星物质是在某种重大突发事件发生过程中从太阳中分离出来的,如恒星和原始太阳相碰,或恒星走到原始太阳附近时,从太阳"拉出"一些物质,并给它以相对太阳而言的巨大角动量,这些物质后来就形成了行星和卫星。现代研究表明,由于宇宙中恒星之间相距甚远,相互碰撞的可能性极小。

(2)俘获说。这种假说认为,太阳从恒星星际空间俘获物质,形成原行星云,再演变为行星。

(3)共同形成说。这种假说认为,太阳系的所有天体都由同一个原始星云形成,星云中心部分形成太阳,外围部分形成行星等天体。

18世纪康德与拉普拉斯都设想太阳系由同一片"原始星云"演变而成,但无法解释太阳系内部质量和角动量分配的矛盾(太阳占总质量的99.85%,其角动量仅占总角动量的0.6%)。这导致20世纪初多种灾变说的兴起,但灾变论将太阳系的起源问题归因于某种极其偶然的事件,是缺乏科学依据的。观测事实表明,恒星间接近或相撞的几率小到约3000亿年一次,银河系形成至今不到150亿年,灾变无从发生。因此,20世纪后期关于太阳系的形成是以新星云假说的出现为特征,该假说是在康德—拉普拉斯学说基础上建立起来的更加完善的解释太阳系起源的学说,如英国天文学家霍伊尔提出原始星云在引力收缩中转速加快,分别脱出行星圆盘和卫星圆盘,最终形成了太阳系。在热核反应启动后的太阳升温过程中,电磁辐射产生磁力矩,实现了角动量从太阳向行星的转移。这些虽在一定程度上克服了传统星云说的不足,仍未能一锤定音,但人们对地球和太阳系起源的认识却在这种曲折的发展过程中得以深化。

目前认为,形成原始地球的物质主要是上述星云盘的原始物质,其组成主要是氢和氦,它们约占总质量的98%,此外,还有固体尘埃和太阳早期收缩演化阶段抛出的物质。在地球的形成过程中,由于物质的分化作用,不断有轻物质随氢和氦等挥发性物质分离出来,并被太阳光压和太阳抛出的物质带到太阳系的外部,因此,只有重物质或土物质凝聚起来逐渐形成了原始的地球,并演化为今天的地球。水星、金星和火星与地球一样,由于距离太阳较近,可能有类似的形成方式,它们保留了较多的重物质;而木星、土星等外行星,由于离太阳较远,至今还保留着较多的轻物质。关于形成原始地球的方式,尽管还存在很大的推测性,但大部分研究者的看法与中国著名天文学家戴文赛先生(1917—1979)的结论一致,即在上述星云盘形成之后,由于引力的作用和引力的不稳定性,星云盘内的物质,包括尘埃层,因碰撞吸积,形成许多原小行星或称为星子,又经过逐渐演化,聚成行星,地球亦就在其中诞生了。根据估计,地球的形成所需时间约为1千万年至1亿年,离太阳较近的行星(类地行星),形成时间较短,离太阳越远的行星,形成时间越长,甚至可达数亿年。

二、地球内圈的形成

我们现在所找到的最老岩石形成于40亿年前左右,根据月球岩石和陨石年龄比较,地球年龄至少应该与其相当,即45亿年左右,所以地球内圈的形成时间大致在距今45亿~40亿年前后。

现在的地球内部三圈(地壳、地幔、地核)最明显的特征是各圈的密度不同,最重的元素铁和镍集中在地核,其中掺有少量硅和硫(约15%);大部分轻元素(主要是Si、Al)则集中在地幔和地壳中。这种按密度分层的地球结构是地球形成初期就具备的基本特征,还是逐渐形成的呢?

有关地球内圈的形成过程,根据地球成因假说也有两种不同的说法。一种说法认为是在地球凝聚过程中逐步形成的,一种说法认为是地球形成后分异出来的。

(一)逐步凝聚说

地核的铁、镍和地幔的硅酸盐物质是在灼热的太阳星云冷却过程中先后凝聚出来逐步凝成的(图19-1)。在太阳星云逐渐冷却过程中,铁、镍的沸点较硅酸盐高,便先凝固出来聚集成地核,直到铁镍大都凝固出来,地核也就不再增长,见图19-1(a)、图19-1(b)、图19-1(c);然后硅酸盐继之凝固出来包围地核而形成地幔,见图19-1(d);最后是沸点较低的元素凝固出来形成岩石圈(地壳和上部地幔)。从太阳星云冷却到凝聚成地球的过程进行得很快,可能只需要几百年或几千年。

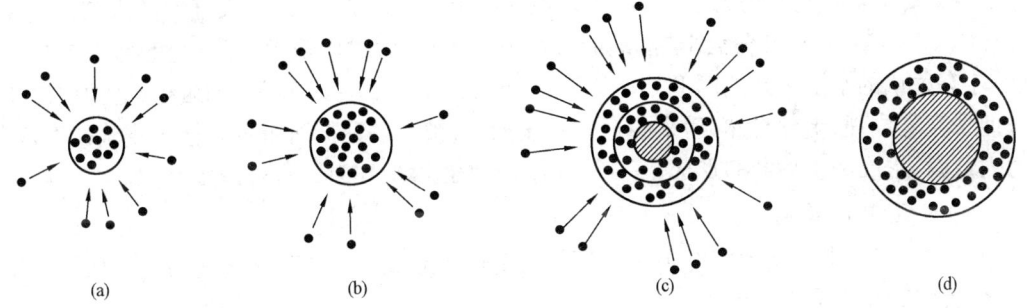

图19-1　地球内圈逐步凝聚形成过程示意图(据李叔达,1983)
图中的线条和线条点表示铁镍,黑点表示硅酸盐

(二)后来分异说

原始地球由星际物质聚集起来后还是冷的,密度和成分完全均匀,铁、镍和硅酸盐混合在一起,所有元素都是固体,见图19-2(a)。由于原始地球中放射性元素含量比现在多得多,释放出大量蜕变热使原始地球局部熔化。由于铁、镍的熔点比大多数硅酸盐的熔点低些,当温度升高时,在400~650km深度的铁、镍首先熔化(因为更深处的压力较大使熔点升高),形成熔融金属层,见图19-2(b),硅酸盐也开始软化,此时发生了重力分异过程:密度较大的铁、镍往下沉,密度较小的硅酸盐向上浮,熔融的铁、镍逐渐聚成"块体",见图19-2(c);在分异过程中产生摩擦热,使深处的铁、镍也熔化下沉,终于全部集结到地心形成地核,硅酸盐形成地幔,见图19-2(d);地幔中温度高,引起紊流,为不稳定状态,其中最轻而易熔元素如钠、钾、钙、铝等

便上升到最上层,形成岩石圈(地壳和上部地幔)。放射性元素蜕变加热过程约需要几百万年时间才开始分异,分异过程也很慢,地核在长时期分异过程中逐渐增大。

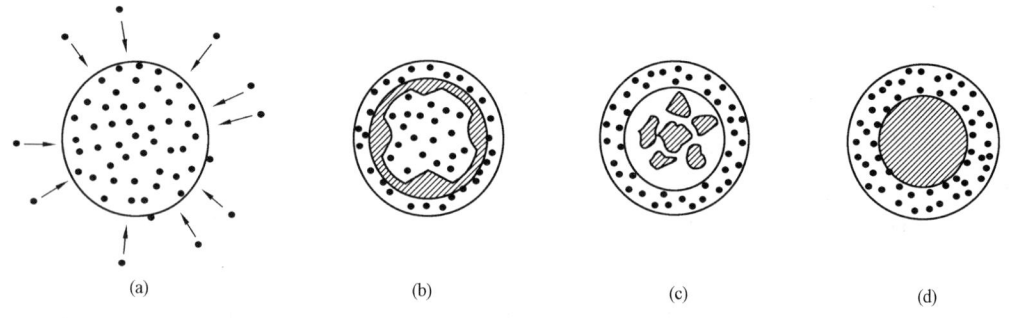

图 19 - 2 地球内圈重力分异形成过程示意图(据李叔达,1983)
图中的线条和线条点表示铁镍,黑点表示硅酸盐

这两种说法目前都还没有有力的证据来证明自己的正确,但目前科学家普遍支持第二种假说,即认为地球形成时基本上是均匀的混合物。初始地球的平均温度较低,所以全部处于固态,地球形成后,由于长寿命放射性物质的衰变、引力位能的释放以及宇宙空间陨石的撞击等,使地球内部慢慢增温,当地球内部开始出现熔融的物质,重力分异作用就开始了,液态的铁元素逐渐流向地心,形成地核,地幔的表层也逐渐分异出一层薄薄的地壳,一个具有分层结构的地球就开始形成了。

三、地球外圈的形成

关于大气圈、水圈和生物圈的形成,目前普遍接受的是地球由热变冷凝的说法,认为大气是固体地球变冷凝后,剩留的残余星云气体在地球的引力下形成大气圈;大气中的水汽在地壳冷到100℃以下时凝成雨水降落到热的地面又蒸发成水汽,同时出现大量降雨和蒸发,当地表更冷后,才有大量的水汇集到地面低处形成海洋,出现水圈;以后又出现生物圈。这种说法粗看起来似乎言之成理,十分自然,后来经过进一步探讨,被许多证据所否定。根据现代研究成果,认为大气圈、水圈和生物圈的形成是一个相当复杂的过程,其中经历过许多变化。

(一) 大气圈的形成

现在的大气是由原始大气经历一系列复杂变化才形成的。地球大气的演化经历了原始大气、次生大气和现在大气三代。

1. 原始大气

原始大气出现于距今约46亿年以前,原始大气的形成与星系的形成密切有关。宇宙中存在着许多原星系,它们最初都是一团巨大的气体,主要成分是氢,以后原星系内的气体团集成许多中心,在万有引力作用下,气体分别向这些中心收缩,出现了许多原星体。原星体越收缩则密度越大,密度越大则收缩越快,使原星体内原子的平均运动速率越来越大,温度也越来越高。当温度升高到摄氏1×10^7℃以上时,原星体会发生核反应,出现四个氢原子聚变为一个氦原子的过程。较大的原星体的核反应较强,能聚变成较重的元素。按照爱因斯坦能量(E)和质量(m)方程$E = mc^2$(c为光速),这些聚变过程会伴生大量辐射能,使原星体转变为发光的恒星体。恒星体内部存在复杂的核反应,在氢的消耗过程中,较重元素的丰度渐渐增多,并形成一些更重要的元素。因此,大多数科学家都认为地球形成初期应当具有以星云凝聚时的氢和氦为主要成分,以氢的化合物为次要成分的还原性原始大气。由于原始地球内部巨大能量的转换,再加上太阳风的强烈作用,而地球刚形成时的引力较小,使得这些轻质原始大气很快就逃逸并消失,取而代之的是与生命起源休戚相关的次生大气。

2. 次生大气

次生大气笼罩地表的时期大体在距今45亿年前到20亿年前之间。现在的学术观点普遍认为,地球早期的次生大气有两种可能的来源,即宇宙天体(如彗星和小行星)的撞击和火山喷发作用。

天体撞击给地球带来的气体成分主要是水,其次还有 CO、CO_2 以及少量的 CH_3OH 和 NH_3,这一来源的二次大气在降水之后主要表现为 CO 和 CO_2 及痕量 N_2 和 H_2。

另外,地球生成以后温度开始下降,地球表面发生冷凝现象,由于最初形成的地壳仍较为薄弱而地球内部的温度又较高,这就促使火山频繁活动,火山爆发时所形成的挥发气体,就逐渐代替了原始大气,而成为次生大气。现代火山喷出的气体主要成分是 CO_2 和水汽,还有少量 NH_3、CH_4、Cl_2 等气体,如果原始地球上火山喷发的气体与现在相似,那其主要成分应该包括 H_2O、H_2、CH_4、NH_3 等。当地壳冷凝后,原始大气中水汽凝成雨水降落地面形成原始海洋,剩余气体中则主要是 CO_2,这和金星与火星的大气成分很一致。在地壳形成以来的很长时期中,一直有火山活动,所喷发的气体数量很大,其中大量水汽凝成雨降落,因此,次生大气的主要成分应为 CO_2、CH_4、NH_3 及少量的 N_2 和 H_2。

次生大气中没有氧。古沉积岩中低价铁的存在也说明,由早期地球出气作用产生的大气可能是还原性的,这是因为地壳调整刚开始,地表金属铁尚多,氧很容易和金属铁化合而不能在大气中留存,因此次生大气属于缺氧性还原大气。次生大气形成时,水汽大量排入大气,当时地表温度较高,大气不稳定对流的发展很盛,强烈的对流使水汽上凝结,风雨闪电频繁,地表出现了江河湖海等水体。这对此后出现生命并进而形成现在的大气有很大意义。

3. 现在大气

由次生大气转化为现在大气,同生命现象的发展关系最为密切。地球上生命如何出现是长期争论的问题,A. И. 奥巴林(1924)最早提出生命现象最初出现于还原大气中的看法,其后有 S. L. 米勒(1952)等人在实验室的人造还原大气中,用火花放电的办法制出了一些有机大分子,如氨基酸和腺嘌呤等。腺嘌呤是脱氧核糖核酸和核糖核酸的主要成分,所以这种实验有一定意义。但20世纪六七十年代,人们利用射电望远镜发现,在星际空间就有这些有机大分子,例如氨亚甲胺(CH_2NH)、氰基(CN)、乙醛(CH_3CHO)、甲基乙炔(CH_3C_2H)等,他们又曾将陨星粉末加热,发现有乙腈(CH_3CN)等挥发性化合物和腺嘌呤等非挥发性化合物,于是认为生命的根苗可能存在于星际空间。但无论如何,即使"前生命物质"来自星际空间,但最简单、最早的生命仍应出现于还原大气中,这是因为在氧气充沛的大气中,最简单的生命体易于分解、难以发展。

(1) 氧和二氧化碳的形成和变化。

在绿色植物尚未出现于地球上以前,高空尚无臭氧层存在,太阳强烈的紫外辐射能穿透上层大气到达低空,把水汽分解为氢、氧两种元素,当一部分氢逸出大气后,多余的氧就留存在大气中。在此过程中,因太阳紫外线会破坏生命,所以地面上就不能存在生命,初生的生命仅能存在于紫外辐射到达不了的深水中,利用局部金属氧化物中的氧维持生活,以后出现了氧化酶(Oxidase),它可随生命移动而给生命供应氧,使生命能转移到浅水中活动,并在那里利用已被浅水过滤掉有害的紫外辐射的日光和溶入水中的二氧化碳来进行光合作用,从而发展了有叶绿体的绿色植物。于是光合作用结合水汽的光解作用使大气中的氧增加起来。

大气中氧的组分较多时,在高空就可能形成臭氧层,这是氧分子与其受紫外辐射光解出的氧原子相结合而成的。臭氧层一旦形成,就会吸收有害于生命的紫外辐射,低空水汽光解成氧的过程也不再进行,于是在低空,绿色植物的光合作用成为大气中氧形成的最重要原因。这时,生命物因受到了臭氧层的屏护,不再受紫外辐射的侵袭,且能得到氧的充分供应,就能脱离水域而登陆活动。总之,植物的出现和发展使大气中氧出现并逐渐增多起来,动物的出现借呼吸作用使大气中的氧和二氧化碳的比例得到调节。此外,大气中的二氧化碳还通过地球的固相和液相成分同气相成分间的平衡过程来调节。

一般在现在大气发展的前期,地球温度尚高时,水汽和二氧化碳往往从固相岩石中被释放到大气中,使大气中水汽和二氧化碳增多,另外大气中甲烷和氧化合时,也能放出二氧化碳。但当现在大气发展的后期,地球温度降低,大气中的二氧化碳和水汽就可能结合到岩石中去。这种使很大一部分二氧化碳被禁锢到岩石中去的过程,是现在大气形成后期大气中二氧化碳含量减少的原因。再则,一般温度越低,水中溶解的二氧化碳量就越多,所以现在大气形成后期二氧化碳含量比前期大为减少(图19-3)。

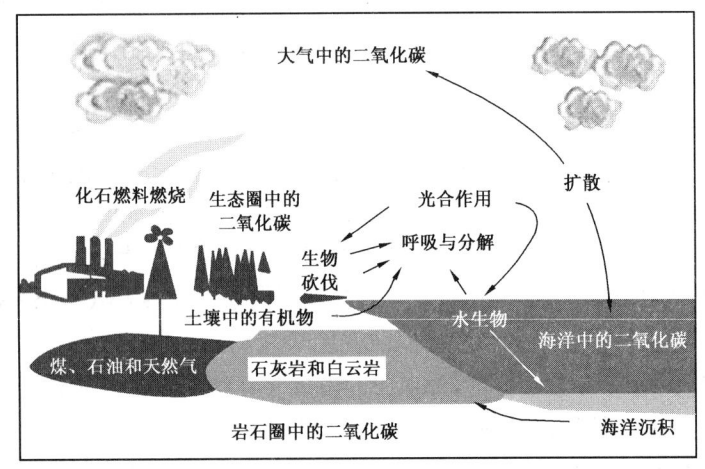

图19-3 大气中二氧化碳的迁移(据杨桥,2004)

(2)氮和氩的形成。

正如现在大气中的二氧化碳,最初有一部分是由次生大气中的甲烷和氧起化学作用而产生的一样,现在大气中的氮,最初有一部分是由次生大气中的氨和氧起化学作用而产生,火山喷发的气体中,也可能包含一部分氮。在动植物繁茂后,动植物排泄物和腐烂遗体能直接或间接通过细菌分解为气体氮。氧虽是一种活泼的元素,但是氮是一种惰性气体,所以在常温下它们不易化合,这就是为什么氮能积集成大气中含量最多的成分,且能与次多成分氧相互并存于大气中的原因。至于现在大气中含量占第三位的氩,则是地壳中放射性钾衰变的副产品。

(二)水圈的形成

次生大气形成过程中,由于天体撞击和地球上火山活动频繁,给次生大气提供了大量的水蒸气,地球生成以后温度开始下降,随着地球逐渐变冷,水蒸气冷凝成水。科学家们认为,在40多亿年前地球上就已经有液态水和海洋的存在。

海洋形成后,长时期以来盐度比较稳定,没有大的变化,含水量一直在96.5%左右,所溶解的气体除大量CO_2外,还有少量氯、氧等。由于火山活动不断供给水源,海水量逐渐增加,后来火山活动大大减弱,水量也基本稳定。

(三)生物圈的形成

生物圈在大气圈和水圈形成之后才逐渐开始形成。生命的开始应该说是很早的,在已发现的所有最古老的地层中都发现有原始植物遗留的残迹,所以有理由说,生物圈是在固体地球分圈以后,而且在海洋与大气圈形成以后才开始出现的。那么,生命是如何起源的呢?

生命的基本特征在于蛋白体具有的新陈代谢能力,这种能力是任何非生命体不具备的。但生命与非生命之间并没有不可跨越的鸿沟,所有生物体大都由氢、氧、碳、氮四种轻元素组成,这几种元素也是原始大气和原始海洋的主要成分(图19-4)。构成生物体的50多种元素在非生物界里同样存在,说明两者有着共同的物质基础,生物是非生物演化到特定阶段的产物。

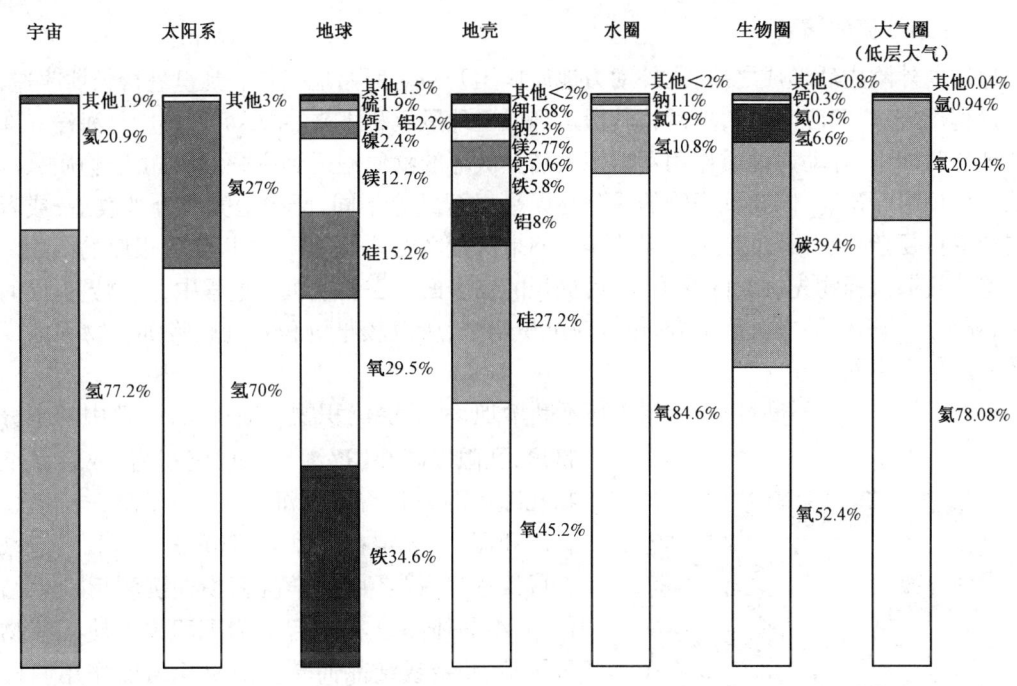

图19-4　元素在地球中的分布(据陶世龙等,1999)

20世纪60年代以来,用射电望远镜搜索宇宙空间的结果发现,星际空间存在大量的有机分子,其存在说明构成生命物质基础的有机物可在宇宙的演化过程中产生,并分布于银河系、河外星系的星球上和星际空间。但从无生命的简单有机物小分子变为复杂的有机物大分子,再进入由许多大分子聚集而成的、以蛋白质和核酸为基础的多分子体系,需要经过由化学演化到生命演化的连续序列和重大飞跃,这种突变过程在已知宇宙空间或存在热核反应的恒星条件下,是不可能实现的。因此,地球上生命的起源应当从地球早期地表环境以及物质系统自身的演化过程中去寻找原因。

地球完成初始圈层分异后,随着地表温度下降到300℃左右,地球表层已经存在原始地壳、原始水圈和原始火山气圈,原始大气中可能存在着CO_2、H_2O、CH_4、N_2、NH_3、H_2等气体。以类似物质条件为前提,英国科学家米勒通过在玻璃容器中对上述混合气体的放电实验,获得了氨基酸等简单有机机物。因此,原始地球表面在紫外线、电离辐射和雷电作用下可以合成生命材料的认识,已经不再有人怀疑。这些有机物汇聚到原始海洋中后,在当时地壳环境的热聚合等作用促进下,发生了"氨基酸→类蛋白质→蛋白质"的转化。随着化学反应速度提高,其有序性和方向性也相应加强,终于出现真正的蛋白质合成,产生出有生命的原生质,完成了向原始生命进化的飞跃。

根据对南非巴布顿地区和澳大利亚西部的燧石层中发现的球状和棒状的单细胞菌状微体化石的同位素年龄测定,科学家们估计地球上最早期的原始生命存活于35亿年前,这些原始生命并不需要氧气。最新的证据来自澳大利亚发现的距今约42亿年的古老钻石,其内包含着与现存有机体相关的轻碳,揭示地球最早期生命于42亿年前就已存在了。

第二节　地壳形成后的演变特征

一、原始地壳的演变

地球内外圈先后形成之后,内外动力地质作用开始对原始地壳从表到里进行长期改造,风化剥蚀作用破坏了高地岩石,然后将其搬运到低平地段沉积下来,主要沉积场所是海洋。在悠长的地质时期中,外动力地质作用不断把大陆上破坏的物质搬运到海中沉积,由于物质来源于大陆上各种岩石矿物,以致沉积物的成分与原来岩石成分不同,原始地壳成分被改造,或者受到混合变得复杂,或者经过分选变得纯净。如果沉积区的地壳下降,可以接受很厚的沉积。

这些松散沉积物先沉积的在下面,后沉积的在上面。在长期沉积过程中,生物界也同时在演化,死亡后的遗骸随之沉落下来,包含在沉积物中,所以较早沉积物和较晚沉积物中的生物遗骸种属也会不同。

松散沉积物经过不断堆积,上层负荷不断增加,使下层沉积物不断压实,孔隙中的水分被挤出,孔隙度减小,逐渐转变成沉积岩;或者由沉积物孔隙中的饱和溶液的沉淀物(通常是硅质、铁质、钙质和泥质)充填在孔隙中,把沉积颗粒胶结起来转变成沉积岩;或者由化学沉积物在沉积后发生结晶作用,结晶体粘合在一起成为沉积岩。使沉积物通过压实、胶结或结晶而转变成沉积岩的作用叫硬结成岩作用。

沉积物中所含生物遗骸,其软体部分常被分解移去,硬体部分常被矿物质置换(有的被碳化)而保存下来,这种有机质换成矿物质的过程叫石化作用,古生物遗骸通过石化作用而形成化石,保留在沉积岩中。

根据沉积岩所含化石可以确定沉积岩的地质时代,因为不同地质时代有不同化石存在。具有时间意义的岩石叫地层(图19-5),其他不含化石的岩石(如岩浆岩、深变质岩和有些沉积岩)的地质时代可由与其有关的地层用叠置关系或交切关系来确定其地质时代。根据地层时代和岩石、化石等特征就可以研究地壳发展过程了。

图19-5　地层剖面示意图

二、地壳的演变

现在已有很多证据足以证明大陆地壳和大洋地壳在地质时期中是不断演变的,它们的演变规律有不少大地构造学者都在研究,却还没有取得一致的看法。

(一)确定地壳演变的标志

要了解地壳的变迁,首先要判明海陆环境,确定海陆环境的主要标志是岩性和化石。海和陆是自然条件迥然不同的两个自然地理区,它们的外动力地质作用大不一样,所沉积的沉积物差别很大,根据沉积岩岩性很容易识别它们是大陆沉积的还是海洋沉积的(详细的鉴别在岩石学中讲)。同时,在绝大多数沉积岩中都含有化石,有的岩石含化石非常丰富,有的岩石中化石不多,这些化石各有自己的组织和构造特征,陆生生物与水生生物不同,淡水生物和咸水生物也不同。生物死后,遗骸的硬体部分在适合的环境下保存下来(在特殊条件下还可保存软组织),它们的生态特点往往也保存下来,根据化石的生态构造特征可以判断是陆生的还是水生的,淡水的还是海水的(详细的鉴别在古生物学中讲)。

(二)大陆地壳和大洋地壳的演变

关于地壳演变的基本规律有过许多争论,其中比较流行的意见有三个,前两个是讲大陆地壳的变化,后一个是讲大洋地壳的变化。我们按提出意见的时间先后顺序介绍如下。

1. 陆地由小变大,逐渐增长

目前,多数人认为原始地壳是硅镁质的,也就是说,地球形成初期是没有硅铝质的。

各大陆上广泛分布着的沉积岩和由沉积岩变质的副变质岩,其中大多数都是海洋沉积,大陆沉积很少,而且越是老地层,海洋沉积岩所占比例越高。地质时期早期,大陆很少,主要是大片海洋覆盖着地球表面,原始大陆像几个孤岛,多半由岩浆岩构成,现在全都变成了正变质岩,年龄最老,质地坚硬,抗变力强,后来的地壳运动、地震作用、岩浆作用都不易改造它们,这就是稳定地块(有人译为克拉通)。大陆地壳上比较大的稳定地块有8个(图19-6)。

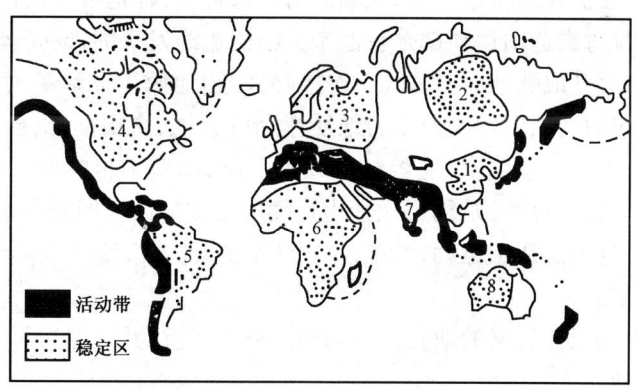

图19-6 大陆地壳构造概略图(据王元清,1985)
1—中朝地块;2—西伯利亚地块;3—东欧地块;4—北美地块;
5—南美地块;6—非洲地块;7—印度地块;8—澳大利亚地块

图19-7为世界地台基底构造略图,它简明地告诉了我们前寒武纪地球的演化情况。在距今30亿~31亿年前,地壳产生了原始陆核,这些原始陆核很小,分布零散。到距今25亿~26亿年太古代结束时,即经过太古代末期的构造运动,原始陆核"长"大,形成了真正的陆核,

开始出现稳定类型的沉积。进入元古代,经过距今19亿~17亿年、10亿~8亿年的几次构造运动,大陆进一步扩大了,形成了相对稳定的地台,从此出现广泛的稳定型沉积。

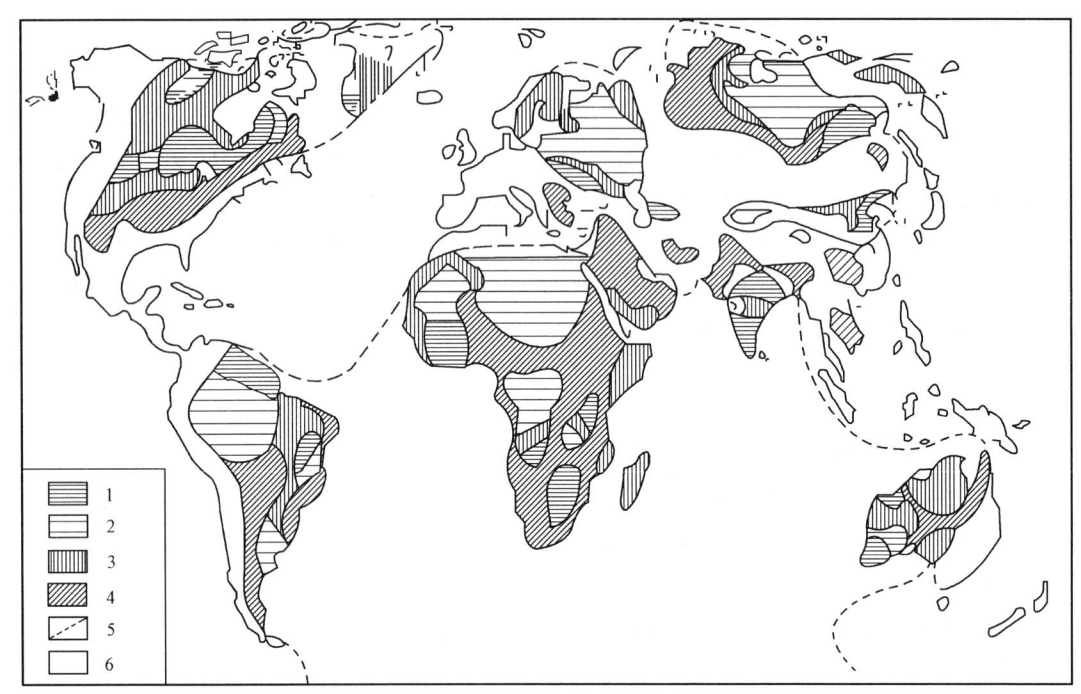

图 19-7 世界地台区基底构造图(据王元清,1985)
1—大于30亿年;2—大于25亿年;3—大于18亿年;
4—大于8亿年;5—古地台边界;6—显生宙褶皱带

由此可以看出大陆扩大的基本规律,大陆的每一次扩大,都是由一次强烈的地壳运动——造山运动完成的,而且每次造山运动都是在原来大陆的边缘发生的,地壳运动把稳定地块周围的浅海部分地壳褶皱上升成陆地,与"孤岛"连接起来,陆地面积逐渐扩大。新陆地初始形成时多半是高山,随着时间增长而饱受外动力地质作用的剥蚀,高山削低,破坏物质被搬运到低海盆或湖盆中沉积下来把低处填平,地势起伏逐渐平缓,山势不再陡峭了,(如果是高耸挺拔的雄伟大山脉,则是比较年轻的)从而每次造山运动所形成的巨大褶皱山系便"焊接"、"镶嵌"在原来的大陆上。经过多次造山运动,大陆从无到有逐渐扩大,至今大陆地壳占全球的40%(包括大陆架和大陆坡)。

已经成为大陆的地壳在后来的地壳升降运动中还会下沉为海,然后再上升成陆,这时主要是变位,变形不太强烈。

上述这一种论说的特点是地壳没有明显的水平运动,主要是在原处升降,深度只涉及硅铝层,大陆地壳逐渐变厚变硬,陆地不断扩大。此说在20世纪初叶正式提出后直到现在仍很流行。

2. 陆地化整为零,漂移分离

早在公元1620年,英国人培根就已经发现,在地球仪上,南美洲东岸同非洲西岸可以很完美地衔接在一起。到了1912年,德国科学家魏格纳根据大洋岸弯曲形状的某些相似性,提出了大陆漂移的假说(图19-8)。

魏格纳的第一幅图(晚石炭世)表示两三亿年前,地球上所有大陆都连接成一个统一的巨大陆块,这个大陆由北极附近延至南极,叫做联合古陆或泛大陆(魏格纳提出的Pangaea这一术语,系译自希腊文,原意指所有的陆地)。关于曾经存在过联合古陆的证据有:大陆边缘形状的吻合;现在各大陆上的陆生植物群和陆生动物群的种属自中生代以来很多是相似的;古地磁和古气候资料表明,在石炭纪时的两极和赤道位置以及各大陆当时的干燥区位置,和几种沉积矿产的分布位置凑在一块时相当一致(图19-9)。

中生代以来,联合古陆发生分裂,它的碎块——就是目前的各个大陆——最后漂移到目前各自所在的位置上。第二、第三幅图分别表示了大陆漂移在始新世和第四纪初期的经过。由于大陆原来是一大块,所以从前根本不存在大西洋和印度洋,而只有一个围绕泛大陆的广阔海洋,称为泛大洋,联合古陆就漂浮在泛大洋之上。以后,由于各大陆漂移分开,才在其间形成了大西洋和印度洋,同时泛大洋缩小而成为

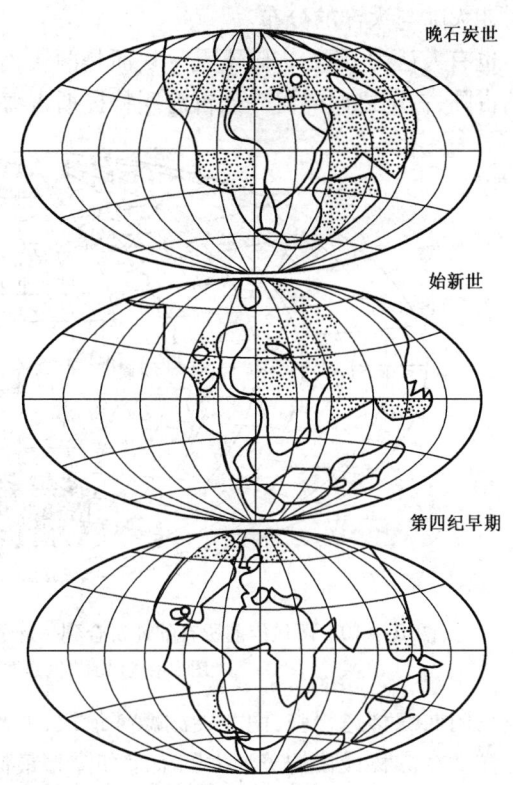

图19-8 大陆地壳在漂移过程中的位置
(据张朝文,1981)
魏格纳,1912;点子表示浅海

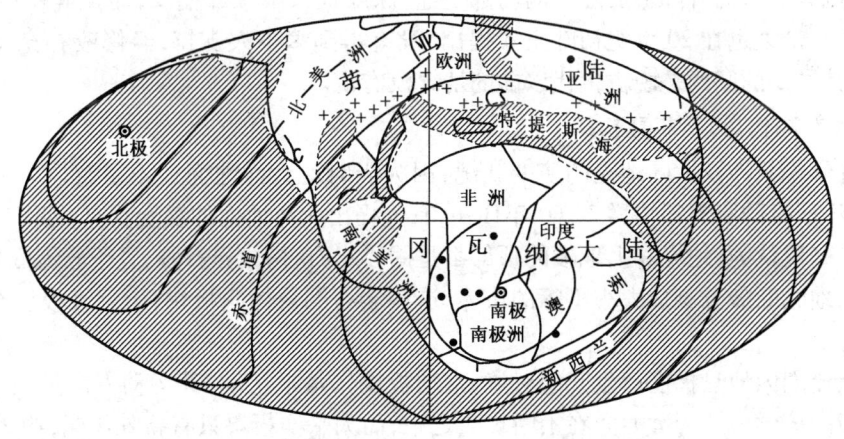

图19-9 晚石炭世的世界古地理图(据赖特,1982)

现今之太平洋。

经过数十年后,大量的研究表明,大陆的确是漂移的。由于地球自转产生的由东向西的潮汐摩擦力和两极与赤道的离心力差,使漂浮在硅镁层上的硅铝层大陆地壳自东向西发生不等速的漂移而拉裂成几块。人们根据地质、古地磁、古气候及古生物地理等方面的研究,重塑了古

— 279 —

代时期大陆与大洋的分布。

也有人认为,原始古陆不是一块而是两块,北半球的一块叫劳亚古陆,南半球的一块叫冈瓦纳古陆,古陆之间隔着一条古海叫特提斯古海,又叫古地中海(图19-10)。

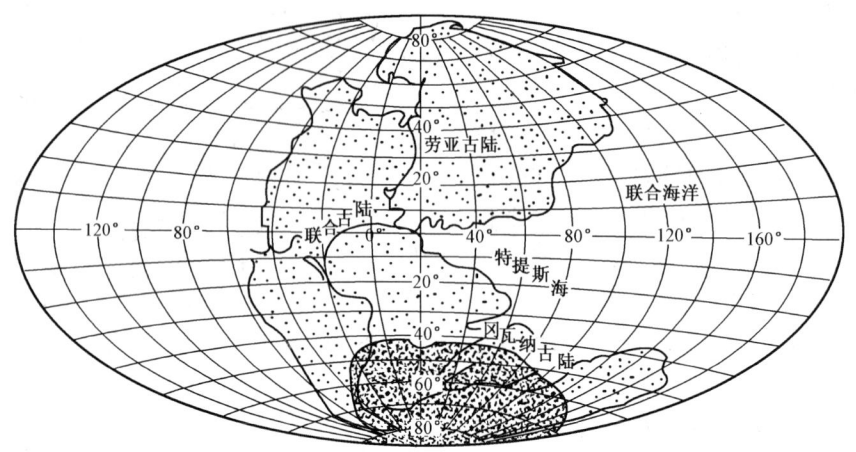

图19-10 两亿年前所有陆地拼合到一起的联合大陆可能的图形(据Press等,1982)
图中南极周围影区是推测的当时冰川覆盖区

在向西漂移过程中,南北美洲漂移最快,亚洲、澳洲最慢,首先分裂出大西洋,接着分裂出印度洋。在漂移最快的美洲大陆前缘和漂移最慢的亚洲、澳洲后缘,因受前进和后退的阻力而褶皱成环太平洋大山脉(亚洲东部的岛弧是被淹在海里的大山脉)。主张两块大陆的意见补充说,因地球自转的离心力差,劳亚古陆和冈瓦纳古陆均向赤道漂移,特提斯古海逐渐缩小,最后相撞,形成横贯欧亚的东西向大山脉。

这种论说的特点是地壳主要为水平运动,大陆位置不固定在原地,陆地没有显著的增大或缩小,大陆也有短暂的升降造成陆海的局部变迁,深度也只限于硅铝层,而把硅镁层看成是流态物质。这一论说也在20世纪初叶正式提出,没有得到多少人支持,经修改补充,50年代又开始抬头,其主要的问题是晚古生代以前的情况没有说。

3. 海底新陈代谢,不断更新

前两种学说只涉及大陆地壳的演变状况,因为当时对大洋地壳还不了解。20世纪50年代中期,大洋地壳的资料很快增多,60年代初,有人提出大洋地壳的演变状况,即海底扩张说。

海底扩张说认为,地壳和上地幔的顶部都是固体岩石,构成岩石圈,置于软流圈之上,岩石圈被巨大的地壳断裂分割成大小不等的块体,这些岩石圈块体叫板块,第一级板块有6个(图19-11)。

由于软流圈因地热梯度产生几组对流,带动板块作水平运动,其运动方向见图19-11中的箭头所指。该学说认为大西洋在不断扩大之中,而太平洋板块只有新陈代谢,约2亿年一次循环,全部更新一次。

人们根据对深海钻探取得的岩心做绝对年龄测定后发现,海底熔岩的年龄靠近大洋中脊的最年轻,逐渐远离大洋中脊,年龄值逐渐增大(图19-12)。一般说来,最老的洋底岩石不超过1.8亿年,可是大陆上有距今38亿年左右的岩石,相比之下,洋底是很年轻的。年轻的洋底及其随着远离洋中脊而渐渐变老的事实,正说明洋底在扩张中新生。

这种论说由于把大陆地壳和大洋地壳联系起来,所以有人叫它为"全球构造"。此说一提

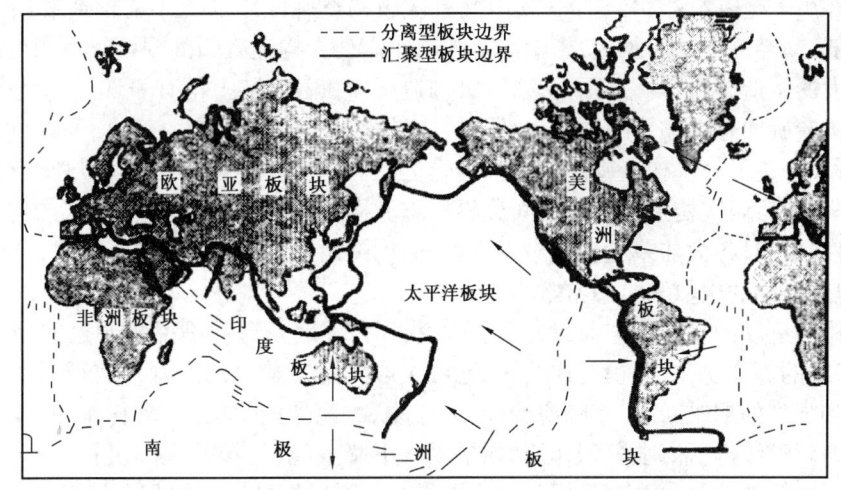

图 19-11　全球地壳板块运动构造划分(据胡明,2007)

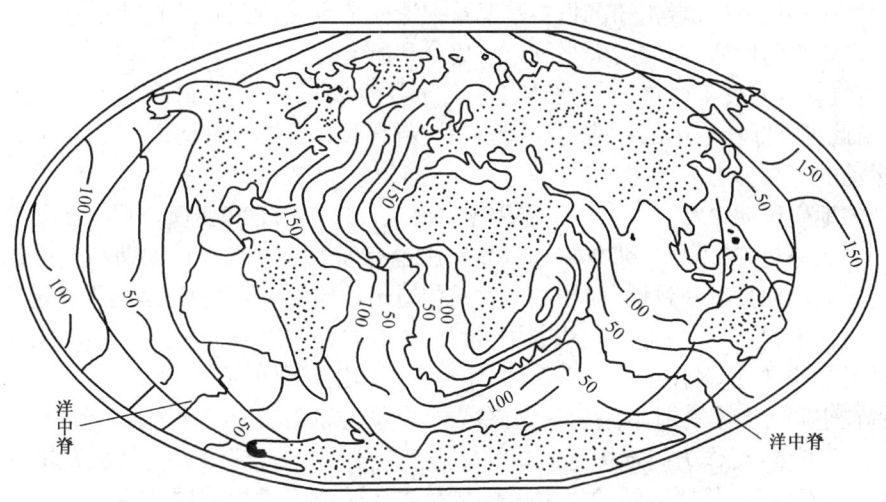

图 19-12　洋底年龄等值线(据王元清,1985)
单位:Ma

出,就很快流传开来,虽有许多问题还需要深入工作才能逐渐解决,不过因为研究者众多而进展很快。这一论说是从前大陆漂移说发展起来的,也认为陆壳运动主要是水平运动,陆地是否扩大或缩小不是它的主题,地壳只有水平方向上的迁移。这个论说也没有涉及中生代以前的地壳迁移情况。

以上三种论说都有实际资料,但都偏重一个方面而忽视另一方面,以偏概全,不能解决全部问题。

三、地壳运动和岩浆活动的演变

(一)划分构造运动期的标志

地壳运动在地质历史的表现特征是一刻不停并具普遍性和旋回性,和缓的运动与剧烈的运动交替发生,有时又叫构造运动,因为这种运动能使地壳发生变位变形,形成各种地质构造。

从和缓地壳运动到剧烈地壳运动算作一个旋回,叫构造旋回或构造运动期。一次大的构造旋回可经历1亿~2亿多年时间,其中又有次级构造旋回以及更小的构造旋回。构造旋回的级别越低,其经历的时间越短,影响的范围越小。地壳构造旋回的规模在不同地区通常是不一样的。大的构造旋回影响范围大,第一级构造旋回在各大陆上都有表现。

一次构造旋回是以和缓的地壳运动开始,经历较长时间,然后以较短时间的剧烈构造运动结束,然后又开始下一次构造旋回的和缓地壳运动。每次剧烈的构造运动归属于前一次构造旋回,并作为前后两次构造旋回的时间分界标志。构造运动也按大小分级,大的构造运动的规模较大,时间较长,各大陆差不多同时发生;小的构造运动规模较小,时间较短,只在局部地区发生,各地区发生的次数和时间常常不一致。

确定构造运动的实际标志是地层接触关系。和缓地壳运动不引起明显的地壳升降和褶皱,只是海水的深浅变化,沉积是连续的,地层接触关系是整合的。剧烈地壳运动引起显著的地壳升降和强烈的褶皱断层,使陆海变迁,地势改观,饱受风化剥蚀,沉积作用间断,如果以后再下降成海就继续进行海水沉积作用,如果没有下降成海,就接受大陆沉积。不管哪种情况,这两套地层之间的接触关系都是假整合或不整合。通常把地层的假整合和不整合作为一次构造运动的标志。

除地层接触关系外,岩相和沉积物厚度及构造变形也是研究古代构造运动的主要和可靠的记录。沉积物的性质,如粒度大小、形态、成分和所含化石反映了其生成时的环境特征,如果古地理、古气候等发生了变化,则在岩相上必然有所反映;地壳的升降在岩层厚度上也可以反映出来,由此可推断所发生的构造运动;而褶皱、断裂等地质构造也是构造运动的直接产物,也是构造运动的可靠标志。

剧烈的地壳运动常常会伴生岩浆作用(主要是侵入作用)和变质作用(主要是区域变质作用),三者关系密切,所以岩浆作用和变质作用也有间歇性。岩浆活动期和变质作用期在时间上与构造运动期具有一致性,但往往与大的构造运动伴生,小的构造运动不一定有岩浆作用和变质作用伴生,甚至大的构造运动也并不到处都有岩浆作用和变质作用伴生。例如,剧烈的升降运动就是这样,最多伴生有喷出作用,伴生变质作用就更少了。

三者在空间分布上有时不完全一致,在只有岩浆岩和变质岩的地区找不到沉积不整合,可以根据"岩石不整合"作为确定构造运动的标志。"岩石不整合"表现为在大范围内由两套岩性(主要是岩石成分)截然不同的岩浆岩相接触或变质程度截然不同的变质岩相接触。这种情况往往可能是两次构造旋回的产物,其间有一次构造运动存在。因为不同的构造运动期的岩浆作用在成分上常有不同,对变质作用来说,遭受第一次变质的岩石在第二次变质作用时还会受到影响,往往变质程度会更深一些。当然这两种标志都不是那么可靠,因为变质程度深浅主要取决于岩石性质,而不是主要取决于变质次数,所以要从大范围内各种岩石总的变质程度来判断。在岩浆岩地区和变质岩地区最好再作同位素年龄测定来确定构造运动发生的时代。

构造运动的时间由上下两套地层时代来确定,其间缺失的时代就是构造运动时代,缺失的时间越短,构造运动的时间就越精确。

(二)主要构造运动(和岩浆活动)期

大体说,具有全球性的构造运动(和岩浆活动)是作为代的分界标志,这是第一级构造运动;次一级的构造运动(和岩浆活动)是纪的分界标志,这一级构造运动的起止时间各大陆不完全一致。

构造运动的名称习惯上用最先发现该构造运动所在地的地名,西欧国家研究构造运动较早,所以第一级构造运动期都以西欧已采用的构造运动的名称为准。至于以下各级构造运动,各大陆、各国家也多以最先在本地区发现的地理名称命名,因为这些级别较低的构造运动在起止时间上存在趋前或延后的缘故。现将世界上和我国的一级和主要二级构造运动名称对比如下(表19-1)。

表19-1　世界和我国的主要构造运动期(据陆克政,1996)

构造旋回	地质时代			距今年龄(Ma)		主要构造运动		
	代	纪(或世)		国外	国内	西欧	北美	中国
阿尔卑斯旋回	新生代	第四纪		2~3	2~3	阿尔卑斯运动	喀斯喀特运动	喜马拉雅运动
		新近纪					拉勒米运动	
		古近纪		65	80		内华达运动	燕山运动
	中生代	白垩纪		136	140			
		侏罗纪		190	195			印支运动
		三叠纪		225	230	华力西运动或海西运动	阿勒盖尼运动	华力西运动(或海西运动)
华力西旋回	古生代	二叠纪		280	270			
		石炭纪		345	320		厄凯迪运动	
		泥盆纪		395	375	加里东运动		
加里东旋回		志留纪		430	440			加里东运动
		奥陶纪		500	500		塔康运动	
		寒武纪		570~600	600		珀塞尔运动	
	晚元古代	(南方)晚震旦纪	(北方)晚震旦世	800	700			
		早震旦纪		1000	1000		贝尔特运动	
		(上板溪群)	中震旦世	1300	1400		格伦维尔运动	澄江运动
		(下板溪群)	早震旦世					晋宁运动
	早元古代			1700	1700		哈德孙运动	东安运动
	晚太古代			2300~2500	2000		克诺勒运动	吕梁运动
	早太古代				2400~2500		劳伦斯运动	五台运动

表19-1中所列构造运动的级别不一定是同一等级的,有的级别低但较重要。表中有的构造运动是沿用旧名,现在有人提出新的更改意见,例如北美古近纪、新近纪和第四纪之间的喀斯喀特构造运动,经后来工作证明并没有这次构造运动;劳伦斯运动原是早、晚太古代之间的构造运动,现在同位素年龄测定为17亿年,应为早、晚元古代之间,但加拿大和其他国家仍在沿用旧的,我们暂予保留。加里东运动最初是在志留纪末,因为,一般都指的泥盆纪末,世界都这样用了,我们也就改在泥盆纪末。表中列的构造运动只是选择了一部分,并非全部。

从表19-1中可以看出各地区有不同的构造运动名称,另外还有前苏联、印度、非洲、南美洲都有各自的命名,就不一一列举了。

我国的构造运动名称很多,据统计有130多个,经过几次整理仍旧未最后解决,表19-1中所列并不是最后方案,仅供参考。

表19-1中各时代的距今年龄也是约数,而且国外和国内的数值不一样,特别是元古代和太古代的划分,国内外差别很大,所以我们并列了出来。这些数值是较新的,但不是最后的数值。

四、古气候的变化

(一)识别古气候变化的标志

气候的变化不但影响着生物演化、人类的进化,还控制着外动力地质作用的活动,前面说过,不同的气候区有不同的外动力地质作用。

气候的变化史也反映了外动力地质作用的变化规律。地球上仪器观测的气候记录,最长不过两三百年,有两类资料可以把气候记录延长到没有仪器观测的年代:一类是历史资料,如考古发掘文物、历史文献等;另一类是各种天然气候记录,包括树木年轮、地层中的生物化石、植物孢粉、各类沉积物的特征,以及各种自然地理因子变迁的痕迹等。这些天然气候记录有连续的,也有间断的,其适用的地理范围、研究的时期及在气候上的意义也都不相同,时期越早,古气候记录越少。影响气候变化的可能原因很多,控制气候的因素有太阳辐射、大气环流、地热高低、海陆分布和人类活动(人类活动只是对现代气候才有局部的影响),凡是能引起控制因素变化的原因也是影响气候变化的可能原因。

地质时期气候研究主要包括寻找古气候证据和确定证据年代(称为断代技术)两个步骤。前者采用的是地质学方法、地理学方法和同位素方法(物理学方法)等。

地质学方法是根据生物生存条件、岩层和沉积矿床的形成与气候的关系,通过对地层中生物化石和沉积物等特性的研究,阐明地质时期气候在时间和空间上的分布和变化规律。

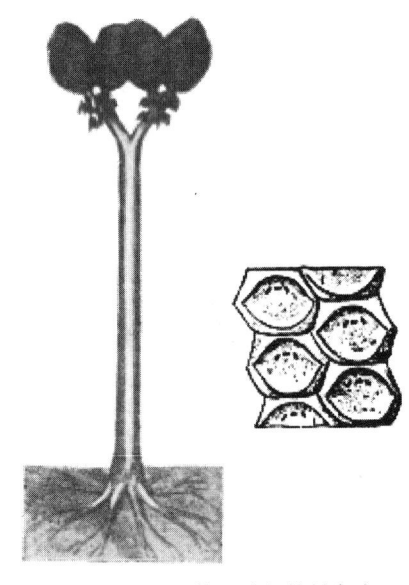

图 19-13 江苏二叠纪的封印木
(据陈旭,1961)

能反映古气候的沉积岩和化石能大体上反映出干燥、潮湿、寒冷、温暖等气候。例如,红色砂岩、风成砂岩能反映干热气候,铝土矿、高岭土反映湿热气候,冰碛岩反映寒冷气候,这些都是反映大陆气候的沉积岩;陆生的高大植物如封印木(高可达30m)(图 19-13)和苛达树(高 20~30m)反映湿热气候;毛象(图 19-14)反映寒冷气候;海洋生物如珊瑚(图 19-15)、苔藓虫、有孔虫等反映温暖气候;氧化铁、铝、锰、磷等矿和煤层反映湿热气候;石膏、盐层等反映干燥气候。根据上述岩石、动植物、化学元素等的地理分布,可以大体上了解当时海陆气候的分布概况。还可以根据古地理的陆海面积比例推断当时的气温高低,从而间接了解当时全球总的气候变化状况。

地理学方法主要是考察自然地理环境的变迁,如海平面的升降、河流和湖泊水位的变化、冰川和雪线的进退、沙漠和冻土以及森林等界限的推移,用以估计相应的气候演变。

同位素方法是利用元素同位素含量和比值来推测过去气候的温度,其中以氧同位素方法应用最广,例如,利用氧同位素比值可以测定极地冰原不同冰层形成时的温度情况。自然界的氧有 ^{16}O、^{17}O、^{18}O 三种同位素,在冰层形成时,气温越低,其中 ^{16}O 和 ^{18}O 的比值越高,因此,可以根据 ^{16}O 和 ^{18}O 比值的变化,了解第四纪海面温度的变化。氧同位素方法同样可用于测定钟乳石和树木年轮形成时的温度。利用 ^{13}C 和 ^{14}C 的比值,也可推测过去的温度,但应用不太广泛。

图19-14 第四纪毛象化石(高达5m多)
(据陈旭,1961)

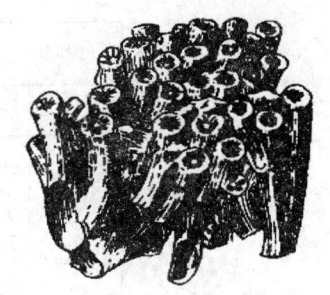
图19-15 珊瑚(据何心一,1993)

断代技术是确定各种证据形成的顺序和年代,可分为相对断代和绝对断代。相对断代只说明证据在形成时间上的新老顺序,主要依据古生物方法加以划分,如孢粉断代、地层学断代等。绝对断代是明确给出证据形成的绝对年代,主要是根据岩石中放射性同位素蜕变产物的含量加以测定的。

历史气候研究主要利用历史文献和考古发掘物中关于气候的证据,分析历史时期的气候状况。我国有大量的历史时期天文学、气象学和地球物理学现象的可靠记载,许多古文献中有着台风、洪水、旱灾、冰冻等一系列自然灾害的记载,以及太阳黑子、极光和彗星等不平常的现象的记录,而中国历史文献记载的时间可以准确到年,甚至到月、日。与其他的需要通过实验室技术测定年代的代用资料相比,历史文献的年代认定清楚,这一优点可以有效地用于对其他代用气候记录的年代校订。

(二)古气候变化历程

分析地层中沉积岩的特征和化石的生态特征,综合起来,反映出地球上自地壳形成以来经历了多次冷暖气候的交替变化,总的说来,寒冷气候时期比温暖气候的时期短,前者每次历时不过几千万年,后者历时每次几亿年。从地质历史来看,寒冷时期与大的构造运动有关,比如自震旦纪以来,地球上出现过3次大的寒冷气候,即震旦纪、石炭—二叠纪和第四纪(以冰碛物的分布为标志),是冰川作用的盛行时期(太古代和元古代也都出现过寒冷气候,由于资料发现不多,具体情况不甚清楚),正好和几次构造运动相呼应。寒冷时期与大的构造运动的联系可能是冰川作用盛行时期,海陆面积比例发生变化(陆地增大)和地势的变迁(新的山脉的升起)引起的。

通常把寒冷气候时期叫冰期。所谓冰期并不是全球都是冰天雪地,而是说冰川的活动范围大了。在冰期,地球上还是有许多地区是干燥或温暖的,但气候的总温度降低了,例如第四纪冰期,冰川活动的最大范围只是大陆面积的30%。

两次寒冷时期之间是温暖时期,气候变暖,冰川活动范围变小,以湿热气候为主,也有干燥和寒冷地区,只是冰川活动的范围只有10%以下而已。

大冰期不是一直寒冷,其间也有转暖又变冷的时候,分别叫做间冰期和亚冰期。

地质历史中有3次大冰期(震旦纪、石炭—二叠纪、第四纪)和3次较大的干燥气候期(泥盆纪、三叠纪、白垩纪)。湿热气候是普遍气候,而全球性的湿热气候有四次(奥陶纪、石炭纪、侏罗纪、古近—新近纪)(图19-16),所谓全球也只是说绝大部分,并不排斥存在局部其他气候区。

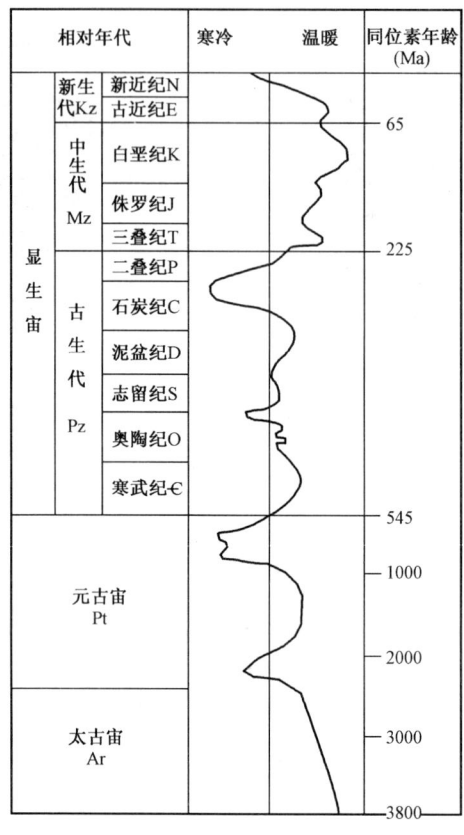

图 19-16　地质历史时期气候变化曲线（据 Frakes,1979）

第四纪冰川是地球史上最近一次大冰川期。冰川可分为大陆冰川和山岳冰川两大类,第四纪时欧洲阿尔卑斯山山岳冰川至少有 5 次扩张。我国第四纪冰川活动的研究是由李四光教授开始的,首先在庐山鄱阳湖滨地区发现冰川遗迹,后来在中国许多地方都有发现。李四光于 1942 年提出中国第四纪冰川活动有四次亚冰期,并与欧洲冰期作了对比（表 19-2）。

表 19-2　欧洲和中国第四纪冰期对比表（据李四光,1975）

起讫时间(距今年数,0.01Ma)	欧洲亚冰期	中国亚冰期
1~10	武木亚冰期(Würm)	大理亚冰期
10~24	里斯—武木间冰期	庐山—大理间冰期
24~37	里斯亚冰期(Riss)	庐山亚冰期
37~68	民德—里斯间冰期	大姑—庐山间冰期
68~80	民德亚冰期(Mindel)	大姑亚冰期
80~91	群智—民德间冰期	鄱阳—大姑间冰期
91~115	群智亚冰期(Günz)	鄱阳亚冰期
115~137	多脑—群智间冰期	
137~190	多脑亚冰期	

五、古生物的演化

(一)古生物演化的总进程

现代生物有动物和植物、高级和低级、复杂和简单之分,它们生活在地表各种自然环境里,种类之多,不可胜数。这些生物是怎样产生的,它们之间在生态上有无联系呢?

根据古生物研究发现,越是低等的生物出现的时代越早。太古代时期出现低等的原始生物,这种原始生物分不清是动物还是植物。距今3100Ma前的南非太古界斯威兰士系中找到的原始细菌是目前已知的最老化石。

古生物学研究发现,现代生物是由古生物发展演化而来的,还发现在地质历史中生物演化途径并不完全一样;有的生物演化缓慢,自古到现在几亿年以来没有重大变化,如海绵动物、苔藓动物等,这种生物在研究地层上无意义。有的古生物随着自然环境的变化而改变生活机能,因而随着历史发展在生态上有明显变化,甚至转化为新生门类以适应新的自然环境。如珊瑚类,在古生代为四射珊瑚,到中生代则转为六射珊瑚;又如脊椎动物的演化,鱼类(图19-17)演化为两栖类(图19-18),再演化为爬虫类(图19-19),再演化为鸟类(图19-20),再演化为哺乳动物类(图18-21和图18-22),最后出现了人类(图19-23)。

图19-17 鱼类——泥盆纪的拉蒂迈鱼
(据何心一等,1993)

图19-18 两栖动物——三叠纪的虾蟆龙
(据陈旭,1961)

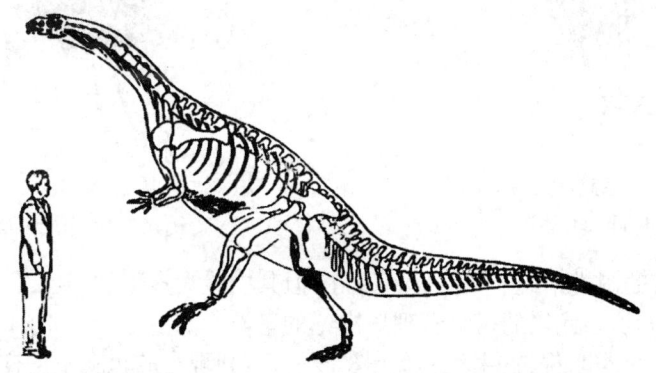

图19-19 恐龙(爬行动物,我国云南晚三叠世的禄丰龙)(据陈旭,1961)

这种总的演化历史也是自然规律的反映。另外有一些生物演化得很快,只在地质历史中一度繁荣又很快绝灭,如多孔动物中的古杯动物(图19-24)始于寒武纪,终于志留纪;节肢动物中的三叶虫(图19-25),在寒武纪到奥陶纪非常繁荣,志留纪以后大量衰退,到古生代末绝灭。脊索动物中的笔石动物(图19-26)始于寒武纪后期,奥陶纪和志留纪前期十分繁荣,泥盆纪衰减,到石炭纪绝灭。还有许多古生物都已绝灭了。

图 19-20　德国晚侏罗世的始祖鸟
（据张永辂,1988）

图 19-21　欧亚北部更新世的板齿犀
（据张永辂,1988）

图 19-22　古长颈鹿复原图
（据陈旭,1961）

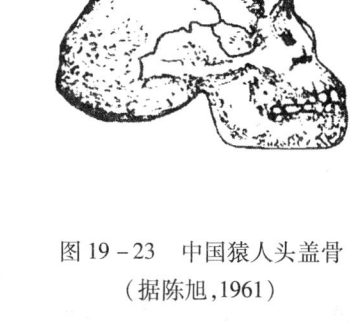

图 19-23　中国猿人头盖骨
（据陈旭,1961）

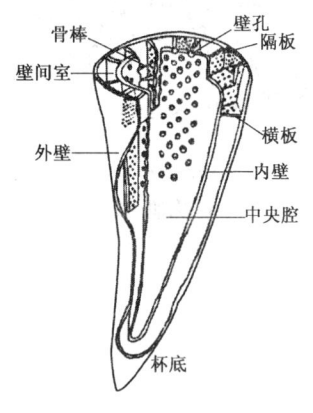

图 19-24　早寒武世的古杯动物
（据 Handfield,1971）

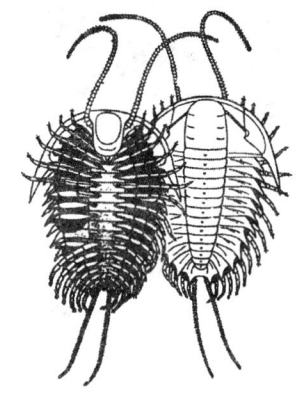

图 19-25　寒武纪的三叶虫
（据何心一,1993）

有的生物按大的门类来说一直延续到现在,但其中绝大多数种属已经起了变化,例如脊索动物中的笔石动物,从寒武纪的树笔石到奥陶纪的笔石都有所不同,和现代的文昌鱼（脊索动物）更不一样；就以鱼类来说,古生代的鱼（图 19-27）和现在的鱼就不一样。

一个门类演化成另一新的门类,发生这种演化实际上只是该门类中的一个或几个分支,其余分支有的绝灭了,有的则仍保留原来的特征,只进行适当改变而留传下来。

（二）古生物主要类属的演化

生物界的演化是十分复杂的,生物的保存、绝灭或演化主要看其能否适应外界条件的变化（海陆变迁、气候改变等）。生物由简单到复杂、低级到高级的发展过程是与地质作用发展规律配合的,如在寒冷时期、干燥气候、陆地扩大的环境下,对应出现了耐寒、耐旱和陆生的生物。现在将生物演化主要进程列表如下（表 19-3）。

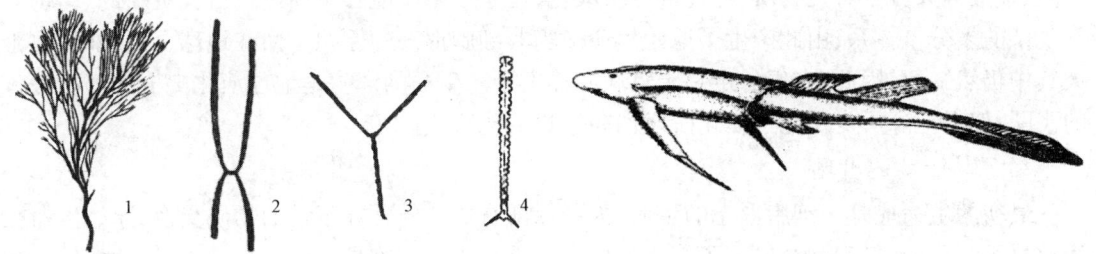

图 19-26　脊索动物笔石（据何心一，1993）
1—寒武纪的笔石；2、3、4—奥陶纪的笔石

图 19-27　泥盆纪的沟鳞鱼（据 Stensio，1948）

表 19-3　生物发展简表（据何心一，1993）

代	纪	距今年龄（100Ma）	动物界		植物界	
新生代	第四纪		人类时代	人类繁盛	被子植物时代	被子植物繁盛
	新近纪	0.02~0.03	哺乳动物时代	类人猿出现		
	古近纪					
中生代	白垩纪	0.8	爬行动物时代	恐龙灭绝，哺乳类出现，鸟类出现，恐龙繁盛，硬骨鱼出现	裸子植物时代	被子植物出现 裸子植物繁盛
	侏罗纪	1.4				
	三叠纪	1.95				
古生代	二叠纪	2.3	两栖动物时代	腕足三叶虫绝灭 原始爬行类出现	陆生孢子植物时代	孢子植物繁盛 裸子植物出现
	石炭纪	2.7				
	泥盆纪	3.2	鱼类时代	笔石绝灭两栖类出现	半陆生孢子植物时代	陆生孢子植物繁盛 苔藓植物繁盛
	志留纪	3.75	海生无脊椎动物时代	笔石繁盛	海生藻类时代	
	奥陶纪	4.4		原始鱼类出现 三叶虫繁盛		
	寒武纪	5.0				
元古代	震旦纪	6.0	海绵、腕足、节肢、软体出现		原始藻类时代	
		17				
太古代		20 24~25	原始菌类时代			

1. 生命的起源

恩格斯早就指出："生命是怎样从无机界中发生的。在科学发展的现阶段上，这就要从无机物中制造出蛋白质来。""只要把蛋白质的化学成分弄清楚，化学就能着手制造活的蛋白质。"1965 年我国科学工作者首先在世界上第一次用化学方法人工合成有生命活力的蛋白质——胰岛素，为生命起源理论提供了实际证据。

由无机物转化为原始生命的阶段是物理化学变化过程，这一过程要经历很长时间（几亿年），由原始生命进化成细胞是生物化学变化过程，又需经历几亿年。

一般认为生命是由化学物质从无机到有机演化而来的。原始大气富含甲烷、氨、二氧化碳、水汽等，这些气体在外界高能（紫外线、闪电、高温）的作用下，首先合成氨基酸、脂肪酸等小分子有机化合物；这些小分子有机化合物，在适当的条件下，可以进一步结合成更复杂的蛋白质、核酸等大分子有机物质,经过进一步演化,终于产生了能够不断进行自我更新的、结构非常复杂的多分子体系,由此产生了原始生命。当非细胞形态的原始生命在地球上出现时,由于大气中仍然缺氧,因此,它们一定是厌氧和异养类型。生命的产生是地球演化史上的一次最大的飞跃,使得地球历史从化学演化阶段推向生物演化阶段。

2. 原核生物的出现

最初的生命应是非细胞形态的生命,为了保证有机体与外界正常的物质交换,原始生命在演化过程中形成了细胞膜,出现了细胞结构的原核生物。细胞是生命的结构单元、功能单元和生殖单元,细胞的产生是生命史上的一次重大飞跃。

地球上最早出现的异养型原核生物细菌,经过不断地分化和发展,终于进化成能够进行光合作用、从无机物合成有机养料的自养型原核生物蓝藻。蓝藻和细菌作为早期生物界的合成者和分解者,组成物质循环的两个基本环节,形成了一个完整的生态系统。从异养到自养是早期生物演化的另一次重大飞跃。

蓝藻是最早出现的放氧生物,使得地球上原始大气中氧气浓度不断增加,形成含氧大气层。在高空出现的臭氧层,吸收了太阳的紫外辐射,改变了整个生态环境,为喜氧生物提供了有利的生活环境,于是生物便由厌氧转入喜氧,提高了能量代谢的效能。在加拿大甘弗林组中,发现了完好的距今约2000Ma的细菌和蓝藻化石。

3. 真核生物的出现

从原核到真核是生物演化从简单到复杂的转折点,最早具细胞的生物是单细胞原核生物,原核细胞没有核膜,没有细胞器,结构简单。真核细胞具有核膜,整个细胞分化为细胞核和细胞质两部分,细胞核内具有染色体,成为遗传中心,细胞质内进行蛋白质合成,成为代谢中心。由于细胞结构的复化,增强了变异性,使得真核生物能够向高级发展。现已发现距今约1300Ma的美国加利福尼亚贝克泉组的白云岩中的原核蓝藻和真核绿藻。绿藻是最早具有真核的生物。

4. 动物的出现

随着真核生物的出现,动、植物开始分化和发展。动物的出现,形成了一个新的三级生态系统:绿色植物(真核植物和原核蓝藻)通过叶绿素光合作用制造食物,是自然界的生产者;细菌和真菌是自然界的分解者;动物是自然界的消费者。地史上最早的动物化石是距今6亿~7亿年澳大利亚的伊迪卡拉动物群,其中以腔肠动物的似水母类、海鳃类、环节动物和少量节肢动物为主,还有一部分分类位置未定的疑难化石,很可能代表地史上曾短暂出现而又迅速绝灭的类群。

5. 海洋藻类和无脊椎动物时代

这个时代在生物演化史上称为"海洋藻类时代"和"海洋无脊椎动物时代"。起始于距今6亿年前,延续了约1.7亿年。

植物仍以海生藻类为主,但很难保存为完好的化石,由于植物进化速度远较动物缓慢,早古生代植物界一直停留在藻类阶段。藻类的大量繁育不仅为海洋无脊椎动物提供了丰富的食物资源,而且通过叶绿素光合作用放出氧气,为海洋无脊椎动物的发展准备了有利的生活环境。寒武纪早期,出现了地史上最早具钙质硬壳的小壳动物群,包括软舌螺、单板类、腹足类、腕足类等,这与当时海水富含钙质有关。由于发生了矿化事件,使得寒武纪保存的化石突然增多,这一时期称为"非三叶虫时代"。随后,腔肠动物、古杯类、软体动物(双壳、腹足、头足)、棘皮动物、牙形刺、笔石等相继出现,其中以三叶虫演化迅速、生态分异明显,分布遍及全球整个海域,在动物界中占绝对优势,因而称寒武纪为"三叶虫时代"。

当时的自然环境极利于海洋无脊椎动物的发展,层孔虫、苔藓虫等先后出现,笔石、腕足类、鹦鹉螺等显著分异,到志留纪时已大量繁育。志留纪末,由于受加里东运动的影响,海水逐渐退去,部分生物为了适应新的生活环境,由海洋向陆地生活转变。

6. 向陆地生活转变和发展

由于志留纪末期大规模海退,陆地面积逐渐扩大,从滨海浅滩绿藻植物演化而来的陆生裸蕨植物最早出现于晚志留世,到早泥盆世开始大量生活在滨海沼泽低地,中泥盆世后期出现根、茎和叶分化的原始石松类和有节类植物,到晚泥盆世,在自然选择的作用下,裸蕨迅速绝灭了。一般称志留纪末到中泥盆世为"裸蕨植物时代"。到石炭—二叠纪,陆生植物进一步发展,出现了石松、节蕨、真蕨和原始裸子植物的种子蕨和科达类,这一时期被称为"蕨类植物时代"。从晚石炭世到二叠纪各类植物极度繁茂,由于适应不同的气候条件,逐渐形成明显的植物地理分区。

陆生植物发展之后,与植物存在着密切关系的昆虫大量繁育,它们相互依存,相互制约,平行发展。最早的昆虫类是最原始的无翅类型,最早的无翅类化石出现于泥盆纪。石炭纪出现了现知最早的有翅昆虫,当时最繁盛的昆虫是现已绝灭的古网翅类。二叠纪昆虫区系发生显著的变化,直翅类明显缩小,许多现代类型开始出现。

7. 鱼类的出现和发展

鱼类包括有颌类和无颌类。无颌类最早的类群是异甲类,发现于北美落基山区中奥陶统的异甲鱼,是脊椎动物最早的化石代表。晚志留世出现了从无颌类分化出来的最早具颌的棘鱼类和盾皮鱼类。泥盆纪时鱼类极为繁盛,故被称为"鱼类时代"。硬骨鱼类在现代鱼类中占绝对优势,被称为"水中的主人"。从侏罗纪起,软骨鱼类出现了,如鲨鱼和鳐,还有生活在深海里的银鲛。

8. 两栖类的出现

总鳍鱼在晚泥盆世时登陆,是陆生脊椎动物的最早类型。脊椎动物在登上陆地的过程中首先要解决呼吸和行动问题。最早的两栖类代表是发现于格陵兰和北美晚泥盆世的迷齿类鱼石螈,具明显的从总鳍鱼类向两栖类过渡的中间类型性质。石炭—二叠纪是两栖类最繁盛的时期,被称为"两栖动物时代"。残存下来的现代两栖类有蝾螈、青蛙等。

9. 裸子植物和爬行运动

裸子植物虽在石炭—二叠纪时已开始出现,但最繁盛的时期是在中生代,故中生代被称为"裸子植物时代"。这一时期的植物群以苏铁、本内苏铁和松柏类为主,北半球还有较多的银杏类,南半球则以松柏类占优势。从蕨类植物演化到裸子植物,标志着从孢子繁殖转化为种子繁殖。裸子植物用种子繁殖适于陆上生活和传播,扩大了生存空间,形成了地球上的广大森林,为爬行动物的发展提供了有利的生活环境。石炭—二叠纪时,从两栖动物迷齿类演化出来的蜥螈形类,很可能是爬行动物的祖先,经过长期演化,产生了能够适应干旱陆地环境的羊膜卵,于是,爬行动物诞生了。从两栖类水中产卵、水中受精发展到爬行动物的体内受精和产生羊膜卵,是脊椎动物演化史上的一次重大飞跃。

陆生爬行动物中以恐龙为主要代表。恐龙最早出现于中三叠世,分为蜥臀类和鸟臀类两大支系,是中生代占绝对优势的陆地脊椎动物。由于爬行动物大量繁殖,除绝大部分在陆地上生活外,有的重返水域成为水生爬行动物,有的向空中发展成为飞翔的爬行动物。爬行动物是中生代地球上占绝对优势的脊椎动物,故称中生代为"爬行动物时代"或"龙的时代"。到白垩纪末期,全球出现了显著的地质事件,使地表自然环境发生巨大变化,由于恐龙不能适应当时迅速变化的环境,随同整个爬行动物的大衰退,无论陆生的、水生的或飞翔的恐龙,到白垩纪末都相继绝灭了。爬行动物中残留并延续至今天的,仅有喙头蜥类、鳄类、龟鳖类和有鳞类(蛇和蜥蜴)。

对恐龙的绝灭尚有不同的解释,不少人认为恐龙的集群绝灭与地外成因的灾变事件有关,如超新星爆发、小天体撞击地球等。

10. 鸟类的出现和发展

鸟类是从爬行动物分化出来的一个旁支。鸟类的脑和神经系统发达,心脏分隔完全,是恒温的脊椎动物。从变温的爬行动物转化为恒温的鸟类,是脊椎动物演化史上的一次重大飞跃。恒温动物(鸟类和哺乳动物)的体温相对稳定,不受外界气温的影响,增强了对气候环境的适应性,扩大了地理分布范围。鸟类最早的化石代表是德国晚侏罗世的始祖鸟,它是由爬行动物向鸟类过渡的中间类型,是鸟类的最早代表。有关鸟类的起源和早期发展还有待深入研究。

11. 被子植物和哺乳动物

早白垩世晚期出现了被子植物,中、晚白垩世很快繁育起来,新生代时极为繁盛,代替了裸子植物,成为植物界中最高级的类群,开创了被子植物时代。关于被子植物的起源迄今尚无定论。

被子植物有比裸子植物更进步的内部构造和完善的生殖器官。被子植物的迅速发展和更广泛的地理分布,为依赖植物为生的动物界提供了丰富的食物资源,促进了昆虫、鸟类和哺乳动物的大发展。最早的哺乳动物是从三叠纪的似哺乳爬行动物中分化出来的,进入新生代,由于板块的分离或聚合,气候的分化,被子植物的迅速发展和广泛分布,促使哺乳动物迅速分化、辐射,得到了空前发展,取代了爬行动物,在地球上居于优势。从而,脊椎动物的演化又进入了一个更高级的阶段——哺乳动物时代。从爬行动物的变温、卵生发展为哺乳动物的恒温、胎生和哺乳,以及高度发达的神经系统和感觉器官,是脊椎动物演化史上的一次重大飞跃。

一般认为,中生代的古兽类是白垩纪和新生代有袋类和有胎盘类的共同祖先。白垩纪时,有袋类广泛分布于世界各大陆,古近纪和新近纪繁盛于南美,而现代仅生活在澳大利亚。有胎盘类是比有袋类更高等的哺乳动物,最早的有胎盘类是白垩纪出现的小型食虫类,新生代后得到空前发展,分化、辐射出许多分支。其中一支为适合于飞行生活的翼手类和蝙蝠,是从古新世一类树栖生活的食虫类演化而来的。另一支是适应于海洋生活的鲸类,保留了从陆生祖先继承来的肺呼吸,是一种进化趋同的现象。

啮齿类包括现在的松鼠、河狸、家鼠等,是兽类中演化最成功的一类,无论在种类、数量、分布地区,在兽类中都占优势地位。食肉类又分为古食肉类、新食肉类和鳍脚类。古食肉类大量辐射发生在古新世和始新世;始新世末期新食肉类繁盛起来,如现生的猫、虎、狗等;新食肉类出现不久,海生鳍脚类(海狮、海豹、海象)开始出现。最原始的哺乳动物主要是食虫的,古老的有蹄动物踝节类也是从原始食虫类演化而来的,是由食虫发展到食草过程中最原始的一个分支,是后来大多数有蹄动物,包括马、貘、犀等奇蹄类和猪、牛、羊等偶蹄类的共同祖先。

象的祖先可能由早期的踝节类演化而来。最早的象是发现于北非的晚始新世到早渐新世的始祖象,体形大小如猪,第二对门齿还没有形成象类特有的大门牙。古乳齿象是始祖象的直接后裔,它的身体比始祖象增大了约一倍,上门牙伸长,第四纪开始多数绝灭,少数生活到早更新世。真象类是从乳齿象演化出来的,又分为剑齿象类和真象类。中国象类化石很多,如甘肃早更新世的剑齿象化石被命名为黄河古象,真象化石有广泛分布于华北和东北的晚更新世的猛犸象。象类的演化趋势是个体增大,鼻长和大象牙的不断增长。今天残存的仅有非洲象和印度象。

奇蹄类中以马的演化研究得最清楚。马的最早代表是始新世早期的始马,大小如现代的狐狸,前足有4个脚趾,后足有5个脚趾。渐新世出现了中马,前后足只有3个脚趾,都着地。始马和中马都生活在森林里。中新世出现了草原古马,前后足都只有3个脚趾,只有中间1个趾着地,两侧的已经退化,从草原古马开始,马类才进化到草原奔驰生活。到上新世,开始出现单趾马,命名为上新马。到第四纪出现了现代马。马类的演化趋势是个体增大,腿和脚伸长,侧趾退化,中趾加强,前白齿白齿化,颊齿齿冠增高。偶蹄类从始新世开始出现,经过渐新世、中新世和上新世大量发展,从更新世到现在,在食草动物中无论在种类上和数量上都占优势地位。

偶蹄类分为猪形类、骆驼类和反刍类。猪形类出现于始新世早期,都是些小形偶蹄类,如始新世的双锥齿兽、戈壁猪形兽等,从渐新世到上新世猪形类体形变大,更新世出现了与现代野猪相似的猪。骆驼出现于始新世晚期,也是小形的偶蹄类,从始新世的始驼,经过渐新世的鹿驼,到中新世和上新世的原驼,一直发展到现代亚洲的真驼和南美的羊驼。反刍类包括鼷鹿、鹿、长颈鹿、牛、羊、羚羊等,这一类的主要特征是消化系统复杂,能很好地加工和消化粗糙的草类。鼷鹿是最原始的反刍类。在中国发现的鹿化石很多,有中新世的皇冠鹿,上新世的上新鹿,更新世的四不像(麋鹿)和大角鹿等。

12. 从猿到人

人类在动物界中的近亲是类人猿(简称猿),现代的类人猿有长臂猿、猩猩、大猩猩和黑猩猩。类人猿无论在外貌和面部表情上,还是身体内部的结构上都与人相似,类人猿中又以黑猩猩与人最接近。根据化石资料,从猿到人经过森林古猿、腊玛古猿、南方古猿、人4个阶段。森林古猿在渐新世晚期、中新世中期繁荣于欧、亚、非洲大陆,是现生各种猿类的祖先。

第二十章 地球的环境与资源

地球的环境与资源是人类赖以生存、发展的物质基础。只有善待地球的环境,善待土地、矿产、石油、天然气、水、环境和海洋等资源,才能在保障发展的同时,为我们及子孙后代留下可持续发展的美丽家园。

第一节 地球的环境

所谓环境是指与中心事物有关的周围客观事物的总和[1]。地球是人类聚居的场所,地球的环境就是人类赖以生存的周围事物的总和。地球的环境包括大气环境、水环境、地质环境、地理环境、生态环境等。

一、大气环境

大气是人类和生物赖以生存必不可少的物质条件,也是使地表保持恒温和水分以及阻挡紫外线的保护层,同时也是促进地表形态变化的重要动力和媒介。大气环境是指生物赖以生存的空气的物理、化学和生物学特性的总和。大气环境中,由气象要素变化而引起的自然灾害称为气象灾害。常见的气象灾害有台风、龙卷风、旱涝、霜冻、酷热等。

大气污染是指是指由于自然过程或人类活动使大气中一些物质的含量达到有害的程度,以至对人类健康生存和生态环境造成危害的现象。大气污染的危害是多方面的,其中全球变暖、臭氧层的破坏以及酸雨危害等,属于全球性的大气环境问题,最为引人关注。

全球变暖指的是在一段时间中,地球的大气和海洋温度上升的现象,主要是指人为因素造成的温度上升,由于温室气体排放过多造成。人们焚烧化石矿物以生成能量或砍伐森林并将其焚烧时会产生二氧化碳[2]等多种温室气体,这些温室气体对来自太阳辐射的可见光具有高度的透过性,而对地球反射出来的长波辐射则具有高度的吸收性,形成了"温室效应",导致全球气候变暖。全球变暖的后果,会使全球降水量重新分配,冰川和冻土消融,海平面上升等,既危害自然生态系统的平衡,更威胁人类的食物供应和居住环境。

臭氧(O_3)层将紫外线挡在地球外面,保护地球上人类和生物免遭伤害。人类广泛使用和释放氟氯烃类物质,使地球南北极的臭氧层受到破坏,出现了"南极臭氧洞"[3]。臭氧层被破坏造成地球紫外线增加,强烈的紫外线辐射会损害人和动物的免疫系统,诱发皮肤癌和白内障,破坏地球生态系统。

酸雨是指 pH 值低于 5.65 的酸性大气降水,主要是大气污染物 SO_2 和 NO_x 引起的,由于燃烧煤、石油、天然气等,不断向大气中排放二氧化硫和氧化氮等酸性气体所致。受酸雨危害

---

[1] 中华人民共和国环境保护法定义:环境是指影响人类生存和发展的各种天然的和经过人工改造的自然因素的总体,包括大气、水、海洋、土地、矿藏、森林、草原、野生生物、自然遗迹、人文遗迹、自然保护区、风景名胜区、城市和乡村等。

[2] 自工业革命以来,大气中二氧化碳含量增加了 25%,远远超过科学家可能勘测出来的过去 0.16Ma 的全部历史纪录,而且目前尚无减缓的迹象。

[3] 1983 年,美国科学家首次在南极上空发现了臭氧空洞。随后历年扩大,到了 2000 年 9 月,臭氧空洞的面积达到了创纪录的 2700 万~2800 万平方千米,其面积比欧洲大陆面积的两倍还大。

的地区出现了土壤和湖泊酸化,植被和生态系统遭受破坏,建筑材料、金属结构和文物被腐蚀等一系列严重的环境问题。据统计,欧洲30%的林区因酸雨影响而退化,我国因酸雨和SO_2污染造成的损失,每年达1100多亿元人民币。

二、水环境

水环境是地球上分布的各种水体以及与其密切相连的诸环境要素,如河床、海岸、植被、土壤等,是人类赖以生存和发展的重要场所,也是受人类干扰和破坏最严重的地区。水环境又可分为地表水环境(包括河流、湖泊、海洋、水库、池塘、沼泽等)和地下水环境(包括泉水、浅层地下水和深层地下水等)。

地球上的水处于不断运动之中,水在循环过程中产生很多的环境效应,如传送能量、运输物质、调节气候、清洁大气等。

低纬度地区,由于太阳入射角度的差异造成的过剩的太阳辐射能,可通过水循环的途径被运输到高纬度地区。据计算,每年通过降雨的形式向南极洲输送的太阳能达4.105×10^{21} J。此外,每年从海洋输送到陆地的太阳能达9.912×10^{21} J。而每年通过河流运输到海洋的固态物质达200×10^8 t,溶解物质超过40×10^8 t,同时,海洋的蒸发过程又把一部分盐类物质和气体送入大气圈,运输到陆地上。

水圈循环可以调节地球表面的干、湿变化以及气温的变化。海洋是地球表层气候的最大"调节器",如果海水的气温降低1℃,那么将释放出5.53×10^{24} J热能,这不足以使大气温度发生大幅度的变化。大气圈中的水蒸气则能够阻留地球的热辐射的60%,一次较大的降雨过程,可除去大气中90%以上的粉尘和80%以上的污染气体。每年通过降雨的形式,从大气中除去的盐类物质达30×10^8 t左右,现在世界各地的酸雨就是这一过程的具体表现。降雨过后,空气变得清新,透明度增加。海洋因其自净能力❶最强,被誉为是最大的"天然污水处理厂",陆地水体中的污水绝大多数最终流入海洋,在这里进行净化,最后通过水体蒸发,干净的水又回到陆地。

水环境中的自然灾害有暴雨、洪水、冰雹、海啸、雪崩、海岸侵蚀等,尤以洪水造成的灾害最大。据统计,仅1991—1995年的5年中,世界洪灾造成的直接经济损失就超过2000亿美元,约占所有自然灾害造成损失的一半。由于地震、火山喷发、台风等引起的海啸,也使沿海地区人们的生命和财产遭受重大损失,如2004年底波及东南亚和南亚诸多国家的印度洋海啸罹难人数近30万人。

由于人口增长、工业发展及城市化等因素的影响,水环境污染诸如水生态失衡❷、水体富营养化❸等已成为世界上重要的环境问题之一,除严重影响工农业生产、生物多样性及自然生态平衡外,还会直接或间接地影响人体健康,危害人类生存。全世界每年排放的污水达42600×10^8 m³,造成50000×10^8 t水体被污染,据联合国调查,全球40%以上的河流受到不同程度的污染。全球每年有310万人因饮用不洁净的水患病而死亡,其中近90%是不满5岁的儿童。

---

❶ 受到污染的水体通过自身物理、化学和生物学的作用使污染物浓度自然降低,这样的过程称作自净作用。

❷ 水生态失衡,是指水生态系统,如河流、湖泊,水量缺乏,没有径流,或水质污染,导致水体自净能力下降,水生生物生存环境恶化的环境现象。

❸ 水体富营养化是指大量氮、磷等营养物质进入水体,使水中藻类等浮游生物增殖旺盛,从而破坏水体生态平衡的现象。2007年我国发生的太湖蓝藻事件,影响到南京、苏州、无锡等城市居民的饮水安全,就是水体富营养化的结果。

科学家预测,由于受气候变化、环境污染以及厄尔尼诺等现象的影响,与水有关的灾害发生的频率和强度都将持续增强。

三、地质环境

地质环境是大气圈、水圈、生物圈和科学技术可及的岩石圈的总称,指固体地球表层地质体的组成、结构和各类地质作用与现象给人类所提供的环境。地质环境能为人类提供丰富的矿物资源。地质环境的整体质量取决于各组成要素的质量,由以下四个方面予以评定:自然地质条件的稳定性,包括地质构造的稳定性、地形稳定性、岩石性质、地质灾害情况等;原生地球化学背景值;抗人类活动干扰的能力以及受污染或受破坏的程度等。

地质灾害是指在自然或者人为因素的作用下形成的,对人类生命财产、环境造成破坏和损失的地质现象和事件。如崩塌、滑坡、泥石流、地裂缝、地面沉降、地面塌陷、岩爆、坑道突水、煤层自燃、黄土湿陷、岩土膨胀、砂土液化、土地冻融、水土流失、土地沙漠化及沼泽化、土壤盐碱化,以及地震、火山、地热害等。

(1)地震。强烈的地震可以在瞬间给人类带来巨大的灾难。1000多年来,全世界约500万人在大地震中丧生。我国2008年5月12日发生的汶川8.0级地震是新中国成立以来影响最大的一次地震,相当于几百颗原子弹的能量,使4625多万人受灾,69227人遇难,17923人失踪,造成的直接经济损失达8451亿元人民币。

(2)火山喷发。据统计,在近400年的时间里,火山喷发已经夺去了大约27万人的生命。火山活动以多种形式造成伤亡和破坏,包括熔浆流、灼热的火山灰流、蒸汽喷发以及火山爆发引起的地震、海啸、气候变化、火山灰的降落和火山泥流等。如1883年印度尼西亚的喀拉喀托火山爆发,同时引起了强烈的地震和海啸,毁坏了原有岛屿的2/3,死亡约5万人。火山爆发后,喀拉喀托岛被厚达30m的熔岩和火山灰所覆盖,一切生命活动都结束了。又如,1986年8月喀麦隆尼沃斯火山喷发,有1700余人死于火山喷出的二氧化碳等大量有害气体。

(3)崩塌。陡倾斜坡上的岩土体在重力作用下,突然脱离母体崩落、滚动,堆积在坡脚(或沟谷)的地质现象,称为崩塌。崩塌的规模大到数亿方(山崩),小到数十立方厘米(落石),崩落距离可达数千米。崩塌的运动速度极快,常造成严重的人员伤亡和灾害。

(4)滑坡。滑坡是指斜坡上的土体或岩体在重力作用和其他因素的影响下,沿着一定的软弱面或软弱带整体向下滑动,一般由降雨、河流冲刷、地震、融雪等自然因素引起。1992年12月7日凌晨,由于连日暴雨,在距玻利维亚政府所在地拉巴斯以北200km的伊皮山矿区发生了山体滑坡,正在熟睡矿工们刹那间被埋入10m深的泥里,房屋也全部被埋入地下,造成上千人死亡。

(5)泥石流。泥石流是突然爆发的、含有大量泥沙、石块等固体物质并具有强大破坏力的特殊洪流。例如1999年12月15—16日,委内瑞拉北部阿维拉山区加勒比海沿岸的8个州连降特大暴雨,造成山体大面积滑塌,数十条沟谷同时爆发大规模的泥石流,大量房屋被冲毁,多处公路被毁,大片农田被淹。据估计,委内瑞拉全国有33.7万人受灾,14万人无家可归,死亡人数超过3万,经济损失高达100亿美元,成为20世纪最严重的泥石流灾害。

(6)地面沉降。地面沉降又称为地面下沉或地陷,它是在人类工程、经济活动影响下,由于地下松散地层固结压缩,导致地壳表面标高降低的一种地质现象,是一种对城市建设、经济发展和人民生活构成威胁的地质灾害。目前,全球有50多个国家和地区发生了地面沉降,较为严重的有美国、日本、墨西哥和意大利等。我国已有50多座城市发生地面沉降,其中沉降中心累计最大沉降量超过2m的有上海、天津、太原等。

四、地理环境

地理环境最早由法国地理学家E.列克留于1786年提出,其含义是围绕人类的自然现象的总体。地理环境位于地球的表层,即岩石圈、水圈、大气圈和生物圈的交错带上,包括所处的地理位置和这一位置上的地形、地貌、土壤、气候、水系、矿藏、动植物及其生态条件等,厚度约10~30km。地理环境包括自然地理环境(自然环境)、经济地理环境(经济环境)和社会文化环境。

自然地理环境是由岩石、地貌、土壤、水、气候、生物等自然要素构成的自然综合体。经济地理环境是在自然环境的基础上由人类社会形成的一种地理环境,主要指自然条件和自然资源经人类开发利用后形成的地域生产综合体的经济结构,包括工业、农业、交通和城乡居民点等各种生产力实体的地域配置条件和结构状态。社会文化环境包括人口、社会、国家、民族、语言、文化和民俗等方面的地域分布特征和组织结构关系,而且涉及社会各种人群对周围事物的心理感应和相应的社会行为。社会文化环境是人类社会本身所形成的一种地理环境。

地理环境与人类健康密切关联,例如,我国地方性克山病和大骨节病主要分布在东北到西南的温带森林和森林草原地带内,这恰恰和我国存在的地理低硒带相吻合。

由于人为原因,向地理环境释放物质和能量,影响人类和其他生物的正常生存与发展,或造成某些地理要素的使用价值下降等现象,称为地理环境污染。其污染的范围,小可以是一座城市、一条河流,大可扩展到全球。地理环境污染按环境要素可分为大气污染、水体污染和土壤污染等;按污染物性质可分为物理污染、化学污染和生物污染;按污染物形态可分为废气污染、废水污染和固体废物污染,以及噪音污染、辐射污染等;按污染产生原因可分为生产污染(包括工业污染、农业污染、交通污染等)和生活污染;按污染物分布范围可分为全球性污染、区域污染和局部污染等。地理环境污染的影响是多方面的,它可直接影响人体健康,危害生态平衡,破坏自然资源。在我们生活的地球上,每年都有很多生命因为某种暴发的流行病或地区性疾病而逝去,例如1918年西班牙大流感,造成约4000万人死亡;2003年发端于亚洲的"非典",波及近30个国家和地区,造成200多人死亡。

五、生态环境

地球上所有生物构成了地球生命支持系统,供人类生存和发展。生态系统系指在一定空间中,共同栖居着的所有生物(即生物群落)与其环境之间由于不断地进行物质循环和能量流动过程而形成的统一整体。生态环境(ecological environment)则是指由生物群落及非生物自然因素组成的各种生态系统所构成的整体的总和。和地理环境以人为中心事物不同,生态环境是从整个地球生命系统出发的,是主要或完全由自然因素形成,并间接、潜在、长远地对人类的生存和发展产生影响。

根据生态系统的环境性质和形态特征,生态环境可以分为水域和陆地两大类。陆地生态环境包括森林(有热带雨林、常绿阔叶林、落叶阔叶林、北方针叶林等)、草原(有干草原、湿草原、稀树干草原等)、冻原(有极地冻原、高山冻原等)、荒漠以及农田和城市生态环境等。水域生态环境包括地表水域和海洋水域两大类:地表水域环境有河流、湖泊、冰川以及沼泽湿地

(包括淡水和滨海湿地)等;海洋生态环境有海岸、浅海、珊瑚礁、远洋生态环境等。

生态环境问题,是指人类为其自身生存和发展,在利用和改造自然界的过程中,对自然环境破坏和污染所产生的危害人类生存的各种负反馈效应。归纳起来可分为两大类:一是不合理地开发和利用资源而对自然环境的影响和破坏以及由此所产生的各种生态效应,即通常所说的生态影响破坏问题,例如荒漠化、湿地的退化、水土流失、地下水位下降、地面沉降、生物多样性变化[1]等;二是因工农业发展和人类生活所造成的污染破坏,即环境污染问题,例如大气污染、酸雨、臭氧层破坏、水污染、固体废物、赤潮等。据英国政府气候变化与发展顾问尼古拉斯·斯特恩发表的气候变化评估报告预测,到2035年,气候变暖造成的损失相当于20世纪上半叶经济大萧条和两次世界大战损失的总和。

生态环境问题已成为全球性的大问题。人们从一系列全球环境问题所带来的危害中认识到,如果没有一个良好的生态环境和长期可利用的自然资源,人类将失去赖以生存和发展的基础,经济和社会也难以持续发展。生态危机要比金融危机对人类的危害更大,危害不是几年、十几年,而是上百年甚至很难逆转,应对生态危机、维护生态安全已成为全球的战略任务和国际热点问题。

第二节 地球的资源

地球拥有人类赖以生存发展的一切宝贵资源,了解地球的资源,目的在于珍惜资源,保护和科学合理的利用地球上的有限资源,以保持人类社会的持续发展。

一、资源的概念

所谓资源指的是一切可被人类开发和利用的物质、能量和信息的总称,它广泛地存在于自然界和人类社会中,是一种自然存在物或能够给人类带来财富的财富。资源分为自然资源和社会资源两大类,前者如阳光、空气、水、土地、森林、草原、动物、矿藏等;后者包括人力资源、信息资源以及经过劳动创造的各种物质财富。

自然资源是指从自然环境中得到的,可以采取各种方式被人们使用的任何东西(联合国教科文组织定义)。泛指自然界一切物质资源和自然过程,通常是指在一定技术经济环境条件下对人类有益的资源。自然资源可进一步划分为再生资源和非再生资源。

(1)再生资源:是能够通过自然力以某一增长率保持或增加蕴藏量的自然资源。再生资源有两类,一类是可以循环利用的资源,如太阳能空气、雨水、风和水能、潮汐能等;一类是生物资源。

(2)非再生资源:是指在任何对人类有意义的时间范围内,资源质量保持不变,资源蕴藏量不再增加的资源。这种自然资源是在地球自然历史演化过程中的特定阶段形成的,质与量是有限定的,空间分布是不均匀的,如矿产资源。

---

[1] 科学家追踪研究了全球1313种脊椎动物,结果发现在1970年至2003年间,它们的种群数量减少了1/3,受检测的695种陆地物种、344种淡水物种和274种海洋物种分别减少了31%、28%和27%。在陆地物种中受影响最大的是热带动物,它们的物种数量平均减少了55%。在海洋中动物物种数量减少了25%。这些数据都说明生态多样性正在呈现迅速下降的趋势。

二、资源的种类

(一)矿产资源

矿产资源(Mineral resources)是指赋存于地下或地表的,由地质作用形成的呈固态、液态或气态的具有现实或潜在经济价值的天然富集物。矿产资源是人类赖以生存和发展的物质基础,地球上的矿物已知有3300多种,构成目前世界已知的矿产有1600多种。人类目前使用的95%以上的能源、80%以上的工业原材料和70%以上的农业生产资料都是来自于矿产资源。矿产资源属于不可再生资源,其储量是有限的,同时,矿产资源随着人类科技进步在数量和概念上具有可变性。

矿产资源按其特点和用途,通常分为金属矿产、非金属矿产和燃料矿产等三大类。

1. 金属矿产

能供工业上提取某种金属元素的矿产资源称为金属矿产。根据工业用途金属矿产一般分为:

(1)黑色金属(或称铁合金金属)矿产,如铁、锰、铬、钒等;
(2)有色金属矿产,如铜、铝、铅、锌、锡、铋、锑、汞、镍、钴、钨、钼等;
(3)贵金属矿产,如金、银、铂等;
(4)放射性金属矿产,如铀、钍等;
(5)稀有、稀土及分散元素矿产,如锂、铍、铌、钽、锆、铷、锗、镓、铟、镉、硒、碲等。

2. 非金属矿产

能供工业上提取某种非金属元素,或直接利用矿物或矿物集合体的某种工艺性质的矿产资源称为非金属矿产。根据工业用途一般可将其分为:

(1)冶金辅助原料类:如萤石、菱镁矿和耐火粘土等;
(2)化工原料及化肥原料类:如磷矿、硫铁矿、钾盐等;
(3)工业制造业用矿物原料类:如石墨、金刚石、云母、石棉等;
(4)压电及光学矿物原料类:如压电水晶、光学石英、冰洲石等;
(5)陶瓷及玻璃原料类:如长石、石英砂、高岭土等;
(6)建筑材料及水泥原料类:如砂石、珍珠岩、花岗岩、石墨、石灰岩、石膏等;
(7)宝石及工艺美术类:如宝石级金刚石、红宝石、蓝宝石、翡翠、玛瑙、绿松石、叶蜡石、硬玉等。

此外,还有铸石材料、研磨材料等。

3. 燃料矿产

燃料矿产即可燃性有机岩,主要用作能源及化工原料,一般分为三类:

(1)固体燃料矿产,如煤、油页岩等;
(2)气体燃料矿产,如天然气等;
(3)液体燃料矿产,如石油等。

(二)能源

能源资源是指为人类提供能量的天然物质,它包括煤、石油、天然气、水能、太阳能、风能、核能等(表20-1)。世界能源委员会推介能源的分类为:固体燃料、液体燃料、气体燃料、水能、核能、电能、太阳能、生物质能、风能、海洋能和地热能。这些能源概括起来,可以分为四大类。

表 20-1　世界主要能源的特点及分布

能源	主要特点	分布	
		世界	中国
煤炭	不可再生能源;分布广、储量大,开发和利用难度不大,发热量和燃烧效率不高,输送和使用不方便,灰渣、粉尘多,易污染环境	① 北半球的亚洲和欧洲;② 北美洲的美国和加拿大;③ 南半球的澳大利亚和南非	主要分布在华北地区,以山西、内蒙古、陕西、河南等省分布较丰富
石油	不可再生能源;发热量高,开采、运输、使用方便,属于高质量的能源;会产生污染	主要分布在波斯湾沿岸、委内瑞拉和墨西哥、利比亚和埃及、俄罗斯、中国和印尼、加拿大和美国、西欧的北海地区	主要分布在东北和华北地区
水能	可再生能源;不污染环境,为清洁能源,比较理想的能源	中国水能资源居世界首位,以下依次为俄罗斯、巴西、美国、加拿大等国	主要分布在西南、中南(长江三峡、西江中上游)和西北黄河上游地区
核能	能量集中、巨大,地区适应性强;但投资大,建设周期长,运转费用低,收益大	铀矿资源主要分布在美国、加拿大、俄罗斯、澳大利亚和南非,美国核发电量最多	我国已建成的核电站有秦山和大亚湾核电站
太阳能	能量比较分散,投资大、效率低、占地广、储能难,但有广阔的前景	雨日较少的沙漠地区,如非洲的撒哈拉沙漠、美国的西部沙漠、澳大利亚的西部沙漠地区	主要分布在大兴安岭向西南、经北京西侧、兰州、昆明,再折向西藏南部一线以西、北地区

资料来源:《国际能源网》。

第一类是与太阳能有关的能源,包括直接的利用太阳的光和热的辐射能,以及间接的如风能、水能、生物能、波浪能、海流能等由太阳能转换来的多种能源。各种植物通过光合作用把太阳能转变成化学能在植物体内贮存下来,为人类和动物界的生存提供了能源。煤炭、石油、天然气、油页岩等化石燃料也是由古代埋在地下的动植物经过漫长的地质年代形成的,它们实质上是由古代生物固定下来的太阳能。

第二类是与地球内部的热能有关的能源。地球是一个大热库,从地面向下,随着深度的增加,温度也不断增高,温泉和地下岩浆就是地热的表现。科学家估计地热能资源总量相当于世界年能源消费量的 400 多万倍。

第三类是与原子核反应有关的核能。原子核反应主要有裂变反应和聚变反应,目前在世界各地运行的 440 多座核电站就是使用铀原子核裂变时放出的热量。使用氘、氚、锂等轻核聚变时放出能量的核电站正在研究之中。世界上已探明的铀储量约 $490×10^4$ t,钍储量约 $275×10^4$ t,这些裂变燃料足够人类使用到迎接聚变能的到来。聚变燃料主要是氘和锂,海水中氘的含量为 0.03g/L,据估计,地球上的海水量约 $138×10^{16}$ m^3,所以世界上氘的储量约 $40×10^{12}$ t。按目前世界能源消费的水平,地球上可供原子核聚变的氘和氚,能供人类使用上千亿年。

第四类是来自于天体引力的能源。地球、月亮、太阳之间有规律的运动,造成相对位置周期性的变化,它们之间产生的引力使海水涨落而形成潮汐能。

(三)土地资源

土地是指地表某一地段内地质、地貌、气候、水文、土壤、植物等多种自然地理因素组合的自然综合体。土地资源通常包括耕地、林地、草地、滩涂、沼泽、湖泊等,它是宝贵的自然资源,是人类进行生产和生活的物质基础和场所,也是生物生命活动的物质基础和场所。

土地资源有如下的基本特征:(1)土地具有一定的生产能力;(2)土地面积是一定的、不可增加的;(3)土地资源在空间上具有固定不变性;(4)土地资源具有时间性和季节性。

地球总面积为 $5.10 \times 10^8 km^2$,其中,陆地面积占 29.2%,而耕地仅占地球陆地面积约 11%。据联合国粮农组织前些年的统计,在全球土地面积中,耕地占 11.29%,草地占 24.58%,森林及林地占 30.98%,其他土地占 33.15%。尽管全球的土地面积巨大,但其中真正适合人类居住的"适居地"只占 30%。

全球土地资源问题主要是:土地资源的有限性、土地荒漠化❶、浪费土地现象严重、土地环境污染加剧,以及人口的不断增加等因素,造成人均耕地面积的减少,人类将在几十年内面临土地不足的问题。据统计,仅全球土壤侵蚀十分严重,全球每年约流失土壤 $250 \times 10^8 t$,耕地土壤的损失速度超过成土速度的 10 倍,其中中国和印度总量最大。由于土地退化,全球每年要损失至少 260 亿美元。

(四)水资源

地球上的水资源,从广义来说是指水圈内水量的总体;从狭义来讲,水资源是指可供人类经济社会利用或有可能被利用,具有足够的数量和可用的质量,并能满足一定地区一定用途可持续利用的水(联合国教科文组织)。通常所说的水资源主要是指陆地上的淡水资源,如河流水、淡水湖泊水、地下水和冰川等。水资源同其他资源相比较,具有以下特点:(1)补给的循环性;(2)变化的复杂性;(3)利用的广泛性;(4)利害的两重性。

地球上水的总量大约有 $14 \times 10^8 km^3$,广泛分布于大气圈、水圈、岩石圈和生物圈中,其中 97.5% 是海水;陆地上的淡水资源只占地球上水体总量 2.53% 左右,其中近 70% 是固体冰川,即分布在两极地区和中、低纬度地区的高山冰川,很难加以利用。目前人类比较容易利用的淡水资源主要是河流水、淡水湖泊水,以及浅层地下水,储量约占全球淡水总储量的 0.3%,只占全球总储水量的十万分之七。

全球淡水资源不仅短缺而且地区分布极不平衡。按地区分布,巴西、俄罗斯、加拿大、中国、美国、印度尼西亚、印度、哥伦比亚和刚果等 9 个国家的淡水资源占了世界淡水资源的 60%。约占世界人口总数 40% 的 80 个国家和地区约 15 亿人口淡水不足,其中 26 个国家约 3 亿人极度缺水,特别是在中东和非洲,长期存在严重缺水的危机。更可怕的是,预计到 2025 年,世界上将会有 30 亿人面临缺水,40 个国家和地区淡水严重不足。

我国水资源总量为 $2.8 \times 10^{12} m^3$,仅次于巴西、俄罗斯和加拿大,居全球第四位,但人均 $2200 m^3$ 左右,是世界人均水平的 1/4,名列第 111 位,是全球 13 个人均水资源最贫乏的国家之一。水资源短缺的问题已经成为中国经济社会发展的主要制约因素。

(五)大气资源

大气资源是指可供人类生活和生产利用的某些大气气体,又称空气资源。大气资源是一种与生物的繁殖和人类生活都密切相关,无形而又无所不在的自然资源。

氧是人类和生物生存的必需条件,二氧化碳是植物产量形成的主要物质来源,直接或间接为植物提供营养物质。人不能离开大气而生存,当人们不惜花费金钱到空气清新的地方旅游

---

❶ 到 1996 年为止,全球荒漠化的土地已达到 $3600 \times 10^4 km^2$,占到整个地球陆地面积的 1/4,相当于俄罗斯、加拿大、中国和美国国土面积的总和。

或到"氧吧"吸氧时,大气的资源意义就日益明显了。

人类很早就懂得利用大气运动产生的能量,帆船到近代的风力发电就是其例,其中,风力发电是近年来世界各国普遍关注的可再生能源开发项目之一,发展速度非常快。据统计,1997—2004年,全球风电装机容量年平均增长率达26.1%,目前全球风电装机容量已经达到$5000 \times 10^4 kW$左右,相当于47座标准核电站。

大气中电离层的存在是我们传播无线电短波所必须的物质环境,因此,近地空间也成为分配电磁波频道的重要资源。电磁波在大气中传播而产生的光和热,水在大气中表现出的云雾雨雪雷电,都具有资源的意义,都已被人们广泛利用。

（六）生物资源

生物资源（Biological resources）是自然资源的有机组成部分,是指生物圈中对人类具有一定价值（包括现实或潜在价值）的动物、植物、微生物以及它们所组成的生物群落总和。目前,地球上大约有500万~3000万种生物,已经定名或描述的物种数目有170多万种。按生物的属性门类,生物资源通常分为植物资源、动物资源和微生物资源三类。

(1) 植物资源。世界上的植物资源相当丰富,整个植物界包括藻类、菌类、地衣、苔藓、蕨类、种子植物,超过55万种。森林是生物资源最丰富和主要的保护场所,由于人类的活动,全球森林减少的形势十分严峻。

(2) 动物资源。目前世界上确定的170万种生物中130万是动物。在热带和温带地区动物资源相对丰富,而在高寒和荒漠地区,动物资源贫乏。

(3) 微生物资源。微生物是包括细菌、病毒、真菌以及一些小型的原生动物等在内的一大类生物群体,是一切肉眼看不见的或看不清的微小生物的总称。生物界的微生物达几万种,大多数对人类有益,只有一少部分能致病,有些是腐败性的,即引起食品气味和组织结构发生不良变化,有些是有益的,它们可用来生产如奶酪、面包、泡菜、啤酒和葡萄酒以及用于工业发酵,生产乙醇、食品及各种酶制剂等。一部分微生物能够降解塑料、处理废水废气等,并且使资源再生的潜力极大,称为环保微生物。另外还有一些微生物的代谢产物可以作为天然的微生物杀虫剂,被广泛应用于农业生产。

三、资源的开发与利用

2008年10月,世界自然基金会（WWF）发布的《地球生命力报告》[1]指出,人类对地球自然资源需求不断增加,耗用地球资源的速度,较地球能持续供应资源的速度快出三成,即超出了地球承载力的近1/3;报告的最新数据显示,全球的自然资源和生物多样性持续减少,越来越多的国家陷入永久或季节性食、水短缺,全球3/4以上的人口目前生活在"生态负债"国家,这些国家的国民消费量已经超出了其国家的生物承载能力。报告预示,到2030年,需要两个地球的资源,方能满足人类的需求。

最具有里程碑意义的就是1992年在巴西里约热内卢召开的联合国环境与发展大会,会议通过了《里约宣言》和《21世纪议程》等重要文件,确定了相关环境责任原则以及可持续发展（Sustainable development）的新理念。

可持续发展就是既能满足当代人的需求,又不危及后代人满足其需求的发展,确保自然资

---

[1] 《地球生命力报告》是由WWF定期发布的一项关于地球生态系统状况的报告,描述了地球生物多样性的变化以及人类对自然资源的消耗给生态圈所带来的压力。

源的可持续利用,包括:切实保护水资源,特别是饮用水资源(地面水、地下水及海洋等);切实保护土地资源,特别是耕地资源;切实保护森林资源,严禁对森林的乱砍滥伐;切实保护生物的多样性,严禁对稀有、濒危动物的捕猎;合理开发利用矿产资源,提高资源的利用率。自从20世纪90年代可持续发展战略以来,发达国家正在把发展循环经济、建立循环型社会看作是实施可持续发展战略的重要途径和实现方式。

我国的经济发展和资源环境间的矛盾不容乐观。2008年6月中国环境与发展国际合作委员会和WWF共同发布的《中国生态足迹报告》中指出,中国当前人均生态足迹为1.6ha,人均生物承载力为0.8ha,也就是说,平均每人需要1.6ha具有生态生产力的土地和水域面积,才能满足国人目前生活方式的需要,资源消耗则是承载能力的两倍。为了应对如此严峻的形势,《中华人民共和国循环经济促进法》于2008年8月29日颁布。这部法律以"减量化、再利用、资源化"为主线,规定了一系列包括综合运用财政、税收、投资、市场准入、价格、信贷等手段在内的法律规范,其重点在以下几个方面:循环经济的规划制度;抑制资源浪费和污染物排放总量控制制度;循环经济的评价和考核制度;以生产者为主的责任延伸制度;对高耗能、高耗水企业设立重点监管制度;强化经济措施,建立激励机制,鼓励走循环经济的发展道路。

循环经济是一种最大限度地利用资源和保护环境的经济发展模式。《中华人民共和国循环经济促进法》的颁布与实施,是21世纪我国现代化建设的里程碑,对于资源的科学合理开发,提高资源利用效率,保护生态环境,走新型工业化道路,加快建设资源节约型和环境友好型社会具有重要的意义。

参考文献

北京大学,南京大学.1978.地貌学.北京:人民教育出版社.
北京地质学院地史教研室.1962.中国大地构造图及中国大地构造基本特征.北京:地质出版社.
北京教育学院地理教研室.1987.地学概论.北京:地质出版社.
曹成润.1992.石油构造地质学.哈尔滨:黑龙江科学技术出版社.
陈传康等.1993.综合自然地理学.北京:高等教育出版社.
陈焕疆.1990.论板块大地构造与油气盆地分析.上海:同济大学出版社.
陈静生.1986.环境地学.北京:中国环境科学出版社.
陈旭.1961.古生物学.北京:地质出版社.
成都地质学院.1978.岩石学简明教程.北京:地质出版社.
成都地质学院.1980.沉积岩石学.北京:地质出版社.
成都地质学院普通地质教研室.1978.动力地质学原理.北京:地质出版社.
《地震问答》编写组.1977.地震问答.北京:地质出版社.
《地震预报》编译组.1972.地震预报.北京:科学出版社.
地质矿产部《地质辞典》办公室编辑部.1983.地质辞典.北京:地质出版社.
丁登山,等.1988.自然地理学基础.北京:高等教育出版社.
冯增昭,等.1993.沉积岩石学.东营:石油大学出版社.
傅英祺.1985.地史学简明教材.北京:地质出版社.
何境宇,等.1987.沉积岩和沉积相模式及建造.北京:地质出版社.
何心一.1993.古生物学教程.北京:地质出版社.
何永年,等.1988.构造岩石学基础.北京:地质出版社.
贺同兴,等.1988.变质岩岩石学.北京:地质出版社.
胡明.2007.构造地质学.北京:石油工业出版社.
华东石油学院.1987.沉积岩石学.北京:石油工业出版社.
黄邦强,等.1984.大地构造学基础及中国区域构造概要.北京:地质出版社.
黄培华,等.1982.地震地质学基础.北京:地震出版社.
金性春.1980.漂移的大陆.上海:上海科学技术出版社.
金性春.1984.板块构造学基础.上海:上海科学技术出版社.
金祖孟.1983.地球概论.北京:高等教育出版社.
孔思丽.2001.工程地质.重庆:重庆大学出版社.
黎文清.1993.油气田开发地质基础.北京:石油工业出版社.
李捷.2008.岩浆岩与变质岩简明教程.北京:石油工业出版社.
李良.2005.宇宙的追问——人类是怎样认识宇宙的.北京:兵器工业出版社.
李善邦.1981.中国地震.北京:地震出版社.
李叔达.1983.动力地质学原理.北京:地质出版社.
李叔达.1994.动力地质学原理.北京:地质出版社.
李亚美,等.1984.地质学基础.北京:地质出版社.
李荫堂.2003.地球环境概论.北京:气象出版社.
李智毅,杨裕云.1994.工程地质学概论.武汉:中国地质大学出版社.
刘宝珺.1980.沉积岩石学.北京:地质出版社.
刘本培,等.1986.地球科学导论.北京:高等教育出版社.
刘南.1987.地球概论.北京:地质出版社.
刘吉余等.2006.油气田开发地质基础.4版.北京:石油工业出版社.
刘文治.1985.矿床学.北京:地质出版社.
柳成志,等.2006.地球科学概论.北京:石油工业出版社.

柳成志.2005.普通地质学.北京:石油工业出版社.
陆克政.1996.构造地质学基础.北京:石油大学出版社.
卢耀如.1973.中国岩溶发育规律及若干水文地质工程地质条件.地质学报(01).
吕洪波.2006.地球科学概论.东营:中国石油大学出版社.
罗谷风.1993.基础结晶学与矿物学.南京:南京大学出版社.
罗国煜,李生林,等.1990.工程地质学基础.南京:南京大学出版社.
南京大学地质系.1980.火成岩岩石学.北京:地质出版社.
南京大学矿物岩石教研室.1978.结晶学与矿物学.北京:地质出版社.
宁波海洋学校.1986.海洋学.北京:地质出版社.
石玉章,等.2006.地质学基础.东营:中国石油大学出版社.
宋青春.1978.地质学基.北京:高等教育出版社.
宋青春.1996.地质学基.北京:高等教育出版社.
宋青春,等.2000.地质学基.3版.北京:高等教育出版社.
苏文才,等.1987.基础地质学.北京:高等教育出版社.
孙鼎,等.1985.火成岩岩石学.北京:地质出版社.
陶世龙.1999.地球科学概论.北京:地质出版社.
同济大学海洋地质系海洋地质教研室.1982.海洋地质学.北京:地质出版社.
汪品先,等.1989.古海洋学概论.上海:同济大学出版社.
汪新文.1999.地球科学概论.北京:地质出版社.
王大纯,等.1980.水文地质学基础.北京:地质出版社.
王飞燕,王富葆,王雪瑜.1990.地貌学与第四纪地质学.北京:高等教育出版社.
王鸿祯,刘文培.1980.地史学教程.北京:地质出版社.
王鸿祯,李光岑.1990.关键地层的成岩作用研究.武汉:中国地质大学出版社.
王家映.1988.地球物理学.武汉:中国地质大学出版社.
王元清.1985.地壳和地壳的变动.北京:地质出版社.
温献德.1998.地史学.东营:石油大学出版社.
伍光和,田连恕,等.2000.自然地理学.3版.北京:高等教育出版社.
武汉地质学院,成都地质学院,等.1979.构造地质学.北京:地质出版社.
武汉地质学院古生物教研室.1980.古生物学教程.北京:地质出版社.
夏邦栋,刘寿和.1992.地质学概论.北京:高等教育出版社.
夏邦栋.1984.普通地质学.北京:地质出版社.
谢仁海,等.2007.构造地质学.北京:中国矿业大学出版社.
徐成彦,赵不亿.1988.普通地质学.北京:地质出版社.
徐道一,等.1983.天文地质学概论.北京:地质出版社.
徐开礼,朱志澄.1989.构造地质学.北京:地质出版社.
徐增亮.1992.环境地质学.青岛:青岛海洋大学出版社.
许兆义,等.2003.工程地质基础.北京:中国铁道出版社.
许至平.1990.普通地质学.北京:煤炭工业出版社.
杨达源,等.2006.自然地理学.北京:高等教育出版社.
杨桥.2004.地球科学概论.北京:石油工业出版社.
杨志峰,刘静玲,等.2004.环境科学概论.北京:高等教育出版社.
杨遵仪,等.1959.古生物学教程.北京:地质出版社.
叶俊林,等.1987.基础地质学.北京:地质出版社.
尹赞勋.1972.板块构造简介.北京:地质出版社.
俞鸿年,卢华夏.1986.构造地质学原理.北京:地质出版社.
袁见齐,朱上庆,翟裕生.1979.矿床学.北京:地质出版社.

张朝文.1981.大陆漂移——板块构造概论.四川:成都地质学院出版社.
张家诚,等.1976.气候变迁及其原因.北京:科学出版社.
张家环.1986.普通地质学.北京:石油工业出版社.
张镜湖.2004.世界的资源与环境.北京:科学出版社.
张鹏飞.1990.沉积岩石学.北京:煤炭工业出版社.
张咸恭,王思敬,张倬元,等.2000.中国工程地质学.北京:科学出版社.
张耀庭,虞海珍,陈洪江.2001.土木工程地质学.武汉:华中科技大学出版社.
张永辂,等.1988.古生物学.北京:地质出版社.
张卓元,王士天,王兰生,等.1981.工程地质分析原理.北京:地质出版社.
赵建成,吴跃峰.2008.生物资源学.2版.北京:科学出版社.
曾允孚,等.1986.沉积岩石学.北京:地质出版社.
郑浚茂,等.1989.碎屑储集岩的成岩作用研究.武汉:中国地质大学出版社.
中山大学,兰州大学,南京大学.1978.自然地理学.北京:人民教育出版社.
周淑贞.1997.气象学与气候学.北京:高等教育出版社.
朱小林,杨桂林.1996.土体工程.上海:同济大学出版社.
朱震达,等.1981.塔克拉玛干沙漠风沙地貌研究.北京:科学出版社.
朱志澄,宋鸿林.1990.构造地质学.武汉:中国地质大学出版社.
中国科学院兰州冰冻土沙漠研究所研究室.1977.中国沙漠治理图片集.北京:科学出版社.
中国科学院地球物理研究所.1977.地震学基础.北京:科学出版社.
都城秋穗,等.1986.造山运动.周云生,等,译.北京:科学出版社.
卡尔·萨根.1998.宇宙.周秋麟,等,译.长春:吉林人民出版社.
罗斯.1984.海洋学导论.李允武,译.北京:科学出版社.
迈克尔·汤普森.2006.天文学与地球科学.傅得,译.北京:中国青年出版社.
唐·塔林,莫琳·塔林.1978.大陆漂移浅说.范毅,高泳源,等,译.北京:科学出版社.
休伯特·里夫斯.2005.宇宙演化.苏文平,等,译.北京:北京大学出版社.
别洛乌索夫 B B.1958.大地构造基本问题:下册.北京:地质出版社.
格拉斯 B P.1986.行星地质学导论.陈书田,等,译.北京:地质出版社.
哈兰德 W B,等.1987.地质年代表.袁相国,等,译.北京:地质出版社.
汉布林 W K.1980.地球动力系统.殷维汉,等,译.北京:地质出版社.
怀利 P G.1974.动力地球学(中译本).北京:地质出版社.
赖内克 H E,辛格 I B.1979.陆源碎屑沉积环境.李继亮,等,译.北京:石油工业出版社.
赖特 B.1982.矿床、大陆漂移和板块构造.陈昌明,等,译.北京:地质出版社.
利布特里 L.1986.大地构造物理学和地球动力学.孙坦,译.北京:地质出版社.
里丁 H G.1986.沉积环境和相.周明鉴,等,译.北京:科学出版社.
马托埃 M.1984.地壳变形.孙坦,张道安,译.北京:地质出版社.
麦克迈克尔 A J.2000.危险的地球.罗蕾,等,译.南京:江苏人民出版社.
梅罗 J L.1980.海洋矿物资源.马孟超,等,译.北京:地质出版社.
皮特森 C C,等.2006.宇宙新视野.胡中为,等,译.长沙:湖南科技出版社.
齐霍米罗夫 B B.1959.地质学简史.张智仁,译.北京:地质出版社.
斯宾塞 E W.1981.地球构造导论.朱志澄,等,译.北京:地质出版社.
索金斯 F G,等.1982.地球的演化.张发南,译.北京:科学技术文献出版社.
威尔逊 J T.1973.地幔热点与板块运动(中译本).北京:地质出版社.
Cronan D S. 1980. Underwater minerals. London:Academic Press.
Flint R F,et al. 1977. Physical geology. New York:John Wiley & Sons Inc.
Foster R J. 1979. Physical geology. New York:John Wiley & Sons Inc.
Frakes L A. 1979. Climates through geologic time. New York:Elsevier Scientific Pub.

Gribbin J. 1978. Climatic change. Eng:Cambridge University Press.

McCall G J H. 1977. The archean search for the beginning. New York: exclusive distributor Halsted Press.

Meyerhoff A A, Meyerhoff H A, Briggs K S Jr. 1972. Continental drift V:proposed hypothesis of earth tectonics. Journal of Geology, 80(6):663-692.

Press F, Siener R. 1982, Earth. New York:John Wiley & Sons Inc.

Salop L J. 1982. Geological evolution of the earth during the precambrian. Berlin:Springer-Verlag.

Strahlor A N. 1977. Principles of physical geology. London:Thomas Nelson and Sons Ltd.